国际机械工程先进技术译丛

滚动轴承分析(原书第5版)

第1卷

轴承技术的基本概念

(美)T. A. Harris，M. N. Kotzalas 著
罗继伟 马伟 杨咸启 罗天宇 译

机 械 工 业 出 版 社

滚动轴承分析（第五版）分为两卷。本卷为基本概念卷，内容共14章，包括滚动轴承的类型、宏观几何学、配合与游隙、载荷与速度、应力与变形、位移与预载荷、摩擦力矩、疲劳寿命、润滑、材料、振动与噪声及工况监测等。

本书可供工程技术人员、设计与研究人员、大专院校师生阅读。

Rolling Bearing Analysis FIFTH EDITION: Essential Concepts of Bearing Technology/by Tedric A. Harris Michael N. Kotzalas/ISBN: 978-0-8493-7183-7

图书在版编目(CIP)数据

滚动轴承分析：原书第5版．第1卷，轴承技术的基本概念/(美)哈里斯(T. A.)等著；罗继伟等译．—北京：机械工业出版社，2009.10（2024.5重印）

（国际机械工程先进技术译丛）

ISBN 978-7-111-27982-2

Ⅰ. 滚…　Ⅱ. ①哈…②罗…　Ⅲ. 滚动轴承　Ⅳ. TH133.33

中国版本图书馆 CIP 数据核字(2009)第139196号

机械工业出版社（北京市百万庄大街22号　邮政编码100037）

策划编辑：孔　劲　责任编辑：郑　铉　版式设计：霍永明

责任校对：刘志文　封面设计：鞠　杨　责任印制：常天培

北京机工印刷厂有限公司印刷

2024年5月第1版第9次印刷

184mm×260mm · 22印张 · 546千字

标准书号：ISBN 978-7-111-27982-2

ISBN 978-7-89451-171-3(光盘)

定价：108.00元(含1CD)

电话服务	网络服务
客服电话：010-88361066	机　工　官　网：www.cmpbook.com
010-88379833	机　工　官　博：weibo.com/cmp1952
010-68326294	金　书　网：www.golden-book.com
封底无防伪标均为盗版	机工教育服务网：www.cmpedu.com

译丛序言

一、制造技术长盛永恒

先进制造技术是20世纪80年代提出的，由机械制造技术发展而来。通常可以认为它是将机械、电子、信息、材料、能源和管理等方面的技术，进行交叉、融合和集成，综合应用于产品全生命周期的制造全过程，包括市场需求、产品设计、工艺设计、加工装配、检测、销售、使用、维修、报废处理、回收利用等，以实现优质、敏捷、高效、低耗、清洁生产，快速响应市场的需求。因此，当前的先进制造技术是以产品为中心，以光机电一体化的机械制造技术为主体，以广义制造为手段，具有先进性和时代感。

制造技术是一个永恒的主题，与社会发展密切相关，是设想、概念、科学技术物化的基础和手段，是所有工业的支柱，是国家经济与国防实力的体现，是国家工业化的关键。现代制造技术是当前世界各国研究和发展的主题，特别是在市场经济高度发展的今天，它更占有十分重要的地位。

信息技术的发展并引入到制造技术，使制造技术产生了革命性的变化，出现了制造系统和制造科学。制造系统由物质流、能量流和信息流组成，物质流是本质，能量流是动力，信息流是控制；制造技术与系统论、方法论、信息论、控制论和协同论相结合就形成了新的制造学科。

制造技术的覆盖面极广，涉及到机械、电子、计算机、冶金、建筑、水利、电子、运载、农业以及化学、物理学、材料学、管理科学等领域。各个行业都需要制造业的支持，制造技术既有普遍性、基础性的一面，又有特殊性、专业性的一面，制造技术具有共性，又有个性。

我国的制造业涉及以下三方面的领域：

- 机械、电子制造业，包括机床、专用设备、交通运输工具、机械装备、电子通信设备、仪器等；
- 资源加工工业，包括石油化工、化学纤维、橡胶、塑料等；
- 轻纺工业，包括服装、纺织、皮革、印刷等。

目前世界先进制造技术沿着全球化、绿色化、高技术化、信息化、个性化和服务化、集群化六个方面发展，在加工技术上主要有超精密加工技术、纳米加工技术、数控加工技术、极限加工技术、绿色加工技术等，在制造模式上主要有自动化、集成化、柔性化、敏捷化、虚拟化、网络化、智能化、协作化和绿色化等。

二、图书交流源远流长

近年来，国际间的交流与合作对制造业领域的发展、技术进步及重大关键技术的突破起到了积极的促进作用，制造业科技人员需要及时了解国外相关技术领域的最新发展状况、成果取得情况及先进技术应用情况等。

必须看到，我国制造业与工业发达国家相比，仍存在较大差距。因此必须加强原始创新，在实践中继承和创新，学习国外的先进制造技术和经验，提高自主创新能力，形成自己的创新体系。

国家、地区间的学术、技术交流已有很长的历史，可以追溯到唐朝甚至更远一些，唐玄奘去印度取经可以说是一段典型的图书交流佳话。图书资料是一种传统、永恒、有效的学术、技术交流载体，早在20世纪初期，我国清代学者严复就翻译了英国学者赫胥黎所著的《天演论》，其后学者周建人翻译了英国学者达尔文所著的《物种起源》，对我国自然科学的发展起到了很大的推动作用。

图书是一种信息载体，图书是一个海洋，虽然现在已有网络、光盘、计算机等信息传输和储存手段，但图书更具有广泛性、适应性、系统性、持久性和经济性，看书总比在计算机上看资料更方便，不同层次的要求可以参考不同层次的图书，不同职业的人员可以参考不同类型的技术图书，同时它具有比较长期的参考价值和收藏价值。当然，技术图书的交流具有时间上的滞后性，不够及时，翻译的质量也是个关键问题，需要及时、快速、高质量的出版工作支持。

机械工业出版社希望能够在先进制造技术的引进、消化、吸收、创新方面为广大读者作出贡献，为我国的制造业科技人员引进、纳新国外先进制造技术的出版资源，翻译出版国际上优秀的制造业先进技术著作，从而能够提升我国制造业的自主创新能力，引导和推进科研与实践水平不断进步。

三、选择严谨质高面广

1）精品重点高质　本套丛书作为我社的精品重点书，在内容、编辑、装帧设计等方面追求高质量，力求为读者奉献一套高品质的丛书。

2）专家选择把关　本套丛书的选书、翻译工作均由国内相关专业的专家、教授、工程技术人员承担，充分保证了内容的先进性、适用性和翻译质量。

3）引纳地区广泛　主要从制造业比较发达的国家引进一系列先进制造技术图书，组成一套“国际机械工程先进技术译丛”。当然其他国家的优秀制造科技图书也在选择之内。

4）内容先进丰富　在内容上应具有先进性、经典性、广泛性，应能代表相关专业的技术前沿，对生产实践有较强的指导、借鉴作用。本套丛书尽量涵盖制造业各行业，例如机械、材料、能源等，既包括对传统技术的改进，又包括新的设计方法、制造工艺等技术。

5）读者层次面广　面对的读者对象主要是制造业企业、科研院所的专家、研究人员和工程技术人员，高等院校的教师和学生，可以按照不同层次和水平要求各取所需。

四、衷心感谢不吝指教

首先要感谢许多积极热心支持出版“国际机械工程先进技术译丛”的专家学者，积极推荐国外相关优秀图书，仔细评审外文原版书，推荐评审和翻译的知名专家，特别要感谢承担翻译工作的译者，对各位专家学者所付出的辛勤劳动表示深切敬意，同时要感谢国外各家出版社版权工作人员的热心支持。

本套丛书希望能对广大读者的工作提供切实的帮助，欢迎广大读者不吝指教，提出宝贵意见和建议。

机械工业出版社

前　言

球轴承和滚子轴承统称为滚动轴承，它们通常用于机械部件中，在诸如自行车、旱冰鞋和电动机等简单的商业器械中，被用来承受轴的运动或是绕轴运动。它们还用于复杂的机械，如航空发动机、轧机、牙钻、陀螺仪和动力传输装置等。大约在1940年之前，滚动轴承的设计和应用更多侧重于工艺而不是科学。1945年以后，以第二次世界大战结束和开创原子时代为标志，科学的进步正以爆炸式的方式发生。1958年标志着太空遨游时代的开始，此后工程装备对滚动轴承的需求与日俱增。为了确定滚动轴承在现代工程应用中的有效性，就必须对这些轴承在不同的而且往往是极其苛刻的工作条件下的行为有深刻的理解。

在轴承制造商的产品样本中介绍了关于滚动轴承性能的大量信息和数据。这些数据大部分带有经验性质，它们来源于大轴承制造公司，或者更多是较小轴承公司的产品实验以及各种标准出版物上的信息，例如，美国国家标准化协会(ANSI)、德国标准化协会(DIN)、国际标准化组织(ISO)等等。这些数据仅适用于中低转速、简单载荷和正常的工作温度等这样的应用条件。当超过这些应用范围时，为了评估轴承的性能，就必须回到滚动轴承中发生的集中接触下的滚动和滑动等基本问题上来。

A. Palmgren 曾经担任 SKF 公司航空部技术主任多年，他的《球和滚子轴承工程》是关于滚动轴承最早的著作之一。该书比早先的其他著作更完整地解释了滚动轴承疲劳寿命的概念。瑞典哥得堡查默斯技术学院的机械工程教授 Palmgren 和 G. Lundberg 提出了计算滚动轴承疲劳寿命的理论和公式，它们构成了现行的国家标准和国际标准的基础。另外，A. B. Jones 的著作《应力和变形分析》对静载荷作用下的球轴承给出了很好的分析。Jones 曾在很多技术部门任过职，比如通用汽车公司新成立的球轴承事业部、马林-洛克威尔公司和法夫利尔球轴承公司等，他还担任过咨询工程师，并且是第一批使用数值计算机来分析球和滚子轴承以及轴-轴承-轴承座系统性能的人之一。其他关于滚动轴承的早期文献大部分是使用方法的经验介绍。

1960年以后，大量的研究转向滚动轴承和滚动接触。扫描透射电子显微镜、X射线衍射仪和数值计算机等现代实验设备的使用已经对滚动轴承运转中的力学、流体动力学、冶金学和化学现象有了更深入的了解。各种工程协会，例如美国机械工程师协会、机械工程师学会、摩擦和润滑工程师协会及日本机械工程师协会等已出版了大量重要的技术论文，其中包括特殊应用，如高速、重载、特殊内部设计和材料条件下滚动轴承的性能分析。在滚动轴承润滑机理和润滑剂流变学方面也引起了相当多的关注。尽管存在以上提到的文献，但提供可供参考的有关滚动轴承性能分析的统一的、最新的方法仍然是很有必要的，这也正是出版本书的目的。

为了实现这一目标，我们回顾了涵盖滚动轴承性能及其有关材料和润滑的相当数量的技术论文和著作。包含在本书中的概念和数学表达方式在内容上已做了压缩和简化，以便于能够迅速和容易理解。但这并不能说本书提供了关于滚动轴承的完整的参考书目，仅仅是对实际分析有用的资料才在参考文献中列出。

《滚动轴承分析》第5版的目的是理解滚动轴承设计与应用的原理。这一版的内容被分成了两卷:《轴承技术的基本概念》和《轴承技术的高等概念》。第1卷是针对仅要求对轴承有基本了解的用户，而第2卷能使用户在复杂的轴承应用中开展轴承性能分析，以解决应用中不同程度的需要。第1卷在内容上是独立的，而第2卷经常会涉及第1卷中说明的基本概念。

为了充实讨论，在一些章节中列举了计算实例。每一卷中的这些例题被记录在书后提供的光盘中。几个例题都涉及到209深沟球轴承、209圆柱滚子轴承、218角接触球轴承和22317球面滚子轴承。当读者阅读本书时，会查到屡次使用的每一种轴承的设计和性能数据。所有例题计算都采用米制或国际标准单位(SI)制(毫米、牛顿、秒、摄氏度等);但也在括弧中给出了英制单位的结果。在附录中以SI或米制单位以及英制单位给出了公式中使用的常数。

光盘中还包括摘自ABMA/ANSI标准的关于轴承尺寸、安装尺寸和额定寿命等许多表格。书中要参考这些表格，例如表CD2.1中的数据在很多例子中都会用到。

书中的内容横跨了很多学科，如几何学、弹性力学、静力学、动力学、流体动力学、统计学和传热学等。这样会用到很多数学符号，在某些情况下，同一个符号会用来表示不同的参数。为了避免混淆，在大多数章节的开头都列出了符号表。

由于这两卷书涉及多门学科，问题的处理在范围和方式上都有所不同。可行的办法是介绍问题的数学解答方法。另一方面，更实用的是用经验方法解决问题。在关于润滑、摩擦和疲劳寿命的章节中特别明显地使用了数学和经验技术相结合的方法。

正如前面所说，这里介绍的内容在其他出版物中大体上也存在。本书的目的是将同一领域的知识集中起来，以利于对这方面有需求的大学生和用户拓宽对滚动轴承技术领域和产品的理解。每一章结尾提供的参考文献可以使有兴趣的读者进一步了解详细内容。

自1995年以来，美国轴承制造商协会(ABMA)赞助了在宾夕法尼亚州立大学举办的滚动轴承技术短期讲座，每周一次的课程:“轴承技术的高等概念”就是以《滚动轴承分析》第3版和第4版中的内容为基础的。然而，部分学生相信，最初三天的课程:“轴承技术的基本概念”为成功完成高等课程提供了所需的充分的背景材料。现在“轴承技术的基本概念”已成为该讲座每年讲授的课程。

由于本书以前的几个版本曾与SKF公司有过长期的合作，因此第5版采用了SKF出版物中介绍过的几幅插图;对于这些插图，已适当注明了出处。此外也采用了其他一些滚动轴承制造商的照片和插图。非常感谢下列公司提供的图片资料:INA/FAG公司、NSK公司、NTN美国轴承公司和Timken公司，他们提供的图片也注明了出处。

在我担任宾夕法尼亚州立大学机械工程教授期间，有幸指导了M. N. Kotzalas的理学硕士和哲学博士的学位论文。他于1999年毕业之后便进入了Timken公司，在那里他极大地扩展了知识面并活跃在滚动轴承工程和研究领域。所以我非常满意地欢迎他作为第5版的合著者，他也为该书做出了积极的贡献。

T. A. Harris

作者简介

Tedric A. Harris 毕业于宾夕法尼亚州立大学机械工程专业，1953 年获理学学士学位，1954 年获理学硕士学位，毕业之后进入联合飞机公司汉弥尔顿标准部担任实验开发工程师。后来进入威斯丁豪斯电子公司贝迪原子能实验室担任分析设计工程师。1960 年加入位于宾夕法尼亚州费城的 SKF 工业公司，担任主管工程师。在 SKF 期间，在几个关键的管理岗位上任过职：分析服务经理；公用数据系统主任、特种轴承部总经理、产品技术与质量副总裁、SKF 摩擦学网站总裁、MRC 轴承(全美)工程与研究副总裁、位于瑞典哥得堡 SKF 总部的集团信息系统主任以及位于荷兰的工程与研究中心执行主任等。1991 年从 SKF 退休后被聘为宾夕法尼亚州立大学机械工程教授，在大学里讲授机械设计与摩擦学课程并从事滚动接触摩擦学领域的研究，直到 2001 年再次退休。近年来，还担任工程应用顾问和机械工程兼职教授，在大学的继续教育活动中为工程师们讲授轴承技术课程。

发表过 67 部技术著作，其中大部分是关于滚动轴承的。1965 年和 1968 年，获得了摩擦与润滑工程师协会的杰出技术论文奖，2001 年获得美国机械工程师协会(ASME)摩擦学分会杰出技术论文奖，2002 年又获得 ASME 的杰出研究奖。

积极参与许多技术组织的活动，包括抗摩轴承制造商协会(即现在的 ABMA)，ASME 摩擦学分会和 ASME 润滑研究委员会，1973 年被选为 ASME 的资深会员，还担任过 ASME 摩擦学分会以及摩擦学分会提名和监督委员会的主席，拥有三项美国专利。

Michael N. Kotzalas 毕业于宾夕法尼亚州立大学，1994 年获得理学学士学位，1997 年获理学硕士学位，1999 年获得哲学博士学位，三个学位都是机械工程专业。这期间，学习和研究的重点是滚动轴承性能分析，包括高加速度条件下球和圆柱滚子轴承的动力学模拟以及保养条件下轴承的剥落过程实验与模拟算法。

毕业后进入 Timken 公司从事研究与开发，最近在工业轴承部门工作，现在负责为工业轴承客户提供先进产品设计与应用方面的支持，更重要的是从事新产品和分析算法开发。在写这本书的同时，获得了两项圆柱滚子轴承设计专利。

工作之外，还参与工业协会的活动，作为美国机械工程师协会(ASME)会员，现在担任出版委员会主席，滚动轴承技术委员会委员，同时担任摩擦与润滑工程师协会(STLE)奖励委员会委员。已在专业权威杂志和一次会议论文集中发表过 10 篇论文，为此，2001 年获得 ASME 摩擦学分会最佳论文奖；2003 年和 2006 年获得 STLE 的霍德森奖。此外，还参与美国轴承制造商协会(ABMA)的工作，也是短期讲座“轴承技术的高等概念”的讲课教师之一。

译 者 序

新中国成立后，特别是改革开放以来，中国轴承工业已经取得了令世人瞩目的飞速发展，在滚动轴承技术领域已经形成了设计、应用、材料、工艺和实验的完整的研究开发体系，从事滚动轴承技术开发的人员也越来越多。为了满足应用领域日新月异的多元化要求以及更好地应对国际、国内日趋激烈的市场竞争，广大技术人员越来越迫切地感到需要掌握更多、更全面的滚动轴承理论和技术方面的知识。在这种背景下，出版《滚动轴承分析》中文版是一件很有意义的事情。

在过去的四十多年中，T. A. Harris 的《滚动轴承分析》已被公认为是滚动轴承技术领域的经典著作之一。该书涵盖了滚动轴承技术的各个方面，既有理论的深度，又有应用技术的广度。在20世纪90年代，洛阳轴承研究所曾将《滚动轴承分析》第3版作为对工程师进行培训的内部教材，取得了很好的效果。最新出版的该书第5版，不仅在内容上反映了滚动轴承理论和技术的最新发展，而且在篇幅上也增加较多，由过去的1卷变成了现在的两卷，即第1卷："轴承技术的基本概念"和第2卷："轴承技术的高等概念"。这样能更好地满足技术人员不同层次的需求。为了压缩篇幅，原书所有的例题和有关图表被放进了随书附带的光盘之中，为了方便读者，我们将它放进了译著的每一章之后。

经作者的授权和机械工业出版社的委托，我有幸能够组织《滚动轴承分析》第5版的翻译工作。参加本书第1卷翻译的人员有：罗继伟(第1章、第5章、第6章)，马伟(第10章、第11章、第12章、第13章、第14章)，杨咸启(第8章、第9章)，罗天宇(第2章、第7章)，孙北奇(第3章、第4章)，马新忠(第1章)。原书光盘中例题的翻译大部分由罗天宇完成(第2章、第5章、第6章、第7章、第8章、第9章)，其余由马伟(第10章、第11章、第14章)和孙北奇(第3章)完成。光盘中图表的文字翻译全部由罗天宇完成。全书由罗继伟校对、统稿。

特别要提到的是，江苏通用钢球滚子有限公司总经理施祥贵先生和山东东阿钢球集团有限公司董事长申长印先生对本书的翻译工作给予了大力支持，并资助了部分经费；此外，刘耀中、葛世东、吴素琴和古文辉等同志也给与了热情的帮助。在此，谨向他们表示衷心的感谢！

特别感谢美国 Timken 公司对本书中文版出版的大力资助(The Chinese edition is courtesy of The Timken Company TIMKEN Where You Turn)。

由于时间仓促以及译者的水平所限，译文中的错误和不当之处在所难免。欢迎广大读者批评指正，并与我们联系，以便在今后加以改进。

罗继伟

目　录

第1章　滚动轴承类型及应用

1.1　滚动轴承简介

在发明轮子之后，人们发现在同样的表面上利用滚动来移动物体要比利用滑动省力得多。即使后来发现润滑可以减少滑动物体所需要的功，但利用滚动所消耗的功仍然要少一些。例如，考古学发现，古埃及在公元前2400年前后就在用滑板搬运巨大的石料和石雕时，便使用了很像是水的润滑剂来减轻人力负担；而到了公元前1100年前后，亚述人已经在滑板下面垫上滚木，用更少的人力便达到了同样的结果。因此利用滚动运动的轴承在复杂的机械和机构中得到应用与发展是必然的结果。图1.1简要描述了滚动轴承的发展历程。Dowson[1]对轴

公元前1100年，古代亚述人用圆木移动巨大的石料

后来，通过利用粗制的车轮运输重物，人类逐渐摆脱了摩擦的桎梏

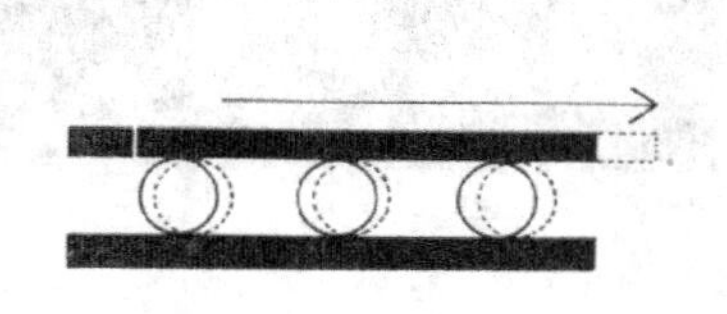

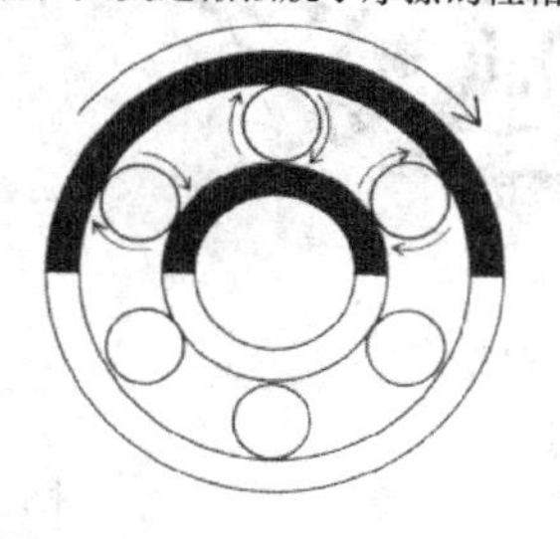

19世纪用于自行车的简易球轴承标志着人类的首次重要胜利

图1.1　滚动轴承的演变(SKF公司提供)

承和润滑的大概历史进行了综合介绍，他对球轴承和圆柱滚子轴承的介绍涵盖相当广泛。虽然滚动的概念已经被认识和应用了几千年，而简单形式的滚动轴承在公元50年前后的罗马文明时期已经在使用，但滚动轴承的广泛应用直到工业革命时代才真正开始。然而，Reti[2]表明，达·芬奇(公元1452~1519)在他的《Codex Madrid》一书中提出了不同形式的带滚动体的枢轴轴承，甚至包括一种带有分隔球装置的球轴承。事实上，在摩擦学研究上有着丰富成果的达·芬奇曾说过：

> 我确信，当一个有着平整表面的重物在另一个平面上移动时，在它们之间加入球体或滚柱会使移动更容易；除了球体可以向各个方向滚动而滚柱只能单方向滚动外，我看不出它们之间有任何区别。但是，当球或滚柱在运动中相互接触时，它们之间的运动将比无接触时困难，因为它们之间是在相反的运动中发生接触，而由此产生的摩擦又会引起反向运动。
>
> 如果能使球或滚柱彼此之间保持一定距离，那么它们只在载荷与它的反作用力作用点发生接触，……结果，物体的移动也就变得容易了。

以上就是达·芬奇对现代滚动轴承基本结构的设想，他的球轴承设计如图1.2所示。最初滚动轴承之所以没有被设计师们广泛接受，是因为滚动轴承制造商不能提供在耐久性上可以与流体动压滑动轴承相匹敌的产品。然而，进入20世纪后，特别是在1960年之后，由于优质滚动轴承钢的开发和制造水平的不断改进，能够提供高精度和长寿命的滚动轴承组件，这种情况就大为改观了。高速航空燃气轮机对滚动轴承的需求最先触发了滚动轴承的发展；而在20世纪70年代，球轴承和滚子轴承制造商在世界市场中日趋激烈的竞争，则为用户提供了质优价廉的标准滚动轴承。滚动轴承这个词是泛指利用球或滚子的滚动将一个物体的受控运动以最小的摩擦传递给对应的另一个物体的所有形式的轴承。大部分滚动轴承用于使轴

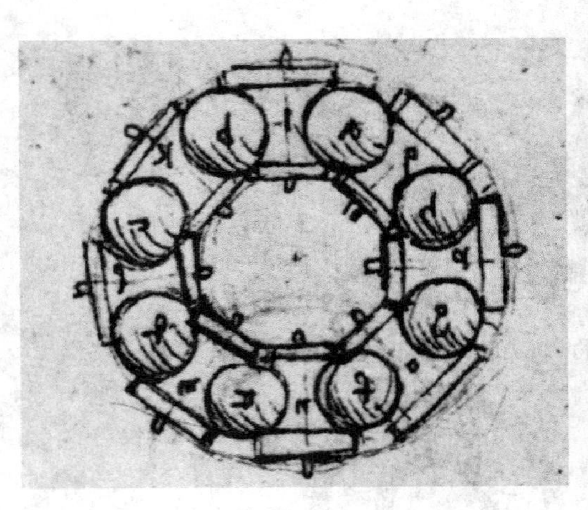

a)

b)

图 1.2

a) 达·芬奇[2](公元1500前后)在《*Codex Madrid*》书中构想的推力球轴承

b) 由里昂国家应用科学研究院(INSA)制作的带有机玻璃上盖的达·芬奇轴承

相对于某些固定结构作旋转运动；而有些滚动轴承用来进行平移，即相对某个静止轴的固定方向做直线运动；还有少数滚动轴承在设计上容许两个物体进行相对线性和旋转的组合运动。

本书主要关注的是能在两个机械元件之间作旋转运动的标准形式的球和滚子轴承。这类轴承一般都包括一组球或滚子，用来保持轴和通常是固定的支承结构(一般称之为轴承座)之间的径向和轴向间隔关系。

通常，一套轴承是一个组件，包括两个钢制套圈，每个套圈上都有一个淬硬的滚道，经过硬化处理的钢球或滚子就在上面滚动。球或滚子统称为滚动体，它们通常由一个早已被达芬奇说明其功能的有等角间距的支架来隔开。这个支架叫做分离器或保持器。

滚动轴承一般是用淬火硬度很高，至少表面硬度很高的钢材来制造。轴承工业普遍采用含有适量铬元素并易于淬透的 AISI 52100 钢，大部分轴承零件淬火硬度达到 61 ~ 65HRC。

一些制造商也用这种钢材制造滚子轴承。由于微型轴承多用于灵敏度要求高的仪器中，如陀螺仪等，一般的制造商习惯采用 AISI 440C 之类的不锈钢来制作轴承零件。滚子轴承制造商倾向于采用经过表面硬化的钢材如 AISI 3310、4118、4620、8620 和 9310 等来制作滚子和套圈。对一些特殊用途，如汽车轮毂轴承，滚动轴承零件一般由感应淬火钢制作。在所有情况下，至少在滚动部件的表面要有很高的硬度。在一些高速应用中，为减小球或滚子的惯性载荷，这些零件要用轻质、高抗压强度的陶瓷材料如氮化硅制造。另外，在超高温下以及在干膜或贫油润滑应用中，陶瓷滚动部件比钢材拥有更长的寿命。

与球和套圈的材料相比，保持架所用的材料一般要求要相对软一些，它们还必须要有良好的强度-质量比。因此，具有不同物理性能的材料，如低碳钢、黄铜、青铜、铝、聚酰胺(尼龙)、聚四氟乙烯(特氟龙或 PTFE)、玻璃纤维、碳纤维增强塑料，都可用来作为保持架材料。

在当今的深空探测和网络空间时代，许多不同类型的轴承已经开始得到应用，例如空气轴承、箔片轴承、磁力轴承和流体静压轴承等等，这些轴承分别适用于某些特定的应用场合。例如，在空间尺寸足够、压力流体供应充足而在重载下又要求有极高的刚性时，应采用流体静压轴承。又如在高速、轻载、低摩擦和存在气源的应用条件下，可以采用自压式空气轴承。但是，对滚动轴承的应用范围并没有太多的限制。比如，图 1.3 所示的微型球轴承适

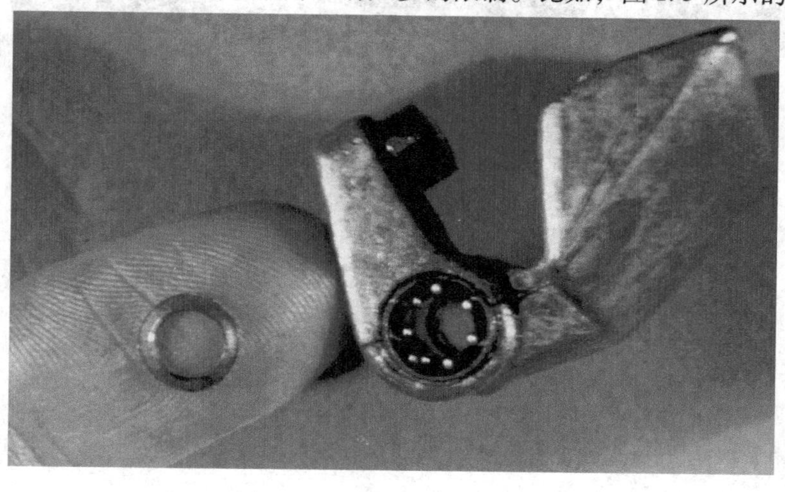

图 1.3 微型球轴承(由 SKF 提供)

用于高精度场合，如惯性导航陀螺仪和高速牙钻等；图1.4所示的是用于矿山机械的大型调心滚子轴承；而如图1.5所示的大型旋转枢轴轴承，已在英吉利海峡隧道挖掘机上得到应用。

图1.4 应用于球磨机(采矿用)上的大型调心滚子轴承(由SKF提供)

a)

图1.5 英吉利海峡隧道挖掘机用大型旋转枢轴轴承

a) 实际照片

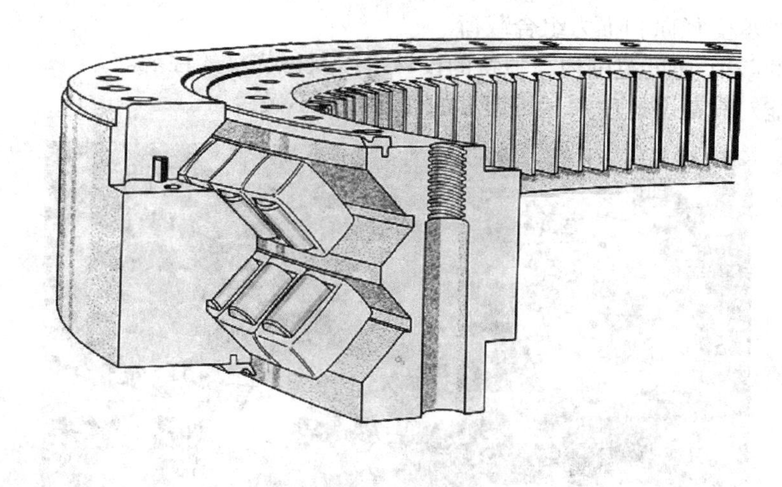

b)

图1.5　英吉利海峡隧道挖掘机用大型旋转枢轴轴承(续)
b) 组装示意图(由 SKF 提供)

滚动轴承适用于不同的操作环境，例如，炼钢设备中的高载荷、高温和粉尘环境(图1.6)；土方工程和农业机械中的易脏污环境(图1.7和图1.8)；性命攸关的航空动力传输系统(图1.9)；深空极端高-低温和真空环境(图1.10)等。在以上所有应用中，滚动轴承均得到了很好的应用。特别是，与其他类型轴承相比，滚动轴承有如下几方面的优点：

- 转动摩擦力矩比流体动压轴承低得多，因此摩擦温升与功耗较低。
- 起动摩擦力矩仅略高于转动摩擦力矩。
- 轴承变形对载荷变化的敏感性小于流体动压轴承。
- 只需要少量的润滑剂便能正常运行，运行时能够长时间自我提供润滑剂。
- 轴向尺寸小于传统流体动压轴承。

图1.6　典型炼钢设备用调心滚子轴承(由 SKF 提供)

- 可以同时承受径向和推力组合载荷。
- 在很大的载荷-速度范围内，独特的设计可以获得优良的性能。
- 轴承性能对载荷、速度和运行温度的波动相对不敏感。

图 1.7 许多球轴承和滚子轴承都应用于高污染的掘土工程中(由 SKF 提供)

图 1.8 带密封圈以保持长寿命的农业用轴承(由 SKF 提供)

虽然有上述优点，但与流体动压轴承相比，滚动轴承也有一个缺点。在这点上，Tallian[3]把现代滚动轴承的发展划分为三个时期：即 20 世纪 20 年代以前的“经验”期；20 年代至 50 年代的“传统”期；以及此后的“现代”期。不论是经验期、传统期还是目前的现代期，都认为即使轴承润滑良好，安装正确，防尘防潮严密，运转正常，它们最终也会因为滚动接触表面的疲劳而失效。如图 1.11 所示，历史上认为滚动轴承具有和灯泡及人类一样的统计寿命分布规律。

图 1.9 西科斯基 CH-53E 悍马型重载直升机装有球轴承、圆柱滚子轴承、调心滚子轴承，用来传输主螺旋桨和尾翼螺旋桨所需动力（西科斯基联合航空技术公司提供）

图 1.10 登月舱和月球车上所用球轴承在月球上高温差及高真空环境下运行良好(由 SKF 提供)

20 世纪 60 年代的研究[4]表明，滚动轴承存在最小疲劳寿命，即在此之前，即使满足了正常运转条件下的疲劳失效准则，因滚动接触疲劳而引起的“过早失效”也不会发生。此外，现代制造技术已能生产出具有很高几何精度的零件以及有着极其光滑的滚动接触表面的轴承；现代炼钢工艺可以提供杂质极少的高纯度轴承钢；而现代密封和润滑剂过滤技术能最

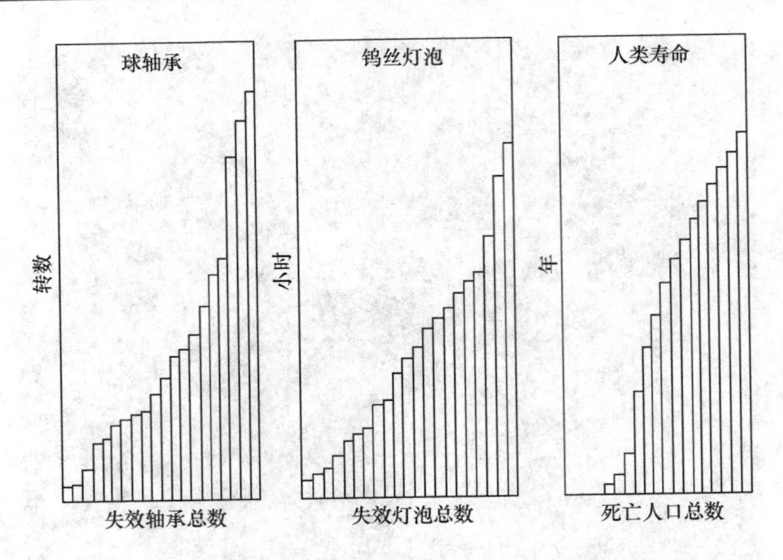

图 1.11 滚动轴承疲劳寿命分布与人类及灯泡寿命分布对比

大限度地防止有害杂质进入滚动接触表面。今天，在很多应用中，即使是在有重载荷作用的场合，将这些方法结合起来使用，就可能消除滚动接触疲劳的发生。在许多轻载应用中，如大多数电动机，疲劳寿命已不再是设计上要考虑的主要问题。

滚动轴承种类繁多，因此在开始讨论轴承理论和着手进行应用分析之前，有必要熟悉轴承的各种类型。在接下来的各节里，将对目前应用最多的球轴承和滚子轴承分别进行介绍。

1.2 球轴承

1.2.1 深沟球轴承

1.2.1.1 单列深沟球轴承

图 1.12 所示的是一种单列深沟球轴承，它是最常用的滚动轴承。大多数商品轴承内外沟道的曲率半径在钢球直径的 51.5%~53% 之间。

这种轴承的装配如图 1.13 和图 1.14 所示。把钢球填入内外圈之间，装配角由下式决定：

$$\phi=\frac{2(Z-1)D}{d_m} \tag{1.1}$$

式中，Z 是球数，D 是球的直径，d_m 是球中心节圆直径。将内圈推至与外圈同心位置，并使球沿周向均匀分布，然后装入图 1.12 所示的铆接保持架或图 13.18a 所示的聚合物保持架以保持钢球均匀分布。深沟球轴承具有高的吻合度，而且轴承节圆可以容纳恰当的球径和球数，因此当轴承材料性能优良，制造精度良好，润滑及密封合适时，具有很高的承载能力。尽管设计这种轴承用于承受径向载荷，但轴承在径向和轴向联合载荷，甚至仅在轴向载荷状态下也能很好地运转。如果保持架设计合理，深沟球轴承还能够承受较小的偏心载荷(力矩载荷)。如果把轴承外圈的外表面制成球面，如图 1.15 所示，则轴承具有自调心功能，但不能承受力矩载荷。

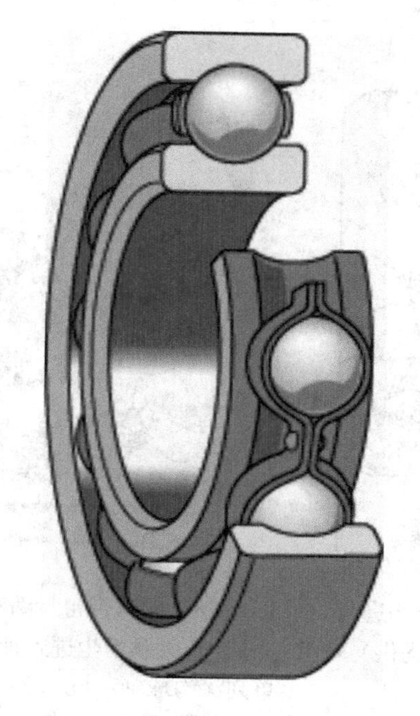

图 1.12　单列深沟球轴承(由 SKF 提供)

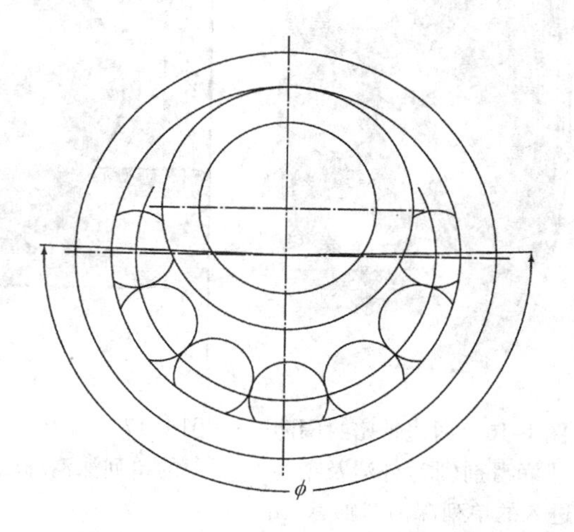

图 1.13　深沟球装配

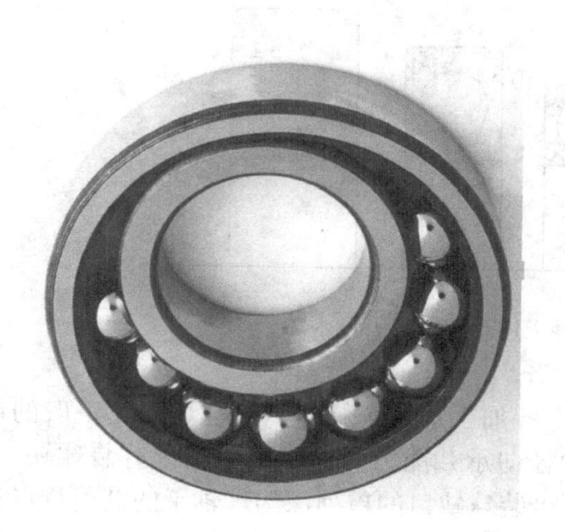

图 1.14　内圈与外圈同心前的深沟球轴承零件

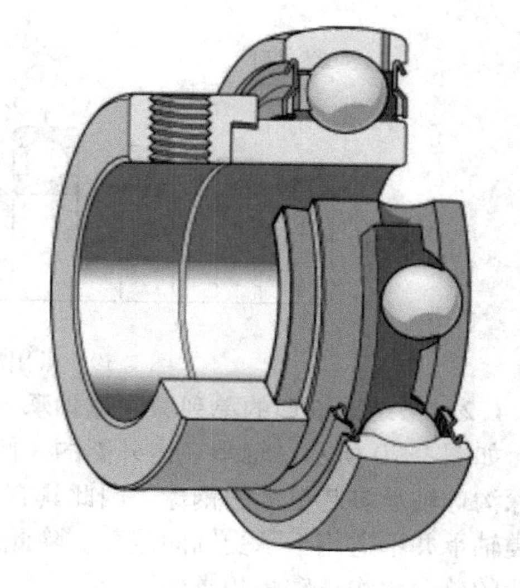

图 1.15　外圈制成球面使具有调心功能的单列深沟球轴承(由 SKF 提供)

深沟球轴承可以带密封圈(图 1.16)或防尘盖(图 1.17)或两者兼有(图 1.18)，这些组件的作用是防止润滑剂泄露和防止污渍进入轴承内部。为满足普通和特殊应用场合的需要，密封圈和防尘盖有许多种结构形式，例如图 1.16～图 1.18。在第 12 章将详细介绍密封圈结构。如果润滑充分并能提供冷却，深沟球轴承也可高速运转。制造商样本里给出的速度极限一般为轴承在无外部冷却或不采用特殊冷却技术的条件下的值。

根据 ANSI 和 ISO 标准，深沟球轴承有几种不同的尺寸系列。图 1.19 所示为常用深沟球轴承尺寸系列对比。

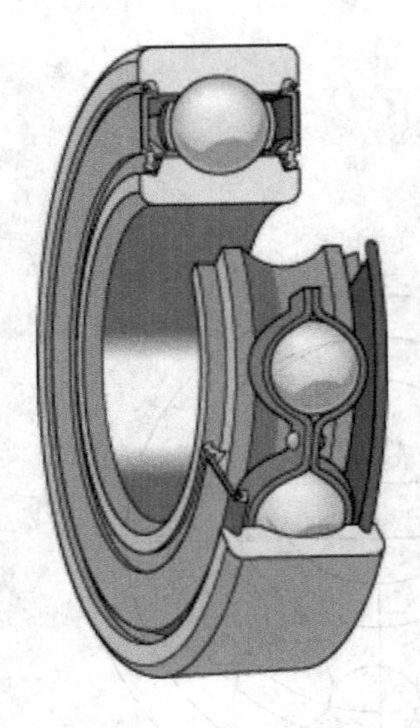

图 1.16　两边带密封圈防止润滑剂(脂)外泄及杂物进入的单列深沟球轴承(由 SKF 提供)

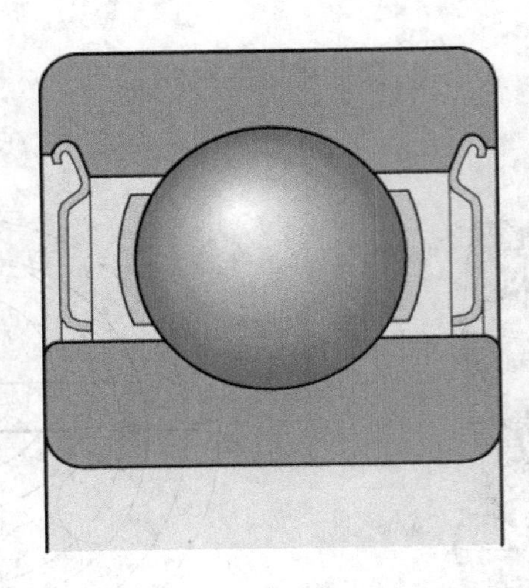

图 1.17　两边带防尘盖以防杂物进入的单列深沟球轴承(由 SKF 提供)

图 1.18　同时带密封圈和防尘盖(防止大颗粉尘进入轴承)的单列深沟球轴承(由 SKF 提供)

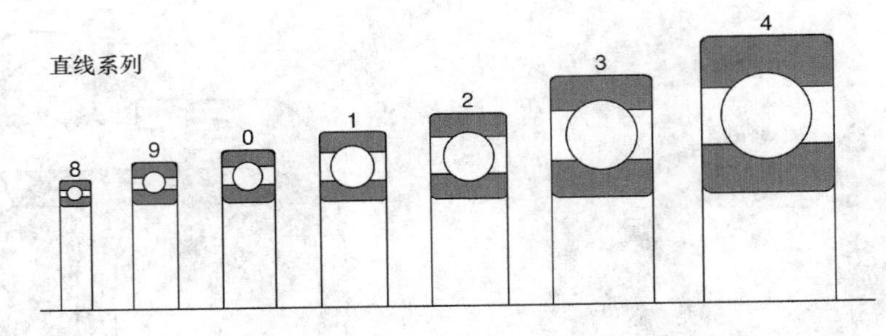

图 1.19　常用深沟球轴承尺寸系列对比

1.2.1.2　带装球缺口的单列深沟球轴承

如图 1.20 所示，轴承在内外圈的一侧档边上各加工了一个缺口，这样可以比一般的单列深沟球轴承多装更多的钢球，因此具有更强的径向承载能力。由于内外圈上有装球缺口，这类轴承并不适用于承受轴向载荷。除此之外，带装球缺口的单列深沟球轴承的其他特点与一般的单列深沟球轴承相类似。

1.2.1.3　双列深沟球轴承

如图 1.21 所示，这种轴承与单列深沟球轴承相比拥有更强的径向承载能力。列间载荷分配情况由沟道的几何精度控制。除此之外，这种轴承与单列深沟球轴承拥有类似的性能特点。

1.2.1.4　仪表球轴承

其标准公制轴承尺寸范围是：内径由 1.5mm(0.059 06in) 到 9mm(0.354 33in)；外径由 4mm(0.157 48in) 到 26mm(1.023 62in)(参见参考文献[5])。其标准英制轴承尺寸范围[6]是：内径由 0.635mm(0.025in) 到 19.050mm(0.750 0in)；外径由 2.54mm(0.100in) 到 41.275mm(1.625 0in)。另外，仪表球轴承还包括外径到 47.625mm(1.875 0in) 的超薄系列

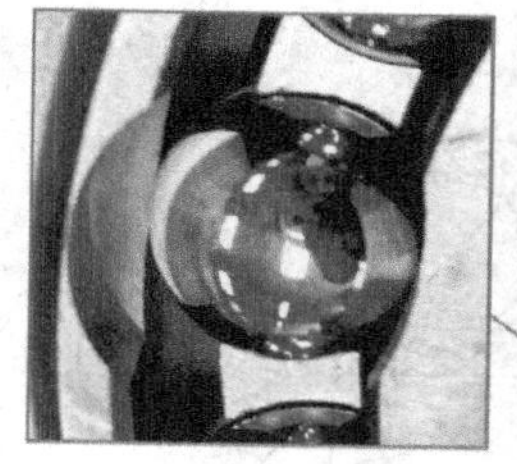

图1.20　带装球缺口的单列深沟球轴承(由Timken公司提供)

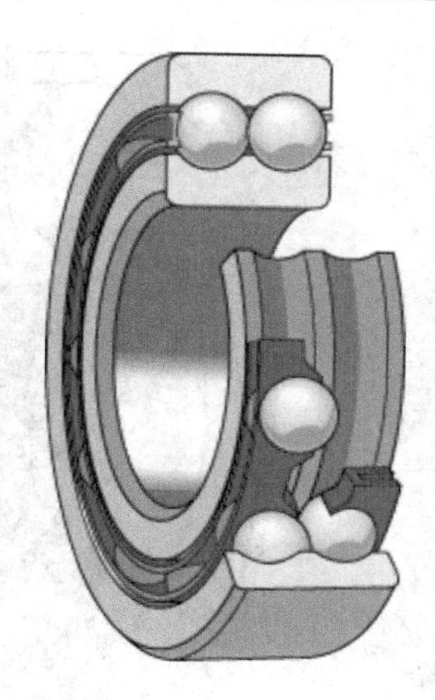

图1.21　双列深沟球轴承(由SKF提供)

和外径到100mm(3.937 01in)的薄壁系列。根据ANSI[6]标准，外径小于9mm(0.354 3in)的轴承称为微型轴承，其所用钢球直径最小为0.635mm(0.025 0in)。这些轴承表明在图1.3中。仪表球轴承的制造标准比之前所述的各种轴承都要更严格，如清洁标准。这是因为微小杂质将显著增加轴承摩擦力矩，不利于轴承的平稳运转。因此，这类轴承要在如图1.22所示的超清洁间里进行装配。

仪表球轴承沟曲率半径一般不小于57%。为防止锈蚀对轴承性能的影响，该类轴承通常采用不锈钢制造。

1.2.2　角接触球轴承

1.2.2.1　单列角接触球轴承

如图1.23所示，角接触球轴承是被设计来承受径向和轴向联合载荷或者大的轴向载荷。承载能力由接触角大小决定。接触角越大，可承受轴向载荷越大。图1.24表示大、小接触角的球轴承。这类轴承的沟道曲率半径一般为钢球直径的52%~53%，接触角一般不大于40°。这类轴承一般都是成对安装，并消除原始游隙，如图1.25所示。可以对轴承预紧，以提高其轴向的刚性。还可以将角接触球轴承串列安装以实现更大的轴向承载能力，如图1.26所示。

图1.22　在清洁间完成仪表球轴承的最终装配

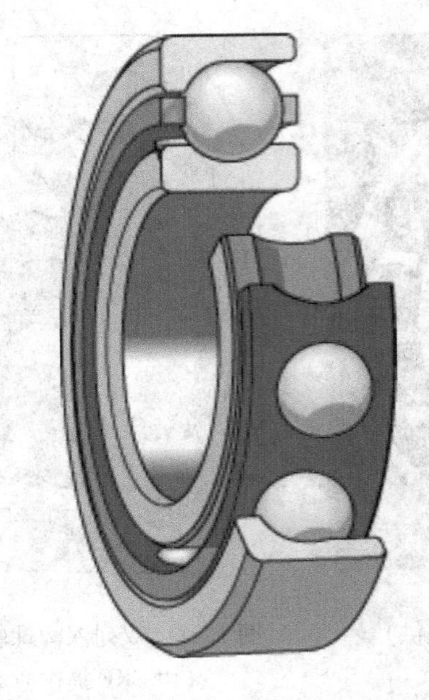

图1.23　角接触球轴承(由SKF提供)

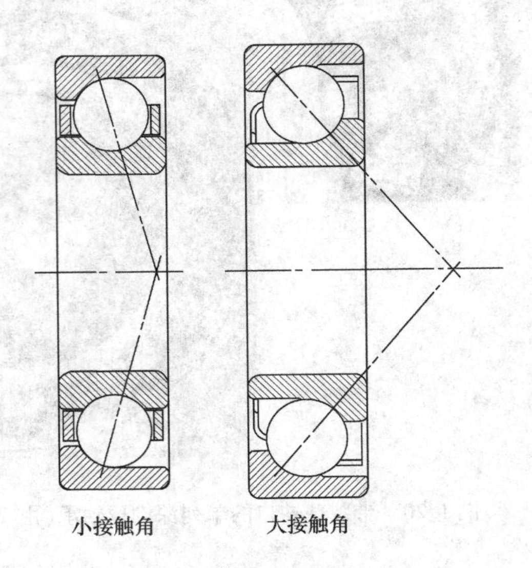

图1.24　角接触球轴承

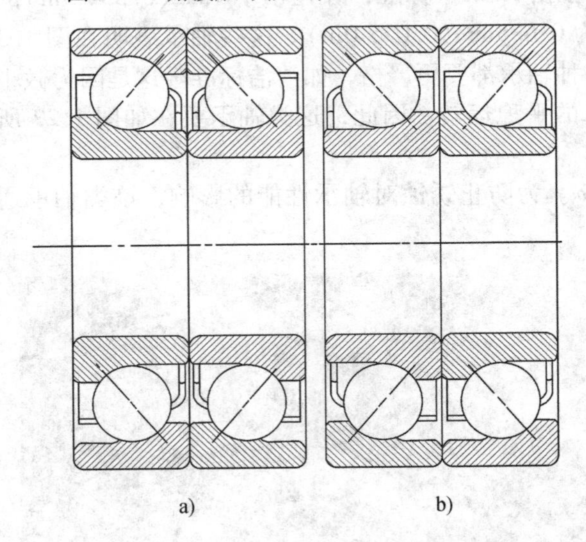

图1.25　成对双联角接触球轴承
a）背对背安装　b）面对面安装

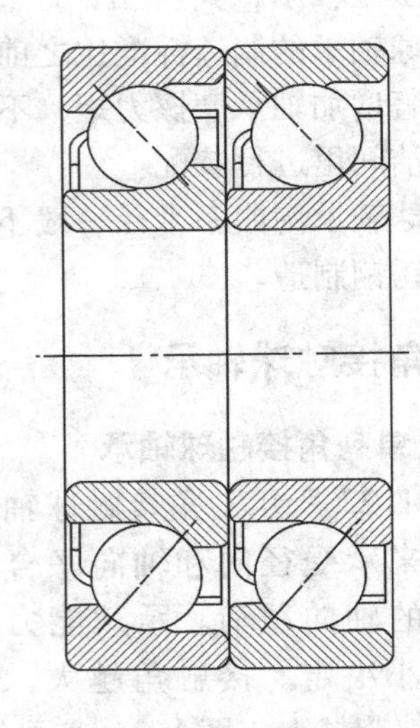

图1.26　成对串联安装的角接触球轴承

1.2.2.2　双列角接触球轴承

如图1.27所示，双列角接触球轴承可以承受任何一个方向的轴向荷载或者是径向与轴向的联合载荷。刚性好的双列角接触球轴承可以承受力矩载荷。本质上说，这种轴承与成对双联角接触球轴承性能相似。

1.2.2.3　双列调心球轴承

如图1.28所示，双列调心球轴承的外滚道是一球面的一部分，因此，该轴承具有自调心功能，但不能承受力矩载荷。由于球与外滚道的吻合度不高(滚道不是沟形)，所以外滚道的承载能力有所降低。通过加大球数以减小每个球所承受的载荷，可以或多或少地补偿这一不足。双列调心球轴承适用于轴和轴承座难以保证同心的场合。图1.29给出了一种带紧定套和锁紧螺母的双列调心球轴承，安装这种轴承时，不需要定位轴肩。

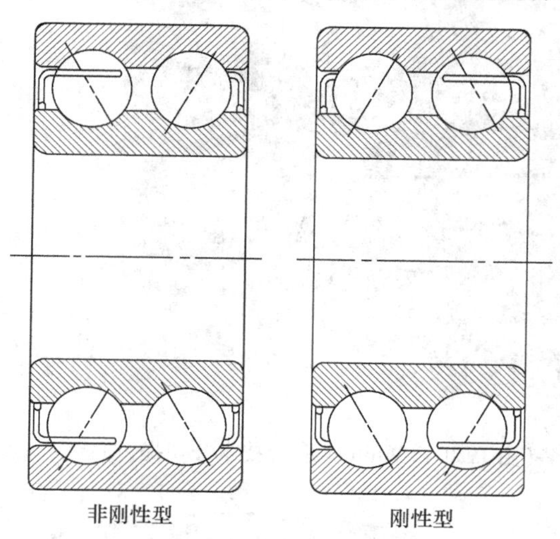

图1.27　双列角接触球轴承

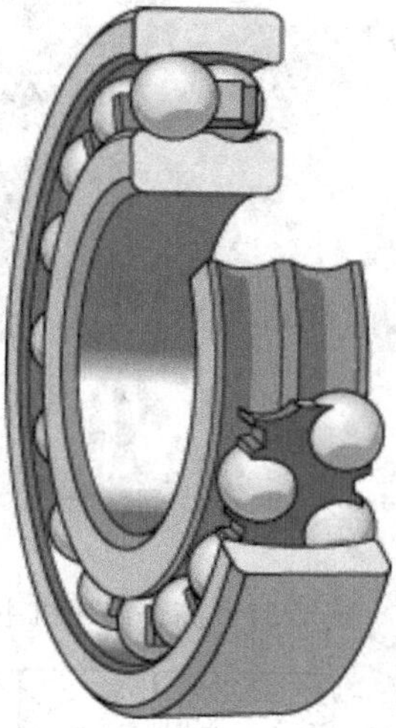

图1.28　双列调心球轴承(由SKF提供)

1.2.2.4　双半内圈球轴承

如图1.30所示，双半内圈球轴承的内圈由两个轴向分离的半套圈组成，因而可以承受较大的双向轴向载荷，同时也能承受适当的径向载荷。这种轴承广泛应用于高速涡轮机主轴，图1.31给出了高速涡轮机主轴球轴承的安装图。显然，为了承受双向轴向载荷，在轴承两侧，轴承的内外圈要分别定位。在工厂里经过精磨的两套双半内圈球轴承以串联方式安装可以分担给定方向的推力载荷，如图1.32所示。

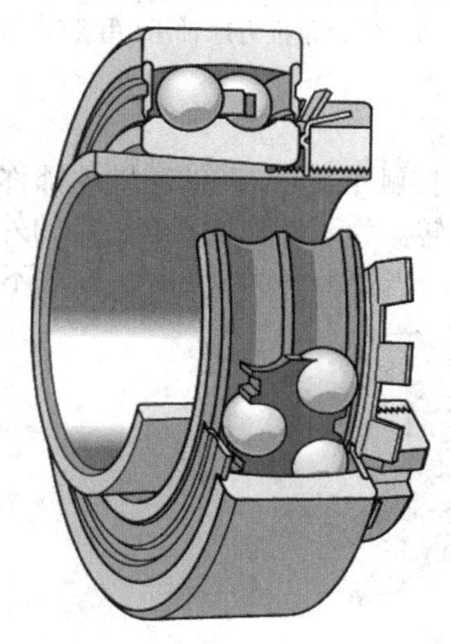

图1.29　带紧定套和锁紧螺母的双列调心球轴承(由SKF提供)(这种轴承安装简便)

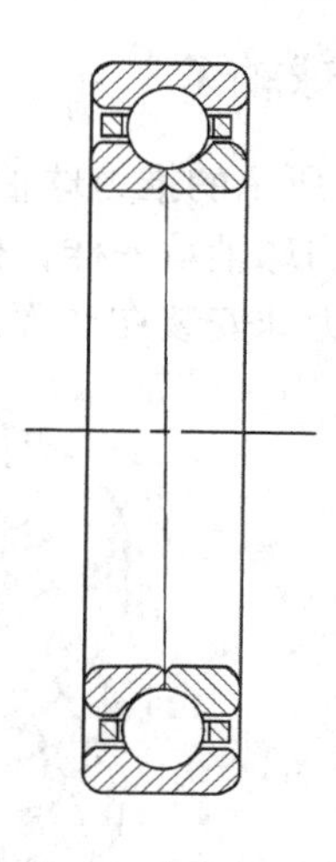

图1.30　双半内圈球轴承

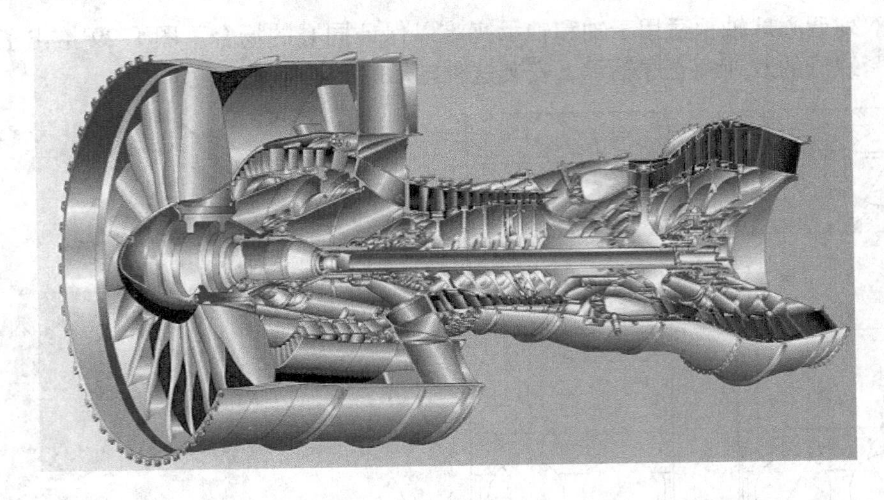

图1.31　高速涡轮机主轴用球轴承的安装(由 Pratt 和 Whitney 联合技术公司提供)

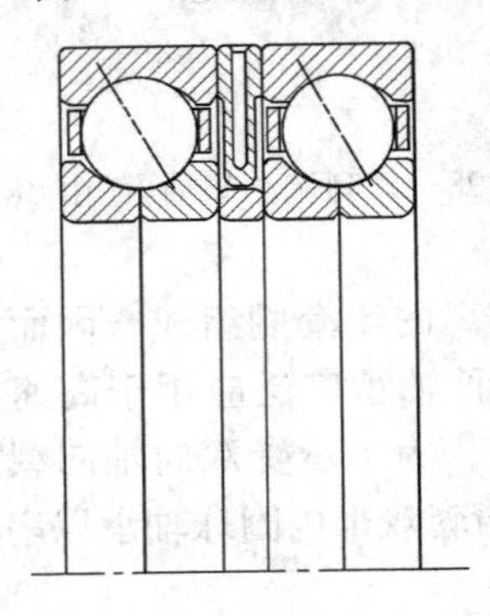

图1.32　成对串联双半内圈球轴承

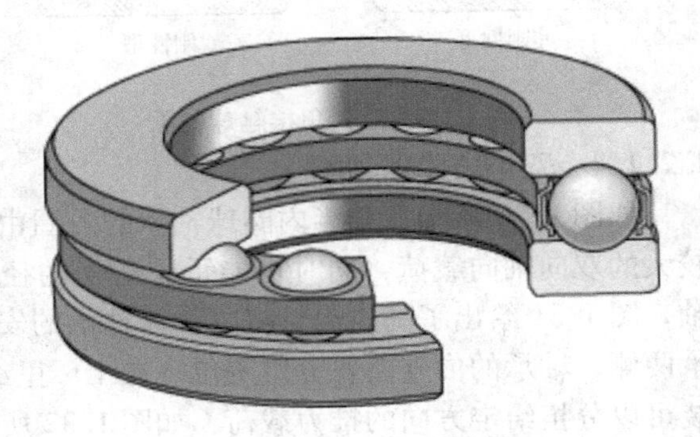

图1.33　90°接触角推力球轴承(由 SKF 提供)

1.2.3　推力球轴承

如图1.33所示的推力球轴承的接触角为90°。凡是接触角大于45°的球轴承都称为推力球轴承，与深沟球轴承一样，推力球轴承适用于高速运转。为了使轴承具有一定的外部调心功能，可将推力球安装在球面座圈上，如图1.34所示。当接触角为90°时，轴承不能承受

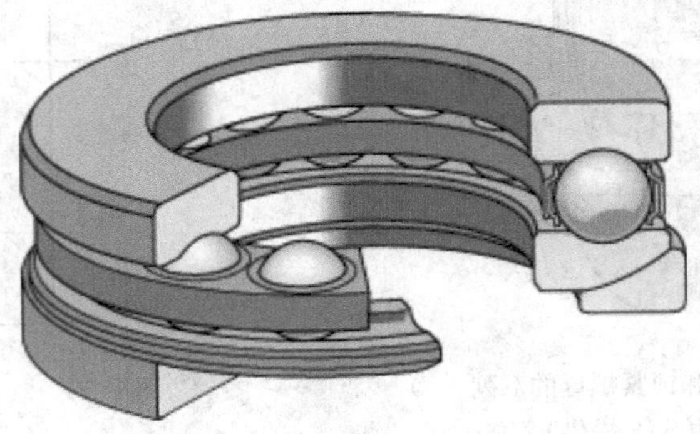

图1.34　带球面座圈，具有外部调心功能，且接触角为90°的推力球轴承(由 SKF 提供)

径向载荷。

1.3　滚子轴承

1.3.1　概述

滚子轴承一般用于载荷超过一般球轴承承载能力的场合。与相同尺寸球轴承相比，滚子轴承通常具有更高的刚性(单位载荷下变形量小)和更好的抗疲劳性。通常，滚子轴承的加工成本和价格都要高于同尺寸球轴承，安装使用要求也要更苛刻。除调心滚子轴承外，安装时需要注意保证轴与轴承座的同心度。

1.3.2　向心滚子轴承

1.3.2.1　圆柱滚子轴承

如图1.35所示，圆柱滚子轴承由于其摩擦力矩很低，所以适用于高速运转。这类轴承也具有承受较大径向载荷的能力。然而一般的圆柱滚子轴承存在沿轴向的窜动，在这种轴承的一个套圈的两侧有滚子引导挡边，但另一个套圈上没有，如图1.36所示。如果在另一个套圈上也有引导挡边，则滚子轴承可以承受适当的轴向载荷，如图1.37所示。

为避免滚子边缘出现应力集中，通常滚子都带有凸度，如图1.38所示。滚子的凸度还可以消除由于轻微的倾斜所带来的不利影响。滚子凸度理论上是针对一种载荷条件设计的，也可以用凸度滚道来代替凸度滚子。

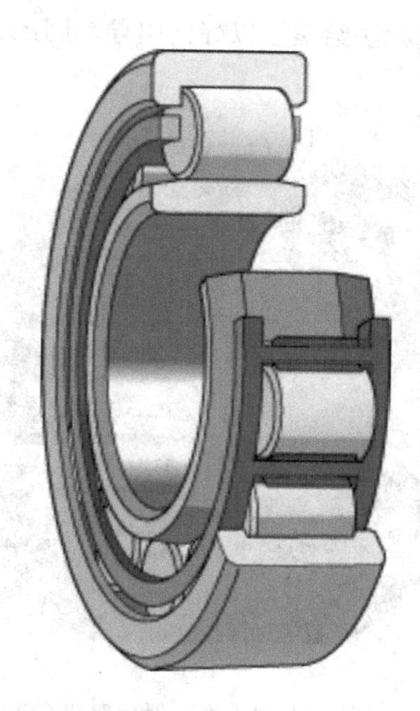

图1.35　向心圆柱滚子轴承(由SKF提供)

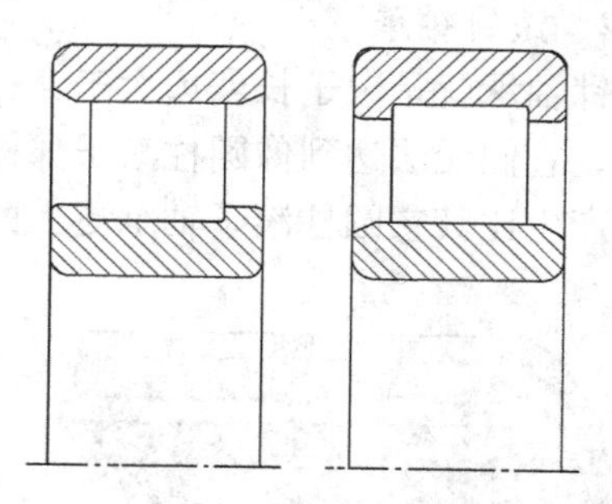

图1.36　一个套圈不带推力挡边的圆柱滚子轴承

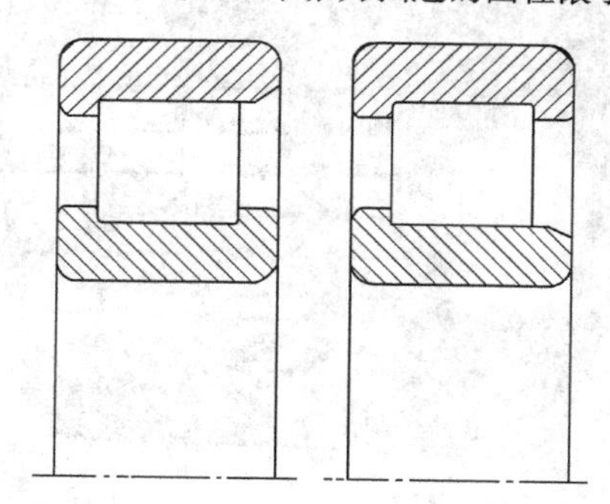

图1.37　带双面推力挡边的圆柱滚子轴承

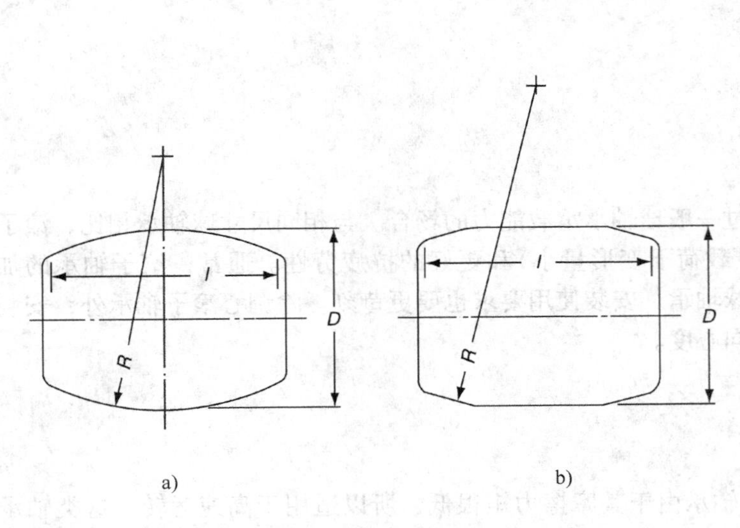

图 1.38 凸度滚子

a）全凸型圆柱滚子

b）部分凸型圆柱滚子(为清楚显示,凸起弧度已大为放大)

图 1.39 精密机床主轴用双列圆柱滚子轴承(由 SKF 提供)

通常用双列或是多列圆柱滚子轴承来代替长滚子轴承以增强轴承的径向承载能力。这样做是为了减小滚子歪斜的趋势。图 1.39 所示为一种应用于精密场合的小型双列圆柱滚子轴承，图 1.40 所示为轧钢机用大型多列圆柱滚子轴承。

1.3.2.2 滚针轴承

滚针轴承就是滚子长度远大于直径的圆柱滚子轴承，如图 1.41 所示。由于其滚子的几何特性，它们无法达到像圆柱滚子那样的加工精度，也无法给滚子以好的引导。因此，滚针轴承会产生比其它圆柱滚子轴承更大的摩擦。

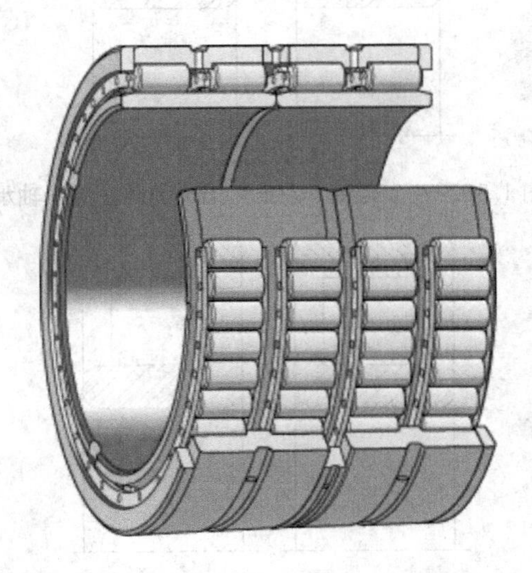

图 1.40 轧钢机用大型多列圆柱滚子轴承(由 SKF 提供)

图 1.41 带不可分离外圈、保持架和滚针组件的滚针轴承(由 Timken 公司提供)

滚针轴承适用于径向空间受到限制的应用场合，有时为了节省空间，直接把滚针安装在淬火的轴上。该类轴承经常用于摆动运动或者连续旋转但载荷很轻且断断续续的环境下。滚针轴承可以不带保持架。对于这种满滚针轴承，如图1.42所示，常利用外圈的弯曲挡边对滚针进行引导和保持，滚道一般经过淬硬但不再进行磨削。

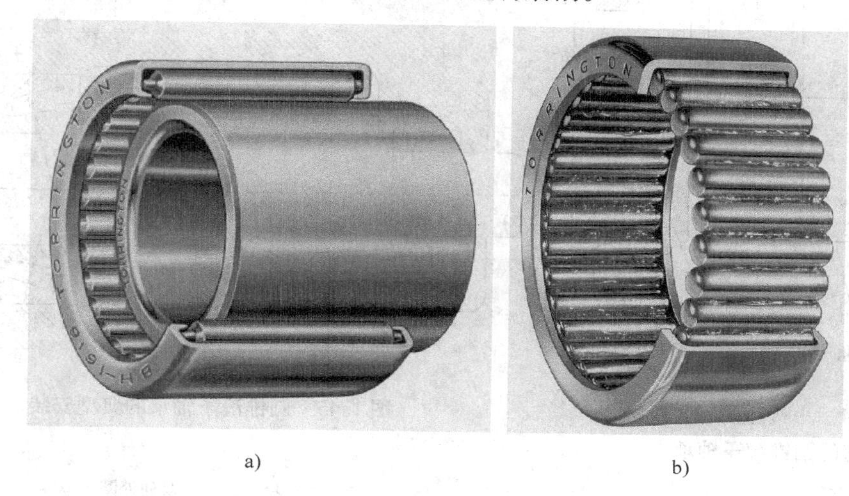

a)　　b)

图1.42　满滚针轴承

a）装有带耳轴滚子的冲压外圈组件与内圈

b）用油脂封装的滚子—冲压外圈组件（由Timken公司提供）

1.3.3　圆锥滚子轴承

如图1.43所示，单列圆锥滚子轴承可以承受大的径向和轴向载荷或只承受推力载荷。由于内外滚道的接触角不同，使滚子与内挡边之间存在一个接触力。由于这个挡边上的相对较大的滑动摩擦，在没有外加特殊的冷却和润滑的条件下，圆锥滚子轴承不适合用于高速运转。

圆锥滚子轴承的术语与其他滚子轴承多少有些不同，其内圈称之为“锥”，外圈称之为“杯”。如图1.44所示，由于承受的轴向载荷大小不同，圆锥滚子轴承的接触角有大有小。由于圆锥滚子轴承是可分离的，所以其一般成对安装，并且相互调整，如图1.45。为提高轴承径向承载能力，同时消除由于两套轴承间距过长导致的轴向调整问题，可如图1.46所示，将圆锥滚子轴承组合为双列轴承。图1.47是一组典型的铁路客车车轮用双列圆锥滚子轴承。双列轴承也可以组合成四列滚子轴承以承受更大的径向载荷如在轧辊应用中。图1.48为整体密封的四列圆锥滚子轴承。

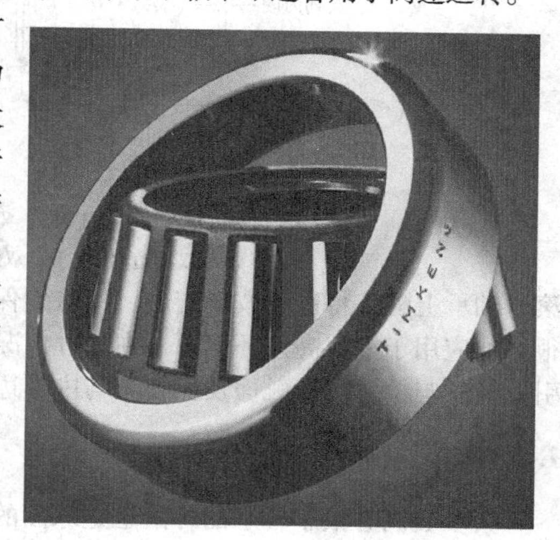

图1.43　有可分离外圈和不可分离内圈、保持架、滚子组件的单列圆锥滚子轴承（由Timken公司提供）

与圆柱滚子轴承类似，圆锥滚子或滚道也常常带有凸度以消除滚子端部的应力集中。在圆锥

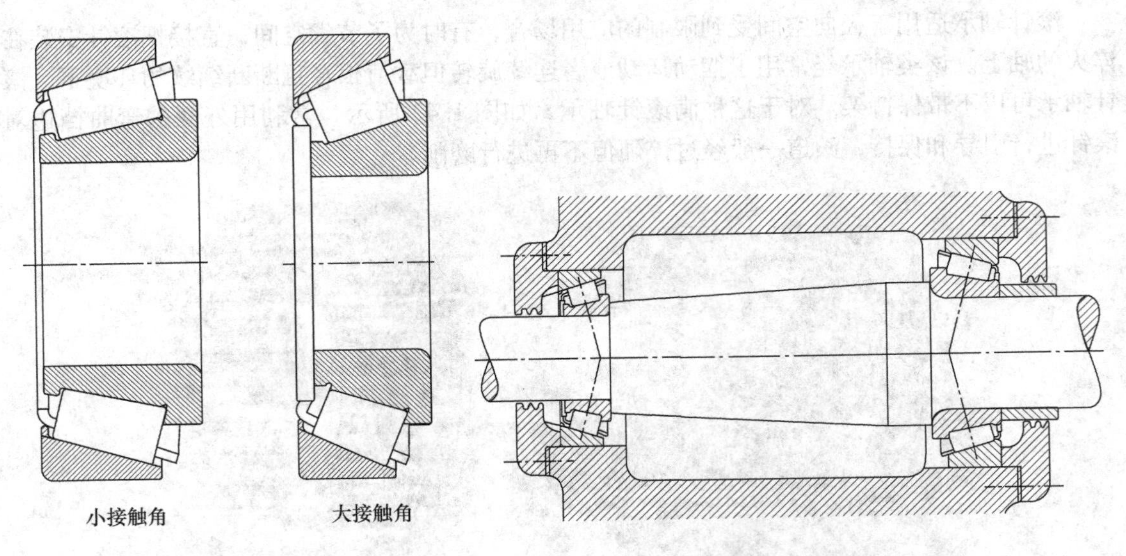

图1.44　小接触角和大接触角的圆锥滚子轴承

图1.45　圆锥滚子轴承的典型安装

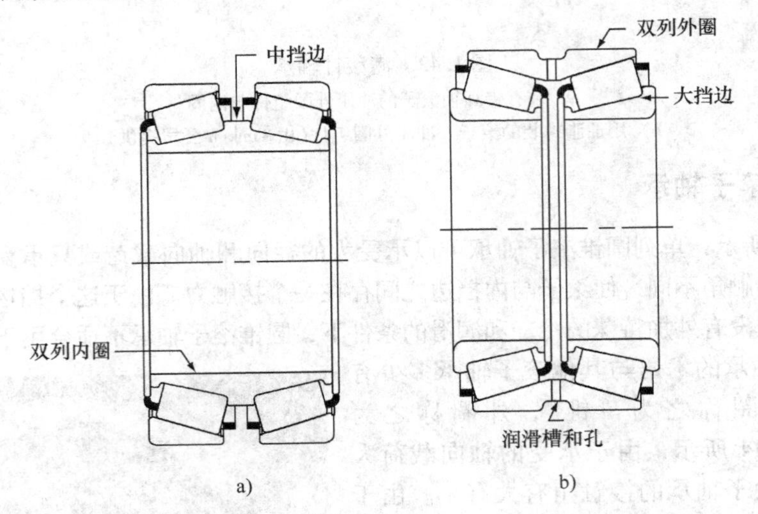

图1.46　双列圆锥滚子轴承
a）双滚道内圈　b）双滚道外圈(由Timken公司提供)

滚子轴承上配备特殊的波形档边、特殊的保持架和润滑油孔，如图1.49所示，该轴承可以很好地应用于重载高速环境下。在这种情况下，保持架由内外圈边缘引导，润滑油由离心力引入滚子与挡边的接触面及保持架与内圈边缘的接触面。

1.3.4　调心滚子轴承

大多数调心滚子轴承的外滚道是球面的一部分，因此，这类轴承可以内部自动调心如图1.50所示。在与滚动方向垂直的截面内，滚子母线为曲线且与内外滚道吻合得很好。因此调心滚子轴承拥有很强的承载能力。图1.51给出了不同形式的双列调心滚子轴承。

图1.51a为具有非对称滚子的调心滚子轴承，与圆锥滚子轴承类似，这种轴承也存在一

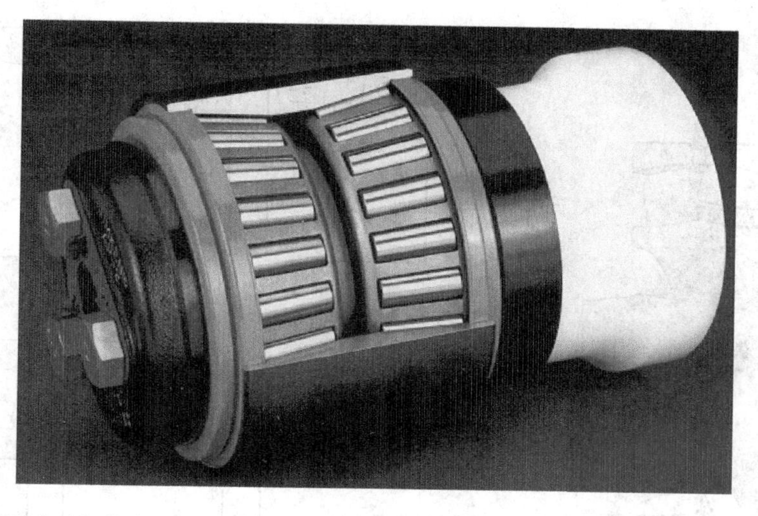

图1.47　铁路车轮用带密封圈、脂润滑、预调整过的双列圆锥滚子轴承(由Timken公司提供)

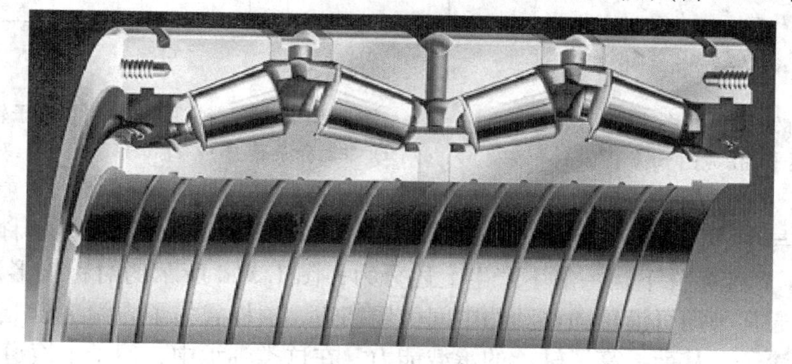

图1.48　热轧机用带整体密封的四列圆锥滚子轴承(由SKF提供)

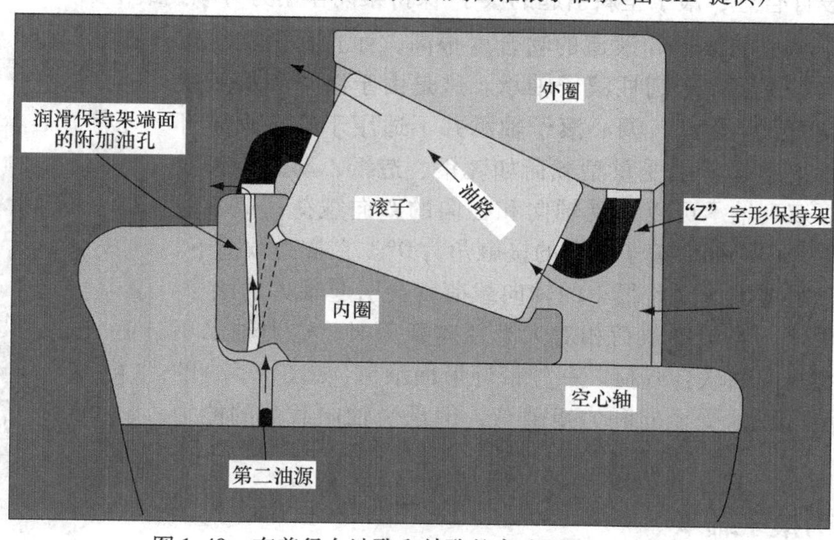

图1.49　有着径向油孔和歧孔的高速圆锥滚子轴承
"Z"字形保持架由内圈及外圈边缘引导
(由Timken公司提供)

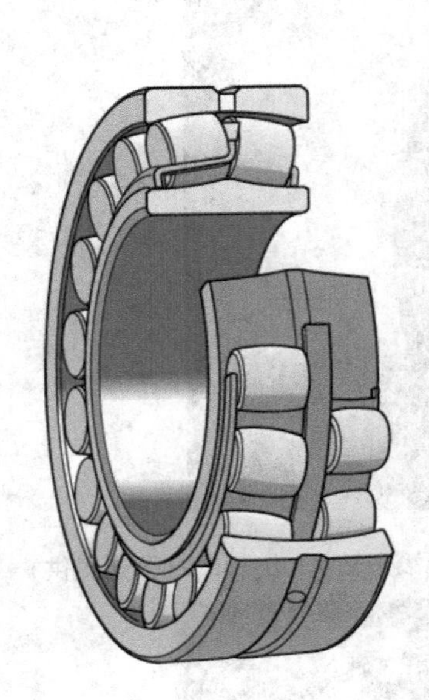

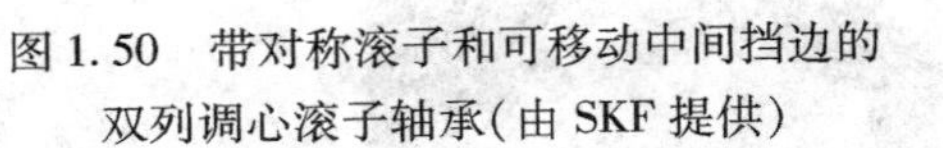

图1.50　带对称滚子和可移动中间挡边的双列调心滚子轴承(由SKF提供)

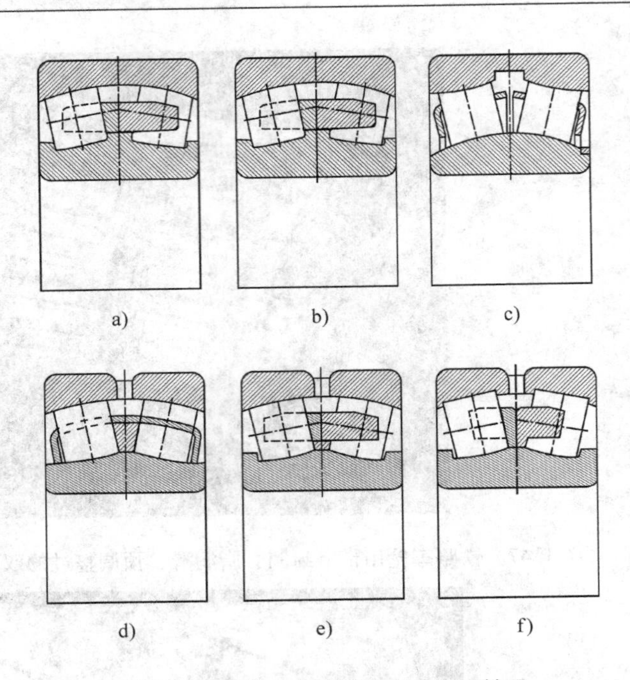

图1.51　不同形式的双列调心滚子轴承
a)、e)、f) 非对称滚子　b) 对称鼓形滚子　c) 对称沙漏形滚子
d) 对称鼓形滚子可轴向移动的中间引导挡边

个分力使滚子与中心固定挡边接触；图1.51b和图1.51c所示的轴承采用对称滚子(鼓形或沙漏形)，除了高速条件下，一般不产生上述分力；图1.51d所示的对称鼓形滚子的双列调心滚子轴承，通常采用可沿轴向移动的中间引导挡边，这样省去了内圈滚道上的退刀槽，可以采用更长的滚子，从而提高了轴承的承载能力。在这类轴承中，滚子由滚道和保持架共同引导。如果设计合理，滚子歪斜引起的滚子-保持架间作用力可减到最小。

调心滚子轴承的滚子和滚道的吻合度很高，而且都是曲线母线，因此它的摩擦要大于圆柱滚子轴承。这是由于滚子和滚道接触处严重滑动所致。因此，调心滚子轴承并不适用于高速运转环境。这类轴承更适合于承受重型载荷如轧钢、造纸、动力传输及船舶等方面。双列轴承可以承受轴向和径向的双向载荷，但不能承受力矩。单列向心调心滚子轴承的接触角为0°。在推力载荷下，接触角并非显著增加，因此很小的轴向载荷就会引起很大的滚子-滚道载荷。所以，当轴向载荷相对大于径向载荷时，这类轴承不能承受轴向和径向的联合载荷。一种带环形面滚道(如图1.52)的特殊单列轴承可以承受径向和力矩载荷，但承受轴向载荷的能力依然很差。

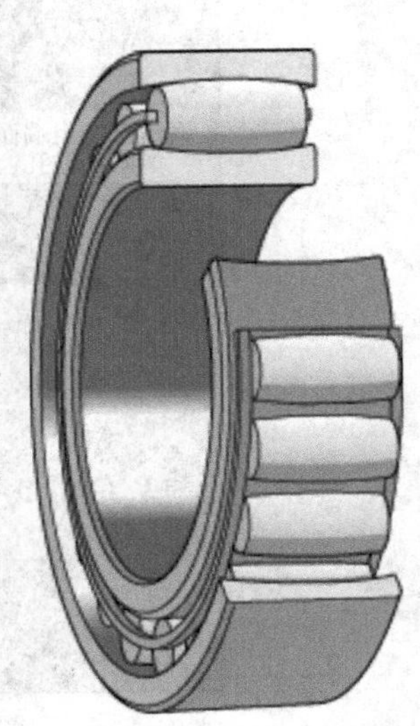

图1.52　单列向心环形滚子轴承(由SKF提供)

1.3.5　推力滚子轴承

1.3.5.1　推力调心滚子轴承

图1.53所示的推力调心(球面)滚子轴承的滚子与滚道接触很

紧密，所以具有很强的承载能力。这种轴承可以承受轴向和径向联合载荷并且具有自调心功能。由于滚子是不对称的，会使滚子的端部与球面挡边的凹面产生一个力的分量。这种轴承转动时会在上述位置产生滑动摩擦，因此并不适用于高速运行。

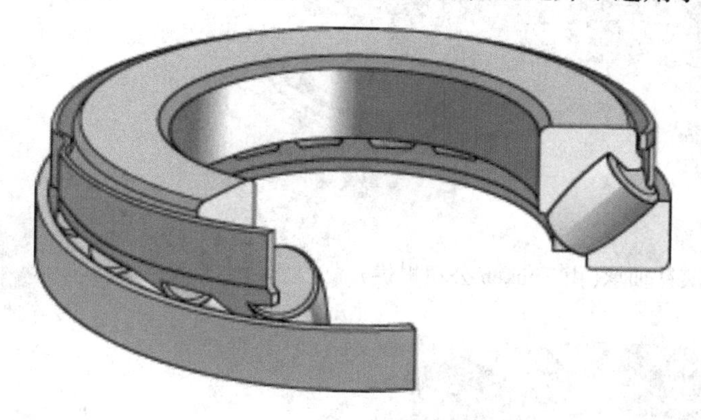

图 1.53　推力调心滚子轴承截面图(由 SKF 提供)

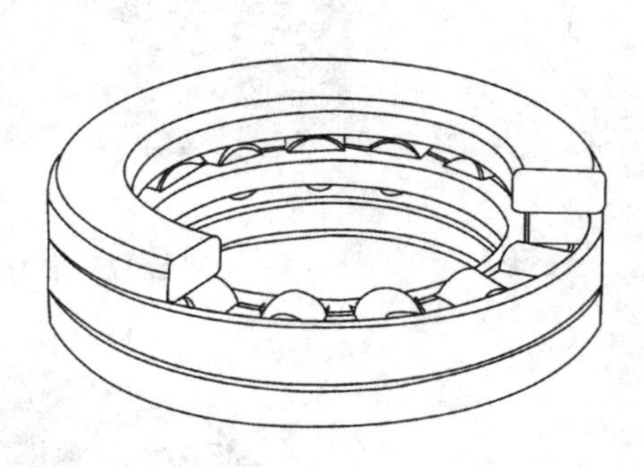

图 1.54　推力圆柱滚子轴承

1.3.5.2　推力圆柱滚子轴承

推力圆柱滚子轴承如图 1.54 所示。由于轴承几何结构上的原因，滚子和滚道之间会产生较大的滑动摩擦，所以这种轴承只适用于低速运转。在保持架兜孔中用几个短的滚子来代替一个长滚子，可以使滑动现象有所减轻。带两组保持架和滚子的推力圆柱滚子轴承如图 1.55所示。

1.3.5.3　推力圆锥滚子轴承

如图 1.56 所示，推力圆锥滚子轴承也产生一个分力，使滚子和外挡边接触。滚子和挡边接触处产生滑动摩擦，限制其只能用于低速旋转。

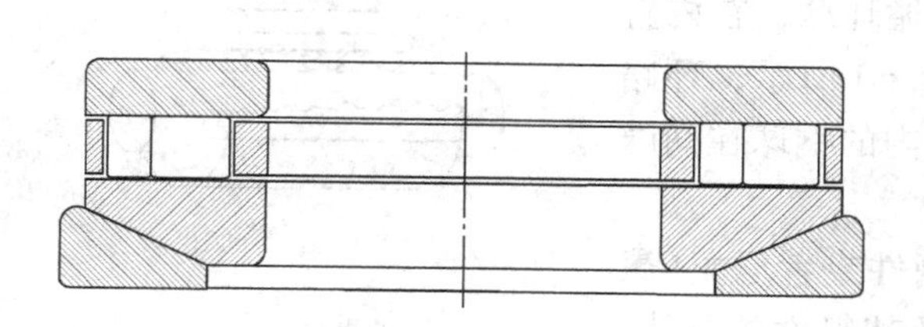

图 1.55　带两组保持架和滚子的推力圆柱滚子轴承
这类轴承带有弧形座圈以实现其调心功能

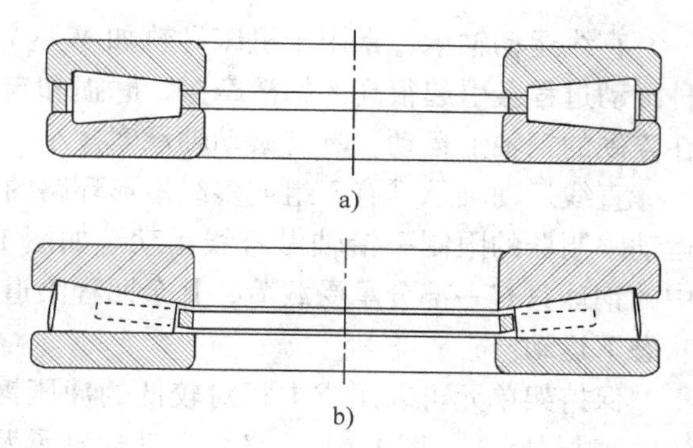

图 1.56　推力圆锥滚子轴承
a）两套圈均为圆锥滚道　b）只有一边为圆锥滚道

1.3.5.4　推力滚针轴承

如图 1.57 所示的推力滚针轴承类似于推力圆柱滚子轴承，所不同的仅仅是采用滚针代替了普通尺寸的滚子而已。因此，这类轴承的滑动通常很大；因而不能承受重载荷。推力滚针轴承的主要优点是可以应用于轴向空间受限制的环境。图 1.58 给出的推力滚针保持架组件，可以代替一套完整的轴承。

图 1.57 推力滚针轴承(由 Timken 公司提供)

图 1.58 推力滚针保持架组件(由 Timken 公司提供)

1.4 直线运动轴承

直线运动轴承，常用于机床导轨如 V 型导轨，一般仅在有润滑的滑动过程中采用。这种滑动过程会引起很高的粘滑摩擦、磨损和定位精度的丧失。如图 1.59 所示的，直线轴承在淬硬的钢轴上运动，具有滚动轴承摩擦小、耐磨损等特点。

直线运动轴承具有 3 组或多组矩形环路的循环球，在内置运动限制器的限制下沿轴做直线运动。如图 1.60 所示，环路中的钢球只有一部分承受载荷，其余回程滚道内的钢球在间隙状态下运动。

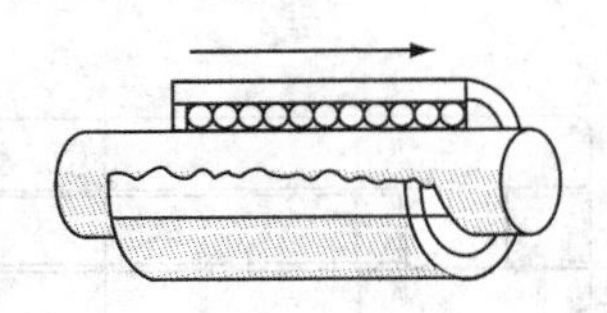

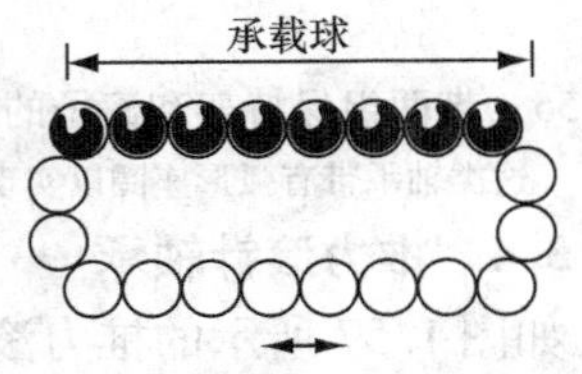

图 1.59 直线运动球轴承简图

保持架单元可以用成本相对较低的冲压钢件或者尼龙(聚酰胺)材料制造。图 1.61 是直线运动球轴承及其组件的照片。仪表用直线运动轴承的轴径最小可以达到 3.18mm(0.125in)。

直线运动轴承可用中重质油或轻质润滑脂润滑以防止磨损和腐蚀。对于高速直线运动，推荐使用轻质油。可以采用密封，但摩擦力矩会显著增加。

与向心球轴承类似，直线运动轴承寿命受滚动表面下的次表面初始疲劳限制。设计上通常要求直线运动球轴承能承受数

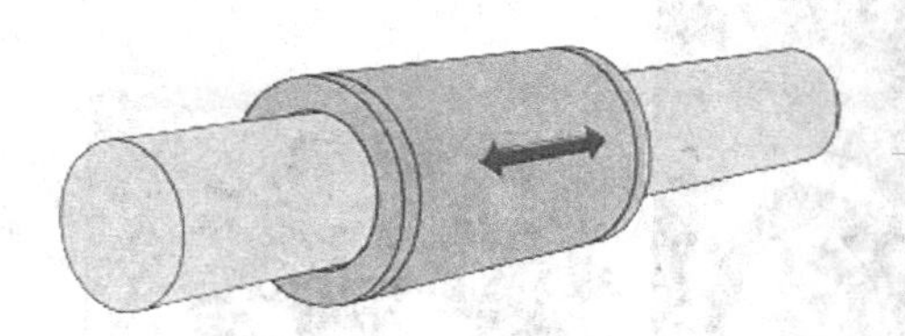
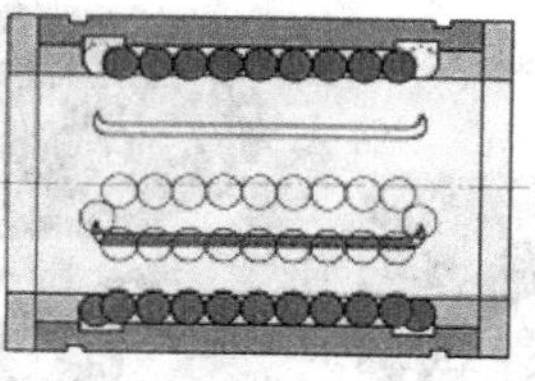
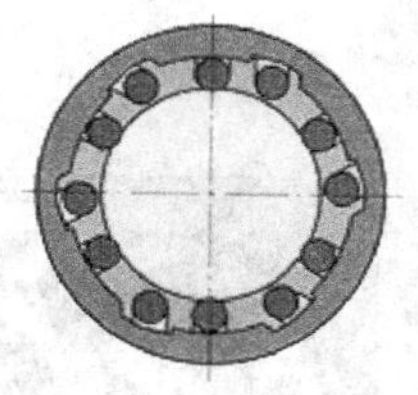

图 1.60　往复运动钢球组件简图

图 1.61　直线运动球轴承及其组件(由 SKF 提供)

百万次的直线运动。当淬硬轴发生表面疲劳或磨损或两者均发生时，可以通过替换轴或外圈来获得新的接触面。

1.5　特殊用途轴承

1.5.1　汽车轮毂轴承

汽车轮毂角接触球轴承过去常常是单个轴承配对安装，如图 1.25 所示。装到车轮上后，必须进行调整以消除轴向游隙。货车轮毂用圆锥滚子轴承也存在相同的情况。

为防止污染物进入轴承，要求外加密封圈。这类轴承需要脂润滑，并且由于在这种苛刻条件下润滑脂会失效，需要定期更换新的润滑脂。如果未能仔细保护，轴承不可避免会受到污染并影响轴承寿命。为克服上述问题，多数轴承单元在交货前已经过预调整、注脂和终身密封，如图 1.62a 所示。这些单元需要被压装到轮毂中。为简化汽车制造的装配过程，同时也为了减小体积，如图 1.62b 所示，在外圈上添加一个法兰，这样，轴承就可以用螺钉固定在车轮上。后来在每个套圈上自带法兰的轴承单元得到应用，如图 1.62c 所示，它可以很简单地被固定在车体结构上和轮子上。对重载型车辆如货车等，可以用圆锥滚子轴承(图 1.63)代替球轴承。

轴承单元上还可以添加一些功能，如图 1.64 所示的圆锥滚子轴承单元。这种紧凑的，预先调整过的整体轴承单元上安装了一个速度传感器以给防抱死刹车系统(ABS)提供信号，也可以在滚动轴承上安装测量作用载荷的传感器。

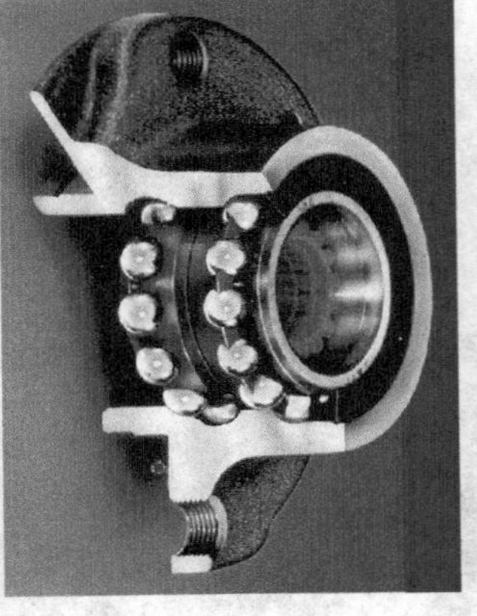

a)　　b)　　c)

图1.62　经过预调、注脂和终身密封的现代轿车轮毂球轴承(照片由SKF提供)
a）不安装法兰，通过压配合将轴承装入轮毂或通过滑动配合将轴承装入轮轴
b）轴承外圈上安装了单个法兰　c）轴承内外圈上均安装有法兰

图1.63　现代货车轮毂用预先调整、注脂，和终身密封的圆锥滚子轴承(由SKF提供)

图1.64　在独立的圆锥滚子轴承单元上安装了为防抱死刹车系统提供信号的速度传感器(由Timken公司提供)

1.5.2　凸轮随动轴承

为减小凸轮从动件的摩擦，可以采用滚动轴承。由于其径向的紧凑性，滚针轴承尤其适用于上述条件。图1.65所示为凸轮随动滚针轴承。

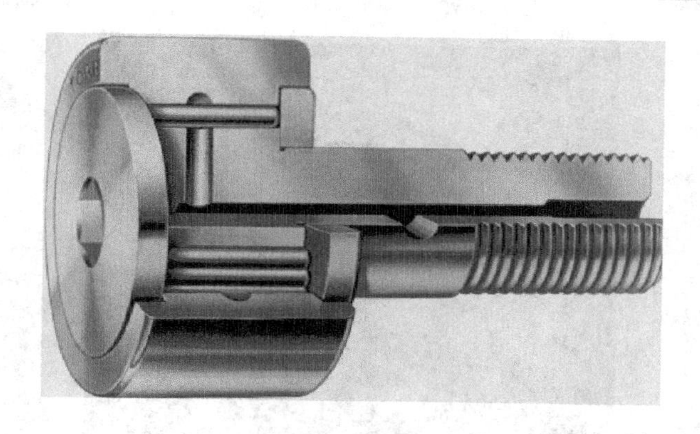

图1.65　凸轮随动滚针轴承(由 Timken 公司提供)

1.5.3　航空涡轮机及动力传输用轴承

飞机或直升机动力传输用轴承的特点是以最小尺寸的轴承适应重载和高速运转。轴承一般用高强度高质量钢制造。由于钢制轴承较重，因此减小轴承的宽度和外径有助于减轻发动机部件的尺寸和重量，使发动机设计更为紧凑。这样，飞机动力传输用轴承的套圈都相对较薄，图1.66所示的圆柱滚子轴承就是如此。进一步，还可以将轴承和其他部件做成一个整体以减轻质量，如图1.66所示的星形齿轮传动调心滚子轴承。图1.67所示航空燃气涡轮机用圆柱滚子轴承有一个与外圈连为一体的薄弱带孔洞的法兰，通过它可以方便地固定在发动机机架上。

图1.66　飞机动力传输用轴承(由 NTN 提供)

a) 圆柱滚子轴承　b) 调心星形齿轮轴承

图1.68所示为燃气涡轮机主轴用内圈可分离球轴承，轴承外圈与机架用螺钉固定；图中也给出了涡轮机用圆柱滚子轴承内外圈组件。

图1.67　航空燃气涡轮机用圆柱滚子轴承(由SKF提供)

图1.68　航空燃气涡轮机主轴轴承(由FAG提供)
a）内圈可分离球轴承　b）滚子轴承的内外圈组件

1.6　结束语

本章介绍了不同种类及用途的球轴承和滚子轴承。但这并不包括所有类型的滚动轴承，而只是介绍了最常用的和基本的类型。例如，用止推环代替车加工和磨削加工挡边的圆柱滚子轴承。ANSI/ABMA[7]和ISO[8]标准给出了许多常用轴承。显然许多滚动轴承是为特殊用途设计的，其中的一些在这里也作了介绍，目的是为了说明特殊的设计是为了满足应用的要求。一般情况下，特殊的轴承设计会增加额外的成本，但这会从机构和机器的设计、制造和工作时整体效率的提高和成本降低中得到补偿。

参考文献

[1] Dowson, D., *History of Tribology*, 2nd ed., Longman, New York, 1999.
[2] Reti, L., Leonardo on bearings and gears, *Scientific American*, 224(2), 101–110, 1971.
[3] Tallian, T., Progress in rolling contact technology, SKF Report AL690007, 1969.
[4] Tallian, T., Weibull distribution of rolling contact fatigue life and deviations there-from, *ASLE Trans.*, 5(1), 183–196, 1962.
[5] American National Standards Institute, *American National Standard* (*ANSI/ABMA*) *Std. 12.1-1992*, Instrument ball bearings—metric design (April 6, 1992).
[6] American National Standards Institute, *American National Standard* (*ANSI/ABMA*) *Std. 12.2-1992*, Instrument ball bearings—inch design (April 6, 1992).
[7] American National Standards Institute, *American National Standard* (*ANSI/ABMA*) *Std. 1-1990*, Terminology for anti-friction ball and roller bearings and parts (July 24, 1990).
[8] International Organization for Standards, *International Standard ISO 5593*, Rolling bearings—vocabulary (1984-07-01).

第 2 章　滚动轴承宏观几何学

符号表

符　号	定　义	单　位
A	滚道沟曲率中心之间的距离	mm
B	A/D	
d_m	轴承节圆直径	mm
D	球或滚子直径	mm
D_m	圆锥滚子平均直径	mm
D_{max}	圆锥滚子大端直径	mm
D_{min}	圆锥滚子小端直径	mm
f	r/D	
l	滚子有效长度	mm
l_f	圆柱滚子引导挡边之间的距离	mm
P_d	轴承径向游隙	mm
P_e	轴承轴向游隙	mm
r	滚道沟曲率半径	mm
r_c	滚子倒角半径	mm
R	滚子轮廓半径	mm
S_d	轴承装配径向游隙	mm
Z	滚动体数目	
α	接触角	°
α°	初始接触角	°
α_f	圆锥滚子轴承挡边角	°
α_R	圆锥滚子锥角	°
α_s	垫片角	°
γ	$(D\cos\alpha)/d_m$	
θ	轴承倾斜角	°
ρ	曲率	
$F(\rho)$	曲率差	
$\sum\rho$	曲率和	mm^{-1}
ϕ	吻合度	
ω	转速	rad/s
	角　标	
c	保持架	

i	内滚道
o	外滚道
r	滚子

2.1 概述

虽然球和滚子轴承看似是简单的机械零件，但它们内部的几何关系却相当复杂。例如，深沟球轴承在推力载荷作用下，球与沟道之间的接触角将由球与沟道的吻合度以及径向游隙来确定。另一方面，该轴承承受推力载荷的能力又取决于所形成的接触角。由同样的径向游隙所产生的轴向游隙可能被用户接受，也可能不被接受。在后面的章节中将会表明，径向游隙不仅影响到接触角和轴向游隙，而且还影响到应力、变形、载荷分布和疲劳寿命。

在确定应力和变形时，球和滚子与所接触滚道的相对吻合度是至关重要的。在本章中将要建立和验证控制球和滚子轴承运转的基本宏观几何关系。

2.2 球轴承

球轴承最简单形式如图 2.1 所示。从图中可容易地看出，轴承的节圆直径约等于内径和外径的平均值，即

$$d_{\mathrm{m}} \approx \frac{1}{2}(\text{内径}+\text{外径}) \tag{2.1}$$

但是，更精确的轴承节圆直径应等于内、外滚道沟底直径的平均值。因此，

$$d_{\mathrm{m}} \approx \frac{1}{2}(d_{\mathrm{i}}+d_{\mathrm{o}}) \tag{2.2}$$

一般地，球轴承和其他向心滚动轴承，如圆柱滚子轴承都设计成带有游隙。从图 2.1 可以看出，径向游隙[⊖]可表示如下：

$$P_{\mathrm{d}} = d_{\mathrm{o}} - d_{\mathrm{i}} - 2D \tag{2.3}$$

光盘中的表 CD2.1 出自文献[1]，它给出了无载荷时向心接触球轴承内部径向游隙的值。

参见例 2.1。

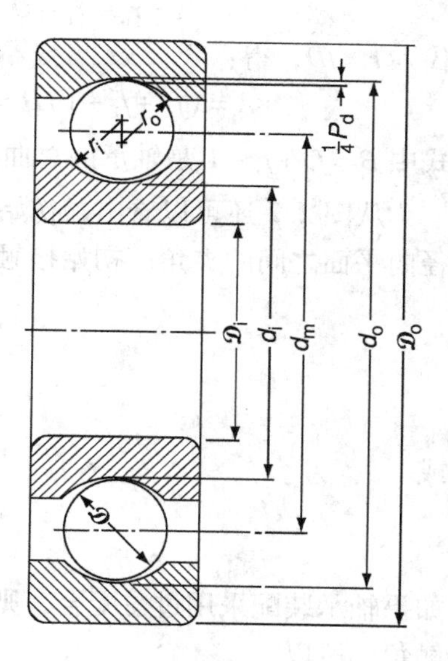

图 2.1　有径向游隙的深沟球轴承

2.2.1 吻合度

球轴承的承载能力在很大程度上取决于滚动体与滚道的吻合度。吻合度是指垂直于滚动方向的滚动体曲率半径与滚道曲率半径之比。从图 2.1 可以看到，对于球和滚道配合，吻合度表示为

$$\phi = \frac{D}{2r} \tag{2.4}$$

令 $r=fD$，则吻合度为

⊖ 游隙总是沿直径测量，但由于测量位于径向平面内，所以通常被称为径向游隙。这里直径和径向游隙可以互换。

$$\phi = \frac{1}{2f} \tag{2.5}$$

应当注意，对于内滚道和外滚道接触，吻合度不必相等。

参见例2.2。

2.2.2 接触角和轴向游隙

由于深沟球轴承一般设计成在无载荷状态下具有径向游隙，所以轴承也会存在轴向游隙。消除轴向游隙后，将使球和滚道发生接触并与径向平面形成倾斜角，从而产生一个不等于0°的接触角。角接触球轴承就是专为承受推力载荷而设计的，轴承的初始接触角将由无载荷时的游隙以及滚道沟曲率共同确定。图2.2表明了消除轴向游隙后深沟球轴承的几何关系。从中可以看出，内、外沟曲率中心 O' 和 O'' 之间的距离为

$$A = r_o + r_i - D \tag{2.6}$$

代入 $r = fD$，得：

$$A = (f_o + f_i - 1)D = BD \tag{2.7}$$

式中 $B = f_o + f_i - 1$ 是轴承的总曲率。

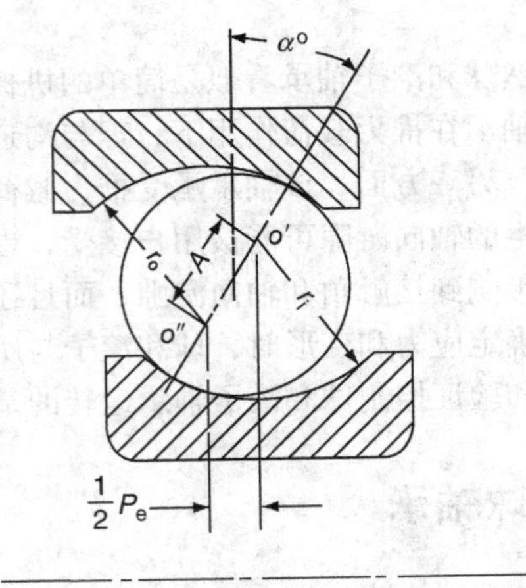

图2.2 深沟球轴承内外圈轴向移动后球和滚道的接触

从图2.2还可以看出，初始接触角是球与内外滚道接触点连线和垂直于轴承旋转轴线的径向平面之间的夹角。初始接触角的大小可由下式确定：

$$\cos\alpha^\circ = \frac{\frac{1}{2}A - \frac{1}{4}P_d}{\frac{1}{2}A} \tag{2.8}$$

或

$$\alpha^\circ = \cos^{-1}\left(1 - \frac{P_d}{2A}\right) \tag{2.9}$$

如果轴承装配采用过盈配合，则必须改变套圈的直径以减小径向游隙，这样才能得到初始接触角。所以，

$$\alpha^\circ = \cos^{-1}\left(1 - \frac{P_d + \Delta P_d}{2A}\right) \tag{2.10}$$

参见例2.3。

由于存在径向游隙，向心轴承在无载荷状态下可以在轴向自由浮动。初始轴向游隙定义为零载荷下内圈相对于外圈的最大轴向移动量。由图2.2得：

$$\frac{1}{2}P_e = A\sin\alpha^\circ \tag{2.11}$$

$$P_e = 2A\sin\alpha^\circ \tag{2.12}$$

图2.3给出了单列球轴承初始接触角和轴向游隙与 P_d/D 的关系。

双列角接触球轴承装配后通常具有一定的径向游隙(小于单列轴承的径向游隙)。双列

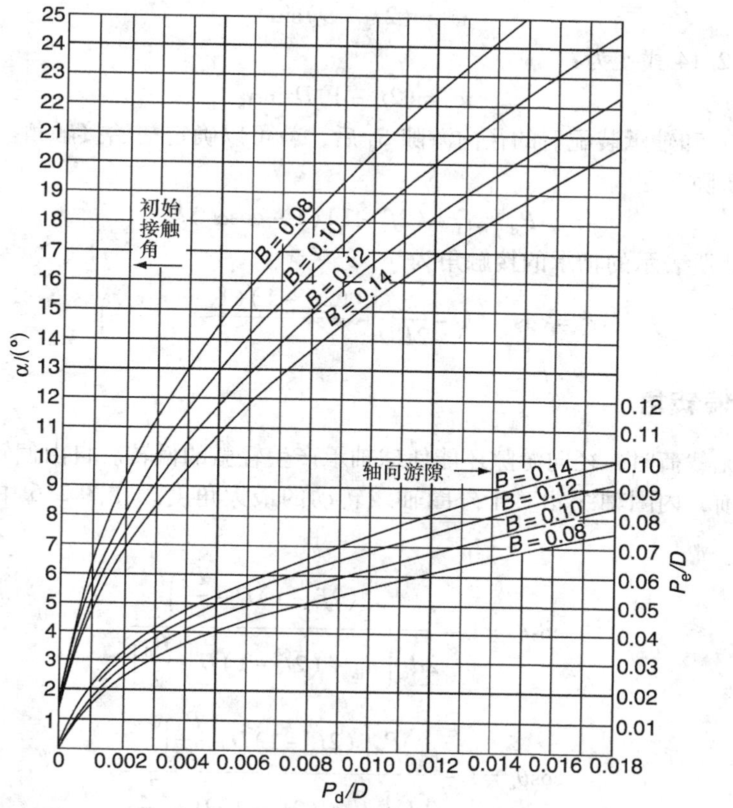

图 2.3　单列球轴承初始接触角和轴向游隙与 P_d/D 的关系

轴承的初始轴向游隙可以确定如下：

$$P_e = 2A\sin\alpha^\circ - 2\left[A^2 - \left(A\cos\alpha^\circ + \frac{S_d}{2}\right)^2\right]^{1/2} \tag{2.13}$$

如图 2.4 所示，双半内圈球轴承的内圈在磨削时，在两半内圈之间加有垫片。垫片的宽度与垫片角有关，当移去垫片并将双半内圈靠紧后就可以确定垫片角。

由图 2.5 可以确定垫片的宽度为

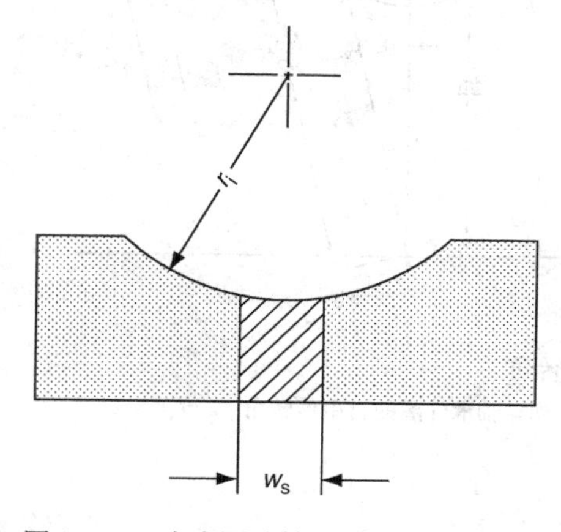

图 2.4　双半内圈球轴承内圈的磨削垫片

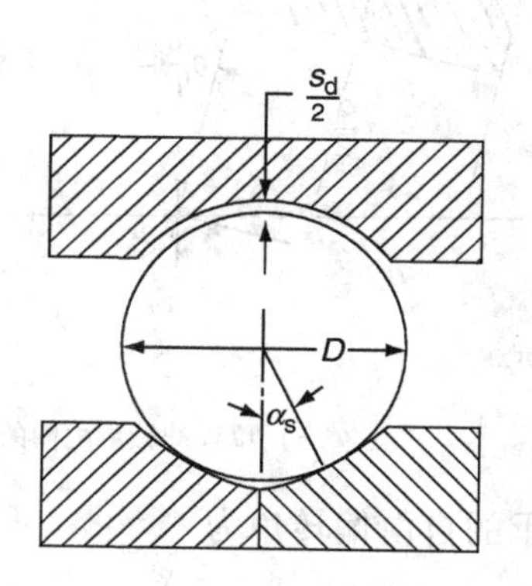

图 2.5　双半内圈球轴承的垫片角

$$w_s = (2r_i - D)\sin\alpha_s \tag{2.14}$$

由于$f_i = r_i/D$，2.14 式变为：

$$w_s = (2f_i - 1)D\sin\alpha_s \tag{2.15}$$

当已知垫片角 α_s 和轴承装配后的径向游隙 S_d 后，就可以确定初始接触角。由图 2.5 可以确定轴承的有效游隙 P_d：

$$P_d = S_d + (2f_i - 1)(1 - \cos\alpha_s)D \tag{2.16}$$

这样，如图 2.2 所表示的轴承的接触角为

$$\alpha^\circ = \cos^{-1}\left(1 - \frac{S_d}{2BD} - \frac{(2f_i - 1)(1 - \cos\alpha_s)}{2B}\right) \tag{2.17}$$

2.2.3　自由偏转角

此外，在无载荷时，径向游隙还能使球轴承产生轻微的偏转。自由偏转角被定义为轴承零件在受力之前，内圈轴线相对于外圈轴线转动的最大角度。在图 2.6 中，利用余弦定理可得：

$$\cos\theta_i = 1 - \frac{P_d\left[(2f_i - 1)D - \frac{P_d}{4}\right]}{2d_m\left[d_m + (2f_i - 1)D - \frac{P_d}{2}\right]} \tag{2.18}$$

$$\cos\theta_o = 1 - \frac{P_d\left[(2f_o - 1)D - \frac{P_d}{4}\right]}{2d_m\left[d_m + (2f_o - 1)D - \frac{P_d}{2}\right]} \tag{2.19}$$

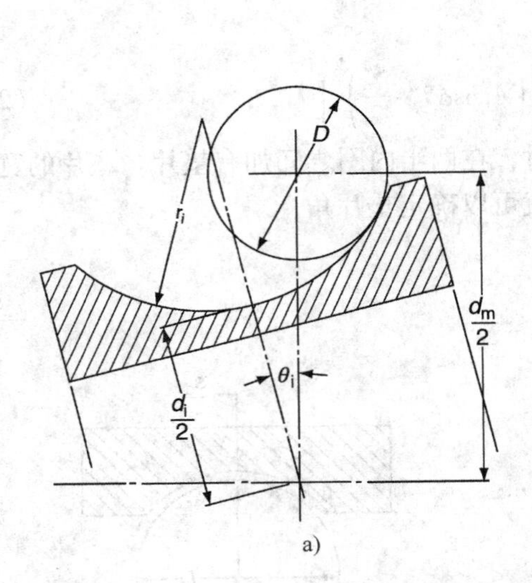

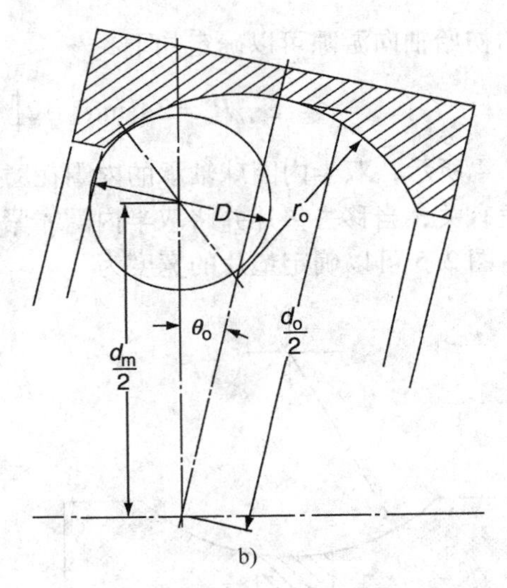

图 2.6　自由偏转角

a）单列球轴承内圈的自由偏转角　b）单列球轴承外圈的自由偏转角

于是轴承的自由偏转角为

$$\theta = \theta_i + \theta_o \tag{2.20}$$

由三角恒等式，

$$\cos\theta_{\mathrm{i}}+\cos\theta_{\mathrm{o}}=2\cos\left(\frac{\theta_{\mathrm{i}}+\theta_{\mathrm{o}}}{2}\right)\cos\left(\frac{\theta_{\mathrm{i}}-\theta_{\mathrm{o}}}{2}\right) \tag{2.21}$$

以及由于 $\theta_{\mathrm{i}}-\theta_{\mathrm{o}}$ 接近于零，所以，

$$\theta=2\cos^{-1}\left(\frac{\cos\theta_{\mathrm{i}}+\cos\theta_{\mathrm{o}}}{2}\right) \tag{2.22}$$

或

$$\theta=2\cos^{-1}\left[1-\frac{P_{\mathrm{d}}}{4d_{\mathrm{m}}}\left(\frac{(2f_{\mathrm{i}}-1)D-\dfrac{P_{\mathrm{d}}}{4}}{d_{\mathrm{m}}+(2f_{\mathrm{i}}-1)D-\dfrac{P_{\mathrm{d}}}{2}}+\frac{(2f_{\mathrm{o}}-1)D-\dfrac{P_{\mathrm{d}}}{4}}{d_{\mathrm{m}}-(2f_{\mathrm{o}}-1)D+\dfrac{P_{\mathrm{d}}}{2}}\right)\right] \tag{2.23}$$

参见例2.4。

2.2.4　曲率与相对曲率

两个在一对主平面内有着不同曲率半径的回转体在无载荷作用的情况下彼此在一点发生接触，这种状况被称为点接触，如图2.7所示。

在图2.7中，上面的物体记为Ⅰ，下面的物体记为Ⅱ，主平面分别用1和2表示。这样，物体Ⅰ在平面2内的曲率半径可记为 r_{I2}。由于 r 是曲率半径，则曲率可定义为

$$\rho=\frac{1}{r} \tag{2.24}$$

尽管曲率半径总是正值，但曲率可能为正，也可能为负，规定对凸表面为正，凹表面为负。

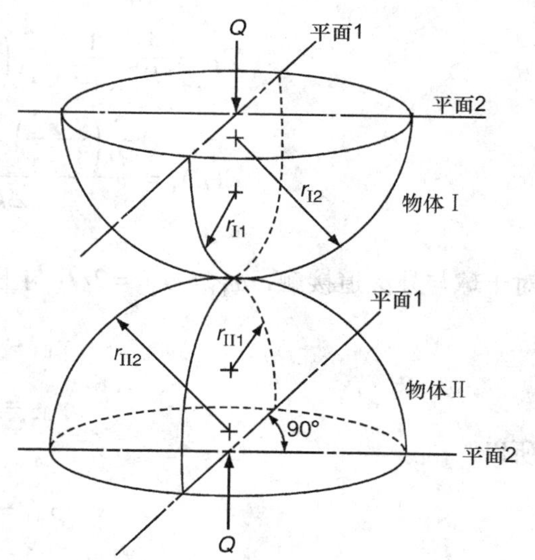

图2.7　接触体的几何关系

为了描述两个对应的回转面之间的接触状态，要用到下面的定义：

1）曲率和：

$$\sum\rho=\frac{1}{r_{\mathrm{I1}}}+\frac{1}{r_{\mathrm{I2}}}+\frac{1}{r_{\mathrm{II1}}}+\frac{1}{r_{\mathrm{II2}}} \tag{2.25}$$

2）曲率差：

$$F(\rho)=\frac{(\rho_{\mathrm{I1}}-\rho_{\mathrm{I2}})+(\rho_{\mathrm{II1}}-\rho_{\mathrm{II2}})}{\sum\rho} \tag{2.26}$$

在式(2.25)和式(2.26)中，采用了凸、凹表面曲率的符号约定。此外必须做到使 $F(\rho)$ 取正值。

定义曲率和曲率差的目的是可以将两个物体的接触作为一个等效椭球体与半平面的接触来分析。利用这个概念，前面关于曲率符号的约定就变得更明显了。凹的表面将使接触体更加贴近，这相当于增大等效半径或者减小曲率。相反，凸的表面相当于减小等效半径或增加曲率。由于是一个椭球体，结果曲率差就仅与正交平面内两个等效半径之差有关。如果这两个半径相等(球体)，曲率差就为零。如果曲率差为无穷大，则等效椭球体将近似为圆柱体。

下面用一个例子来确定球与内滚道接触的 $F(\rho)$ 值(见图2.8)：

$$r_{\mathrm{I}1}=\frac{1}{2}D$$

$$r_{\mathrm{I}2}=\frac{1}{2}D$$

$$r_{\mathrm{II}1}=\frac{1}{2}d_{\mathrm{i}}=\frac{1}{2}\left(\frac{d_{\mathrm{m}}}{\cos\alpha}-D\right)$$

$$r_{\mathrm{II}2}=f_{\mathrm{i}}D$$

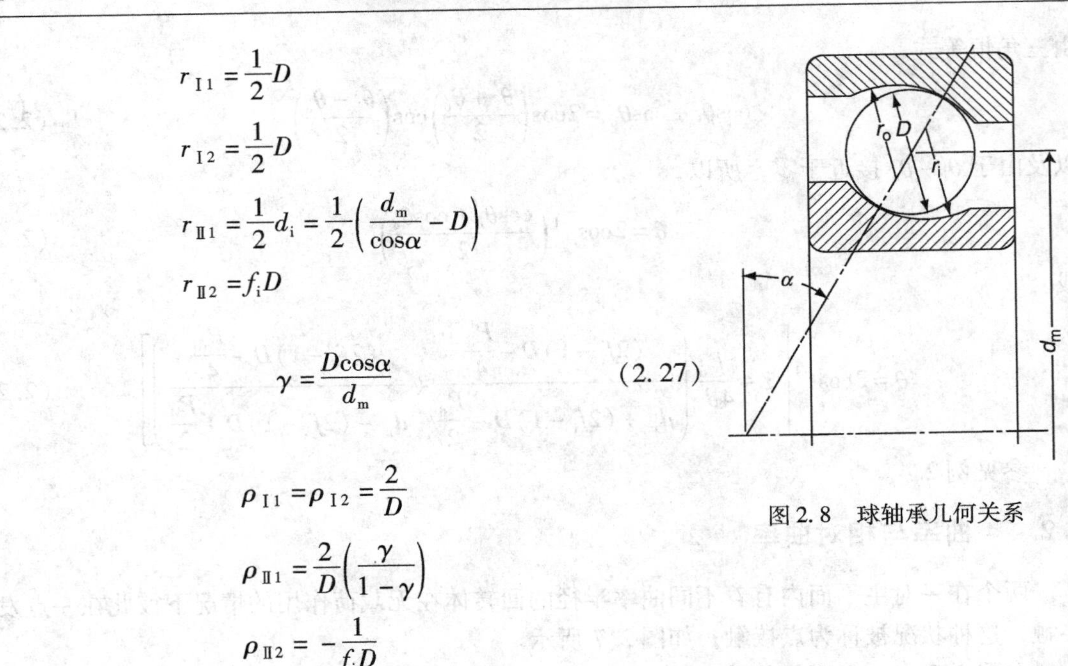

图2.8　球轴承几何关系

令

$$\gamma=\frac{D\cos\alpha}{d_{\mathrm{m}}}\tag{2.27}$$

则

$$\rho_{\mathrm{I}1}=\rho_{\mathrm{I}2}=\frac{2}{D}$$

$$\rho_{\mathrm{II}1}=\frac{2}{D}\left(\frac{\gamma}{1-\gamma}\right)$$

$$\rho_{\mathrm{II}2}=-\frac{1}{f_{\mathrm{i}}D}$$

$$\sum\rho_{\mathrm{i}}=\frac{4}{D}-\frac{1}{f_{\mathrm{i}}D}+\frac{2}{D}\left(\frac{\gamma}{1-\gamma}\right)=\frac{1}{D}\left(4-\frac{1}{f_{\mathrm{i}}}+\frac{2\gamma}{1-\gamma}\right)\tag{2.28}$$

$$F(\rho)_{\mathrm{i}}=\frac{\frac{2}{D}\left(\frac{\gamma}{1-\gamma}\right)-\left(-\frac{1}{f_{\mathrm{i}}D}\right)}{\sum\rho_{\mathrm{i}}}=\frac{\frac{1}{f_{\mathrm{i}}}+\frac{2\gamma}{1-\gamma}}{4-\frac{1}{f_{\mathrm{i}}}+\frac{2\gamma}{1-\gamma}}\tag{2.29}$$

对于球与外滚道接触，$\rho_{\mathrm{I}1}=\rho_{\mathrm{I}2}=2/D$ 与上面相同，而

$$\gamma_{\mathrm{II}1}=\frac{1}{2}\left(\frac{d_{\mathrm{m}}}{\cos\alpha}+D\right)$$

$$\gamma_{\mathrm{II}2}=f_{\mathrm{o}}D$$

所以，

$$\rho_{\mathrm{II}1}=-\frac{2}{D}\left(\frac{\gamma}{1+\gamma}\right)$$

$$\rho_{\mathrm{II}2}=-\frac{1}{f_{\mathrm{o}}D}$$

$$\sum\rho_{\mathrm{o}}=\frac{1}{D}\left(4-\frac{1}{f_{\mathrm{o}}}-\frac{2\gamma}{1+\gamma}\right)\tag{2.30}$$

$$F(\rho)_{\mathrm{o}}=\frac{\frac{1}{f_{\mathrm{o}}}-\frac{2\gamma}{1+\gamma}}{4-\frac{1}{f_{\mathrm{o}}}-\frac{2\gamma}{1+\gamma}}\tag{2.31}$$

$F(\rho)$的值始终在0和1之间，对于球轴承它的典型值在0.9左右。当f_{i}和f_{o}的值增大时，$F(\rho)$的值会减小。

参见例2.5和例2.6。

2.3　球面滚子轴承

2.3.1　节圆直径和游隙

式(2.1)也可以用来计算球面滚子轴承的节圆直径。图2.9所表示的径向游隙可由下式确定：

$$S_d = 2[r_o - (r_i + D)] \tag{2.32}$$

式中 r_i 和 r_o 是滚道轮廓半径。径向游隙 S_d 可以用游隙仪来测量。取自文献[1]的表CD2.2和表CD2.3给出了无载荷时内部径向游隙的标准值。

2.3.2　接触角和轴向游隙

向心球面滚子轴承装配后一般都带有初始径向游隙，因此也就存在初始轴向游隙。从图2.9可以看出：

$$r_o \cos\beta = \left(r_o - \frac{S_d}{2}\right)\cos\alpha \tag{2.33}$$

或

$$\beta = \cos^{-1}\left[\left(1 - \frac{S_d}{2r_o}\right)\cos\alpha\right] \tag{2.34}$$

于是可以得到：

$$P_e = 2r_o(\sin\beta - \sin\alpha) + S_d \sin\alpha \tag{2.35}$$

参见例2.7。

2.3.3　吻合度

吻合度的概念也适用于如图2.9和图2.10所示的球面滚子轴承。这里滚子和滚道在垂直于滚动的方向上都带有曲率。在这种情况下，吻合度定义为

$$\phi = \frac{R}{r} \tag{2.36}$$

式中 R 是滚子轮廓半径。

参看例2.8。

2.3.4　曲率

对于滚子与滚道呈点接触的球面滚子轴承，曲率和和曲率差的公式表示如下(见图2.10)：

$$\sum\rho_i = \frac{2}{D} + \frac{1}{R} + \frac{2\gamma}{D(1-\gamma)} - \frac{1}{r_i} = \frac{1}{D}\left[\frac{2}{1-\gamma} + D\left(\frac{1}{R} - \frac{1}{r_i}\right)\right] \tag{2.37}$$

$$F(\rho)_i = \frac{\dfrac{2}{D} - \dfrac{1}{R} + \dfrac{2\gamma}{D(1-\gamma)} - \left(-\dfrac{1}{r_i}\right)}{\sum\rho_i} = \frac{\dfrac{2}{1-\gamma} - D\left(\dfrac{1}{R} - \dfrac{1}{r_i}\right)}{\dfrac{2}{1-\gamma} + D\left(\dfrac{1}{R} - \dfrac{1}{r_i}\right)} \tag{2.38}$$

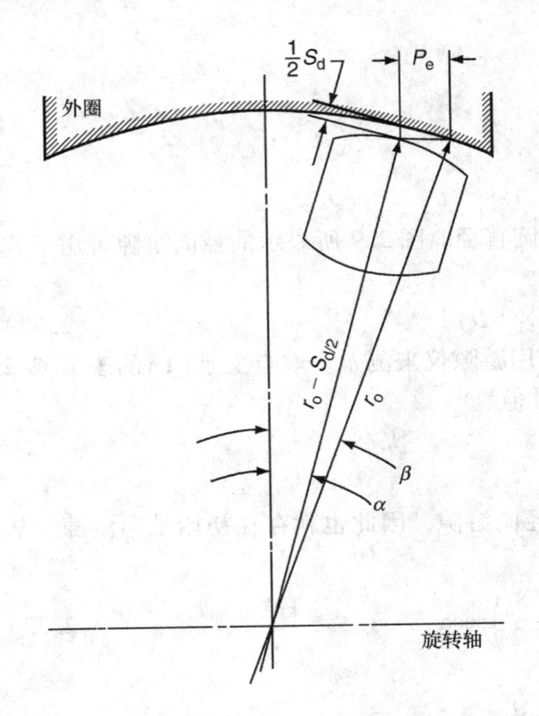

图 2.9　球面滚子轴承法向接触角 α，径向游隙 S_d 和轴向游隙 P_e

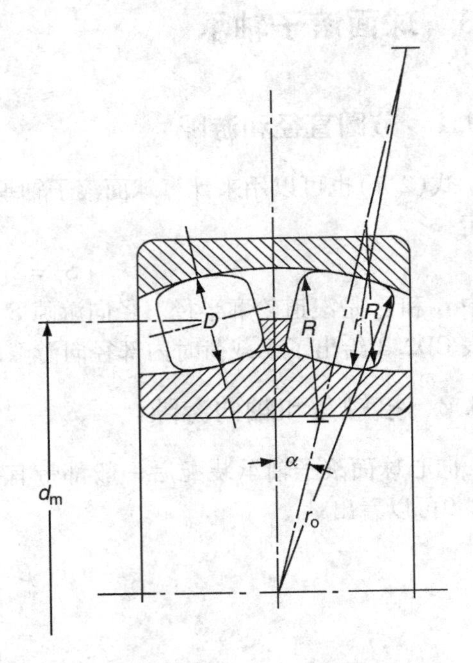

图 2.10　球面滚子轴承几何关系

$$\sum\rho_o = \frac{2}{D} + \frac{1}{R} - \frac{2\gamma}{D(1+\gamma)} - \frac{1}{\gamma_o} = \frac{1}{D}\left[\frac{2}{1+\gamma} + D\left(\frac{1}{R} - \frac{1}{r_o}\right)\right] \tag{2.39}$$

$$F(\rho)_o = \frac{\frac{2}{D} - \frac{1}{R} - \frac{2\gamma}{D(1-\gamma)} - \left(-\frac{1}{r_o}\right)}{\sum\rho_o} = \frac{\frac{2}{1-\gamma} - D\left(\frac{1}{R} - \frac{1}{r_o}\right)}{\frac{2}{1-\gamma} + D\left(\frac{1}{R} - \frac{1}{r_o}\right)} \tag{2.40}$$

这里曲率差接近于1。

参看例2.9。

2.4　向心圆柱滚子轴承

2.4.1　节圆直径，径向游隙和轴向游隙

式(2.1)至式(2.3)对向心圆柱滚子轴承和深沟球轴承同样有效。取自文献[1]的表CD2.4给出了向心圆柱滚子轴承内部径向游隙的标准值。

参看例2.10。

图2.11表示的是向心圆柱滚子轴承的滚子在内滚道和外滚道各有两个引导挡边的情况。当单一径向载荷作用在轴承上时，在轴承的承载区可能出现滚子与内、外滚道都发生接触。应当注意，在滚子与引导挡边之间存在着轴向游隙。

从图2.11可以看出，轴承的轴向游隙为：

$$P_e = 2(l_f - l_t) \tag{2.41}$$

式中 l_f 是一个套圈上引导挡边之间的距离，l_t 是滚子的总长度。在第1章中提到并且在后面几章将要讨论的内、外圈都带有两个引导挡边的向心圆柱滚子轴承，除了承受径向载荷外，还能承受较轻的推力载荷。轴承的轴向游隙将影响径向受载而同时又承受推力载荷的滚子的数目。轴向游隙还将影响到轴承运转时可能产生的歪斜角度。

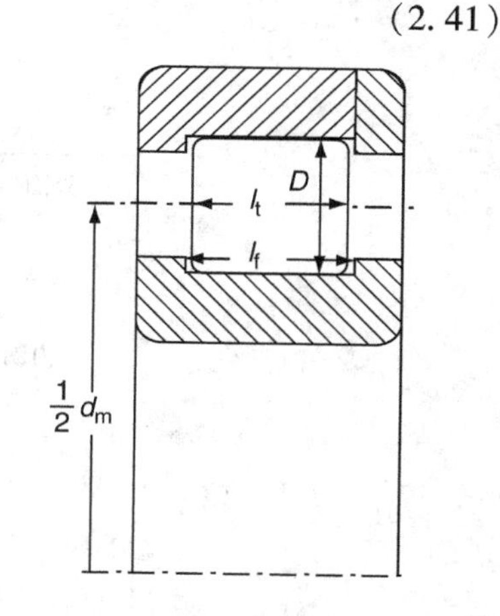

图 2.11 内圈带两个整体挡边，外圈带一个整体挡边和一个分离式挡边的向心圆柱滚子轴承

2.4.2 曲率

为了避免边缘载荷下的应力集中效应，大多数圆柱滚子轴承都采用带凸度的滚子。这将在本书第一卷的第6章以及第二卷的第1章中加以讨论。对于这种滚子，即使是如图1.38a所示的全凸滚子，其凸度或者轮廓的半径 R 也是非常大的。此外，甚至滚道也可以带有凸度，但 $R = r_i = r_o \Rightarrow \infty$。考虑到描述内、外滚道接触处的曲率和式(2.37)和式(2.39)中这些半径的倒数之差基本上是零，所以

$$\sum\rho_i = \frac{1}{D}\left(\frac{2}{1-\gamma}\right) \tag{2.42}$$

$$\sum\rho_o = \frac{1}{D}\left(\frac{2}{1+\gamma}\right) \tag{2.43}$$

查看式(2.38)和式(2.40)，可以看出 $F(\rho)_i = F(\rho)_o = 1$。

2.5 圆锥滚子轴承

2.5.1 节圆直径

圆锥滚子轴承的节圆直径与其他类型的滚子轴承是有区别的。例如，在图2.12中可以看到，轴承的运转与内圈节圆有关。可以用式(2.1)来表示内圈的平均直径，在很多计算中，内圈的平均直径将作为轴承的节圆直径 d_m。图2.13表示的是对圆锥滚子轴承进行性能分析时必须用到的尺寸和角度。从图中可以看出，内滚道-滚子接触角 $\alpha_i = \frac{1}{2}$(内圈包容角)；外滚道-滚子接触角 $\alpha_o = \frac{1}{2}$(外圈包容角)；滚子大端-挡边接触角 $\alpha_f = \frac{1}{2}$(内圈后端面挡边角)；而 α_R 是滚子包容角。D_{max} 是滚子大端直径，D_{min} 是滚子小端直径，大小端面之间的长度是 l_t。

2.5.2 轴向游隙

圆锥滚子轴承通常是成对安装的。一般情况下，要消除游隙才能实现无载荷时线对线的匹配。对于实际承受径向作用载荷的轴承来说，这是可能实现的；然而，在室温下装配时要保留小量的轴向游隙，以便圆锥滚子在更高温度下运行时能达到希望的载荷分布。因此，圆

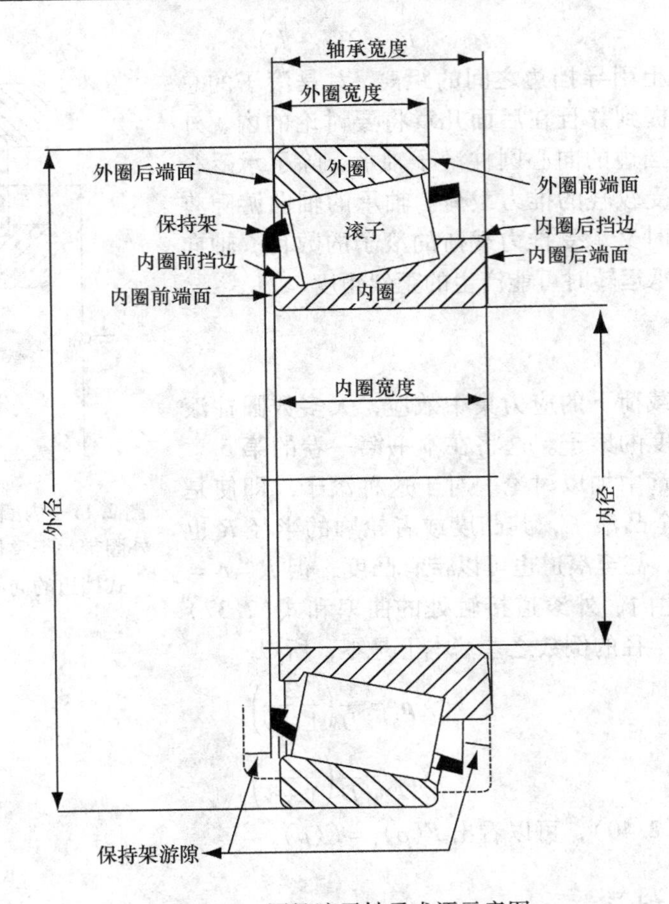

图 2.12 圆锥滚子轴承术语示意图

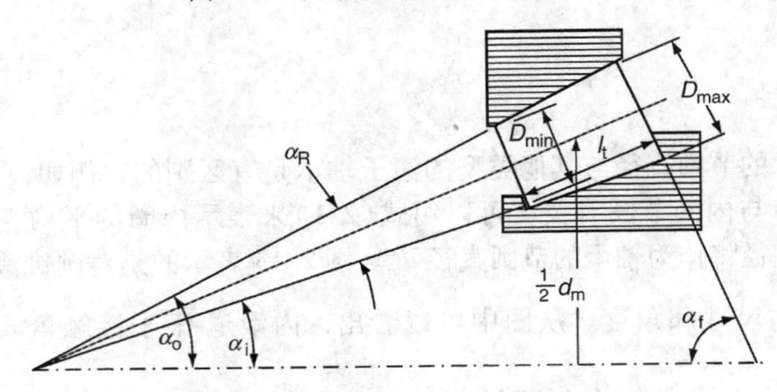

图 2.13 圆锥滚子轴承性能分析时的内部尺寸

锥滚子轴承的轴向游隙也与轴承配对有关。

2.5.3 曲率

从图 2.13 可以看到，外滚道接触角要大于内滚道接触角。因此，考虑到式(2.37)和式(2.39)，内、外滚道接触处的曲率和公式为：

$$\sum\rho_i = \frac{1}{D_m}\left(\frac{2}{1-\gamma_i}\right) \tag{2.44}$$

$$\sum\rho_o = \frac{1}{D_m}\left(\frac{2}{1+\gamma_o}\right) \quad (2.45)$$

式中

$$D_m = \frac{1}{2}(D_{max} + D_{min}) \quad (2.46)$$

$$\gamma_i = \frac{D_m \cos\alpha_i}{d_m} \quad (2.47)$$

$$\gamma_o = \frac{D_m \cos\alpha_o}{d_m} \quad (2.48)$$

由于滚子平均半径所在的平面与滚道滚动半径所在的平面有一个微小的夹角，所以以上公式给出的只是关于曲率和计算的近似值。

对于圆柱滚子轴承，$F(\rho)_i = F(\rho)_o = 1$

2.6　结束语

本章建立的关系仅仅是以轴承滚动零件的宏观形状为基础的。当载荷作用于轴承时，这些形状可能会有一些变化。但是，必须用变形前的几何关系才能确定变形后的形状。

本章给出的算例不一定必要，但在形式上却非常简单。这些简单的算例的结果可以作为以后更为复杂的数值计算(包括应力、变形、摩擦力矩和疲劳寿命等算例)的初始值。

例题

例 2.1　深沟球轴承节圆直径与游隙

问题：209DGBB 轴承尺寸参数如下：

- 内滚道直径 $d_i = 52.292\text{mm}$
- 外滚道直径 $d_o = 77.706\text{mm}$
- 球直径 $D = 12.7\text{mm}$
- 内、外沟曲率半径 $r_i = r_o = 6.6\text{mm}$
- 球数 $Z = 9$

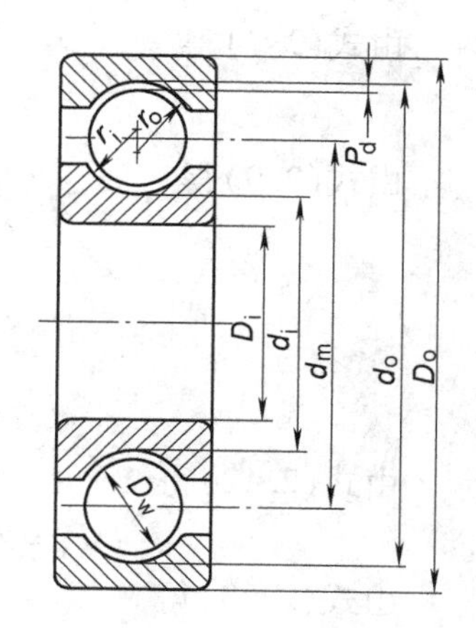

求轴承的节圆直径和径向游隙。

解：由式(2.2)得

$$d_m = \frac{1}{2}(d_i + d_o) = \frac{1}{2}(52.3 + 77.7) = 65\text{mm}$$

由式(2.3)得

$$p_d = d_o - d_i - 2D = 77.706 - 52.292 - 2\times12.7 = 0.014\text{mm}$$

例 2.2　球轴承的吻合度

问题：确定例 2.1 中 209DGBB 轴承的球与内、外沟道的吻合度。

解：

$$f_i = f_o = \frac{r_i}{D} = \frac{r_o}{D} = \frac{6.6}{12.7} = 0.52$$

由式(2.5)得

$$\phi_i=\phi_o=\frac{1}{2f_i}=\frac{1}{2f_o}=\frac{1}{2\times0.52}=0.962$$

例 2.3 角接触球轴承的初始接触角

问题：218ACBB 轴承尺寸参数如下：

- 内滚道直径 $d_i=102.79\text{mm}$
- 外滚道直径 $d_o=147.73\text{mm}$
- 球直径 $D=22.23\text{mm}$
- 内、外沟曲率半径 $r_i=r_o=11.63\text{mm}$

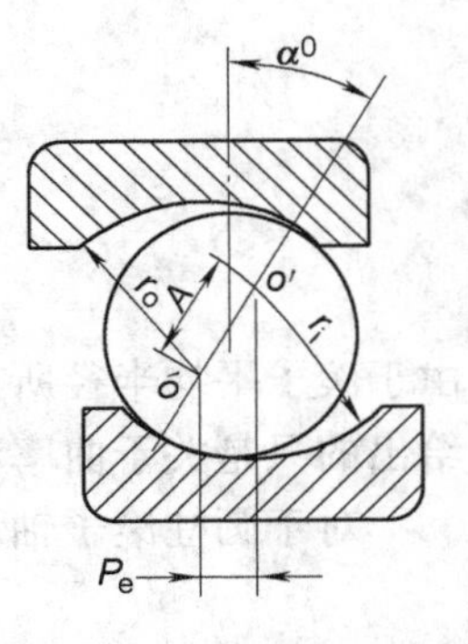

确定轴承的初始接触角。

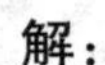

解：

$$f_i=f_o=\frac{r_i}{D}=\frac{r_o}{D}=\frac{11.63}{22.23}=0.5232$$

$$B=f_i+f_o-1=0.5232+0.5232-1=0.0464$$

由式(2.3)得

$$p_d=d_o-d_i-2D=147.73-102.79-2\times22.23=0.48\text{mm}$$

由式(2.7)得

$$A=BD=0.0464\times22.23=1.031\text{mm}$$

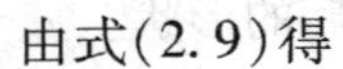

由式(2.9)得

$$\alpha^0=\cos^{-1}\left(1-\frac{P_d}{2A}\right)$$

$$\alpha^0=\cos^{-1}\left(1-\frac{0.48}{2\times1.031}\right)=40°$$

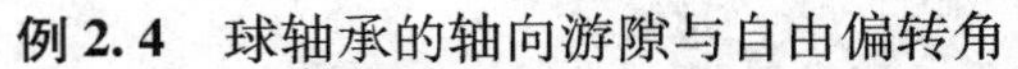

例 2.4 球轴承的轴向游隙与自由偏转角

问题：确定例 2.1 中 209DGBB 轴承的初始接触角、轴向游隙与自由偏转角。

解：

$$B=f_i+f_o-1=0.52+0.52-1=0.04$$

由式(2.7)得

$$A=BD=0.04\times12.7=0.508\text{mm}$$

由式(2.9)得

$$\alpha^0=\cos^{-1}\left(1-\frac{P_d}{2A}\right)$$

$$\alpha^0=\cos^{-1}\left(1-\frac{0.015}{2\times0.508}\right)=9°52'$$

由式(2.12)得

$$P_e=2A\sin\alpha^0=2\times0.508\times\sin(9°52')=0.174\text{mm}$$

由式(2.23)得

$$\theta=2\cos^{-1}\left[1-\frac{P_d}{4d_m}\left(\frac{(2f_i-1)D-\frac{P_d}{4}}{d_m+(2f_i-1)D-\frac{P_d}{2}}+\frac{(2f_o-1)D-\frac{P_d}{4}}{d_m-(2f_o-1)D+\frac{P_d}{2}}\right)\right]$$

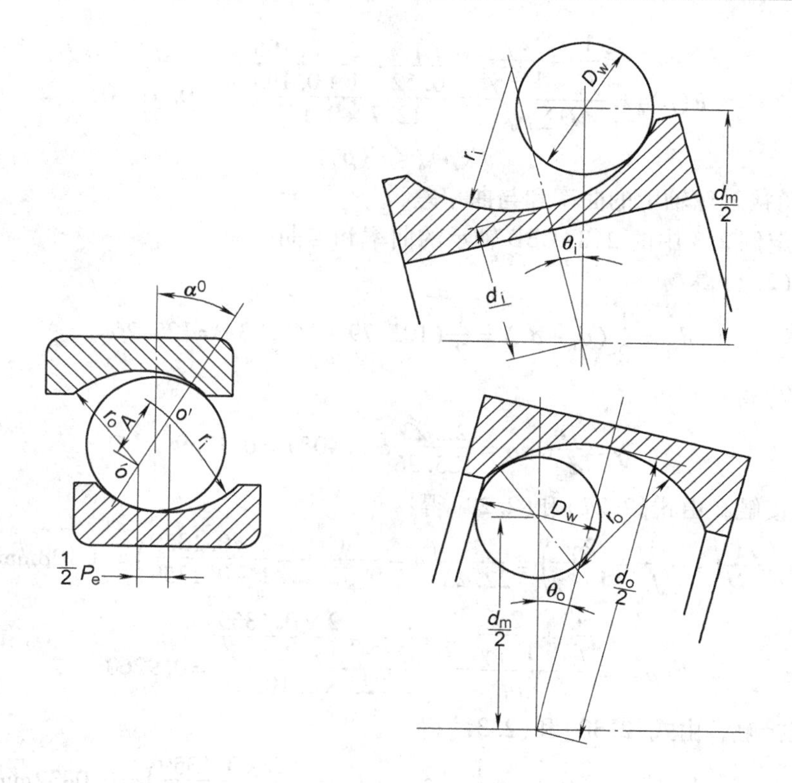

$$\theta = 2\cos^{-1}\left[1 - \frac{0.015}{4 \cdot 65}\left(\frac{(2\times 0.52-1)\times 12.7 - \frac{0.015}{4}}{65 + 0.04\times 12.7 - \frac{0.015}{2}} + \frac{0.04\times 12.7 - \frac{0.015}{4}}{65 - 0.04\times 12.7 + \frac{0.015}{2}}\right)\right]$$

$$\theta = 9'20''$$

例 2.5 深沟球轴承的曲率和与曲率差

问题： 确定例 2.1 中 209DGBB 轴承的曲率和与曲率差。

解： 由式(2.27)得

$$\gamma = \frac{D}{d_m}\cos\alpha = \frac{12.7}{65}\times\cos(0°) = 0.195\ 4$$

对内滚道接触，由式(2.28)和式(2.29)得

$$\sum\rho_i = \frac{1}{D}\left(4 - \frac{1}{f_i} + \frac{2\gamma}{1-\gamma}\right) = \frac{1}{12.7}\left(4 - \frac{1}{0.52} + \frac{2\times 0.195\ 4}{1-0.195\ 4}\right) = 0.202\mathrm{mm}^{-1}$$

$$F(\rho)_i = \frac{\frac{1}{f_i} + \frac{2\gamma}{1-\gamma}}{D\sum\rho_i} = \frac{\frac{1}{0.52} + \frac{2\times 0.195\ 4}{1-0.195\ 4}}{12.7\times 0.202} = 0.939\ 9$$

对外滚道接触，由式(2.30)和式(2.31)得

$$\sum\rho_o = \frac{1}{D}\left(4 - \frac{1}{f_o} - \frac{2\gamma}{1+\gamma}\right) = \frac{1}{12.7}\left(4 - \frac{1}{0.52} - \frac{2\times 0.195\ 4}{1+0.195\ 4}\right) = 0.137\ 8\mathrm{mm}^{-1}$$

$$F(\rho)_o=\frac{\frac{1}{f_o}-\frac{2\gamma}{1+\gamma}}{D\sum\rho_o}=\frac{\frac{1}{0.52}-\frac{2\times0.195\ 4}{1+0.195\ 4}}{12.7\times0.137\ 8}=0.912\ 0$$

$$F(\rho)_o<F(\rho)_i$$

例2.6 角接触球轴承的曲率和与曲率差

问题：确定例2.3中的218ACBB轴承的曲率和与曲率差

解：由式(2.2)得：

$$d_m=\frac{1}{2}(d_i+d_o)=\frac{1}{2}(102.79+147.73)=125.26$$

由式(2.27)得：

$$\gamma=\frac{D}{d_m}\cos\alpha=\frac{22.23}{125.26}\cos(40°)=0.1359$$

对内滚道接触，由式(2.27)和(2.29)得：

$$\sum\rho_i=\frac{1}{D}\left(4-\frac{1}{f_i}+\frac{2\gamma}{1-\gamma}\right)=\frac{1}{22.23}\left(4-\frac{1}{0.5232}+\frac{2\times0.1359}{1-0.1359}\right)=0.108\text{mm}^{-1}$$

$$F(\rho)_i=\frac{\frac{1}{f_i}+\frac{2\gamma}{1-\gamma}}{D\sum\rho_i}=\frac{\frac{1}{0.5232}+\frac{2\times0.1359}{1-0.1359}}{22.23\times0.108}=0.9260$$

对外滚道接触，由式(2.30)和(2.31)得：

$$\sum\rho_o=\frac{1}{D}\left(4-\frac{1}{f_o}-\frac{2\gamma}{1+\gamma}\right)=\frac{1}{12.7}\left(4-\frac{1}{0.5232}-\frac{2\times0.1359}{1+0.1359}\right)=0.0832\text{mm}^{-1}$$

$$F(\rho)_o=\frac{\frac{1}{f_o}-\frac{2\gamma}{1+\gamma}}{D\sum\rho_o}=\frac{\frac{1}{0.5232}-\frac{2\times0.1359}{1+0.1359}}{22.23\times0.0832}=0.9038$$

$$F(\rho)_o<F(\rho)_i$$

例2.7 调心滚子轴承的轴向游隙

问题：调心滚子轴承22317SRB尺寸如下：

内滚道轮廓半径 $r_i=81.585$mm

内滚道轮廓半径 $r_o=81.585$mm

滚子直径 $D=25$mm

滚子轮廓半径 $R=79.959$mm

每列滚子数 $Z=14$

滚子有效长度 $l=20.762$mm

轴承节圆直径 $d_m=135.077$

名义接触角 $\alpha=12°$

径向游隙 $S_d=0.102$mm

确定轴向游隙 P_e。

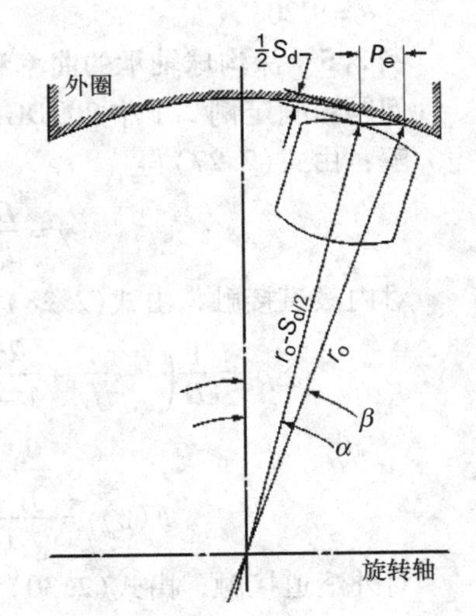

解：由式(2.34)得

$$\beta=\cos^{-1}\left[\left(1-\frac{S_d}{2r_o}\right)\cos\alpha\right]=\cos^{-1}\left[\left(1-\frac{0.102}{2\times81.585}\right)\cos14°\right]=12.17°$$

由式(2.35)得

$$P_e = 2r_o(\sin\beta - \sin\alpha) + S_d\sin\alpha$$
$$= 2 \cdot 85.585(\sin 12.17° - \sin 12°) + 0.102\sin 12° = 0.5178\text{mm}$$

例 2.8 调心滚子轴承的吻合度

问题：确定例 2.7 中的 22317SRB 调心滚子轴承内、外滚道接触处的吻合度。

解：由式(2.36)得

$$\phi_i = \phi_o \frac{R}{r_i} = \frac{79.959}{81.585} = 0.98$$

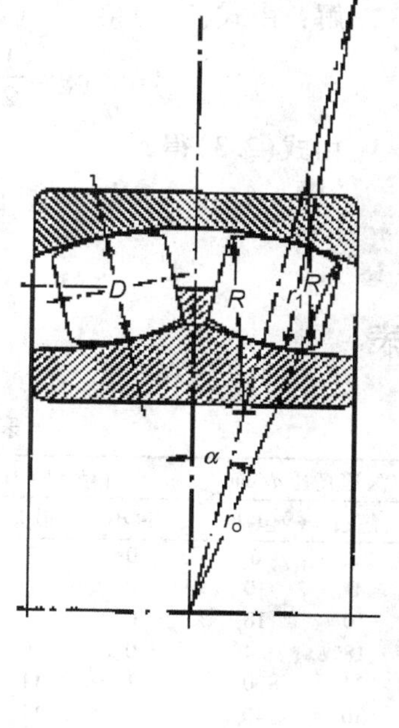

例 2.9 调心滚子轴承的曲率参数

问题：确定例 2.7 中的 22317SRB 调心滚子轴承内、外滚道接触处的曲率和与曲率差。

解：由式(2.27)得：

$$\gamma = \frac{D}{d_m}\cos\alpha = \frac{25}{135.1} \cdot \cos(12°) = 0.1810$$

由式(2.37)得：

$$\sum\rho_i = \frac{1}{D}\left[\frac{2}{1-\gamma} + D\left(\frac{1}{R} - \frac{1}{r_i}\right)\right]$$
$$= \frac{1}{25}\left[\frac{2}{1-0.181} + 25\left(\frac{1}{79.959} - \frac{1}{81.585}\right)\right] = 0.09793\text{mm}^{-1}$$

由式(2.39)得：

$$\sum\rho_o = \frac{1}{D}\left[\frac{2}{1+\gamma} + D\left(\frac{1}{R} - \frac{1}{r_i}\right)\right] = \frac{1}{25}\left[\frac{2}{1+0.181} + 25\left(\frac{1}{79.959} - \frac{1}{81.585}\right)\right] = 0.068\text{mm}^{-1}$$

由式(2.38)得：

$$F(\rho)_i = \frac{\dfrac{2}{1-\gamma} - D\left(\dfrac{1}{R} - \dfrac{1}{r_i}\right)}{\dfrac{2}{1-\gamma} + D\left(\dfrac{1}{R} - \dfrac{1}{r_i}\right)} = \frac{\dfrac{2}{1-0.181} - 25\left(\dfrac{1}{79.959} - \dfrac{1}{81.585}\right)}{\dfrac{2}{1-0.181} + 25\left(\dfrac{1}{79.959} - \dfrac{1}{81.585}\right)} = 0.9951$$

由式(2.40)得：

$$F(\rho)_o = \frac{\dfrac{2}{1+\gamma} - D\left(\dfrac{1}{R} - \dfrac{1}{r_i}\right)}{\dfrac{2}{1+\gamma} + D\left(\dfrac{1}{R} - \dfrac{1}{r_i}\right)}$$
$$= \frac{\dfrac{2}{1+0.181} - 25\left(\dfrac{1}{79.959} - \dfrac{1}{81.585}\right)}{\dfrac{2}{1+0.181} + 25\left(\dfrac{1}{79.959} - \dfrac{1}{81.585}\right)} = 0.9929$$

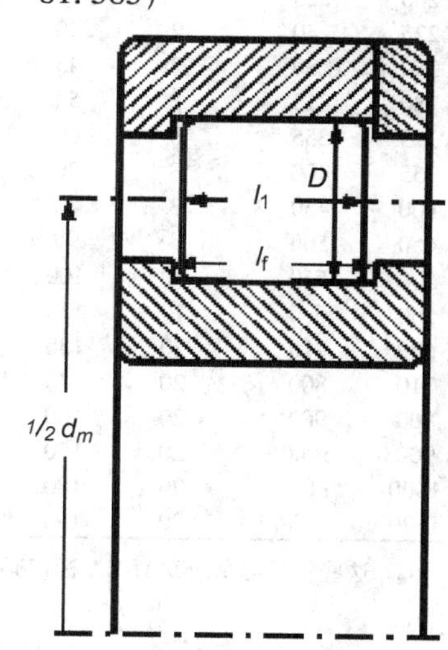

例 2.10 圆柱滚子轴承的节圆直径和游隙

问题：圆柱滚子轴承 209CRB 尺寸如下：

内滚道直径 $d_i = 54.991\text{mm}$

外滚道直径 $d_o = 75.032\text{mm}$

滚子直径 $D=10\text{mm}$

滚子有效长度 $l=9.601\text{mm}$

滚子总长度 $l_t=10\text{mm}$

确定节圆直径 d_m 和径向游隙 P_d 的值。

解： 由式(2.2)得

$$d_m=\frac{1}{2}(d_i+d_o)=\frac{1}{2}(54.991+75.032)=65.01$$

由式(2.3)得

$$P_d=d_o-d_i-2D=75.032-54.991-2\cdot 10=0.041\text{mm}$$

表

表 CD2.1　向心接触球轴承内部径向游隙值　　(单位:mm)

滚道直径 d/mm		符号 2①		符号 0①(正常)		符号 3①		符号 4①		符号 5①	
超过	包括	最小	最大	最小	最大	最小	最大	最小	最大	最小	最大
2.5	6	0	7	2	13	8	23	—	—	—	—
6	10	0	7	2	13	8	23	14	29	20	37
10	18	0	9	3	18	11	25	18	33	25	45
18	24	0	10	5	20	13	28	20	36	28	48
24	30	1	11	5	20	13	28	23	41	30	53
30	40	1	11	6	20	15	33	28	46	40	64
40	50	1	11	6	23	18	36	30	51	45	73
50	65	1	15	8	28	23	43	38	61	55	90
65	80	1	15	10	30	25	51	46	71	65	105
80	100	1	18	12	36	30	58	53	84	75	120
100	120	2	20	15	41	36	66	61	97	90	140
120	140	2	23	18	48	41	81	71	114	105	160
140	160	2	23	18	53	46	91	81	130	120	180
160	180	2	25	20	61	53	102	91	147	135	200
180	200	2	30	25	71	63	117	107	163	150	230
200	225	2	35	25	85	75	140	125	195	175	265
225	250	2	40	30	95	85	160	145	225	205	300
250	280	2	45	35	105	90	170	155	245	225	340
280	315	2	55	40	115	100	190	175	270	245	370
315	355	3	60	45	125	110	210	195	300	275	410
355	400	3	70	55	145	130	240	225	340	315	460
400	450	3	80	60	170	150	270	250	380	350	510
450	500	3	90	70	190	170	300	280	420	390	570
500	560	10	100	80	210	190	330	310	470	440	630
560	630	10	110	90	230	210	360	340	520	490	690
630	710	20	130	110	260	240	400	380	570	540	760
710	800	20	140	120	290	270	450	430	630	600	840
800	900	20	160	140	320	300	500	480	700	670	940
900	1000	20	170	150	350	330	550	530	770	740	1040
1000	1120	20	180	160	380	360	600	580	850	820	1150
1120	1250	20	190	170	410	390	650	630	920	890	1260

① 这些符号与 ANSI/ABMA 标识码有关。

表 CD2.2　带圆柱孔的自调心滚子轴承内部径向游隙值　（单位：μm）

滚道直径 d/mm		符号 2①		符号 0①（正常）		符号 3①		符号 4①		符号 5①	
超过	包括	最小	最大	最小	最大	最小	最大	最小	最大	最小	最大
14	24	4	8	8	14	14	18	18	24	24	30
24	30	6	10	10	16	16	22	22	30	30	37
30	40	6	12	12	18	18	24	24	31	31	39
40	50	8	14	14	22	22	30	30	39	39	49
50	65	8	16	16	26	26	35	35	47	47	59
65	80	12	20	20	31	31	43	43	57	57	71
80	100	14	24	24	39	39	53	53	71	71	89
100	120	16	30	30	47	47	63	63	83	83	102
120	140	20	37	37	57	57	75	75	94	94	118
140	160	24	43	43	67	67	87	87	110	110	138
160	180	26	47	47	71	71	94	94	122	122	154
180	200	28	51	51	79	79	102	102	134	134	169
200	225	31	55	55	87	87	114	114	150	150	185
225	250	35	59	59	94	94	126	126	165	165	205
250	280	39	67	67	102	102	138	138	181	181	224
280	315	43	75	75	110	110	146	146	197	197	248
315	355	47	79	79	122	122	161	161	217	217	272
355	400	51	87	87	134	134	177	177	236	236	295
400	450	55	94	94	146	146	197	197	260	260	323
450	500	55	102	102	161	161	217	217	283	283	354
500	560	59	110	110	173	173	236	236	307	307	394
560	630	67	122	122	189	189	256	256	335	335	433
630	710	75	138	138	209	209	276	276	362	362	469
710	800	83	154	154	228	228	303	303	398	398	512
800	900	91	169	169	256	256	339	339	441	441	567
900	1 000	102	189	189	280	280	366	366	480	480	618

① 这些符号与 ANSI/ABMA 标识码有关。

表 CD2.3　带锥孔的自调心滚子轴承内部径向游隙值　（单位：μm）

滚道直径 d/mm		符号 2①		符号 0①（正常）		符号 3①		符号 4①		符号 5①	
超过	包括	最小	最大	最小	最大	最小	最大	最小	最大	最小	最大
18	24	15	25	25	35	35	45	45	60	60	75
24	30	20	30	30	40	40	55	55	75	75	95
30	40	25	35	35	50	50	65	65	85	85	105
40	50	30	45	45	60	60	80	80	100	100	130
50	65	40	55	55	75	75	95	95	120	120	160
65	80	50	70	70	95	95	120	120	150	150	200
80	100	55	80	80	110	110	140	140	180	180	230
100	120	65	100	100	135	135	170	170	220	220	280
120	140	80	120	120	160	160	200	200	260	260	330

（续）

滚道直径 d/mm		符号2①		符号0①（正常）		符号3①		符号4①		符号5①	
超过	包括	最小	最大	最小	最大	最小	最大	最小	最大	最小	最大
140	160	90	130	130	180	180	230	230	300	300	380
160	180	100	140	140	200	200	260	260	340	340	430
180	200	110	160	160	220	220	290	290	370	370	470
200	225	120	180	180	250	250	320	320	410	410	520
225	250	140	200	200	270	270	350	350	450	450	570
250	280	150	220	220	300	300	390	390	490	490	620
280	315	170	240	240	330	330	430	430	540	540	680
315	355	190	270	270	360	360	470	470	590	590	740
355	400	210	300	300	400	400	520	520	650	650	820
400	450	230	330	330	440	440	570	570	720	720	910
450	500	260	370	370	490	490	630	630	790	790	1000
500	560	290	410	410	540	540	680	680	870	870	1100
560	630	320	460	460	600	600	760	760	980	980	1230
630	710	350	510	510	670	670	850	850	1090	1090	1360
710	800	390	570	570	750	750	960	960	1220	1220	1500
800	900	440	640	640	840	840	1070	1070	1370	1370	1690
900	1000	490	710	710	930	930	1190	1190	1520	1520	1860

① 这些符号与 ANSI/ABMA 标识码有关。

表 CD2.4 带圆柱孔的圆柱滚子轴承内部径向游隙值 （单位：μm）

滚道直径 d/mm		符号2①		符号0①（正常）		符号3①		符号4①		符号5①	
超过	包括	最小	最大	最小	最大	最小	最大	最小	最大	最小	最大
—	10	0	25	20	45	35	60	50	75	—	—
10	24	0	25	20	45	35	60	50	75	65	90
24	30	0	25	20	45	35	60	50	75	70	95
30	40	5	30	25	50	45	70	60	85	80	105
40	50	5	35	30	60	50	80	70	100	95	125
50	65	10	40	40	70	60	90	80	110	110	140
65	80	10	45	40	75	65	100	90	125	130	165
80	100	15	50	50	85	75	110	105	140	155	190
100	120	15	55	50	90	85	125	125	165	180	220
120	140	15	60	60	105	100	145	145	190	200	245
140	160	20	70	70	120	115	165	165	215	225	275
160	180	25	75	75	125	120	170	170	220	250	300
180	200	35	90	90	145	140	195	195	250	275	330
200	225	45	105	105	165	160	220	220	280	305	365
225	250	45	110	110	175	170	235	235	300	330	395
250	280	55	125	125	195	190	260	260	330	370	440
280	315	55	130	130	205	200	275	275	350	410	485

（续）

滚道直径 d/mm		符号2①		符号0①（正常）		符号3①		符号4①		符号5①	
超过	包括	最小	最大	最小	最大	最小	最大	最小	最大	最小	最大
315	355	65	145	145	225	225	305	305	385	455	535
355	400	100	190	190	280	280	370	370	460	510	600
400	450	110	210	210	310	310	410	410	510	565	665
450	500	110	220	220	330	330	440	440	550	625	735

① 这些符号与 ANSI/ABMA 标识码有关。

参考文献

[1] American National Standards Institute (ANSI/ABMA) Std. 20-1996, Radial bearings of ball, cylindrical roller, and spherical roller types, metric design (September 6, 1996).

[2] Jones, A., *Analysis of Stresses and Deflections*, vol. 1, New Departure Division, General Motors Corp., Bristol, CT, 1946, p. 12.

第 3 章　过盈配合与游隙

符号表

符　号	定　义	单　位
d	公称内径	mm(in)
d_i	轴承内滚道直径	mm(in)
d_o	轴承外滚道直径	mm(in)
D	公称外径	mm(in)
D	通用直径	mm(in)
D_h	轴承座孔径	mm(in)
D_1	外圈外径	mm(in)
D_2	内圈内径	mm(in)
D_s	轴的公称直径	mm(in)
E	弹性模量	MPa(lbf/in^2)
I	过盈量	mm(in)
L	长度	mm(in)
P_d	轴承游隙	mm(in)
p	压力	MPa(lbf/in^2)
R	套圈半径	mm(in)
R_i	套圈内半径	mm(in)
R_o	套圈外半径	mm(in)
u	径向变形	mm(in)
Δ_h	轴承压配到轴承座引起的游隙减小量	mm(in)
Δ_s	轴承压配到轴上引起的游隙减小量	mm(in)
Δ_t	热膨胀引起的游隙增加量	mm(in)
T	温度	℃(℉)
ε_r	径向应变	mm/mm(in/in)
ε_t	切向应变	mm/mm(in/in)
Γ	线性膨胀系数	mm/mm/℃(in/in/℉)
ξ	泊松比	
σ_r	径向正应力	MPa(lbf/in^2)
σ_t	切向正应力	MPa(lbf/in^2)

3.1　概述

球和滚子轴承通常采用过盈配合安装在轴上或轴承座内，这种安装方式可以防止由于轴承内径和轴外径之间或轴承外径和轴承座之间相对运动而产生的微动磨损。轴承内圈与轴的过盈配合通常是将轴承内圈压在轴上。但在某些场合，也可在加热炉或油槽内将内圈加热到一定温度后，再将内圈套在轴上，并让其冷却，以达到收缩配合。

内圈与轴之间的压配合或收缩配合造成内圈轻微膨胀。同样地，外圈与轴承座之间的压配合导致外圈轻微收缩。因此，轴承的径向游隙将减小。在实际装配中，过盈量太大可导致轴承游隙消除，甚至使轴承出现负游隙或过盈。

轴承运转中的温度条件也会影响轴承的径向游隙。摩擦产生的热量将导致轴承内部温度升高。继而引起轴、轴承座和轴承零件的膨胀。游隙可以增大或减小，这取决于轴和轴承座的材料以及轴承和轴承支承部件之间的温度梯度。显然，轴承运转所处的温度环境也会对游隙产生显著的影响。

第 2 章已经表明，游隙的大小将显著影响球轴承的接触角。后面，还将研究游隙对载荷分布和寿命的影响。因此，轴承的实际配合问题是本书的重要组成部分。

3.2　行业、国家和国际标准

3.2.1　基本方法和范围

美国抗摩轴承制造协会(AFBMA)(现称之为美国轴承制造协会(ABMA))首先制定了一些球和滚子轴承应用的推荐标准。ABMA 持续修订了现行的标准，建议并提出了新的标准，这些标准被它的轴承工业成员公司所采纳。ABMA 的网址(www. abma-dc. org)能够提供最新的信息或轴承标准。ABMA 制定的标准随后被美国国家标准协会(ANSI)采纳，并被颁布为美国国家标准。ANSI 有一个委员会专门从事滚动轴承标准的制定。这个委员会包括有轴承用户组织，比如主要的轴承制造商的代表以及美国政府。其他国家也有类似于 ANSI 的国家标准组织，例如，德国的 DIN、日本的 JNS。近来，ANSI/ABMA 已经颁布了 67 份标准，其中有米制也有英制的部分。

国家标准可以随后提交国际标准化组织(ISO)，讨论通过后，可以作为国际标准，并具有统一的标准号。在本章中，各类轴承、轴和轴承座的公差值均摘录自美国国家标准。

3.2.2　轴承套圈与轴和轴承座压配合的公差

ANSI/ABMA[1]给出了轴承内圈与轴、外圈与轴承座之间的推荐配合。这些配合是据表 3.1 中规定的轻、中、重载荷三种情况推荐的。在标准中，轴和轴承的配合公差用一小写字母后加一数字表示，例如 g6、h5，最紧的配合为 r7。同样，座孔和轴承的配合公差由一大写字母后加一数字表示，例如 G7、H6，最紧的配合为 P7。图 3.2 显示的是各设计公差带的大小。表 CD3.1 给出了 ANSI/ABMA 推荐的内孔与轴的配合。表 CD3.2 列出了对应于推荐配合的轴径公差极限。表 CD3.3 和表 CD3.4 列出了轴承外圈和轴承座配合的相应数值。

ANSI/ABMA[2-8]也给出了各类向心轴承的内径和外径公差带标准。有几种类型的轴承，

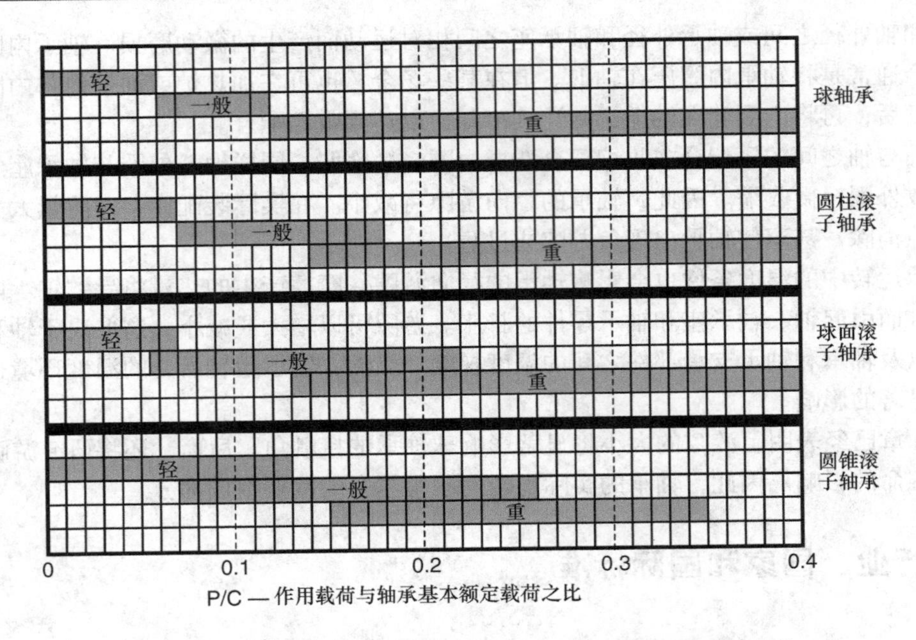

图 3.1 为防止球，圆柱滚子，调心滚子和圆锥滚子轴承内圈-轴或外圈-轴承座相对转动而实施压装时所需的典型载荷

例如滚针轴承和仪表球轴承，与这里列出的公差表有很大的不同。另一方面，美国国家标准(ANSI/ABMA) Std 18.2—1982(R 1999)[8]覆盖了很大范围的标准深沟球轴承和向心滚子轴承，表 CD3.6～表 CD3.10 摘录自参考文献[8]。对于深沟球轴承，圆柱滚子轴承和球面滚子

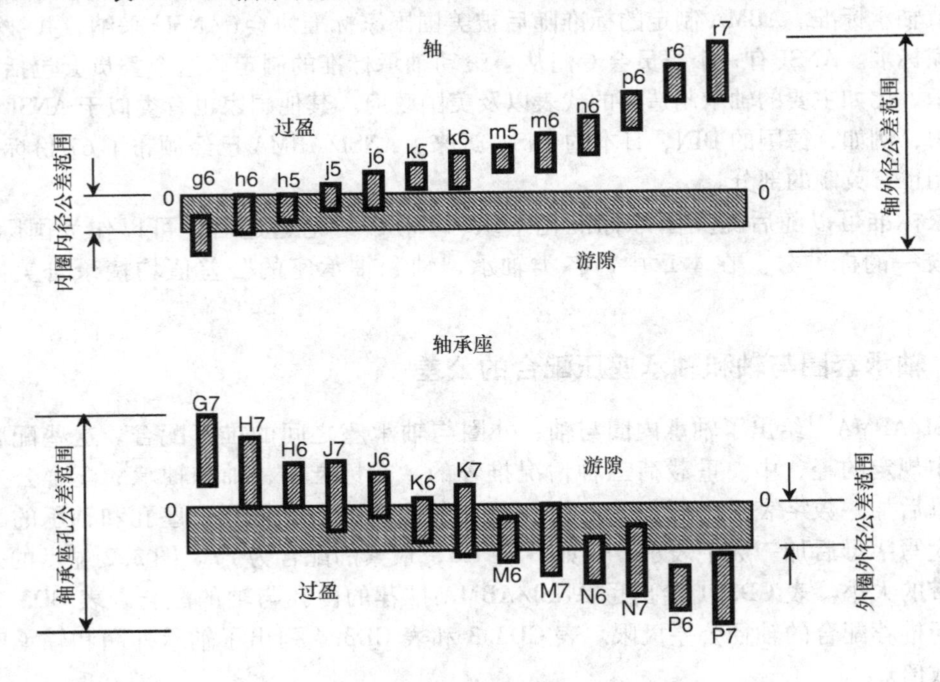

图 3.2 轴承内圈与轴及外圈与轴承座配合的等级

轴承，其公差带根据制造精度分为ABEC㊀或RBEC㊁1，3，5，7和9级。级别越高，精度越高，公差带约窄。表CD3.6～表CD3.10为向心滚子轴承和球轴承内径和外径的公差。ABEC和RBEC的公差等级全部可与ISO采用的精度等级相当，表CD3.5给出了ANSI/ABMA精度等级和ISO精度等级的对应关系。还应注意，表CD3.6～表CD3.10中的第Ⅱ部分给出的英制公差等级是由这些表中第Ⅰ部分给出的米制公差换算而来的。

相对于上面讨论的球轴承和向心轴承(内圈和外圈宽度基本相同)，圆锥滚子轴承通常配以不同的宽度的圆锥形内圈和圆环形外圈。相对于其他向心轴承系列[6,7]，圆锥滚子轴承采用不同的标准。同样，以英制计量单位为主的北美地区，圆锥滚子轴承开始发展并具有广阔的市场前景。这使圆锥滚子轴承产生两种不同的边界配合，一个基于英制(英寸)，另一个采用米制，每一个都有不同的公差等级。米制设计所采用的公差系统类似于其他向心轴承，内径和外径许用偏离名义尺寸均为负方向。但是，英制公差系统内径和外径许用偏离名义尺寸均为正方向。表CD3.11～表CD3.15列出了单列米制圆锥滚子轴承的公差表(参考文献[6])，表CD3.16～表CD3.20列出了单列英制圆锥滚子轴承的公差表(参考文献[7])。圆锥滚子轴承公差等级英制的分为4，2，3，0，和00级，米制的分为K，N，C，B和A级。表CD3.5显示的是米制圆锥滚子轴承公差精度等级和ISO精度等级的对应关系。

由于圆锥滚子轴承的内外圈采用不同的公差等级，内外圈的配合也将不同。对于米制轴承，圆锥滚子轴承的配合列在表CD3.21～表CD3.24中。对于英制轴承，其配合列在表CD3.25～表CD3.28中。轻、中、重载荷同样按照表3.1中规定。

为了确定轴承内圈与轴以及轴承外圈与轴承座在装配过程中的过盈配合或间隙配合的大小，必须同时考虑轴、轴承座和轴承的公差。

3.3 过盈配合对游隙的影响

用弹性壁厚圆环理论可以解决这个问题。假设在图3.3所示的圆环上单位长度承受的内压力为p，圆环内半径为R_i，外半径为R_o。在静平衡条件下，作用在面积单元$R \cdot dR \cdot d\phi$上的径向合力为零：

$$\sigma_r R d\phi + 2\sigma_t dR \sin\frac{d\phi}{2} - \left(\sigma_r + \frac{d\sigma_r}{dR}dR\right)(R + dR)d\phi = 0 \tag{3.1}$$

因为$d\phi$很小，$\sin\frac{1}{2}d\phi \approx \frac{1}{2}d\phi$，忽略高阶无穷小量，得：

$$\sigma_t - \sigma_r - R\frac{d\sigma_r}{dR} = 0 \tag{3.2}$$

由于径向应力的作用，产生的变形为u，则径向方向的单位应变为：

$$\varepsilon_r = \frac{du}{dR} \tag{3.3}$$

圆周方向的单位应变为

㊀ ABMA环形轴承工程师委员会。

㊁ ABMA滚动轴承工程师委员会。

$$\varepsilon_t = \frac{u}{R} \tag{3.4}$$

根据平面应变理论

$$\varepsilon_r = \frac{1}{E}(\sigma_r - \xi\sigma_t) \tag{3.5}$$

$$\varepsilon_t = \frac{1}{E}(\sigma_t - \xi\sigma_r) \tag{3.6}$$

联立求解方程式(3.3)~式(3.6)，得:

$$\sigma_r = \frac{E}{1-\xi^2}\left(\frac{du}{dR} + \xi\frac{u}{R}\right) \tag{3.7}$$

$$\sigma_t = \frac{E}{1-\xi^2}\left(\frac{u}{R} + \xi\frac{du}{dR}\right) \tag{3.8}$$

将式(3.7)和式(3.8)代入式(3.2)，得:

$$\frac{d^2u}{dR^2} + \frac{1}{R}\frac{du}{dR} - \frac{u}{R^2} = 0 \tag{3.9}$$

式(3.9)的通解是:

$$u = c_1 R + c_2 R^{-1} \tag{3.10}$$

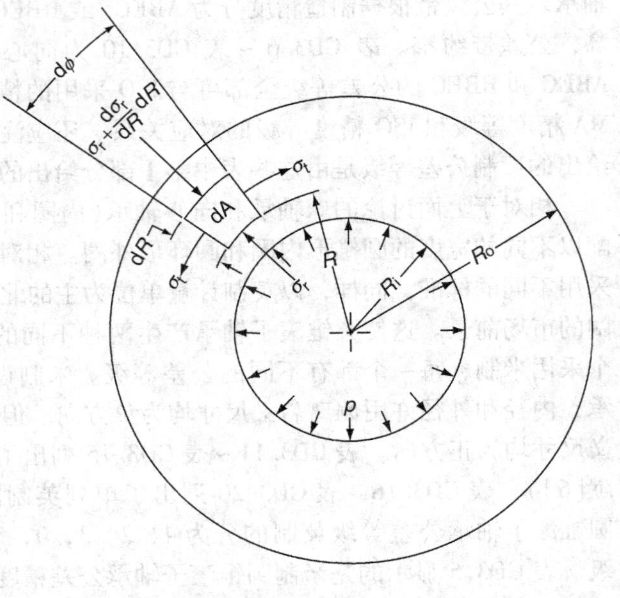

图 3.3 内部压力 p 作用下的厚壁圆环

将式(3.10)代入式(3.7)和式(3.8)，得:

$$\sigma_r = \frac{E}{1-\xi^2}\left[c_1(1+\xi) - c_2\frac{(1-\xi)}{R^2}\right] \tag{3.11}$$

$$\sigma_t = \frac{E}{1-\xi^2}\left[c_1(1+\xi) + c_2\frac{(1-\xi)}{R^2}\right] \tag{3.12}$$

在边界上，作用于内、外表面的压力直接等于径向压应力(即，$R = R_o$，$\sigma_r = -p_o$；$R = R_i$，$\sigma_r = -p_i$)，因此，

$$c_1 = \frac{1-\xi}{E}\left[\frac{R_i^2 p_i - R_o^2 p_o}{R_o^2 - R_i^2}\right] \tag{3.13}$$

$$c_2 = \frac{1+\xi}{E}\left[\frac{R_i^2 R_o^2(p_i - p_o)}{R_o^2 - R_i^2}\right] \tag{3.14}$$

将式(3.13)和式(3.14)代入式(3.11)和式(3.12)，得:

$$\sigma_r = -p_i\left[\frac{\left(\frac{R_o}{R}\right)^2 - 1}{\left(\frac{R_o}{R_i}\right)^2 - 1}\right] - p_o\left[\frac{1-\left(\frac{R_i}{R}\right)^2}{1-\left(\frac{R_i}{R_o}\right)^2}\right] \tag{3.15}$$

$$\sigma_t = p_i\left[\frac{\left(\frac{R_o}{R}\right)^2 + 1}{\left(\frac{R_o}{R_i}\right)^2 - 1}\right] - p_o\left[\frac{1+\left(\frac{R_i}{R}\right)^2}{1-\left(\frac{R_i}{R_o}\right)^2}\right] \tag{3.16}$$

由式(3.15)，式(3.16)和式(3.5)可以得出，在任意径向位置 R，由于内部压力 p_i 或外部压力 p_o 引起的半径变化量 u 为

$$u=\frac{R}{E}\left\{p_{\mathrm{i}}\left[\frac{\left(\frac{R_{\mathrm{o}}}{R}\right)^2+1}{\left(\frac{R_{\mathrm{o}}}{R_{\mathrm{i}}}\right)^2-1}+\xi\frac{\left(\frac{R_{\mathrm{o}}}{R}\right)^2-1}{\left(\frac{R_{\mathrm{o}}}{R_{\mathrm{i}}}\right)^2-1}\right]-p_{\mathrm{o}}\left[\frac{1+\left(\frac{R_{\mathrm{i}}}{R}\right)^2}{1-\left(\frac{R_{\mathrm{i}}}{R_{\mathrm{o}}}\right)^2}-\xi\frac{1-\left(\frac{R_{\mathrm{i}}}{R}\right)^2}{1-\left(\frac{R_{\mathrm{i}}}{R_{\mathrm{o}}}\right)^2}\right]\right\} \tag{3.17}$$

式(3.15)至式(3.17)是厚圆环的通解，适用于内、外压力从零到任意值和单独作用的情况。

如果一个弹性模量为 E_1，外径为 D_1，内径为 D 的圆环过盈安装在另一个弹性模量为 E_2，外径为 D，内径为 D_2 的圆环上，直径过盈量为 I，则在两圆环间产生公共压力 p，径向过盈量为每个圆环上由压力 p 引起的径向位移之和，因此，直径过盈量由下式给出：

$$I=2(u_1+u_2) \tag{3.18}$$

由于公共直径为 D，则：

$$I=pD\left\{\frac{1}{E_1}\left[\frac{\left(\frac{D_1}{D}\right)^2+1}{\left(\frac{D_1}{D}\right)^2-1}+\xi_1\right]+\frac{1}{E_2}\left[\frac{\left(\frac{D}{D_2}\right)^2+1}{\left(\frac{D}{D_2}\right)^2-1}-\xi_2\right]\right\} \tag{3.19}$$

显然，若 I 已定，由式(3.19)可以确定 p，因此，

$$p=\frac{\frac{I}{D}}{\frac{1}{E_1}\left[\frac{\left(\frac{D_1}{D}\right)^2+1}{\left(\frac{D_1}{D}\right)^2-1}+\xi_1\right]+\frac{1}{E_2}\left[\frac{\left(\frac{D}{D_2}\right)^2+1}{\left(\frac{D}{D_2}\right)^2-1}-\xi_2\right]} \tag{3.20}$$

如果外圆环是外径为 D_1，内径为 D_s 的轴承内圈，如图3.4所示，则由压配合引起的 D_1 的增加量为

$$\Delta_s=\frac{2I\left(\frac{D_1}{D_s}\right)}{\left[\left(\frac{D_1}{D_s}\right)^2-1\right]\left\{\left[\frac{\left(\frac{D_1}{D_s}\right)^2+1}{\left(\frac{D_1}{D_s}\right)^2-1}+\xi_b\right]+\frac{E_b}{E_s}\left[\frac{\left(\frac{D_s}{D_2}\right)^2+1}{\left(\frac{D_s}{D_2}\right)^2-1}-\xi_s\right]\right\}} \tag{3.21}$$

如果轴承内圈和轴的制造材料相同，则

$$\Delta_s=I\left(\frac{D_1}{D_s}\right)\left[\frac{\left(\frac{D_s}{D_2}\right)^2-1}{\left(\frac{D_1}{D_2}\right)^2-1}\right] \tag{3.22}$$

对于安装在相同材料实心轴上的轴承内圈，直径 D_2 为零，于是

$$\Delta_s=I\left(\frac{D_s}{D_1}\right) \tag{3.23}$$

用相同的方法，可以确定内圆环内径缩小量，该内圆环的安装方式如图3.5所示，因此

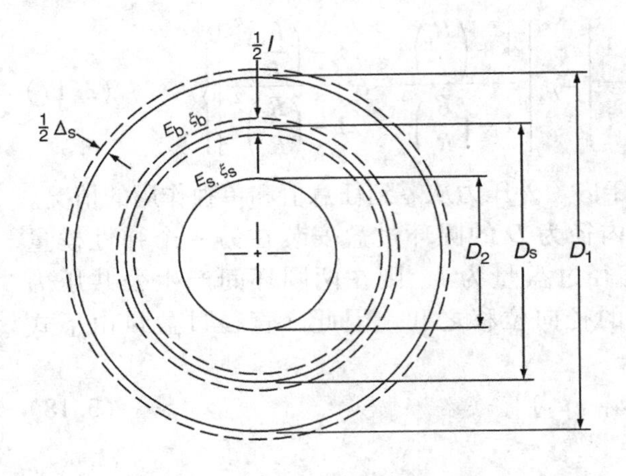

图3.4　安装在轴上的轴承内圈示意图

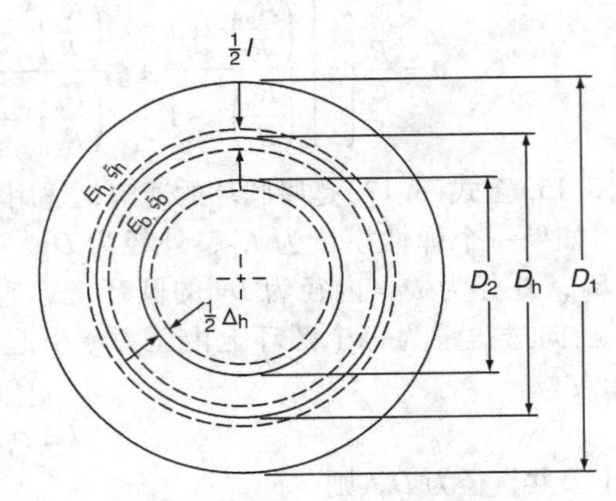

图3.5　安装在轴承座内的轴承外圈示意图

$$\Delta_h = \frac{2I\left(\dfrac{D_h}{D_2}\right)}{\left[\left(\dfrac{D_h}{D_2}\right)^2 - 1\right]\left\{\left[\dfrac{\left(\dfrac{D_h}{D_2}\right)^2 + 1}{\left(\dfrac{D_h}{D_2}\right)^2 - 1} + \xi_b\right] + \dfrac{E_b}{E_h}\left[\dfrac{\left(\dfrac{D_1}{D_h}\right)^2 + 1}{\left(\dfrac{D_1}{D_h}\right)^2 - 1} - \xi_h\right]\right\}} \tag{3.24}$$

对于相同材料的压入轴承座的轴承外圈，

$$\Delta_h = I\left(\frac{D_h}{D_2}\right)\left[\frac{\left(\dfrac{D_1}{D_h}\right)^2 - 1}{\left(\dfrac{D_1}{D_2}\right)^2 - 1}\right] \tag{3.25}$$

如果轴承座的尺寸相对套圈尺寸而言是很大的，直径 D_1 趋于无穷大，则

$$\Delta_h = I\left(\frac{D_2}{D_h}\right) \tag{3.26}$$

如果轴承安装前的游隙为 P_d，安装后游隙的变化量由下式给出：

$$\Delta P_d = -\Delta_s - \Delta_h \tag{3.27}$$

上述公式未考虑温差膨胀。

3.4　压力

当过盈表面间的压力 p 已知后，就可以估算出实现过盈配合或退出过盈配合所需的轴向作用力。由于剪切面为 πDB，因此，轴向力可由下式给出

$$F_a = \mu\pi DBp \tag{3.28}$$

式中，μ 为摩擦系数。根据 Jones[9] 的推导，将钢制套圈压入实心钢轴所需的轴向力可按下式计算：

$$F_a = 47\ 100BI\left[1 - \left(\frac{D_s}{D_1}\right)^2\right] \tag{3.29}$$

上式是按动摩擦系数 $\mu = 0.15$ 得到的。同样，将钢制轴承压入钢制轴承座所需的轴向力为

$$F_s = 47\ 100BI\left[1-\left(\frac{D_2}{D_h}\right)^2\right] \tag{3.30}$$

3.5 温差膨胀

滚动轴承通常用淬火钢制造，而且采用压配合安装在钢轴上。然而，在许多应用场合，例如在飞行器上，轴承会安装在不同材料的轴承座内。通常，轴承在室温下安装，但它们可能在比室温高 ΔT 的温度下运转。使用后面章节中介绍的发热和传热的计算方法可以确定温升量。由于温度增加，材料将产生如下的线性膨胀：

$$u = \Gamma L(T - T_a) \tag{3.31}$$

式中，Γ 为线性膨胀系数，单位为 mm/mm · ℃，L 为特征长度。

设轴承外圈的外径为 d_o，外圈的温度比环境温度高 $T_o - T_a$，则轴承外圈周边的膨胀约为

$$u_{toc} = \Gamma_b \pi d_o(T_o - T_a) \tag{3.32}$$

因此，直径约增加：

$$u_{to} = \Gamma_b d_o(T_o - T_a) \tag{3.33}$$

内圈也将产生类似的膨胀：

$$u_{ti} = \Gamma_b d_i(T_i - T_a) \tag{3.34}$$

则配合后直径方向的净膨胀量为

$$\Delta_T = \Gamma_b[d_o(T_o - T_a) - d_i(T_i - T_a)] \tag{3.35}$$

当轴承座是用非钢质材料制造时，轴承座与外圈之间的过盈量 I 可能随温度升高而增加，也可能减小，式(3.36)给出了 I 随温度的变化量：

$$\Delta I = (\Gamma_b - \Gamma_h)D_h(T_o - T_a) \tag{3.36}$$

这里，Γ_b 和 Γ_h 分别为轴承和轴承座的膨胀系数。对于不同的材料，轴承座的膨胀很可能大于轴承的膨胀，这样，将导致过盈配合量减小。因此，式(3.27)变为

$$\Delta P_d = \Delta_T - \Delta_s - \Delta_h \tag{3.37}$$

如果轴的材料与轴承的材料(通常为钢)不同，也可采用同样的分析方法。

3.6 表面粗糙度的影响

由于安装表面存在微小的峰谷，使得孔与外径之间的过盈量 I 要比名义尺寸小一些，I 的减小量可采用表3.1中的数据。

表3.1 表面形貌引起的过盈减小量

粗 糙 度	减 小 量	
	$\times 10^{-4}$mm	$\times 10^{-6}$in
精磨表面	20~51	8~20
非常光滑的精车表面	61~142	24~56
辗扩孔	102~239	40~94
普通精车表面	239~483	94~190

从表3.1可以看出，当精磨轴与精磨孔配合时，预计孔径将减小0.002mm(0.000 08in)，轴可能减小0.004 1mm(0.000 16in)，或过盈量I总的减少量为0.006 1mm(0.000 24in)。

参见例3.1至例3.4。

3.7　结束语

对于球轴承，很多例子表明，轴承的实际配合对径向游隙将产生重要的影响。由于球轴承的接触角决定轴承承受推力载荷的能力，而接触角与游隙有关，因此，在很多应用场合，分析轴承的配合是很重要的。本章的很多例子都是按平均公差考虑的，然而，在很多情况下，必须验证装配时出现的极端情况。

虽然本章仅分析了配合对接触角的影响，但不能认为，这是唯一重要的影响因素，以后将要研究其他运转条件对滚动轴承游隙的敏感程度。

已经证明，运转时发热状况的影响并不次于配合的影响，在精密应用场合，必须计算轴承运转状态下的游隙值。

表CD3.6~表CD3.10列出了平均直径的公差极限以及径向和轴向跳动的公差极限。跳动将以微妙的方式，例如通过以后章节中讨论的振动方式影响轴承的性能。

例题

例3.1　过盈配合对深沟球轴承初始接触角和轴向游隙的影响

问题：例2.1中的209DGBB深沟球轴承按ABEC5级精度制造，轴承与实心钢轴按k5配合，与钢制轴承座按k6配合。

- 轴承内圈内径=45mm
- 外圈外径=85mm

在轻微推力载荷作用下计算轴承的接触角和轴向游隙。

解：由表CD3.2可知，轴的公差带从0.002 5mm到0.012 7mm，平均公差为0.007 6mm。由表CD3.8可知，轴承内径的公差带从0μm到-8μm，平均公差为-0.004mm。轴的外径与轴承内径的平均过盈量为

$$I_s = 0.007\,6 - (-0.004) = 0.011\,6\text{mm}$$

由表3.1，假设轴承安装在磨过的高精度轴上，则表面粗糙度将使过盈量减小0.002 0mm，因此

$$I_s = 0.011\,6 - 0.002\,0 = 0.009\,6\text{mm}$$

由式(3.23)得

$$\Delta_s = I_s \frac{D_s}{D_i} = 0.009\,6\,\frac{45}{52.3} = 0.008\,3\text{mm}$$

由表CD3.4可知，轴承座内孔的公差带从-0.018mm到0.004mm，平均公差为-0.007mm。由表CD3.8可知，轴承外径的公差带从0μm到-10μm，平均公差为-0.005mm。轴承外径与轴承座内孔的平均过盈量为

$$I_h = 0.007 + (-0.005) = 0.002\text{mm}$$

由表3.1，假设轴承座内孔经精磨加工，则表面粗糙度将使过盈量减小0.002 0mm，因此

$$I_h = 0.002 - 0.002 = 0\text{mm}$$

由式(3.27)得

$$\Delta P_d = \Delta_s + \Delta_h$$
$$\Delta P_d = -0.008\ 3 + 0 = -0.008\ 3\text{mm}$$

由式(2.10)得

$$\alpha^0 = \cos^{-1}\left(1 - \frac{P_d + \Delta P_d}{2A}\right)$$
$$\alpha^0 = \cos^{-1}\left(1 - \frac{0.015 - 0.008\ 3}{2 \times 0.508}\right) = 6.584°$$

由式(2.12)得

$$P_e = 2A\sin\alpha^0$$
$$P_e = 2 \times 0.508 \times \sin 6.584° = 0.116\ 5\text{mm}$$

例3.2 过盈配合对角接触球轴承初始接触角的影响

问题：例2.3中的218ACBB角接触球轴承内径为90mm，外径为160mm，加工精度为ABEC7级。轴承与孔径为63.5mm的空心钢轴按k6配合；与有效外径为203.2mm的钛轴承座按M6配合。计算轴承的初始接触角。

解：从表CD3.2可知，轴的公差带从0.002 5mm到0.025 4mm，公差的平均值为0.014 0mm；从表CD3.9可知，轴承内径的公差平均值为-0.004mm。轴承内径与轴的平均过盈量为

$$I = 0.014\ 0 + 0.004 = 0.018\ 0\text{mm}(0.000\ 71\text{in})$$

由表3.1，假设轴承安装在精磨加工的表面上，则表面粗糙度将使过盈量减小0.002 0mm，因此

$$I = 0.018\ 0 - 2 \times 0.002\ 0 = 0.014\ 0\text{mm}(0.000\ 55\text{in})$$

由例2.3，

$$d_i = 102.8\text{mm}(4.047\text{in})$$
$$D_1 = d_i$$

由式(3.22)得

$$\Delta_s = I\left(\frac{D_1}{D_s}\right)\left[\frac{\left(\frac{D_s}{D_2}\right)^2 - 1}{\left(\frac{D_1}{D_2}\right)^2 - 1}\right] = 0.014\ 0\frac{102.8}{90}\left[\frac{\left(\frac{90}{63.5}\right)^2 - 1}{\left(\frac{102.8}{63.5}\right)^2 - 1}\right] = 0.009\ 95\text{mm}(0.000\ 39\text{in})$$

由表CD3.4可知，轴承座的公差带从-0.033mm到-0.007 6mm；由表CD3.10可知，轴承外径的平均公差为-0.005mm。轴承座内孔与轴承外径的平均过盈量为

$$I = 0.020\ 3 - 0.005 = 0.015\ 3\text{mm}(0.000\ 6\text{in})$$

由表3.1，假设轴承座内孔为磨削表面，则表面粗糙度将使过盈量减小0.002 0mm，因此

$$I = 0.015\ 3 - 2 \times 0.002\ 0 = 0.011\ 3\text{mm}(0.000\ 44\text{in})$$

由例2.3

$$d_o = 147.7\text{mm}(5.816\text{in})$$

$$D_2 = d_o$$

对于钢：$E = 206\ 900\text{MPa}$，$\xi = 0.3$

对于钛：$E = 103\ 500\text{MPa}$，$\xi = 0.33$

由式(3.24)得

$$\Delta_h = \frac{2I\left(\frac{D_h}{D_2}\right)}{\left[\left(\frac{D_h}{D_2}\right)^2 - 1\right]\left\{\left[\frac{\left(\frac{D_h}{D_2}\right)^2 + 1}{\left(\frac{D_h}{D_2}\right)^2 - 1} + \xi_b\right] + \frac{E_b}{E_h}\left[\frac{\left(\frac{D_1}{D_h}\right)^2 + 1}{\left(\frac{D_1}{D_h}\right)^2 - 1} - \xi_h\right]\right\}}$$

$$\Delta_h = \frac{2 \times 0.011\ 3\ \frac{160}{147.7}}{\left[\left(\frac{160}{147.7}\right)^2 - 1\right]\left\{\left[\frac{\left(\frac{160}{147.7}\right)^2 + 1}{\left(\frac{160}{147.7}\right)^2 - 1} + 0.3\right] + \frac{206\ 900}{103\ 500}\left[\frac{\left(\frac{203.2}{160}\right)^2 + 1}{\left(\frac{203.2}{160}\right)^2 - 1} - 0.33\right]\right\}}$$

$$\Delta_h = 0.006\ 4\text{mm}(0.000\ 25\text{in})$$

由式(3.27)得

$$\Delta P_d = -\Delta_s - \Delta_h = 0.009\ 95 - 0.006\ 4 = -0.016\ 35\text{mm}(-0.000\ 64\text{in})$$

由例2.3

$$P_d = 0.483\text{mm}(0.019\text{in})$$
$$A = BD = 1.031\text{mm}(0.040\ 6\text{in})$$

由式(2.10)得

$$\alpha^0 = \cos^{-1}\left(1 - \frac{P_d + \Delta P_d}{2A}\right) = \cos^{-1}\left(1 - \frac{0.483 - 0.016\ 35}{2 \times 1.031}\right) = 39°19'$$

例3.3 温差度对压配合角接触球轴承初始接触角的影响

问题：218ACBB角接触球轴承内圈的平均工作温度为148.9℃(300℉)，外圈为121℃(250℉)。如果轴承装配时的温度为21.1℃(70℉)，采用例3.2的压配合，轴承的初始接触角是多少？

解：热胀系数，钢材：$\Gamma = 11.7 \times 10^{-6}\text{mm/mm/℃}(6.5 \times 10^{-6}\text{in/in/℉})$

钛：$\Gamma = 8.5 \times 10^{-6}\text{mm/mm/℃}(4.7 \times 10^{-6}\text{in/in/℉})$

由例2.3

$$d_i = 102.8\text{mm}(4.047\text{in})$$
$$d_o = 147.7\text{mm}(5.816\text{in})$$

由式(3.35)得

$$\Delta_T = \Gamma_b[d_o(T_o - T_a) - d_i(T_i - T_a)] = 11.7 \times 10^{-6}[147.7 \times 100 - 102.8 \times 127.8]$$
$$= 0.019\ 1\text{mm}(0.000\ 75\text{in})$$

轴承外圈和轴承座具有不同的膨胀率。由例3.2，

$$D_h = 160\text{mm}(6.299\ 2\text{in})$$

由式(3.36)得

$$\Delta I = (\Gamma_b - \Gamma_h) D_h (T_o - T_a)$$
$$= (11.7 - 8.5) 10^{-6} 160 (121.1 - 21.1)$$
$$= 0.0508\text{mm}(0.0020\text{in})$$

由例3.2

$$\Delta_h = 0.0064\text{mm}(0.00025\text{in})$$
$$I = 0.0113\text{mm}(0.00044\text{in})$$
$$I = I + \Delta I = 0.0113 + 0.0508 = 0.062\text{mm}(0.00244\text{in})$$
$$\Delta_h = \frac{0.062}{0.0113} \times 0.00635 = 0.0348\text{mm}(0.00137\text{in})$$
$$\Delta_s = 0.00995\text{mm}(0.00039\text{in})$$

由式(3.37)得

$$\Delta P_d = \Delta_T - \Delta_s - \Delta_h = 0.0191 - 0.00995 - 0.0348$$
$$= -0.0257\text{mm}(-0.00101\text{in})$$

由例2.3

$$P_d = 0.483\text{mm}(0.019\text{in})$$
$$A = BD = 1.031\text{mm}(0.0406\text{in})$$

由式(2.10)得

$$\alpha^0 = \cos^{-1}\left(1 - \frac{P_d + \Delta P_d}{2A}\right)$$
$$= \cos^{-1}\left(1 - \frac{0.483 - 0.0257}{2 \times 1.031}\right) = 38°54'$$

例3.4 深沟球轴承内圈压配合时所需要的力

问题：例3.1中的219DGBB球轴承的公称宽度为19mm(0.7480in)，采用例3.1中轴的压配合，需要多大的力？

解：由例3.1

$$I = 0.0076\text{mm}(0.00030\text{in})$$
$$D_s = 45\text{mm}(1.7717\text{in})$$
$$D_1 = 52.3\text{mm}(2.0587\text{in})$$

由式(3.29)得

$$F_a = 47100 BI \left[1 - \left(\frac{D_s}{D_1}\right)^2\right]$$
$$= 47100 \times 19 \times 0.0076 \left[1 - \left(\frac{45}{52.3}\right)^2\right]$$
$$= 1766\text{N}(397\text{lb})$$

表

表中符号

符　号	定　义	单　位
B	内圈基本宽度	mm
B_s	单一内圈宽度	mm
C	外圈基本宽度	mm
C_s	单一外圈宽度	mm
d	基本内孔直径	mm
d_s	单一内孔直径	mm
d_{mp}	单一平面平均内孔直径	mm
D	基本外径	mm
D_s	单一外径	mm
D_{mp}	单一平面平均外径	mm
K_{ia}	轴承装配后内圈径向跳动	μm
K_{ea}	轴承装配后外圈径向跳动	μm
S_d	内圈参考面对孔的跳动	μm
S_D	外圆柱面对外圈参考面的跳动	μm
S_{D1}	外圈外表面母线对外圈挡边端面的倾斜变动量	μm
S_{ia}	轴承装配后内圈轴向跳动	μm
S_{ea}	轴承装配后外圈轴向跳动	μm
S_{ea1}	外圈端面对装配后轴承滚道的跳动	μm
V_{Bs}	内圈宽度变动量	μm
V_{Cs}	外圈宽度变动量	μm
V_{C1s}	内圈挡边宽度变动量	μm
V_{dmp}	平均内孔变动量	μm
V_{dp}	单一径向平面内孔直径变动量	μm
V_{Dmp}	平均外径变动量	μm
V_{Dp}	单一径向平面外径变动量	μm
Δ_{Bs}	单一内圈宽度对基本宽度的变动量	μm
Δ_{Cs}	单一外圈宽度对基本宽度的变动量	μm
Δ_{C1s}	单一外圈挡边宽度偏差	μm
Δ_{ds}	单一内孔直径对基本直径的偏差	μm
Δ_{dmp}	单一平面平均内孔直径对锥孔小端基本直径的偏差	μm
Δ_{d1mp}	单一平面平均内孔直径对锥孔大端基本直径的偏差	μm
Δ_{Ds}	单一外径对基本直径的偏差	μm

Δ_{Dmp}	单一平面平均外径对基本直径的偏差	μm
Δ_{TS}	单列圆锥滚子轴承总宽度偏差	mm
Δ_{T1S}	圆锥滚子轴承内圈实际有效宽度偏差	mm
Δ_{T2S}	圆锥滚子轴承外圈实际有效宽度偏差	mm

表 CD3.1 ABEC-1 或 RBEC-1 公差等级米制向心球、圆柱滚子和球面滚子轴承轴公差等级范围与轴承工作条件的关系．第 1 部分 （单位：mm）

设计和工作条件			球轴承			圆柱轴承			球面轴承		
旋转条件	内圈轴向可置换性	径向载荷	d		公差等级①	d		公差等级①	d		公差等级①
			超过	包括		超过	包括		超过	包括	
内圈关于载荷方向旋转		轻	0	18	h5	0	40	j6②	0	40	j6②
			18	所有	j6[2]	40	140	k6②	40	140	k6②
						140	320	m6②	140	320	m6②
						320	500	n6	320	500	n6
						500	所有	p6	500	所有	p6
或		正常	0	18	j5	0	40	k5	0	40	k5
			18	所有	k6	40	100	m5	40	65	m5
						100	140	m6	65	100	m6
						140	320	n6	100	140	n6
						320	500	p6	140	280	p6
						500	所有	r6	280	500	r6
									500	所有	r7
载荷方向不确定		重	18	100	k5	0	40	m5	0	40	m5
			100	所有	m5	40	65	m6	40	65	m6
						65	140	n6	65	100	n6
						140	200	p6	100	140	p6
						200	500	r6	140	200	r6
						500	所有	r7	200	所有	r7
内圈关于载荷方向静止	内圈必须易于轴向置换	轻	所有尺寸		g6	所有尺寸		g6	所有尺寸		g6
		正常									
		重									
	内圈不必易于轴向置换	轻	所有尺寸		h6	所有尺寸		h6	所有尺寸		g6
		正常									
		重									
纯推力载荷			所有尺寸		j6	咨询轴承厂商			咨询轴承厂商		

① 列出的是实心钢轴的公差等级，其数值在表 CD3.2 中列出。对空心或非铁质轴，需要更紧的配合。

② 如果要求更高的精确度，可用 j5、k5 和 m5 分别代替 j6、k6 和 m6。

表 CD3.2 轴直径公差极限和偏差与 ABEC-1 或 RBEC-1 米制向心球、圆铸滚子和球面滚子轴承公差等级的关系．第 1 部分：偏差与配合

（单位：mm）

d			公差等级																									
			g6		h6		h5		j5		j6		k5		k6		m5		m6		n6		p6		r6		r7	
超过	包括	偏差	轴偏差	配合状态	轴偏差	配合状态	轴偏差	配合状态	轴偏差	配合状态	轴偏差	配合状态	轴偏差	配合状态	轴偏差	配合状态	轴偏差	配合状态	轴偏差	配合状态	轴偏差	配合状态	轴偏差	配合状态	轴偏差	配合状态	轴偏差	配合状态
3	6	0	-4	12L	0	8L	0	5L	3	2L	6	2L	6	1T			9	4T										
		-8	-12	4T	-8	8T	-5	8T	-2	11T	-2	14T	1	14T			4	17T										
6	10	0	-5	14L	0	9L	0	6L	4	2L	7	2L	7	1T			12	6T										
		-8	-14	3T	-9	8T	-6	8T	-2	12T	-2	15T	1	15T			6	20T										
10	18	0	-6	17L	0	11L	0	8L	5	3L	8	3L	9	1T			15	7T										
		-8	-17	2T	-11	8T	-8	8T	-3	13T	-3	16T	1	17T			7	23T										
18	30	0	-7	20L	0	13L			5	4L	9	4L	11	2T			17	8T										
		-10	-20	3T	-13	10T			-4	15T	-4	19T	2	21T			8	27T										
30	50	0	-9	25L	0	16L			6	5L	11	5L	13	2T	18	2T	20	9T	25	9T								
		-12	-25	3T	-16	12T			-5	18T	-5	23T	2	25T	2	30T	9	32T	9	37T								
50	80	0	-10	29L	0	19L			6	7L	12	7L	15	2T	21	2T	24	11T	30	11T	39	20T						
		-15	-29	5T	-19	15T			-7	21T	-7	27T	2	30T	2	36T	11	39T	11	45T	20	54T						
80	120	0	-12	34L	0	22L			6	9L	13	9L	18	3T	25	3T	28	13T	35	13T	45	23T	59	37T				
		-20	-34	8T	-22	20T			-9	26T	-9	33T	3	38T	3	45T	13	48T	13	55T	23	65T	37	79T				
120	180	0	-14	39L	0	25L			7	11L	14	11L	21	3T	28	3T	33	15T	40	15T	52	27T	68	43T	90	65T		
		-25	-39	11T	-25	25T			-11	32T	-11	39T	3	46T	3	53T	15	58T	15	65T	27	77T	43	93T	65	115T		
180	200	0	-15	44L	0	29L			7	13L	16	13L	24	4T			37	17T	46	17T	60	31T	79	50T	106	77T		
		-30	-44	15T	-29	30T			-13	37T	-13	46T	4	54T			17	67T	17	76T	31	90T	50	109T	77	136T		
200	225	0	-15	44L	0	29L			7	13L	16	13L	24	4T			37	17T	46	17T	60	31T	79	50T	109	80T	126	80T
		-30	-44	15T	-29	30T			-13	37T	-13	46T	4	54T			17	67T	17	76T	31	90T	50	109T	80	139T	80	156T
225	250	0	-15	44L	0	29L			7	13L	16	13L	24	4T			37	17T	46	17T	60	31T	79	50T	113	84T	130	84T
		-30	-44	15T	-29	30T			-13	37T	-13	46T	4	54T			17	67T	17	76T	31	90T	50	109T	84	143T	84	160T
250	280	0	-17	49L	0	32L			7	16L	16	16L	27	4T			43	20T	52	20T	66	34T	88	56T	126	94T	146	94T
		-35	-49	18T	-32	35T			-16	42T	-16	51T	4	62T			20	78T	20	87T	34	101T	56	123T	94	161T	94	181T

（续）

d			公差等级																									
超过	包括	偏差	g6		h6		h5		j5		j6		k5		k6		m5		m6		n6		p6		r6		r7	
			轴偏差	配合状态	轴偏差	配合状态	轴偏差	配合状态	轴偏差	配合状态	轴偏差	配合状态	轴偏差	配合状态	轴偏差	配合状态	轴偏差	配合状态	轴偏差	配合状态	轴偏差	配合状态	轴偏差	配合状态	轴偏差	配合状态	轴偏差	配合状态
280	315	0	-17	49L	0	32L			7	16L	16	16L	27	4T			43	20T	52	20T	66	34T	88	56T	130	98T	150	98T
		-35	-49	18T	-32	35T			-16	42T	-16	51T	4	62T			20	78T	20	87T	34	101T	56	123T	98	165T	98	185T
315	355	0	-18	54L	0	36L			7	18L	18	18L	29	4T			46	21T	57	21T	73	37T	98	62T	144	108T	165	108T
		-40	-54	22T	-36	40T			-18	47T	-18	58T	4	69T			21	86T	21	97T	37	113T	62	138T	108	184T	108	205T
355	400	0	-18	54L	0	36L			7	18L	18	18L	29	4T			46	21T			73	37T	98	62T	150	114T	171	114T
		-40	-54	22T	-36	40T			-18	47T	-18	58T	4	69T			21	86T			37	113T	62	138T	114	190T	114	211T
400	450	0	-20	60L	0	40L			7	20L	20	20L	32	5T			50	23T			80	40T	108	68T	166	126T	189	126T
		-45	-60	25T	-40	45T			-20	52T	-20	65T	5	77T			23	95T			40	125T	68	153T	126	211T	126	234T
450	500	0	-20	60L	0	40L			7	20L	20	20L	32	5T			50	23T			80	40T	108	68T	172	132T	195	132T
		-45	-60	25T	-40	45T			-20	52T	-20	65T	5	77T			23	95T			40	125T	68	153T	132	217T	132	240T
500	630	0	-22	66L	0	44L			8	22L	22	22L	30	0T			56	26T					122	78T	194	150T	220	150T
		-50	-66	28T	-44	50T			-22	58T	-22	72T	0	80T			26	106T					78	172T	150	244T	150	270T
630	710	0	-24	74L	0	50L			10	25L	25	25L	35	0T			65	30T					138	88T	225	175T	255	175T
		-75	-74	51T	-50	75T			-25	85T	-25	100T	0	110T			30	140T					88	213T	175	300T	175	330T
710	800	0	-24	74L	0	50L			10	25L	25	25L	35	0T			65	30T					138	88T	235	185T	265	185T
		-75	-74	51T	-50	75T			-25	85T	-25	100T	0	110T			30	140T					88	213T	185	310T	185	340T
800	900	0	-26	82L	0	56L			12	28L	28	28L	40	0T			74	34T					156	100T	266	210T	300	210T
		-100	-82	74T	-56	100T			-28	112T	-28	128T	0	140T			34	174T					100	256T	210	366T	210	400T
900	1 000	0	-26	82L	0	56L			12	28L	28	28L	40	0T			74	34T					156	100T	276	220T	310	220T
		-100	-82	74T	-56	100T			-28	112T	-28	128T	0	140T			34	174T					100	256T	220	376T	220	410T
1 000	1 120	0	-28	94L	0	66L			13	33L	33	33L	46	0T			86	40T					186	120T	316	250T	335	250T
		-125	-94	97T	-66	125T			-33	138T	-33	158T	0	171T			40	211T					120	311T	250	441T	250	460T
1 120	1 250	0	-28	94L	0	66L			13	33L	33	33L	46	0T			86	40T					186	120T	326	260T	365	260T
		-125	-94	97T	-66	125T			-33	138T	-33	158T	0	171T			40	211T					120	311T	260	451T	260	490T

L＝松配合，T＝紧配合。

表 CD3.4　轴承座孔公差极限和偏差与 ABEC-1 或 RBEC-1 米制向心球、圆柱滚子和球面滚子轴承公差等级的关系. 第1部分

（单位：公差等级 mm；偏差与配合 μm）

D			公差等级																													
			F7		G7		H8		H7		H6		J6		J7		K6		K7		M6		M7		N6		N7		P6		P7	
超过	包括	偏差	轴承座偏差	配合状态	轴承座偏差	配合状态	轴承座偏差	配合状态	轴承座偏差	配合状态	轴承座偏差	配合状态	轴承座偏差	配合状态	轴承座偏差	配合状态	轴承座偏差	配合状态	轴承座偏差	配合状态	轴承座偏差	配合状态	轴承座偏差	配合状态	轴承座偏差	配合状态	轴承座偏差	配合状态	轴承座偏差	配合状态	轴承座偏差	配合状态
10	18	0	16	42L	6	32L	0	35L	0	26L	0	19L	−5	14L	−8	18L	−9	10L	−12	14L	−15	4L	−18	8L	−20	1T	−23	3L	−26	7T	−29	3T
		−8	34	16L	24	6L	27	0L	18	0L	11	0L	6	5T	10	8T	2	9T	6	12T	−4	15T	0	18T	−9	20T	−5	23T	−15	26T	−11	29T
18	30	0	20	50L	7	37L	0	42L	0	30L	0	22L	−5	17L	−9	21L	−11	11L	−15	15L	−17	5L	−21	9L	−24	2T	−28	2L	−31	9T	−35	5T
		−9	41	20L	28	7L	33	0L	21	0L	13	0L	8	5T	12	9T	2	11T	6	15T	−4	17T	0	21T	−11	24T	−7	28T	−18	31T	−14	35T
30	50	0	25	61L	9	45L	0	50L	0	36L	0	27L	−6	21L	−11	25L	−13	14L	−18	18L	−20	7L	−25	11L	−28	1T	−33	3L	−37	10T	−42	6T
		−11	50	25L	34	9L	39	0L	25	0L	16	0L	10	6T	14	11T	3	13T	7	18T	−4	20T	0	25T	−12	28T	−8	33T	−21	37T	−17	42T
50	80	0	30	73L	10	53L	0	59L	0	43L	0	32L	−6	26L	−12	31L	−15	17L	−21	22L	−24	8L	−30	13L	−33	1T	−39	4L	−45	13T	−51	8T
		−13	60	30L	40	10L	46	0L	30	0L	19	0L	13	6T	18	12T	4	15T	9	21T	−5	24T	0	30T	−14	33T	−9	39T	−26	45T	−21	51T
80	120	0	36	86L	12	62L	0	69L	0	50L	0	37L	−6	31L	−13	37L	−18	19L	−25	25L	−28	9L	−35	15L	−38	1T	−45	5L	−52	15T	−59	9T
		−15	71	36L	47	12L	54	0L	35	0L	22	0L	16	6T	22	13T	4	18T	10	25T	−6	28T	0	35T	−16	38T	−10	45T	−30	52T	−24	59T
120	150	0	43	101L	14	72L	0	81L	0	58L	0	43L	−7	36L	−14	44L	−21	22L	−28	30L	−33	10L	−40	18L	−45	2T	−52	6L	−61	18T	−68	10T
		−18	83	43L	54	14L	63	0L	40	0L	25	0L	18	7T	26	14T	4	21T	12	28T	−8	33T	0	40T	−20	45T	−12	52T	−36	61T	−28	68T
150	180	0	43	108L	14	79L	0	88L	0	65L	0	50L	−7	43L	−14	51L	−21	29L	−28	37L	−33	17L	−40	25L	−45	5L	−52	13L	−61	11T	−68	3T
		−25	83	43L	54	14L	63	0L	40	0L	25	0L	18	7T	26	14T	4	21T	12	28T	−8	33T	0	40T	−20	45T	−12	52T	−36	61T	−28	68T
180	250	0	50	126L	15	91L	0	102L	0	76L	0	59L	−7	52L	−16	60L	−24	35L	−33	43L	−37	22L	−46	30L	−51	8L	−60	16L	−70	11T	−79	3T
		−30	96	50L	61	15L	72	0L	46	0L	29	0L	22	7T	30	16T	5	24T	13	33T	−8	37T	0	46T	−22	51T	−14	60T	−41	70T	−33	79T

（续）

D			公差等级																													
			F7		G7		H8		H7		H6		J6		J7		K6		K7		M6		M7		N6		N7		P6		P7	
超过	包括	偏差	轴承座偏差	配合状态	轴承座偏差	配合状态	轴承座偏差	配合状态	轴承座偏差	配合状态	轴承座偏差	配合状态	轴承座偏差	配合状态	轴承座偏差	配合状态	轴承座偏差	配合状态	轴承座偏差	配合状态	轴承座偏差	配合状态	轴承座偏差	配合状态	轴承座偏差	配合状态	轴承座偏差	配合状态	轴承座偏差	配合状态	轴承座偏差	配合状态
250	315	0	56	143L	17	104L	0	116L	0	87L	0	67L	-7	60L	-16	71L	-27	40L	-36	51L	-41	26L	-52	35L	-57	10L	-66	21L	-79	12T	-88	1T
		-35	108	56L	69	17L	81	0L	52	0L	32	0L	25	7T	36	16T	5	27T	16	36T	-9	41T	0	52T	-25	57T	-14	66T	-47	79T	-36	88T
315	400	0	62	159L	18	115L	0	129L	0	97L	0	76L	-7	69L	-18	79L	-29	47L	-40	57L	-46	30L	-57	40L	-62	14L	-73	24L	-87	11T	-98	1T
		-40	119	62L	75	18L	89	0L	57	0L	36	0L	29	7T	39	18T	7	29T	17	40T	-10	46T	0	57T	-26	62T	-16	73T	-51	87T	-41	98T
400	500	0	68	176L	20	128L	0	142L	0	108L	0	85L	-7	78L	-20	88L	-32	53L	-45	63L	-50	35L	-63	45L	-67	18L	-80	28L	-95	10T	-108	0T
		-45	131	68L	83	20L	97	0L	63	0L	40	0L	33	7T	43	20T	8	32T	18	45T	-10	50T	0	63T	-27	67T	-17	80T	-55	95T	-45	108T
500	630	0	76	196L	22	142L	0	160L	0	120L	0	94L	-7	87L	-22	98L	-44	50L	-70	50L	-70	24L	-96	24L	-88	6L	-114	6L	-122	28T	-148	28T
		-50	146	76L	92	22L	110	0L	70	0L	44	0L	37	7T	48	22T	0	44T	0	70T	-26	70T	-26	96T	-44	88T	-44	114T	-78	122T	-78	148T
630	800	0	80	235L	24	179L	0	200L	0	155L	0	125L	-10	115L	-24	131L	-50	75L	-80	75L	-80	45L	-110	45L	-100	25L	-130	25L	-138	13T	-168	13T
		-75	160	80L	104	24L	125	0L	80	0L	50	0L	40	10T	56	24T	0	50T	0	80T	-30	80T	-30	110T	-50	100T	-50	130T	-88	138T	-88	168T
800	1000	0	86	276L	26	216L	0	240L	0	190L	0	156L	-10	146L	-26	164L	-56	100L	-90	100L	-90	66L	-124	66L	-112	44L	-146	44L	-156	0T	-190	0T
		-100	176	86L	116	26L	140	0L	90	0L	56	0L	46	10T	64	26T	0	56T	0	90T	-34	90T	-34	124T	-56	112T	-56	146T	-100	156T	-100	190T
1 000	1250	0	98	328L	28	258L	0	290L	0	230L	0	191L	-10	181L	-28	202L	-66	125L	-105	125L	-106	85L	-145	85L	-132	59L	-171	59L	-186	5L	-225	5L
		-125	203	98L	133	28L	165	0L	105	0L	66	0L	56	10T	77	28T	0	66T	0	105T	-40	106T	-40	145T	-66	132T	-66	171T	-120	186T	-120	225T
1 250	1 600	0	110	395L	30	315L	0	355L	0	285L	0	238L	-10	228L	-30	255L	-78	160L	-125	160L	-126	112L	-173	112L	-156	82L	-203	82L	-218	20L	-265	20L
		-160	235	110L	155	30L	195	0L	125	0L	78	0L	68	10T	95	30T	0	78T	0	125T	-48	126T	-48	173T	-78	156T	-78	203T	-140	218T	-140	265T
1 600	2 000	0	120	470L	32	382L	0	430L	0	350L	0	292L	-10	282L	-32	318L	-92	200L	-150	200L	-150	142L	-208	142L	-184	108L	-242	108L	-262	30L	-320	30L
		-200	270	120L	182	32L	230	0L	150	0L	92	0L	82	10T	118	32T	0	92T	0	150T	-58	150T	-58	208T	-92	184T	-92	242T	-170	262T	-170	320T
2 000	2 500	0	130	555L	34	459L	0	530L	0	425L	0	360L	-10	350L	-34	391L	-110	250L	-175	250L	-178	182L	-243	182L	-220	140L	-285	140L	-305	55L	-370	55L
		-250	305	130L	209	34L	280	0L	175	0L	110	0L	100	10T	141	34T	0	110T	0	175T	-68	178T	-68	243T	-110	220T	-110	285T	-195	305T	-195	370T

L = 松配合，T = 紧配合。

表 CD3.3 轴承座孔公差等级选择与公制球、圆柱滚子和球面滚子轴承运行条件的关系

设计与运行条件				公差等级①
旋转状态	载荷	其他条件	外圈轴向可置换性	
外圈相对于载荷静止	轻、正常或重	轴传热	外圈轴向可置换	G7③
外圈相对于载荷静止	轻、正常或重	轴承座轴向剖分	外圈轴向可置换	H7②
外圈相对于载荷静止	轻、正常或重	轴承座轴向无剖分	外圈轴向可置换	H6②
外圈相对于载荷静止	短暂冲击完全卸载	轴承座轴向无剖分	过渡状态④	J6②
与载荷方向无关	轻	轴承座轴向无剖分	过渡状态④	J6②
与载荷方向无关	正常或重	不宜剖分	过渡状态④	K6②
与载荷方向无关	重度冲击	不宜剖分	过渡状态④	M6②
外圈相对于载荷旋转	轻	不宜剖分	过渡状态④	M6②
外圈相对于载荷旋转	正常或重	不宜剖分	外圈轴向不易置换	N6②
外圈相对于载荷旋转	重	无剖分薄壁轴承座	外圈轴向不易置换	P6②

① 适用于铸铁或钢轴承座，其数值列在表 CD3.4，对于有色金属合金轴承座，需要更紧的配合。

② 容许更宽的公差，可用公差等级 H8，H7，J7，K7，M7，N7 和 P7 分别代替 H7，H6，J6，K6，M6，N6 和 P6。

③ 对大轴承以及外圈与轴承座的温差大于 10℃时，可用 F7 代替 G7。

④ 外圈与轴承座的配合公差带可紧可松。

表 CD3.5 ANSI/ABMA 与 ISO 公差等级关系

球和非圆锥滚子轴承		米制圆锥滚子轴承	
ANSI/ABMA	ISO	ANSI/ABMA	ISO
ABEC 1 or RBEC 1	正常级	K	正常级
ABEC 3 or RBEC 3	6 级	N	6X 级
ABEC 5 or RBEC 5	5 级	C	5 级
ABEC 7	4 级	B	4 级
ABEC 9	2 级	A	2 级

表 CD3.6 ABEC-1，RBEC-1 公差等级．米制球和滚子轴承(圆锥滚子轴承除外)⑤
尺寸符合表[3.8]中的向心轴承外形尺寸．第 1 部分

(单位:尺寸 mm,公差 μm)

内圈														
				V_{dmp}①						Δ_{dmp}				
				直径系列										
d		Δ_{dmp}		9	0,1	2,3,4	V_{dmp}	K_{ia}	S_{ia}⑦	全部	正常	修正④	V_{Bs}
超过	包括	高	低	最大			最大	最大	最大	高	低		最大
① 0.6	2.5	0	−8	10	8	6	6	10	15	0	−40	—	12
2.5	10	0	−8	10	8	6	6	10	20	0	−120	−250	15
10	18	0	−8	10	8	6	6	10	20	0	−120	−250	20
18	30	0	−10	13	10	8	8	13	25	0	−120	−250	20
30	50	0	−12	14	12	9	9	15	30	0	−120	−250	20
50	80	0	−15	19	19	11	11	20	30	0	−150	−380	25
80	120	0	−20	25	25	15	15	25	35	0	−200	−380	25

（续）

内圈														
				V_{dmp}①										
				直径系列						Δ_{dmp}			
d		Δ_{dmp}		9	0,1	2,3,4	V_{dmp}	K_{ia}	S_{ia}⑦	全部	正常	修正④	V_{Bs}
超过	包括	高	低	最大			最大	最大	最大	高	低		最大
120	180	0	-25	31	31	19	19	30	40	0	-250	-500	30
180	250	0	-30	38	38	23	23	40	45	0	-300	-500	30
250	315	0	-35	44	44	26	26	50	55	0	-350	-500	35
315	400	0	-40	50	50	30	30	60	65	0	-400	-630	40
400	500	0	-45	56	56	34	34	65	75	0	-450	—	50
500	630	0	-50	63	63	38	38	70	90	0	-500	—	60
630	800	0	-75	—	—	—	—	80	100	0	-750	—	70
800	1 000	0	-100	—	—	—	—	90	110	0	-1 000	—	80
1 000	1 250	0	-125	—	—	—	—	100	125	0	-1 250	—	100
1 250	1 600	0	-160	—	—	—	—	120	150	0	-1 600	—	120
1 600	2 000	0	-200	—	—	—	—	140	170	0	-2 000	—	140

外圈														
				V_{Dp}③,⑥										
				开式轴承			闭式轴承②							
				直径系列										
D		Δ_{Dmp}		9	0,1	2,3,4	2,3,4	V_{Dmp}③	K_{ea}	S_{ea}⑦	Δ_{Cs},Δ_{C1s}⑦		V_{Cs},V_{C1s}⑦
超过	包括	高	低	最大				最大	最大	最大	高	低	最大
① 2.5	6	0	-8	10	8	6	10	6	15	15			
6	18	0	-8	10	8	6	10	6	15	20			
18	30	0	-9	12	9	7	12	7	15	25			
30	50	0	-11	14	11	8	16	8	20	30			
50	80	0	-13	16	13	10	20	10	25	35			
80	120	0	-15	19	19	11	26	11	35	40			
120	150	0	-18	23	23	14	30	14	40	45			
150	180	0	-25	31	31	19	38	19	45	55			
180	250	0	-30	38	38	23	—	23	50	65			
250	315	0	-35	44	44	26	—	26	60	75	等于相同轴承内圈的Δ_{Bs}和V_{Bs}		
315	400	0	-40	50	50	30	—	30	70	90			
400	500	0	-45	56	56	34	—	34	80	100			
500	630	0	-50	63	63	38	—	38	100	110			
630	800	0	-75	94	94	55	—	55	120	120			
800	1 000	0	-100	125	125	75	—	75	140	125			
1 000	1 250	0	-125	—	—	—	—	—	160	140			
1 250	1 600	0	-160	—	—	—	—	—	190	150			
1 600	2 000	0	-200	—	—	—	—	—	220	170			
2 000	2 500	0	-250	—	—	—	—	—	250	190			

① 直径包含在该组中

② 不含直径系列 9，0 和 1 的值

③ 适用于装配前和除去内或外止动环后

④ 针对成对或成串安装的单个轴承套圈

⑤ 圆锥滚子轴承公差见表 CD3.11 ~ CD3.20

⑥ 不含直径系列 7 和 8 的值

⑦ 仅适用于带沟槽的球轴承

表 CD3.7　ABEC-3，RBEC-3 公差等级．米制球和滚子轴承(圆锥滚子轴承除外)⑤
尺寸符合表[3.8]中的向心轴承外形尺寸．第1部分

(单位:尺寸 mm,公差 μm)

内圈														
d		Δ_{dmp}		V_{dp}⑥ 直径系列 9	0,1	2,3,4	V_{dmp}	K_{ia}	S_{ia}⑦	Δ_{Bs} 所有	正常	修正④	V_{Bs}
超过	包括	高	低	最大	最大	最大	最大	最大	最大	高	低	低	最大
① 0.6	2.5	0	−7	9	7	5	5	5	10	0	−40	—	12
2.5	10	0	−7	9	7	5	5	6	15	0	−120	−250	15
10	18	0	−7	9	7	5	5	7	20	0	−120	−250	20
18	30	0	−8	10	8	6	6	8	20	0	−120	−250	20
30	50	0	−10	13	10	8	8	10	20	0	−120	−250	20
50	80	0	−12	15	15	9	9	10	25	0	−150	−380	25
80	120	0	−15	19	19	11	11	13	25	0	−200	−380	25
120	180	0	−19	23	23	14	14	18	30	0	−250	−500	30
180	250	0	−22	28	28	17	17	20	35	0	−300	−500	30
250	315	0	−25	31	31	19	19	25	40	0	−350	−500	35
315	400	0	−30	38	38	23	23	30	45	0	−400	−630	40
400	500	0	−35	44	44	26	26	35	50	0	−450	—	45
500	630	0	−40	50	50	30	30	40	55	0	−500	—	50

外圈														
D		Δ_{Dmp}		V_{Dp}③,⑥ 开式轴承 直径系列 9	0,1	2,3,4	闭式轴承② 2,3,4	V_{Dmp}③	K_{ea}	S_{ea}⑦	Δ_{Cs},Δ_{C1s}⑦		V_{Cs},V_{C1s}⑦
超过	包括	高	低	最大	最大	最大	最大	最大	最大	最大	高	低	最大
① 2.5	6	0	−7	9	7	5	9	5	8	10			
6	18	0	−7	9	7	5	9	5	8	15			
18	30	0	−8	10	8	6	10	6	9	15			
30	50	0	−9	11	9	7	13	7	10	20			
50	80	0	−11	14	11	8	16	8	13	20			
80	120	0	−13	16	16	10	20	10	18	25			
120	150	0	−15	19	19	11	25	11	20	30	等于相同轴承内圈的 Δ_{Bs} 和 V_{Bs}		
150	180	0	−18	23	23	14	30	14	23	35			
180	250	0	−20	25	25	15	—	15	25	40			
250	315	0	−25	31	31	19	—	19	30	45			
315	400	0	−28	35	35	21	—	21	35	50			
400	500	0	−33	41	41	25	—	25	40	55			
500	630	0	−38	48	48	29	—	29	50	60			
630	800	0	−45	56	56	34	—	34	60	65			
800	1 000	0	−60	75	75	45	—	45	75	70			

① 直径包含在该组中
② 不含直径系列9的值
③ 适用于装配前和除去内或外止动环后
④ 针对成对或成串安装的单个轴承套圈
⑤ 圆锥滚子轴承公差见表 CD3.11～CD3.20
⑥ 不含直径系列7和8的值
⑦ 仅适用于带沟槽的球轴承

表 CD3.8　ABEC-5，RBEC-5 公差等级．米制球和滚子轴承(仪表轴承和圆锥滚子轴承除外)⑤⑥尺寸符合表[3.8]中的向心轴承外形尺寸．第1部分

(单位:尺寸 mm,公差 μm)

内圈													
				V_{dp}⑦ 直径系列						Δ_{Bs}			
d		Δ_{dmp}		9	0,1,2,3,4	V_{dmp}	K_{ia}	S_d	S_{ia}③	所有	正常	修正④	V_{Bs}
超过	包括	高	低	最大		最大	最大	最大	最大	高	低		最大
① 0.6	2.5	0	-5	5	4	3	4	7	7	0	-40	-250	5
2.5	10	0	-5	5	4	3	4	7	7	0	-40	-250	5
10	18	0	-5	5	4	3	4	7	7	0	-80	-250	5
18	30	0	-6	6	5	3	4	8	8	0	-120	-250	5
30	50	0	-8	8	6	4	5	8	8	0	-120	-250	5
50	80	0	-9	9	7	5	5	8	8	0	-150	-250	6
80	120	0	-10	10	8	5	6	9	9	0	-200	-380	7
120	180	0	-13	13	10	7	8	10	10	0	-250	-380	8
180	250	0	-15	15	12	8	10	11	13	0	-300	-500	10
250	315	0	-18	18	14	9	13	13	15	0	-350	-500	13
315	400	0	-23	23	18	12	15	15	20	0	-400	-630	15

外圈													
				V_{Dp}②,⑦ 直径系列									
D		Δ_{Dmp}		9	0,1,2,3,4	V_{Dmp}	K_{ea}	S_D⑧,S_{D1}③	S_{ea}③,⑧	S_{ea1}③	Δ_{Cs},Δ_{C1s}③		V_{Cs},V_{C1s}③
超过	包括	高	低	最大		最大	最大	最大	最大	最大	高	低	最大
① 2.5	6	0	-5	5	4	3	5	8	8	11	等于相同轴承内圈的 Δ_{Bs} 和 V_{Bs}		5
6	18	0	-5	5	4	3	5	8	8	11			5
18	30	0	-6	6	5	3	6	8	8	11			5
30	50	0	-7	7	5	4	7	8	8	11			5
50	80	0	-9	9	7	5	8	8	10	14			6
80	120	0	-10	10	8	5	10	9	11	16			8
120	150	0	-11	11	8	6	11	10	13	18			8
150	180	0	-13	14	10	7	13	10	14	20			8
180	250	0	-15	15	11	8	15	11	15	21			10
250	315	0	-18	18	14	9	18	13	18	25			11
315	400	0	-20	20	15	10	20	13	20	28			13
400	500	0	-23	23	17	12	23	15	23	33			15
500	630	0	-28	28	21	14	25	18	25	35			18
630	800	0	-35	35	26	18	30	20	30	42			20

① 直径包含在该组中

② 不含闭式轴承的值

③ 仅适用于带沟槽的球轴承

④ 针对成对或成串安装的单个轴承套圈

⑤ 仪器轴承公差见[3.2,3.3]

⑥ 圆锥滚子轴承公差见表 CD3.11 ~ CD3.20

⑦ 不含直径系列 7 和 8 的值

⑧ 外圈带挡边的轴承不适用

表 CD3.9 ABEC-7，RBEC-7 公差等级．米制球轴承(仪表轴承和圆锥滚子轴承除外)[6][9]

尺寸符合表[3.8]中的向心轴承外形尺寸．第1部分

(单位:尺寸 mm,公差 μm)

内 圈

d		Δ_{dmp}		Δ_{ds}[2]		V_{dp}[7] 直径系列		V_{dmp}	K_{ia}	S_d	S_{ia}[4]	Δ_{Bs}			V_{Bs}
						9	0,1,2,3,4					所有	正常	修正[5]	
超过	包括	高	低	高	低	最大		最大	最大	最大	最大	高	低		最大
[1] 0.6	2.5	0	−4	0	−4	4	3	2	2.5	3	3	0	−40	−250	2.5
2.5	10	0	−4	0	−4	4	3	2	2.5	3	3	0	−40	−250	2.5
10	18	0	−4	0	−4	4	3	2	2.5	3	3	0	−80	−250	2.5
18	30	0	−5	0	−5	5	4	2.5	3	4	4	0	−120	−250	2.5
30	50	0	−6	0	−6	6	5	3	4	4	4	0	−120	−250	3
50	80	0	−7	0	−7	7	5	3.5	4	5	5	0	−150	−250	4
80	120	0	−8	0	−8	8	6	4	5	5	5	0	−200	−380	4
120	180	0	−10	0	−10	10	8	5	6	6	7	0	−250	−380	5
180	250	0	−12	0	−12	12	9	6	8	7	8	0	−300	−500	6

外 圈

D		Δ_{Dmp}		Δ_{Ds}[2],[3]		V_{Dp}[3],[7] 直径系列		V_{Dmp}	K_{ea}	S_D[8],S_{D1}[5]	S_{ea}[5],[8]	S_{ea1}[4]	Δ_{Cs},Δ_{C1s}[4]		V_{Cs},V_{C1s}[4]
						9	0,1,2,3,4								
超过	包括	高	低	高	低	最大		最大	最大	最大	最大	最大	高	低	最大
[1] 2.5	6	0	−4	0	−4	4	3	2	3	4	5	7	等于相同轴承内圈的Δ_{Bs}和V_{Bs}		2.5
6	18	0	−4	0	−4	4	3	2	3	4	5	7			2.5
18	30	0	−5	0	−5	5	4	2.5	4	4	5	7			2.5
30	50	0	−6	0	−6	6	5	3	5	4	5	7			2.5
50	80	0	−7	0	−7	7	5	3.5	5	4	5	7			3
80	120	0	−8	0	−8	8	6	4	6	5	6	8			4
120	150	0	−9	0	−9	9	7	5	7	5	7	10			5
150	180	0	−10	0	−10	10	8	5	8	5	8	11			5
180	250	0	−11	0	−11	11	8	6	10	7	10	14			7
250	315	0	−13	0	−13	13	10	7	11	8	10	14			7
315	400	0	−15	0	−15	15	11	8	13	10	13	18			8

① 直径包含在该组中

② 偏差仅适用于直径系列 0、1、2、3 和 4

③ 不含闭式轴承的值

④ 仅适用于带沟槽的球轴承

⑤ 针对成对或成串安装的单个轴承套圈

⑥ 仪表球轴承公差见[3.2,3.3]

⑦ 不含直径系列 7 和 8 的值

⑧ 外圈带挡边的轴承不适用

⑨ 圆锥滚子轴承公差见表 CD3.11 ~ CD3.20

表 CD3.10 ABEC-9，RBEC-9 公差等级．米制球轴承(仪表轴承和圆锥滚子轴承除外)④⑦尺寸符合表[3.8]中的向心轴承外形尺寸．第1部分

(单位:尺寸 mm,公差 μm)

内圈														
d		Δ_{dmp}		Δ_{ds}		V_{dp}②	V_{dmp}	K_{ia}	S_d	S_{ia}③	Δ_{Bs}			V_{Bs}
											所有	正常	修正⑥	
超过	包括	高	低	高	低	最大	最大	最大	最大	最大	高	低	最大	最大
① 0.6	2.5	0	-2.5	0	-2.5	2.5	1.5	1.5	1.5	1.5	0	-40	-250	1.5
2.5	10	0	-2.5	0	-2.5	2.5	1.5	1.5	1.5	1.5	0	-40	-250	1.5
10	18	0	-2.5	0	-2.5	2.5	1.5	1.5	1.5	1.5	0	-80	-250	1.5
18	30	0	-2.5	0	-2.5	2.5	1.5	2.5	1.5	2.5	0	-120	-250	1.5
30	50	0	-2.5	0	-2.5	2.5	1.5	2.5	1.5	2.5	0	-120	-250	1.5
50	80	0	-4	0	-4	4	2	2.5	1.5	2.5	0	-150	-250	1.5
80	120	0	-5	0	-5	5	2.5	2.5	2.5	2.5	0	-200	-380	2.5
120	150	0	-7	0	-7	7	3.5	2.5	2.5	2.5	0	-250	-380	2.5
150	180	0	-7	0	-7	7	3.5	5	4	5	0	-250	-380	4
180	250	0	-8	0	-8	8	4	5	5	5	0	-300	-500	5

外圈														
D		Δ_{Dmp}		Δ_{Ds}②		V_{Dp}②	V_{Dmp}	K_{ea}	S_D⑤, S_{D1}③	S_{ea}③,⑤	S_{eal}③	Δ_{Cs}, Δ_{C1s}③		V_{Cs}, V_{C1s}③
超过	包括	高	低	高	低	最大	最大	最大	最大	最大	最大	高	低	最大
① 2.5	6	0	-2.5	0	-2.5	2.5	1.5	1.5	1.5	1.5	3			1.5
6	18	0	-2.5	0	-2.5	2.5	1.5	1.5	1.5	1.5	3			1.5
18	30	0	-4	0	-4	4	2	2.5	1.5	2.5	4			1.5
30	50	0	-4	0	-4	4	2	2.5	1.5	2.5	4			1.5
50	80	0	-4	0	-4	4	2	4	1.5	4	6	等于相同轴承内圈的 Δ_{Bs} 和 V_{Bs}		1.5
80	120	0	-5	0	-5	5	2.5	5	2.5	5	7			2.5
120	150	0	-5	0	-5	5	2.5	5	2.5	5	7			2.5
150	180	0	-7	0	-7	7	3.5	5	2.5	5	7			2.5
180	250	0	-8	0	-8	8	4	7	4	7	10			4
250	315	0	-8	0	-8	8	4	7	5	7	10			5
315	400	0	-10	0	-10	10	5	8	7	8	11			7

① 直径包含在该组中。

② 偏差仅适用于直径系列0、1、2、3和4。

③ 仅适用于带沟槽的球轴承。

④ 仪表球轴承公差见[3.2,3.3]。

⑤ 外圈带挡边的轴承不适用。

⑥ 针对成对或成串安装的单个轴承套圈。

⑦ 圆锥滚子轴承公差见表 CD3.11 ~ CD3.20。

表 CD3.11 公差等级 K. 尺寸符合[3.6]表2米制向心轴承外形尺寸的米制圆锥滚子轴承

(单位:尺寸 mm,公差 μm)

内圈											
d		Δ_{dmp}		V_{dp}	V_{dmp}	K_{ia}	Δ_{T1S}		Δ_{T2S}		
超过	包括	高	低	最大	最大	最大	高	低	高	低	
10	18	0	-12	12	9	15	100	0	100	0	
18	30	0	-12	12	9	18	100	0	100	0	
30	50	0	-12	12	9	20	100	0	100	0	
50	80	0	-15	15	11	25	100	0	100	0	
80	120	0	-20	20	15	30	100	-100	100	-100	
120	180	0	-25	25	19	35	150	-150	200	-100	
180	250	0	-30	30	23	50	150	-150	200	-100	
250	315	0	-35	35	26	60	150	-150	200	-100	
315	400	0	-40	40	30	70	200	-200	200	-200	
400	500	0	-45	60	35	80	a	a	a	a	
500	630	0	-50	70	35	—	a	a	a	a	
630	800	0	-80	120	35	—	a	a	a	a	
800	1 000	0	-100	150	35	—	a	a	a	a	
1 000	1 200	0	-130	195	35	—	a	a	a	a	
1 200	1 600	0	-150	225	35	—	a	a	a	a	
1 600	2 000	0	-200	300	35	—	a	a	a	a	
2 000	—	0	-250	375	35	—	a	a	a	a	

内圈		外圈						
Δ_{TS}		D		Δ_{Dmp}		V_{Dp}	V_{Dmp}	K_{oa}
高	低	超过	包括	高	低	最大	最大	最大
200	0	18	30	0	-12	12	9	18
200	0	30	50	0	-14	14	11	20
200	0	50	80	0	-16	16	12	25
200	0	80	120	0	-18	18	14	35
200	-200	120	150	0	-20	20	15	40
350	-250	150	180	0	-25	25	19	45
350	-250	180	250	0	-30	30	23	50
350	-250	250	315	0	-35	35	26	60
400	-400	315	400	0	-40	40	30	70
480	-480	400	500	0	-45	45	34	80
480	-480	500	630	0	-50	50	38	100
480	-480	630	800	0	-75	95	40	120
450	-450	800	1 000	0	-100	150	42	140
450	-450	1 000	1 200	0	-130	195	44	160
450	-450	1 200	1 600	0	-165	245	46	180
450	-450	1 600	2 000	0	-200	300	48	200
450	-450	2 000	—	0	-250	375	50	200

这些尺寸仅与装配有关。

表 CD3.12 公差等级 N. 尺寸符合[3.6]表2米制向心轴承外形尺寸的公制圆锥滚子轴承

（单位：尺寸 mm，公差 μm）

内圈												
d		Δ_{dmp}		V_{dp}	V_{dmp}	K_{ia}	Δ_{T1S}		Δ_{T2S}		Δ_{TS}	
超过	包括	高	低	最大	最大	最大	高	低	高	低	高	低
10	18	0	-12	12	9	15	50	0	50	0	100	0
18	30	0	-12	12	9	18	50	0	50	0	100	0
30	50	0	-12	12	9	20	50	0	50	0	100	0
50	80	0	-15	15	11	25	50	0	50	0	100	0
80	120	0	-20	20	15	30	50	0	50	0	100	0
120	180	0	-25	25	19	35	50	0	100	0	150	0
180	250	0	-30	30	23	50	50	0	100	0	150	0
250	315	0	-35	35	26	60	100	0	100	0	200	0
315	400	0	-40	40	30	70	100	0	100	0	200	0
400	500	0	-45	60	35	80	a	a	a	a	200	0

外圈						
D		Δ_{Dmp}		V_{Dp}	V_{Dmp}	K_{ea}
超过	包括	高	低	最大	最大	最大
18	30	0	-12	12	9	18
30	50	0	-14	14	11	20
50	80	0	-16	16	12	25
80	120	0	-18	18	14	35
120	150	0	-20	20	15	40
150	180	0	-25	25	19	45
180	250	0	-30	30	23	50
250	315	0	-35	35	26	60
315	400	0	-40	40	30	70
400	500	0	-45	45	34	80
500	630	0	-50	50	38	100

这些尺寸仅与装配有关。

表 CD3.13 公差等级 C. 尺寸符合[3.6]表2米制向心轴承外形尺寸的米制圆锥滚子轴承

（单位：尺寸 mm，公差 μm）

内圈										
d		Δ_{dmp}		V_{dp}	V_{dmp}	K_{ia}	Δ_{T1S}		Δ_{T2S}	
超过	包括	高	低	最大	最大	最大	高	低	高	低
10	18	0	-7	4	5	5	100	-100	100	-100
18	30	0	-8	4	5	5	100	-100	100	-100
30	50	0	-10	4	5	6	100	-100	100	-100
50	80	0	-12	5	5	6	100	-100	100	-100
80	120	0	-15	5	5	6	100	-100	100	-100
120	180	0	-18	5	5	8	100	-100	100	-150

(续)

内圈											
d		Δ_{dmp}		V_{dp}	V_{dmp}	K_{ia}	Δ_{T1S}		Δ_{T2S}		
超过	包括	高	低	最大	最大	最大	高	低	高	低	
180	250	0	-22	6	5	10	100	-150	100	-150	
250	315	0	-22	7	5	11	100	-150	100	-150	
315	400	0	-25	11	10	13	150	-150	100	-150	
400	500	0	-25	14	10	18	a	a	a	a	
500	630	0	-30	17	10	25	a	a	a	a	
630	800	0	-40	22	15	35	a	a	a	a	
800	1 000	0	-50	28	15	50	a	a	a	a	
1 000	1 200	0	-60	33	20	60	a	a	a	a	
1 200	1 600	0	-80	44	25	80	a	a	a	a	

内圈		外圈						
Δ_{TS}		D		Δ_{Dmp}		V_{Dp}	V_{Dmp}	K_{oa}
高	低	超过	包括	高	低	最大	最大	最大
200	-200	18	30	0	-8	4	5	5
200	-200	30	50	0	-9	4	5	6
200	-200	50	80	0	-11	4	6	6
200	-200	80	120	0	-13	5	7	6
200	-200	120	150	0	-15	5	8	7
200	-250	150	180	0	-18	5	9	8
200	-300	180	250	0	-20	6	10	10
200	-300	250	315	0	-25	8	13	11
250	-300	315	400	0	-28	10	14	13
300	-300	400	500	0	-30	14	14	18
300	-400	500	630	0	-35	17	14	25
300	-400	630	800	0	-40	22	14	35
350	-400	800	1 000	0	-50	28	14	50
350	-450	1 000	1 200	0	-60	33	14	60
350	-500	1 200	1 600	0	-80	44	14	80

这些尺寸仅与装配有关。

表 CD3.14 公差等级 B. 尺寸符合[3.6]表2米制向心轴承外形尺寸的米制圆锥滚子轴承

(单位:尺寸 mm,公差 μm)

内圈													
d		Δ_{dmp}		V_{dp}	V_{dmp}	K_{ia}	S_{ia}	Δ_{T1S}		Δ_{T2S}		Δ_{TS}	
超过	包括	高	低	最大	最大	最大	最大	高	低	高	低	高	低
10	18	0	-5	3	4	3	3	a	a	a	a	200	-200
18	30	0	-6	3	4	3	4	a	a	a	a	200	-200
30	50	0	-8	3	5	4	4	a	a	a	a	200	-200
50	80	0	-9	3	5	4	4	a	a	a	a	200	-200

（续）

内圈														
d		Δ_{dmp}		V_{dp}	V_{dmp}	K_{ia}	S_{ia}	Δ_{T1S}		Δ_{T2S}		Δ_{TS}	
超过	包括	高	低	最大	最大	最大	最大	高	低	高	低	高	低
80	120	0	−10	3	5	5	5	a	a	a	a	200	−200
120	180	0	−13	3	7	6	7	a	a	a	a	200	−250
180	250	0	−15	4	8	8	8	a	a	a	a	200	−300
250	315	0	−15	4	8	—	—	a	a	a	a	200	−300

外圈							
D		Δ_{Dmp}		V_{Dp}	V_{Dmp}	K_{oa}	S_{oa}
超过	包括	高	低	最大	最大	最大	最大
18	30	0	−6	3	4	3	3
30	50	0	−7	3	5	3	3
50	80	0	−9	3	5	4	4
80	120	0	−10	3	5	4	4
120	150	0	−11	3	6	4	4
150	180	0	−13	3	7	4	5
180	250	0	−15	4	8	5	6
250	315	0	−18	5	9	5	6
315	400	0	−20	5	10	5	6

这些尺寸仅与装配有关。

表 CD3.15 公差等级 A. 尺寸符合[3.6]表 2 米制向心轴承外形尺寸的米制圆锥滚子轴承

（单位：尺寸 mm，公差 μm）

内圈														
d		Δ_{dmp}		V_{dp}	V_{dmp}	K_{ia}	S_{ia}	Δ_{T1S}		Δ_{T2S}		Δ_{TS}	
超过	包括	高	低	最大	最大	最大	最大	高	低	高	低	高	低
10	18	0	−5	2	2.5	1.9	2.4	a	a	a	a	200	−200
18	30	0	−6	2	2.5	1.9	2.4	a	a	a	a	200	−200
30	120	0	−8	2	2.5	1.9	2.4	a	a	a	a	200	−200
120	180	0	−8	2	2.5	1.9	2.4	a	a	a	a	200	−250
180	265	0	−8	2	2.5	1.9	2.4	a	a	a	a	200	−300

外圈							
D		Δ_{Dmp}		V_{Dp}	V_{Dmp}	K_{oa}	S_{oa}
超过	包括	高	低	最大	最大	最大	最大
18	120	0	−8	2	2.5	1.9	2.4
120	180	0	−8	2	2.5	1.9	2.4
180	250	0	−8	2	2.5	1.9	2.4
250	315	0	−8	2	2.5	1.9	2.4

这些尺寸仅与装配有关。

表 CD3.16　公差等级4．尺寸符合[3.7]英制向心轴承外形尺寸的英制圆锥滚子轴承．第1部分

(单位:尺寸 mm,公差 μm)

内圈											
d		Δ_{dmp}		Δ_{BS}		Δ_{T1S}		Δ_{T2S}		Δ_{TS}	
超过	包括	高	低	高	低	高	低	高	低	高	低
—	76.2	13	0	76	−254	102	0	102	0	203	0
76.2	101.6	25	0	76	−254	102	0	102	0	203	0
101.6	152.4	25	0	76	−254	152	−152	203	−102	356	−254
152.4	304.8	25	0	—	—	152	−152	203	−102	356	−254
304.8	609.6	51	0	—	—	178	−178	203	−102	381	−381
609.6	914.4	76	0	—	—	178	−178	203	−102	381	−381
914.4	1219.2	102	0	—	—	178	−178	203	−102	381	−381
1219.2	—	127	0	—	—	178	−178	203	−102	381	−381

外圈							
D		Δ_{Dmp}		K_{ia}	K_{ea}	Δ_{CS}	
超过	包括	高	低	最大	最大	高	低
—	101.6	25	0	51	51	51	−254
101.6	304.8	25	0	51	51	51	−254
304.8	355.6	51	0	51	51	51	−254
355.6	609.6	51	0	51	51	—	—
609.6	914.4	76	0	76	76	—	—
914.4	1 219.2	102	0	76	76	—	—
1 219.2	—	127	0	76	76	—	—

表 CD3.17　公差等级2．尺寸符合[3.7]英制向心轴承外形尺寸的英制圆锥滚子轴承．第1部分

(单位:尺寸 mm,公差 μm)

内圈									
d		Δ_{dmp}		Δ_{BS}		Δ_{T1S}		Δ_{T2S}	
超过	包括	高	低	高	低	高	低	高	低
—	76.2	13	0	76	−254	102	0	102	0
76.2	101.6	25	0	76	−254	102	0	102	0
101.6	152.4	25	0	76	−254	102	0	102	0
152.4	304.8	25	0	—	—	102	0	102	0
304.8	609.6	51	0	—	—	178	−178	203	−203

内圈		外圈							
Δ_{TS}		D		Δ_{Dmp}		K_{ia}	K_{ea}	Δ_{CS}	
高	低	超过	包括	高	低	最大	最大	高	低
203	0	—	101.6	25	0	38	38	51	−254
203	0	101.6	304.8	25	0	38	38	51	−254
203	0	304.8	355.6	51	0	38	38	51	−254
203	0	355.6	609.6	51	0	38	38	—	—
381	−381	609.6	914.4	76	0	51	51	—	—

表 CD3.18 公差等级3. 尺寸符合[3.7]英制向心轴承外形尺寸的英制圆锥滚子轴承. 第1部分

（单位:尺寸 mm,公差 μm）

内 圈

d		Δ_{dmp}		Δ_{BS}		Δ_{T1S}		Δ_{T2S}		Δ_{TS}	
超过	包括	高	低	高	低	高	低	高	低	高	低
—	76.2	13	0	76	−254	102	−102	102	−102	203	−203
76.2	101.6	13	0	76	−254	102	−102	102	−102	203	−203
101.6	152.4	13	0	76	−254	102	−102	102	−102	203	−203
152.4	304.8	13	0	—	—	102	−102	102	−102	203	−203
304.8						102①	−102①	102①	−102①	203①	−203①
	609.6	25	0	—	—	178②	−178②	203②	−203②	381②	−381②
609.6	914.4	38	0	—	—	178	−178	203	−203	381	−381
914.4	1 219.2	51	0	—	—	178	−178	203	−203	381	−381
1 219.2	—	76	0	—	—	178	−178	203	−203	381	−381

外 圈

D		Δ_{dmp}		K_{ia}	K_{ea}	Δ_{CS}	
超过	包括	高	低	最大	最大	高	低
—	101.6	13	0	8	8	51	−254
101.6	304.8	13	0	8	8	51	−254
304.8	355.6	25	0	18	18	51	−254
355.6	609.6	25	0	18	18	—	—
609.6	914.4	38	0	51	57	—	—
914.4	1 219.2	51	0	76	76	—	—
1 219.2	—	76	0	76	76	—	—

① 外圈外径≤508.0。

② 外圈外径>508.0。

表 CD3.19 公差等级0. 尺寸符合[3.7]英制向心轴承外形尺寸的英制圆锥滚子轴承. 第1部分

（单位:尺寸 mm,公差 μm）

内 圈

d		Δ_{dmp}		Δ_{BS}		Δ_{T1S}		Δ_{T2S}		Δ_{TS}	
超过	包括	高	低	高	低	高	低	高	低	高	低
—	76.2	13	0	76	−254	102	−102	102	−102	203	−203
76.2	101.6	13	0	76	−254	102	−102	102	−102	203	−203
101.6	152.4	13	0	76	−254	102	−102	102	−102	203	−203
152.4	304.8	13	0	—	—	102	−102	102	−102	203	−203

外 圈

D		Δ_{Dmp}		K_{ia}	K_{ea}	Δ_{CS}	
超过	包括	高	低	最大	最大	高	低
—	101.6	13	0	4	4	51	−254
101.6	304.8	13	0	4	4	51	−254

表 CD3.20 公差等级00. 尺寸符合[8.7]英制向心轴承外形尺寸的英制圆锥滚子轴承. 第1部分

(单位:尺寸 mm,公差 μm)

内圈											
d		Δ_{dmp}		Δ_{BS}		Δ_{T1S}		Δ_{T2S}		Δ_{TS}	
超过	包括	高	低	高	低	高	低	高	低	高	低
—	76.2	8	0	76	-254	102	-102	102	-102	203	-203
76.2	101.6	8	0	76	-254	102	-102	102	-102	203	-203
101.6	152.4	8	0	76	-254	102	-102	102	-102	203	-203
152.4	304.8	8	0	—	—	102	-102	102	-102	203	-203

外圈							
D		Δ_{Dmp}		K_{ia}	K_{ea}	Δ_{CS}	
超过	包括	高	低	最大	最大	高	低
—	101.6	8	0	2	2	51	-254
101.6	304.8	8	0	2	2	51	-254

表 CD3.21 工业轴公差等级范围选择与公差等级为K和N的米制单列向心圆锥滚子轴承工作条件的关系

(单位:尺寸 mm,配合与偏差 μm)

内圈孔径			最大孔径和配合状态的偏差																	
d			旋转内圈			旋转或静止内圈			静止内圈											
			磨削轴面			磨削或非磨削轴面			非磨削轴面			磨削轴面			非磨削轴面			硬化和磨削轴面		
			有中度冲击的恒定载荷			重载荷,或高速或冲击			无冲击中等载荷			无冲击中等载荷			凸轮、车轮、托辊			轮轴		
超过	包括	偏差	轴面偏差	配合状态	符号	轴面偏差	配合状态	符号	轴面偏差	配合状态	符号	轴面偏差	配合状态	符号	轴面偏差	配合状态	符号	轴面偏差	配合状态	符号
10	18	-12 0	+18 +7	30T 7T	m6	+23 +12	35T 12T	n6	0 -11	12T 11L	h6	-6 -17	6T 17L	g6	-6 -17	6T 17L	g6	-16 -27	4L 27L	f6
18	30	-12 0	+21 +8	33T 8T	m6	+28 +15	40T 15T	n6	0 -13	12T 13L	h6	-7 -20	5T 20L	g6	-7 -20	5T 20L	g6	-20 -33	8L 33L	f6
30	50	-12 0	+25 +9	37T 9T	m6	+33 +17	45T 17T	n6	0 -16	12T 16L	h6	-9 -25	3T 25L	g6	-9 -25	3T 25L	g6	-28 -41	13L 41L	f6
50	80	-15 0	+30 +11	45T 11T	m6	+39 +20	54T 20T	n6	0 -19	15T 19L	h6	-10 -29	5T 29L	g6	-10 -29	5T 29L	g6	-30 -49	15L 49L	f6
80	120	-20 0	+35 +13	15T 13T	m6	+45 +23	65T 23T	n6	0 -22	20T 22L	h6	-12 -34	8T 34L	g6	-12 -34	8T 34L	g6	-36 -58	16L 58L	f6
120	180	-25 0	+52 +27	77T 27T	n6	+68 +43	93T 43T	p6	0 -25	25T 25L	h6	-14 -39	11T 39L	g6	-14 -39	11T 39L	g6	-43 -68	18L 68L	f6

（续）

内圈孔径			最大孔径和配合状态的偏差																	
d			旋转内圈			旋转或静止内圈			静止内圈											
			磨削轴面			磨削或非磨削轴面			非磨削轴面			磨削轴面			非磨削轴面			硬化和磨削轴面		
			有中度冲击的恒定载荷			重载荷，或高速或冲击			无冲击中等载荷			无冲击中等载荷			凸轮、车轮、托辊			轮轴		
超过	包括	偏差	轴面偏差	配合状态	符号	轴面偏差	配合状态	符号	轴面偏差	配合状态	符号	轴面偏差	配合状态	符号	轴面偏差	配合状态	符号	轴面偏差	配合状态	符号
180	200	-30 0	+60 +31	90T 31T	n6	+106 +77	136T 77T	r6	0 -29	30T 29L	h6	-15 -44	15T 44L	g5	-15 -44	15T 44L	g6	-50 -79	20L 79L	f6
200	225					+109 +80	139T 80T													
225	250					+113 +84	143T 84T													
250	280	-35 0	+66 +34	101T 34T	n6	+148 +94	181T 94T	r7	0 -32	35T 32L	h6	-17 -49	18T 49L	g6	-17 -49	18T 49L	g6	-56 -88	21L 88L	f6
280	315					+150 +98	185T 98T													
315	355	-40 0	+73 +37	113T 37T	n6	+165 +108	205T 108T	r7	0 -36	40T 36L	h6	-18 -75	22T 75L	g7	-18 -75	22T 75L	g7	— —	— —	—
355	400					+171 +114	211T 114T													
400	450	-45 0	+80 +40	125T 40T	n6	+189 +126	234T 126T	r7	0 -40	45T 40L	h6	-20 -83	25T 83L	g7	-20 -83	25T 83L	g7	— —	— —	—
450	500					+195 +132	240T 132T													
500	830	-50 0	+100 +50	150T 50T	—	+200 +125	250T 125T	—	0 -50	50T 50L	—	-50 -100	0 100L	—	-50 -100	0 100L	—	— —	— —	—
630	800	-80 0	+125 +50	205T 50T	—	+225 +150	305T 150T	—	0 -75	80T 75L	—	-80 -150	0 150L	—	-80 -150	0 150L	—	— —	— —	—
800	1 000	-100 0	+150 +50	250T 50T	—	+275 +175	375T 175T	—	0 -100	100T 100L	—	-100 -200	0 200L	—	-100 -200	0 200L	—	— —	— —	—

L＝松配合，T＝紧配合。

表 CD3.22 工业轴承座公差等级范围选择与公差等级为 K 和 N 的米制单列向心圆锥滚子轴承工作条件的关系

(单位:尺寸 mm,配合与偏差 μm)

外圈外径			最大外圈外径与配合状态的偏差															
D			静 止 外 圈									旋 转 外 圈						
			浮动或固定			可调整			不可调整或在支座内			不可调整或在支座内或阻尼托辊内			无阻尼导辊			
超过	包括	偏差	座面偏差	配合状态	符号	座面偏差	配合状态	符号	座面偏差	配合状态	符号	座面偏差	配合状态	符号	座面偏差	配合状态	符号	
18	30	0 -12	+7 +28	7L 40L	G7	-9 +12	9T 24L	J7	-35 -14	35T 2T	P7	-41 -20	41T 8T	R7	-61 -28	61T 16T	R8	
30	50	0 -14	+9 +34	9L 48L	G7	-11 +14	11T 28L	J7	-42 -17	42T 3T	P7	-50 -25	50T 11T	R7	-73 -34	73T 20T	R8	
50	65	0 -16	+10 +40	10L 56L	G7	-12 +18	12T 34L	J7	-51 -21	51T 5T	P7	-60 -30	60T 14T	R7	-90 -45	90T 29T	—	
65	80											-62 -32	62T 16T					
80	100	0 -18	+12 +47	12L 65L	G7	-13 +22	13T 40L	J7	-59 -24	59T 6T	P7	-73 -38	73T 20T	R7	-100 -50	100T 32T	—	
100	120											-76 -41	76T 23T					
120	140	0 -20	+14 +54	14L 74L	G7	-14 +26	14T 46L	J7	-68 -28	68T 8T	P7	-88 -48	88T 28T	R7	-115 -65	115T 45T	—	
140	150											-90 -50	90T 30T					
150	160	0 -25	+14 +54	14L 79L	G7	-14 +26	14T 51L	J7	-68 -28	68T 3T	P7	-90 -50	90T 25T	R7	-115 -65	115T 40T	—	
160	180											-93 -53	93T 28T					
180	200	0 -30	+15 +61	15L 91L	G7	-16 +30	16T 60L	J7	-79 -33	79T 3T	P7	-106 -60	109T 30T	R7	-125 -75	125T 45T	—	
200	225											-109 -63	109T 33T					
225	250											-113 -67	113T 37T					
250	280	0 -35	+17 +69	17L 104L	G7	-16 +36	16T 71L	J7	-88 -36	88T 1T	P7	-126 -74	126T 39T	R7	-140 -90	140T 55T	—	
280	315											-130 -78	130T 43T					
315	355	0 -40	+62 +98	62L 138L	F6	-18 +39	18T 79L	J7	-98 -41	98T 1T	P7	-144 -87	144T 47T	R7	-144 -87	144T 47T	R7	
355	400											-150 -93	150T 53T		-150 -93	150T 53T		
400	450	0 -45	+68 +95	68L 140L	F5	-20 +43	20T 88L	J7	-108 -45	108T 0	P7	-166 -103	166T 58T	R7	-166 -103	166T 58T	R7	
450	500											-172 -109	172T 64T		-172 -109	172T 64T		
500	630	0 -50	+65 +115	65L 165L	—	-22 +46	22T 96L	—	-118 -50	118T 0	—	-190 -120	190T 70T	—	-190 -120	190T 70T	—	
630	800	0 -75	+75 +150	75L 225L	—	-25 +50	25T 125L	—	-150 -75	150T 0	—	— —	— —	—	— —	— —	—	
800	1 000	0 -100	+75 +175	75L 275L	—	-25 +75	25T 175L	—	-200 -100	200T 0	—	— —	— —	—	— —	— —	—	

L = 松配合，T = 紧配合。

表 CD3.23 汽车轴公差等级范围选择与公差等级为 K 和 N 的米制单列向心圆锥滚子轴承工作条件的关系

（单位：尺寸 mm，配合与偏差 μm）

内圈内径			最大内圈内径与配合状态的偏差																	
d			内圈旋转															内圈静止		
			小齿轮						后轮（半浮动轴）			传动轴、变速器十字轴、分动箱			后轮（UNIT 轴承）（半浮动轴）			差速器			前轮、后轮（全浮动轴）翘轮		
			可调整固定			可调整可收缩			不可调整			不可调整			不可调整			不可调整			可调整		
超过	包括	偏差	轴面偏差	配合状态	符号	轴面偏差	配合状态	符号	轴面偏差	配合状态	符号	轴面偏差	配合状态	符号	轴面偏差	配合状态	符号	轴面偏差	配合状态	符号	轴面偏差	配合状态	符号
18	30	-12 0	+15 +2	27T 2T	k6	+15 +2	27T 2T	k6	+35 +22	47T 22T	p6	+21 +8	33T 8T	m6	+35 +22	47T 22T	p6	+56 +35	68T 35T	—	-20 -33	8L 33L	p6
30	50	-12 0	+18 +2	30T 2T	k6	+18 +2	30T 2T	k6	+42 +26	54T 26T	p6	+25 +9	37T 9T	m6	+42 +26	54T 26T	p6	+68 +43	80T 43T	—	-25 -41	13L 41L	p6
50	80	-15 0	+21 +2	26T 2T	k6	+21 +2	36T 2T	k6	+51 +32	66T 32T	p6	+30 +11	45T 11T	m6	— —	— —	—	+89 +59	104T 59T	—	-30 -49	15L 49L	p6
80	120	-20 0	+13 9	33T 9L	j6	— —	— —	—	+45 +23	65T 23T	n6	+35 +13	55T 13T	m6	— —	— —	—	+114 +79	134T 79T	—	-36 -58	16L 58L	p6
120	180	-25 0	+14 11	39T 11L	j6	— —	— —	—	+52 +27	77T 29T	n6	+40 +15	66T 15T	m6	— —	— —	—	+140 +100	165T 100T	—	-43 -68	18L 68L	p6

L = 松配合，T = 紧配合。

表 CD3.24　汽车轴承箱公差等级范围选择与公差等级为K和N的米制单列向心圆锥滚子轴承工作条件的关系

（单位：尺寸mm，配合与偏差μm）

外圈外径			最大外圈外径与配合状态的偏差														
D			外圈静止												外圈旋转		
			差速器（分离式密封）			变速器[①]、十字轴分动箱			后轮（半浮动轴）			变速器[①] 传动轴[①]、小齿轮 差速器（实心座） 分动箱			前轮、后轮（全浮动轴）翘轮		
			可调整			可调整			可调整阻尼（UNIT轴承）			不可调整			不可调整		
超过	包括	偏差	轴承座偏差	配合状态	符号	轴承座偏差	配合状态	符号	轴承座偏差	配合状态	符号	轴承座偏差	配合状态	符号	轴承座偏差	配合状态	符号
30	50	0 −14	0 +25	0 39L	H7	−13 +3	13T 17L	K6	+9 +34	9L 48L	G7	−50 −25	50T +11	R7	−50 −25	50T +11	R7
50	65	0 −16	0 +30	0 45L	H7	−15 +4	15T 20L	K6	+10 +40	10L 56L	G7	−60 −30	60T 14T	R7	−60 −30	60T 14T	R7
65	80											−62 −32	62T 16T		−62 −32	62T 16T	
80	100	0 −18	0 +35	0 53L	H7	−18 +4	18T 22L	K6	+12 +47	12L 65L	G7	−73 −38	73T 20T	R7	−73 −38	73T 20T	R7
100	120											−76 −41	76T 23T		−76 −41	76T 23T	
120	140	0 −20	−14 +26	14T 46L	J7	−21 +4	21T 24L	K6	+14 +54	14L 74L	G7	−88 −48	88T 28T	R7	−88 −48	88T 28T	R7
140	150											−90 −50	90T 30T		−90 −50	90T 30T	
150	160	0 −25	−14 +26	14T 51L	J7	−21 +4	21T 29L	K6	+14 +54	14L 79L	G7	−90 −50	90T 25T	R7	−90 −50	90T 25T	R7
160	180											−93 −53	93T 28T		−93 −53	93T 28T	
180	200	0 −30	−16 +30	16T 60L	J7	−16 +30	15T 60L	J7	— —	— —	—	−106 −60	106T 30T	R7	−106 −60	106T 30T	R7
200	225											−109 −63	109T 33T		−109 −63	109T 33T	
225	250											−113 −67	113T 37T		−113 −67	113T 37T	
250	280	0 −35	−16 +36	16T 71L	J7	−16 +36	16T 71L	J7	— —	— —	—	−126 −74	126T 39T	R7	−126 −74	126T 39T	R7
280	315											−130 −78	103T 43T		−130 −78	103T 43T	

① 对使用铝制轴承座的变速器和传动轴，建议采用最小紧配合值25μm。

L＝松配合，T＝紧配合。

表 CD3.25　工业轴公差等级范围选择与公差等级为 4 和 2 的英制单列向心圆锥滚子轴承工作条件的关系．第 1 部分

（单位:尺寸 mm,配合与偏差 μm）

内圈内径			最大内圈内径与配合状态的偏差													
d			内圈旋转				内圈静止									
			磨削轴面		磨削或非磨削轴面		磨削或非磨削轴面		非磨削轴面		磨削轴面		非磨削轴面		硬化和磨削轴面	
			中等载荷无冲击		重载荷、或高速或冲击		重载荷、或高速或冲击		中等载荷无冲击		中等载荷无冲击		凸轮、车轮、托辊		轮轴	
超过	包括	偏差	轴面偏差	配合状态	轴面偏差	配合状态	轴面偏差	配合状态	轴面偏差	配合状态	轴面偏差	配合状态	轴面偏差	配合状态	轴面偏差	配合状态
0	76.2	0 +13	+38 +26	38T 13T	+64 +38	64T 25T	+64 +38	64T 25T	+13 0	13T 13L	0 −13	0 26L	0 −13	0 26L	−5 −8	5L 31L
76.2	304.8	0 +25	+64 +38	64T 13T	重载配合①		重载配合①		+25 0	25T 25L	0 −25	0 51L	0 −25	0 51L	−5 −31	5L 56L
304.8	609.6	0 +51	+127 +76	127T 25T					+51 0	51T 51L	0 −51	0 102L	0 −51	0 102L	— —	— —
609.6	914.4	0 +76	+191 +114	191T 38T	+381 +305	381T 229T	+381 +305	381T 229T	+78 0	78T 76L	0 −76	0 152L	0 −76	0 152L	— —	— —

① 重载配合使用每 mm 内圈内径 0.5μm 的平均过盈配合。

L = 松配合，T = 紧配合。

表 CD3.26　工业轴承座公差等级范围选择与公差等级为 4 和 2 的英制单列向心圆锥滚子轴承工作条件的关系．第 1 部分

（单位:尺寸 mm,配合与偏差 μm）

外圆外径			最大外圈外径与配合状态的偏差									
D			静止外圈						旋转外圈			
			浮动或固定		可调整		不可调整或在支座内		不可调整或在支座或固定导辊内		不固定导辊	
超过	包括	偏差	座面偏差	配合状态	座面偏差	配合状态	座面偏差	配合状态	座面偏差	配合状态	座面偏差	配合状态
0	76.2	+25 0	+50 +76	25L 76L	0 +25	25T 25L	−39 −13	64T 13T	−39 −13	64T 13T	−77 −51	102T 51T
76.2	127	+25 0	+50 +76	25L 76L	0 +25	25T 25L	−51 −25	76T 25T	−51 −25	76T 25T	−77 −51	102T 51T
127	304.8	+25 0	+50 +76	25L 76L	0 +51	25T 51L	−51 −25	76T 25T	−51 −25	76T 25T	−77 −51	102T 51T
304.8	609.6	+51 0	+102 +152	51L 152L	+26 +76	25T 76L	−76 −25	127T 25T	−76 −25	127T 25T	−102 −51	153T 51T
609.6	914.4	+76 0	+152 +229	76L 229L	+51 +127	25T 127L	−102 −25	178T 25T	−102 −25	178T 25T	— —	— —

L = 松配合，T = 紧配合。

表 CD3.27 汽车轴公差等级范围选择与公差等级为4和2的英制单列向心圆锥滚子轴承工作条件的关系. 第1部分

(单位:尺寸 mm,配合与偏差 μm)

内圈内径			最大内圈内径与配合状态的偏差											
d			旋转内圈										静止内圈	
			小齿轮				后轮 (半浮动轴)		变速器、十字轴 分动箱		差速器		前轮、后轮 (全浮动轴) 翘轮	
			可调整固定		可调整可伸缩		不可调整		不可调整		不可调整		可调整	
超过	包括	偏差	轴面偏差	配合状态	轴面偏差	配合状态	轴面偏差	配合状态	轴面偏差	配合状态	轴面偏差	配合状态	轴面偏差	配合状态
0	76.2	0 +13	+25 +13	25T 0	+30 +18	30T 5T	+51 +38	51T 25T	+38 +25	38T 12T	+102 +64	102T 51T	−5 −18	5L 31L
76.2	304.8	0 +25	+38 +13	38T 12L	— —	— —	+76 +51	76T 26T	+64 +38	64T 13T	+102 +76	102T 51T	−5 −31	5L 56L

L=松配合，T=紧配合。

表 CD3.28 汽车轴承座公差等级范围选择与公差等级为4和2的英制单列向心圆锥滚子轴承工作条件的关系. 第1部分

(单位:尺寸 mm,配合与偏差 μm)

外圈外径			最大外圈外径与配合状态的偏差									
D			静止外圈								旋转外圈	
			差速器(分离座)		变速器、十字轴 分动箱		后轮 (半浮动轴)		小齿轮、差速器 (实心座分动箱)		前轮、后轮 (全浮动轴) 翘轮	
超过	包括	偏差	座面偏差	配合状态	座面偏差	配合状态	座面偏差	配合状态	座面偏差	配合状态	座面偏差	配合状态
0	76.2	+25 0	+25 +51	0 51L	0 +25	25T 25L	+38 +76	13L 76L	−38 −13	63T 13T	−51 −13	76T 13T
76.2	127	+25 0	+25 +51	0 51L	0 +25	25T 25L	+38 +76	13L 76L	−51 −25	76T 25T	−77 −25	102T 25T
127	304.8	+25 0	0 +51	25T 51L	0 +51	25T 51L	— —	— —	−77 −25	102T 25T	−77 −25	102T 25T

L=松配合，T=紧配合。

参考文献

[1] American National Standards Institute, American National Standard (ANSI/ABMA) Std 7-1995 (R 2001), "Shaft and Housing Fits for Metric Ball and Roller Bearings (Except Tapered Roller Bearings) Conforming to Basic Boundary Plans" (October 27, 1995).
[2] American National Standards Institute, American National Standard (ANSI/ABMA) Std 12.1-1992 (R 1998), "Instrument Ball Bearings Metric Design" (April 6, 1992).
[3] American National Standards Institute, American National Standard (ANSI/ABMA) Std 12.2-1992 (R 1998), "Instrument Ball Bearings Inch Design" (April 6, 1992).
[4] American National Standards Institute, American National Standard (ANSI/ABMA) Std 18.1-1982 (R 1999), "Needle Roller Bearings Radial Metric Design" (December 2, 1982).
[5] American National Standards Institute, American National Standard (ANSI/ABMA) Std 18.2-1982 (R 1999), "Needle Roller Bearings Radial Inch Design" (May 14, 1982).
[6] American National Standards Institute, American National Standard (ANSI/ABMA) Std 19.1-1987 (R 1999), "Tapered Roller Bearings Radial Metric Design" (October 19, 1987).
[7] American National Standards Institute, American National Standard (ANSI/ABMA) Std 19.2-1994 (R 1999), "Tapered Roller Bearings Radial Inch Design" (May 12, 1994).
[8] American National Standards Institute, American National Standard (ANSI/ABMA) Std 20-1996, "Radial Bearings of Ball, Cylindrical Roller, and Spherical Roller Types, Metric Design" (September 6, 1996).
[9] Jones, A., *Analysis of Stresses and Deflections*, New Departure Division, General Motors Corp., Bristol, CT, 161–170, 1946.

第 4 章　轴承载荷与速度

符号表

符　号	定　义	单　位
a	右侧轴承中心到载荷作用点的距离	mm(in)
e	齿轮传动比	
F	轴承径向载荷	N(lb)
g	重力加速度	mm/s^2 (in/s^2)
h	蜗轮螺纹半径上的螺距	mm(in)
H	功率	W(hp)
l	两轴承中心之间的距离	mm(in)
l	连杆长度	mm(in)
n	转速	r/min
N	齿数	N(lb)
P	径向载荷	N(lb)
P_p	作用在活塞销上的力	N(lb)
P_{il}	往复运动产生的惯性力	N(lb)
P_{cl}	旋转产生的作用在连杆轴承上的离心力	N(lb)
P_{cc}	旋转产生的作用在曲轴轴承上的离心力	N(lb)
r	曲柄半径	mm(in)
r_p	齿轮节圆半径	mm(in)
T	外加力矩载荷	N · mm
w	单位长度上的外加载荷	N/mm(lb/in)
W_1	往复运动部分的重力	N(lb)
W_2	连杆及轴承部件的重力	N(lb)
$W_{2'}$	连杆往复运动部分的重力	N(lb)
W_2''	连杆旋转运动部分的重力	N(lb)
W_3	曲柄销和用于平衡的曲柄臂的重力	N(lb)
x	轴间距	mm(in)
Z	蜗轮螺纹数，蜗轮齿数	
γ	锥齿轮圆锥角	°，rad
λ	蜗轮导程角	°，rad
ϕ	齿轮压力角	°，rad
ψ	齿轮螺旋角	°，rad

4.1　概述

滚动轴承承受的载荷一般是通过轴传递给轴承的，但有时也通过与外圈接触的部分传递给轴承。例如，轮毂轴承。在大多数工程应用中，将轴承简化为承受外载荷的支承已经足够，而不需把它视为支承系统的一个组成部分。这个条件和一个确定的载荷贯穿本章各节，这个载荷是由一般的动力传输零件作用在轴和轴承系统中的。

4.2　径向集中载荷

4.2.1　轴承载荷

图4.1给出了最基本的滚动轴承与轴装配在一起的支承系统，集中载荷作用在两个轴承之间。这个载荷可以是由齿轮、滑轮、活塞以及曲柄连杆或电动机转子等引起的。一般情况下，轴的刚性较好，轴的挠曲引起的轴承偏斜是可以忽略的。这种系统将是静定的，即轴承载荷 F 可以通过简单的静力平衡方程求得。静力平衡方程为

$$\sum F=0 \tag{4.1}$$

$$F_1+F_2-P=0 \tag{4.2}$$

$$\sum M=0 \tag{4.3}$$

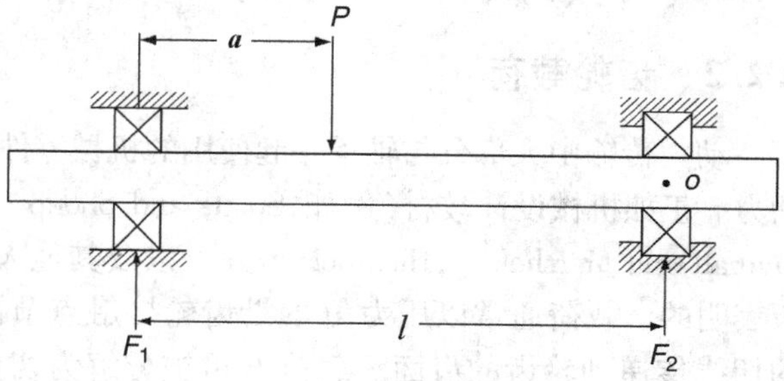

图4.1　双轴承-轴系统

$$F_1 l-P(l-a)=0 \tag{4.4}$$

联立求解式(4.2)和式(4.4)，得到

$$F_1=P\left(1-\frac{a}{l}\right) \tag{4.5}$$

$$F_2=P\frac{a}{l} \tag{4.6}$$

对于图4.2所示的悬臂载荷，式(4.5)和式(4.6)仍然有效，只需将左侧轴承之外的距离取为负值即可。此时式(4.5)和式(4.6)变为

$$F_1=P\left(1\mp\frac{a}{l}\right) \tag{4.7}$$

$$F_2=\pm P\frac{a}{l} \tag{4.8}$$

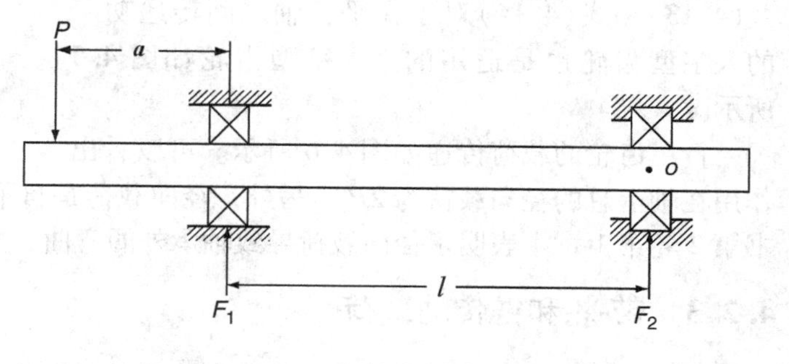

图4.2　双轴承-轴系统，悬臂载荷

如果有几个载荷 P_k 作用在轴上，如图4.3所示，那么轴承的载荷可以由叠加原理得到，即

$$F_1 = \sum_{k=1}^{k=n} P_k\left(1 \mp \frac{a_k}{l}\right) \tag{4.9}$$

$$F_2 = \pm \sum_{k=1}^{k=n} P_k \frac{a_k}{l} \tag{4.10}$$

式(4.9)和式(4.10)适用于载荷作用在同一平面上的情况。如果载荷作用在不同的平面上，可以将其分解为正交的两个分量。例如，P_y^k 和 P_z^k(假设轴的方向与 x 轴的方向一致)。相应地，轴承的法向反作用力可以由下式确定，即

$$F_1 = (F_{1y}^2 + F_{1z}^2)^{\frac{1}{2}} \tag{4.11}$$

$$F_2 = (F_{2y}^2 + F_{2z}^2)^{\frac{1}{2}} \tag{4.12}$$

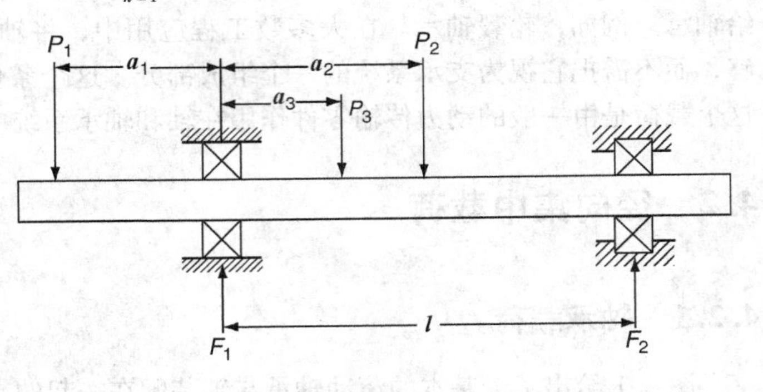

图4.3 双轴承-轴系统，多个载荷

4.2.2 齿轮载荷

动力传输中大部分与轴承一起使用的机械零件是渐开线齿轮。这些齿轮在平行轴之间传递动力。正如机械设计教材(例如，Spotts and Shoup[1]，Juvinall and Marshek[2]，Hamrock 等人[3] 以及其他人)所表明的，载荷通常以压力角 ϕ 沿齿轮接触点节圆的切线传递到轮齿的齿面。载荷 P 可被分解为切向载荷 P_t 和径向载荷 P_r。图4.4表示由直齿轮在齿轮节圆半径 r_p 处传递的载荷。切向载荷 P_t 可由功率关系确定：

$$H = \frac{2\pi n}{60} P_t r_p \tag{4.13}$$

径向载荷可用下式确定：

$$P_r = P_t \tan\phi \tag{4.14}$$

式(4.13)和式(4.14)对于在平行轴之间传递功率的人字型齿轮也是适用的。人字型齿轮如图4.5所示。

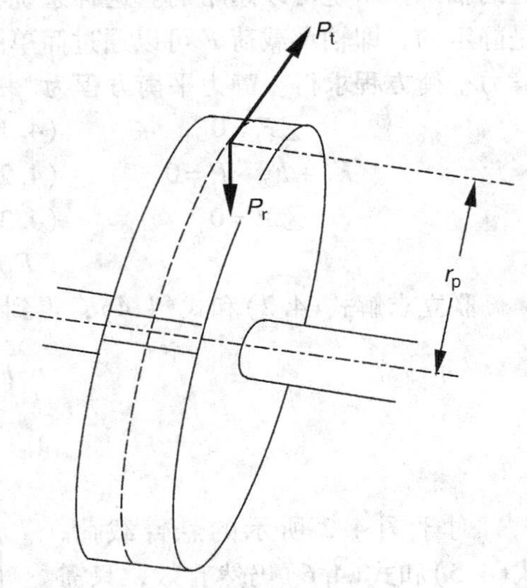

图4.4 直齿轮载荷传递

行星齿轮的载荷传递如图4.6所示。可以看出作用在轴上总的径向载荷为 $2P_t$。另外，径向载荷是自平衡的，即它们可以互相抵消。在本书第2卷第1章中表明了径向载荷导致轴承外圈弯曲，并影响滚动体载荷分布的情况。

4.2.3 带-轮和链传动载荷

带轮结构通常产生径向载荷，如图4.7所示。从图中可以看出，作用于轮轴上的载荷是张力载荷合力的函数。由于传动带在传递功率时的膨胀和变化，传动带的预载荷通常大于

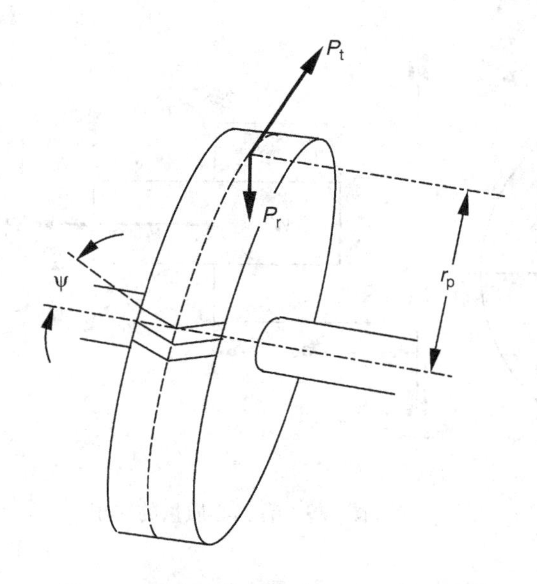

图4.5　人字齿轮载荷传递，ψ 是螺旋角

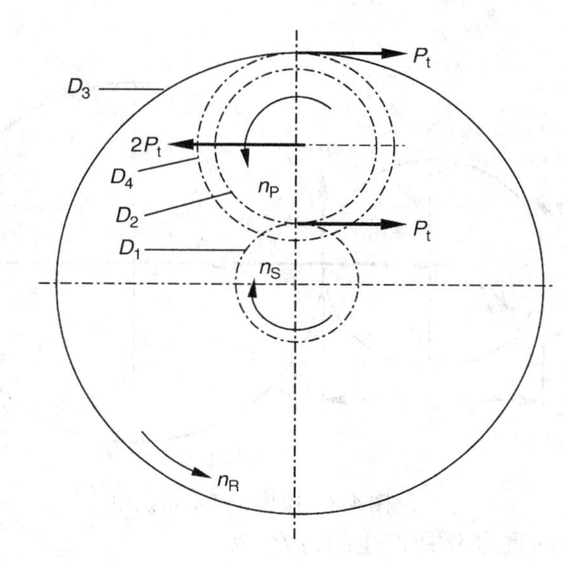

图4.6　行星齿轮的载荷传递

理论上的计算值。轴上的径向载荷大约为

$$P = f_1 f_2 P' \tag{4.15}$$

式中，P'为理论上的带轮载荷。如果传动带的横截面很大，则

$$P \approx f_3 A \tag{4.16}$$

式中，A 为横截面的面积。f_1、f_2 和 f_3 的值在表4.1中给出。在表4.1中，当传动带速度较低时，较大的 f_1 值是合适的；当中心距较小或运转条件较差时，应选取较大的 f_2 值。

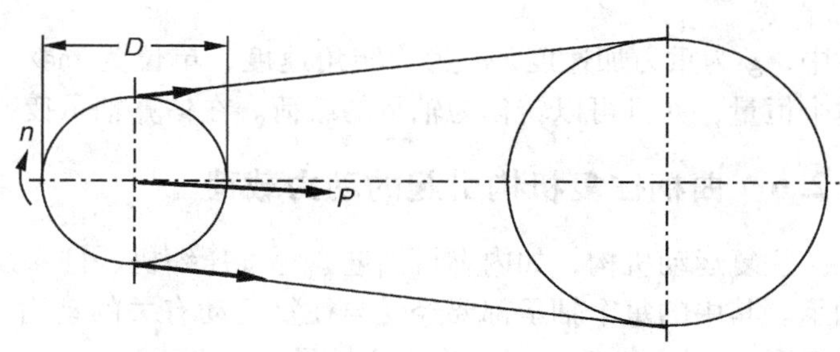

图4.7　带-轮结构

表4.1　带传动和链传动计算系数

传动类型	f_1	f_2	f_3	传动类型	f_1	f_2	f_3
有张紧轮的平带	1.75～2.5	1.0～1.1	550	V带	1.5～2.0	1.0～1.2	275
无张紧轮的扁平带				钢带	4.0～6.0	1.0～1.2	—
纤维带、橡胶帆布带或尼龙带	2.25～3.5	1.1～1.2	800	链	1	1.1～1.5	—
胶带							

4.2.4　摩擦轮传动

图4.8所示为摩擦轮传动的载荷示意图。在这种情况下，摩擦系数必须由实际工况来确定。材料和工作环境组合的多样性也决定了摩擦系数的多样性。建议读者查询机械工程手册，例如，Avallone 和 Baumeister[4] 的著作。

4.2.5　偏心转子产生的动力载荷

在某些应用中，偏心质量的转动会产生动力载荷。如图4.9所示，由与旋转轴线距离为

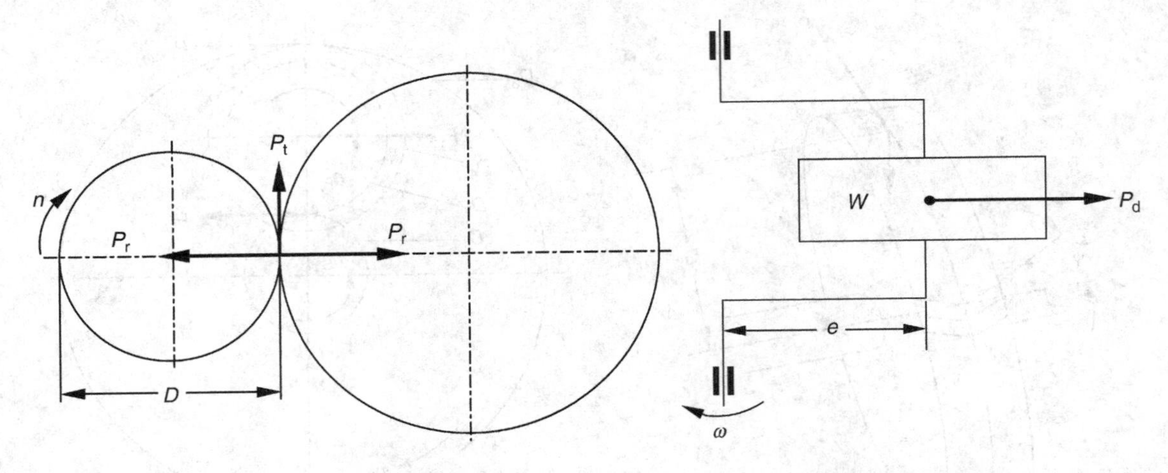

图4.8　摩擦轮载荷示意图　　图4.9　有偏心质量的转子

e 的重力 W 所产生的力 P_d 为

$$P_d = \frac{W}{g} e\omega^2 \tag{4.17}$$

式中，g 为重力加速度；ω 为旋转角速度，单位为 rad/s。在旋转角速度不变的情况下，P_d 是个恒量，并且可以转化为轴承的载荷。在估算轴承疲劳寿命时这种情况必须予以考虑。

4.2.6　曲柄往复机构引起的动力载荷

往复运动机构，如内燃机活塞、空气压缩机、柱塞泵等，在几个不同的部位都用到滚动轴承。其中的每个轴承都要经受与往复运动有关的动力载荷。图4.10所示为曲柄往复机构示意图。在图4.10中，标出三个轴承的位置①曲柄轴支承轴承，②曲柄连杆轴承，③活塞销轴承。在此机构中，通常30%~40%的连杆是往复运动，因此，

$$W_{2'} = 0.3 \sim 0.4 W_2 \tag{4.18}$$

$$W_{2''} = 0.6 \sim 0.7 W_2 \tag{4.19}$$

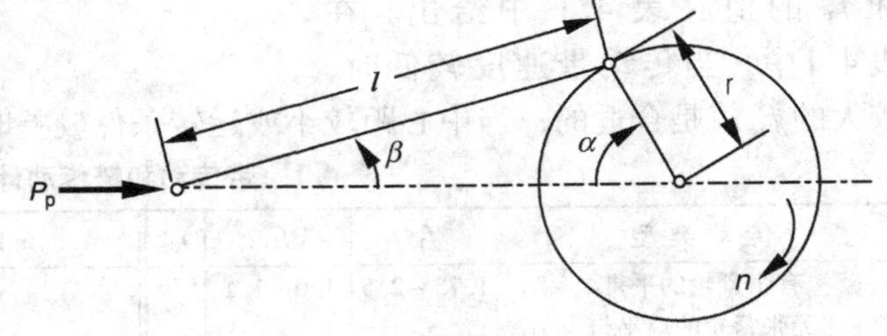

图4.10　曲柄机构示意图

在图4.10中，从左到右作用的所有力都是正的；而相反方向作用的，则是负的。往复质量包括活塞、活塞销和连杆往复部件的组合。因此，往复质量引起的惯性力为

$$P_{i1} = -(W_1 + W_{2'}) \frac{r\omega^2}{g} \left(\cos\alpha + \frac{r}{l} \cos 2\alpha \right) \tag{4.20}$$

在上止点($\alpha = 0°$)，P_{i1}达到最大值

$$P_{i1} = -(W_1 + W_{2'}) \frac{r\omega^2}{g} \left(1 + \frac{r}{l} \right) \tag{4.21}$$

在下止点($\alpha = 180°$)

$$P_{\mathrm{il}} = +(W_1 + W_{2'})\frac{r\omega^2}{g}\left(1 - \frac{r}{l}\right) \tag{4.22}$$

作用在连杆大端轴承上的离心力由下式给出

$$P_{\mathrm{cl}} = W_{2''}\frac{r\omega^2}{g} \tag{4.23}$$

传递到曲柄轴轴承的离心力为

$$P_{\mathrm{cc}} = \left(W_{2''} \pm \frac{r_1}{r}W_3\right)\frac{r\omega^2}{g} \tag{4.24}$$

在式(4.24)中，r_1 为曲柄轴轴线和 W_3 重心之间的距离；当曲柄销和重心位于曲柄轴轴线的另一侧时取负号。

外力 P_{p} 和惯性力 P_{il}作用在一条直线时，其合力为

$$P = P_{\mathrm{p}} + P_{\mathrm{il}} \tag{4.25}$$

4.3 径向集中载荷与力矩载荷

在某些应用中，仅用一个轴承来支承轴，这就形成径向平面内的悬臂受载，如图4.11所示。此时，轴承还必须承受力矩或倾斜力矩载荷。轴承的径向载荷和力矩载荷为

$$F = \sum_{k=1}^{k=n} P_k \tag{4.26}$$

$$M = \sum_{k=1}^{k=n} P_k a_k \tag{4.27}$$

动力传输系统中的斜齿轮、锥齿轮、曲线齿锥齿轮、双曲面齿轮、蜗轮等除了能传递径向载荷外，还能传递推力载荷。这些推力载荷距轴线有一定的距离，因此将在轴上产生集中力矩。图4.12所示表明了这种状况。此时，确定轴承的径向载荷公式为

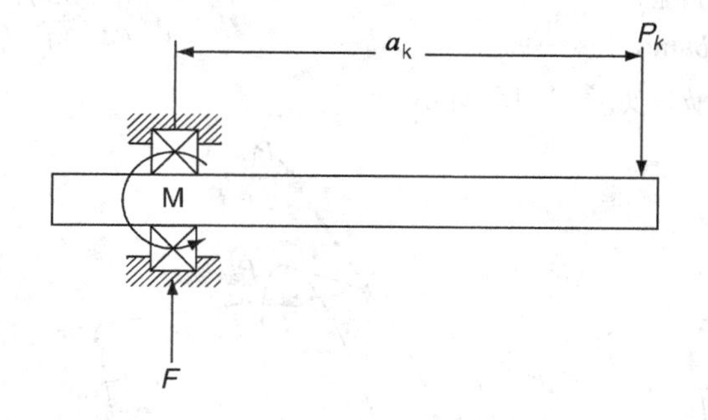

图4.11 单个轴承-轴系统

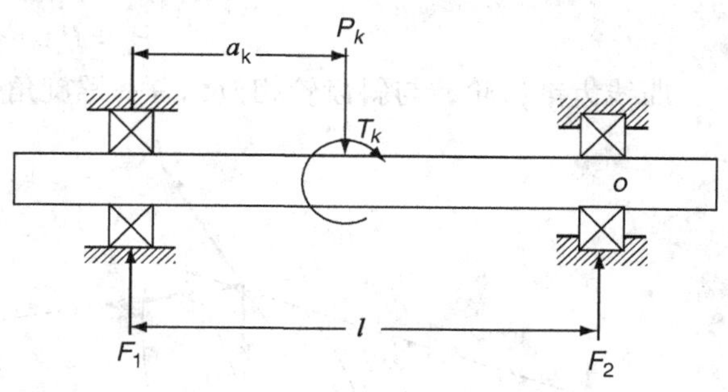

图4.12 双轴承-轴系统承受径向集中力和力矩载荷

$$F_1 = \sum_{k=1}^{k=n}\left[P_k\left(1 \mp \frac{a_k}{l}\right) - \frac{T_k}{l}\right] \tag{4.28}$$

$$F_2 = \sum_{k=1}^{k=n}\left[P_k\frac{a_k}{l} + \frac{T_k}{l}\right] \tag{4.29}$$

4.3.1　斜齿轮载荷

斜齿轮常用于在平行轴系之间传递动力，轴向与径向载荷作用如图4.13所示。对于直齿轮，切向载荷分量 P_t 由式(4.12)确定。径向载荷分量为

$$P_r = P_t \frac{\tan\phi}{\cos\psi} \tag{4.30}$$

式中，ϕ 为压力角，ψ 为螺旋角。轴向载荷分量为

$$P_a = P_t \tan\psi \tag{4.31}$$

斜齿轮能在交叉轴系间传递动力。在此情形下，一旦 P_t 由式(4.12)确定，就能用式(4.30)和式(4.31)来确定齿轮1和齿轮2的 P_{a1}、P_{r1}、P_{a2}和 P_{r2}，这里螺旋角分别为 ψ_1 和 ψ_2。

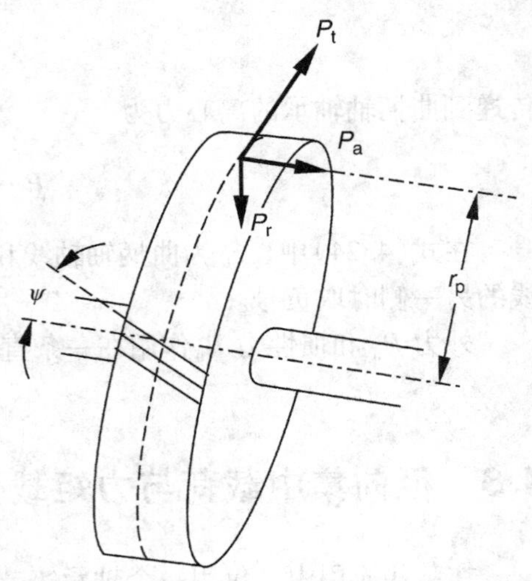

图4.13　斜齿轮的载荷传递

4.3.2　锥齿轮载荷

锥齿轮常用于在旋转轴线相交的轴系之间传递功率，因此其轴线位于公共平面内。相比于斜齿轮，在锥齿轮中，轴向载荷与径向载荷在啮合的轮齿之间传递。由于轴向载荷作用在距离轴线 r_p 的位置处，从而产生一个 $T = r_p \cdot P_a$ 的集中力矩。图4.14所示为一直齿锥齿轮的载荷传递示意图。对于直齿轮，切向载荷分量 P_t 由式(4.12)确定，但是需要使用直齿轮的节圆平均半径 r_p。锥齿轮的大端节圆半径称为后锥半径 r_b。利用半锥角 γ 和齿侧长度 l_t 可以得出

$$r_p = r_b - \frac{l_t}{2}\sin\gamma \tag{4.32}$$

径向和轴向载荷由下式给出

$$P_r = P_t \tan\phi\cos\gamma \tag{4.33}$$

$$P_a = P_t \tan\phi\sin\gamma \tag{4.34}$$

曲线齿锥齿轮，与斜齿轮相似，有一螺旋角 ψ，如图4.15所示。

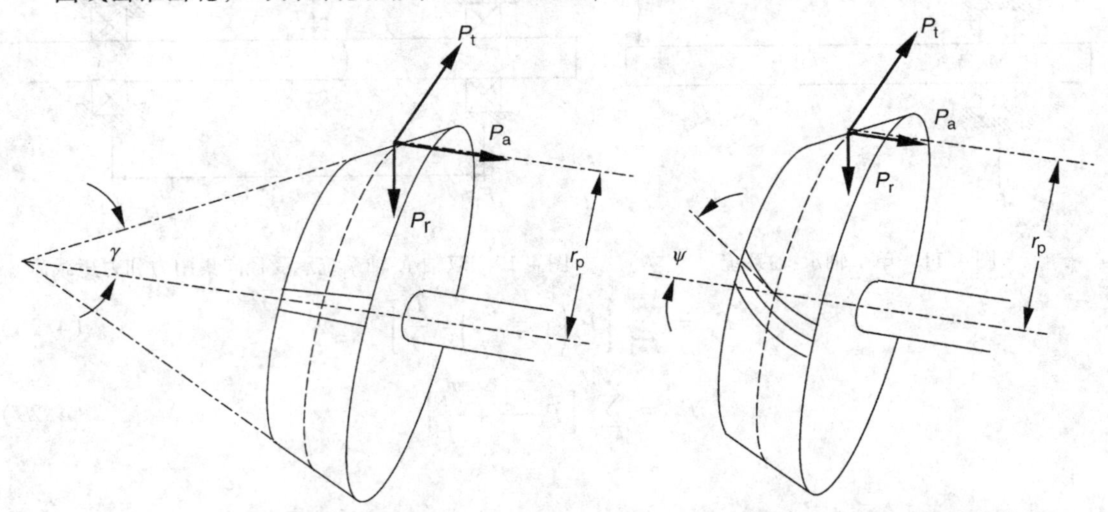

图4.14　直齿锥齿轮的载荷传递　　图4.15　曲线齿锥齿轮载荷传递

这里，轴向载荷与径向载荷在齿间螺旋的传递受螺旋角、螺旋角的方向以及齿轮的旋转方向影响。并且必须要考虑主动轮与从动轮之间的区别。主动轮及螺旋角的旋转方向见图4.16a，齿轮作用力由式(4.35)和式(4.36)给出

$$P_{a1}=\frac{P_t}{\cos\psi}(-\sin\psi\cos\gamma_1+\tan\phi\sin\gamma_1) \tag{4.35}$$

$$P_{r1}=\frac{P_t}{\cos\psi}(\sin\psi\sin\gamma_1+\tan\phi\cos\gamma_1) \tag{4.36}$$

式中，下标1代表主动轮，γ_1 为圆锥内半角。当几何尺寸与旋转方向如图4.16b所示时，上述公式变为

$$P_{a1}=\frac{P_t}{\cos\psi}(\sin\psi\cos\gamma_1+\tan\phi\sin\gamma_1) \tag{4.37}$$

$$P_{r1}=\frac{P_t}{\cos\psi}(-\sin\psi\sin\gamma_1+\tan\phi\cos\gamma_1) \tag{4.38}$$

对于从动轮(下标为2)，几何尺寸与旋转方向如图4.16c所示，齿轮作用力由式(4.39)和式(4.40)给出。

$$P_{a2}=\frac{P_t}{\cos\psi}(\sin\psi\cos\gamma_2+\tan\phi\sin\gamma_2) \tag{4.39}$$

$$P_{r2}=\frac{P_t}{\cos\psi}(-\sin\psi\sin\gamma_2+\tan\phi\cos\gamma_2) \tag{4.40}$$

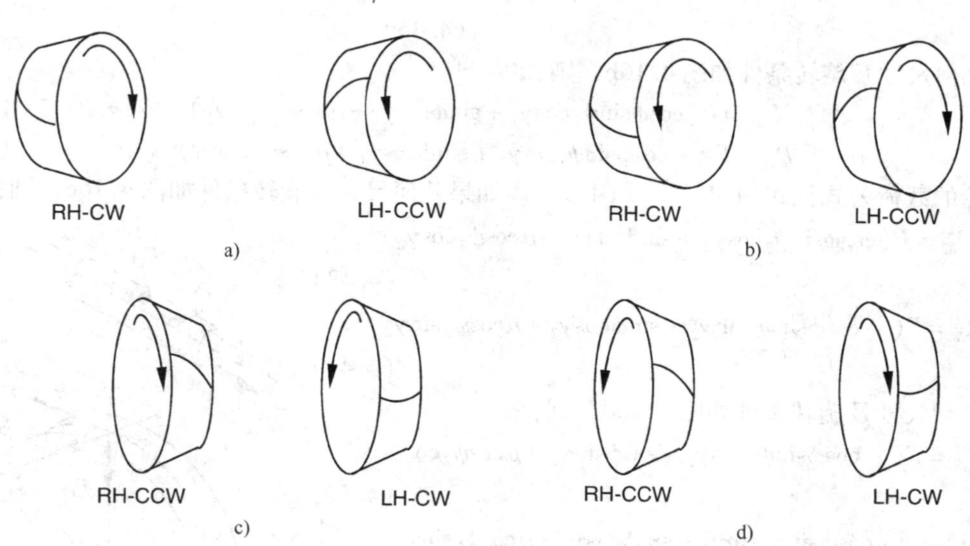

图4.16 螺旋方向和齿轮的旋转方向

a)、b) 螺旋方向和单个曲线齿锥齿轮主动轮的旋转方向

c)、d) 螺旋方向和单个曲线齿锥齿轮从动轮的旋转方向

RH—右螺旋 CW—顺时针旋转 LH—左螺旋 CCW—逆时针旋转

当几何尺寸与旋转方向如图4.16c所示时，上述公式变为

$$P_{a2}=\frac{P_t}{\cos\psi}(-\sin\psi\cos\gamma_2+\tan\phi\sin\gamma_2) \tag{4.41}$$

$$P_{r2}=\frac{P_t}{\cos\psi}(\sin\psi\sin\gamma_2+\tan\phi\cos\gamma_2) \tag{4.42}$$

4.3.3　准双曲面齿轮

准双曲面齿轮常用在旋转中心线不相交的轴系之间传递动力，也就是说，轴线位于不同的平面内。因此，如图 4.17 所示，大部分的滑移发生在接触的轮齿之间，首先要明确滑动摩擦系数。对准双曲面齿轮，适当地给予一些矿物油或合成油润滑时，摩擦系数$\mu\approx0.1$。与曲线齿锥齿轮类似，单个齿轮的载荷取决于螺旋方向和旋转方向。主动齿轮的载荷定义为P，齿牙载荷由下式确定：

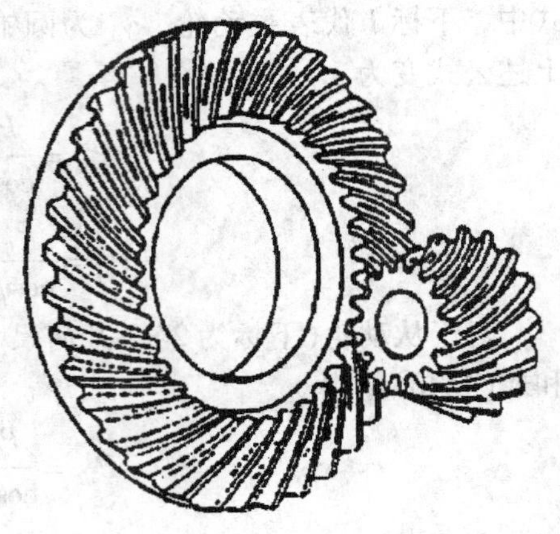

图 4.17　准双曲面齿轮示意图

$$P=\frac{P_t}{\cos\phi\cos\psi_1+\mu\sin\psi_1} \tag{4.43}$$

如果几何尺寸及旋转条件如图 4.16a 所示，则：

$$P_{a1}=P(-\cos\phi\sin\psi_1\cos\gamma_1+\sin\phi\sin\gamma_1+\mu\cos\psi_1\cos\gamma_1) \tag{4.44}$$

$$P_{r1}=P(\cos\phi\sin\psi_1\sin\gamma_1+\sin\phi\sin\gamma_1-\mu\cos\psi_1\sin\gamma_1) \tag{4.45}$$

如果几何尺寸及旋转条件如图 4.16b，则：

$$P_{a1}=P(\cos\phi\sin\psi_1\cos\gamma_1+\sin\phi\sin\gamma_1-\mu\cos\psi_1\cos\gamma_1) \tag{4.46}$$

$$P_{r1}=P(-\cos\phi\sin\psi_1\sin\gamma_1+\sin\phi\cos\gamma_1+\mu\cos\psi_1\sin\gamma_1) \tag{4.47}$$

从动轮的载荷公式见式(4.48)~式(4.51)。如果几何尺寸及旋转条件如图 4.16c，则：

$$P_{a2}=P(\cos\phi\sin\psi_2\cos\gamma_2+\sin\phi\sin\gamma_2-\mu\cos\psi_2\cos\gamma_2) \tag{4.48}$$

$$P_{r2}=P(-\cos\phi\sin\psi_2\sin\gamma_2+\sin\phi\cos\gamma_2+\mu\cos\psi_2\sin\gamma_2) \tag{4.49}$$

如果几何尺寸及旋转条件如图 4.16d，则：

$$P_{a2}=P(-\cos\phi\sin\psi_2\cos\gamma_2+\sin\phi\sin\gamma_2+\mu\cos\psi_2\cos\gamma_2) \tag{4.50}$$

$$P_{r2}=P(\cos\phi\sin\psi_2\sin\gamma_2+\sin\phi\cos\gamma_2-\mu\cos\psi_2\sin\gamma_2) \tag{4.51}$$

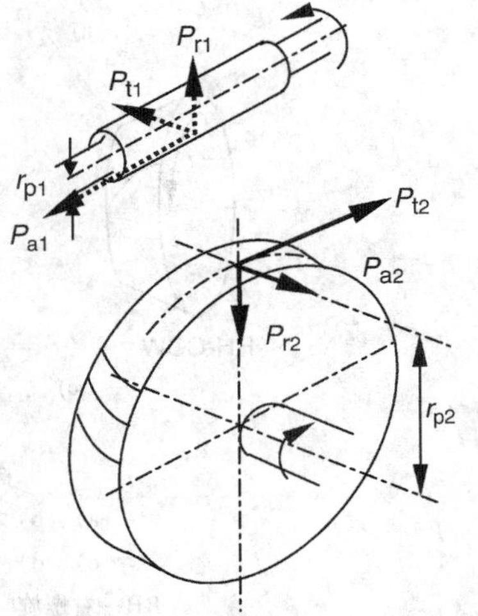

图 4.18　蜗杆传动时载荷的传递示意图

4.3.4　蜗轮蜗杆

蜗轮在减速装置中起到实施减速的作用，它可被视为螺旋角为90°的斜齿轮。相比于准双曲面齿轮，更多的滑移发生在蜗杆螺旋和蜗轮齿之间。图 4.18 给出了蜗杆传动时载荷的传递情况。由节圆半径 r_{P1}、螺距 h 和摩擦系数可以算出导程角 λ：

$$\tan\lambda = \frac{h}{2\mu r_{p1}} \tag{4.52}$$

此时，对于蜗杆

$$P_{r1} = P_{t1}\frac{\sin\phi}{\cos\phi\sin\lambda + \mu\cos\lambda} \tag{4.53}$$

$$P_{a1} = P_{t1}\frac{\cos\phi - \mu\tan\lambda}{\mu + \cos\phi\tan\lambda} \tag{4.54}$$

对于蜗轮，以下关系式是成立的：$P_{t2} = P_{a1}$，$P_{r2} = P_{r1}$，$P_{a2} = P_{t1}$。

4.4　轴的转速

在一些场合，只有输入轴的转速是给定的，但是，需要同时计算输入轴和输出轴轴承的性能。一般依靠速度瞬心的概念，通过简单的运动学关系来确定内、外输出轴的速度关系。摩擦轮载荷示意如图4.8所示，假设在接触点处没有滑动，则轮1的表面速度 v 等于轮2的速度，其中 $v = \omega r$ 所示。

$$\frac{\omega_2}{\omega_1} = \frac{n_2}{n_1} = \frac{r_1}{r_2} = \frac{D_1}{D_2} \tag{4.55}$$

带轮、直齿轮和斜齿轮同样具有上述关系。

对于直齿轮和曲线齿锥齿轮，转速关系如下：

$$\frac{n_2}{n_1} = \frac{r_{m1}}{r_{m2}} \tag{4.56}$$

式中，r_{m1} 和 r_{m2} 分别代表齿轮1和齿轮2的节圆半径，对于准双曲面齿轮

$$\frac{n_2}{n_1} = \frac{r_{m1}\cos\psi_1}{r_{m2}\cos\psi_2} \tag{4.57}$$

对于蜗轮、蜗杆，

$$\frac{n_2}{n_1} = \frac{Z_1}{Z_2} \tag{4.58}$$

式中，Z_1 表示蜗杆的螺纹数，Z_2 表示蜗轮的牙数。

为了实现较大的减速，齿轮常和其他单元一起构成齿轮组。图4.19给出了简单的四齿轮传动机构。传动比定义为输出轴与输入轴的速度之比值，即，

$$n_{out} = en_{in} \tag{4.59}$$

进一步可以证明（见参考文献[1]）

$$e = \frac{r_{p1}r_{p3}}{r_{p2}r_{p4}} \tag{4.60}$$

更一般的情况，对于几个齿轮的传动机构，传动比 e 为主动齿轮的节圆半径的乘积和从动齿轮的节圆半径乘积的比值（注意到轮齿的个数之比可以

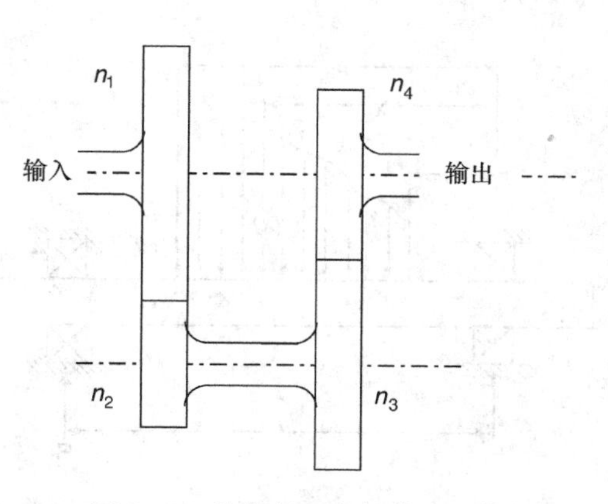

图4.19　简单的四齿轮传动机构

取代节圆半径之比)，因此，输出轴的转速能被直接确定。

行星齿轮或外摆线动力传输系统被设计成能在较小的空间内实现较大的减速。其简单的结构如图4.20所示。图中R代表内齿轮，P代表行星轮，S表示太阳轮。太阳轮连结着输入轴，输出轴与连杆相接。一般机构中都包含三个或更多的行星轮，因此，每一个行星齿轮轴传递1/3或更少的动力。通过图4.20，可以看出太阳轮相对于连杆的转速为 $n_{SA}=n_S-n_A$。内齿轮相对于连杆的转速为 $n_{RA}=n_R-n_A$，因此

$$e=\frac{n_{RA}}{n_{SA}}=\frac{n_R-n_A}{n_S-n_A} \tag{4.61}$$

现在，保持连杆静止，允许内齿轮旋转，应用式(4.60)得

$$e=-\frac{r_{pS}r_{pP}}{r_{pP}r_{pR}}=-\frac{r_{pS}}{r_{pR}} \tag{4.62}$$

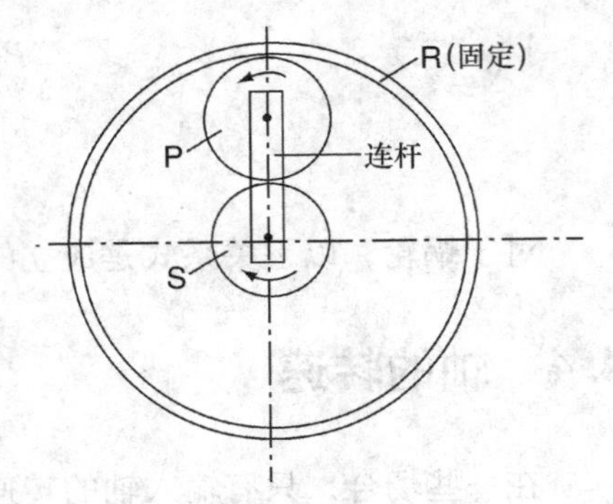

图4.20 简单的行星齿轮结构示意图

式(4.62)中的负号表示内齿轮(输出)的旋转方向与太阳轮(输入)方向相反。设 $n_R=0$，使用式(4.61)和式(4.62)重新表示输出轴转速，则行星轮轴转速可被下式确定：

$$n_A=n_S\frac{1}{\frac{r_{pR}}{r_{pS}}+1} \tag{4.63}$$

行星齿轮机构种类繁多，以至于要想给出每一种结构的速度计算公式是不可能的。不过，以上提出的计算方法一样是有效的，可以在实践中应用。

4.5 分布载荷系统

有时载荷分布在轴的某一段上，如图4.21所示。如果载荷是不规则的，要把它看成是由一系列微小载荷 P_k 组成。P_k 距左端轴承的距离为 a_k，则可以用式(4.9)和式(4.10)来计算轴承的载荷 F_1 和 F_2。当单位长度上的分布载荷 w 可以表示为连续函数，如 $w=\sin x$ 或 $w=w_o(1+bx)$ 时，式(4.9)和式(4.10)变成(见图4.22)

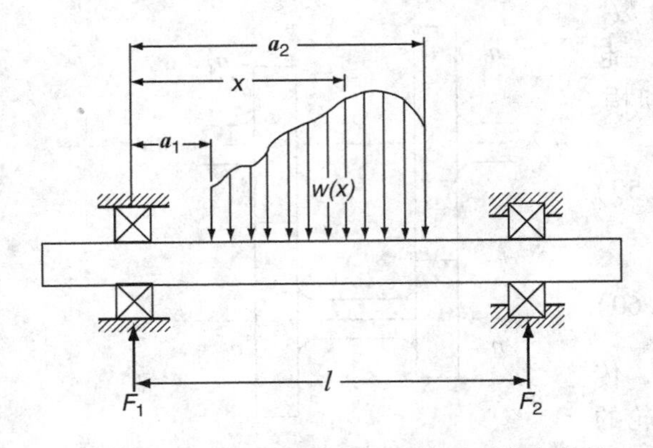

图4.21 双轴承-轴简单支承系统承受分布载荷

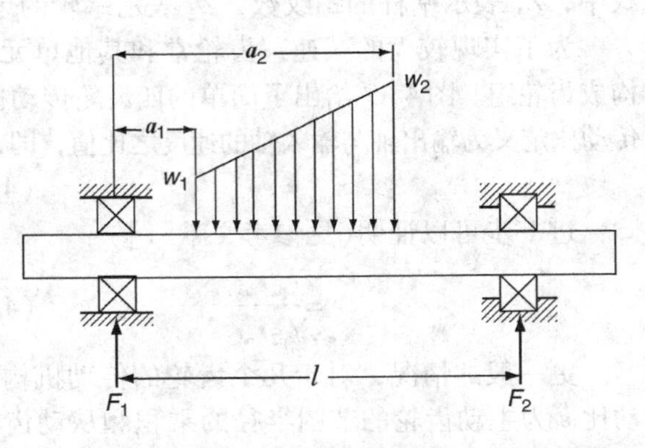

图4.22 双轴承-轴简单支承系统承受均匀分布载荷

$$F_1 = \int \left(1 + \frac{x}{l}\right) w \mathrm{d}x \tag{4.64}$$

$$F_1 = \int w \frac{x}{l} \mathrm{d}x \tag{4.65}$$

4.6　结束语

本章给出了计算静定的轴-轴承系统中轴承载荷的方法与公式。在大多数情况下，上述方法适用于分析球轴承和滚子轴承的载荷。此外也给出了各种常用的动力传输结构和机械零件中，由轴传递到支承轴承的载荷的计算方法和公式。然而，在许多实际的应用场合，其复杂性要远远超过本章的内容。

这些情况包括将在本书第 2 卷中介绍的超静定系统而且将增加系统载荷的复杂性，这只能通过特殊的方法详加分析才能确定。

参 考 文 献

[1] Spotts, M. and Shoup, T., *Design of Machine Elements*, 7th Ed., Prentice Hall, Englewood Cliffs, NJ, 1998.
[2] Juvinall, R. and Marshek, K., *Fundamentals of Machine Component Design*, 2nd Ed., Wiley, New York, 1991.
[3] Hamrock, B., Jacobson, B., and Schmid, S., *Fundamentals of Machine Elements*, McGraw-Hill, New York, 1999.
[4] Avallone, E. and Baumeister, T., *Mark's Standard Handbook for Mechanical Engineers*, 9th Ed., McGraw-Hill, New York, 1987.

第5章　轴承作用载荷引起的球和滚子载荷

符号表

符　号	定　义	单　位
D	球或滚子直径	mm
d_m	节圆直径	mm
h	圆柱滚子轴向力之间的距离	mm
l	滚子长度	mm
l_{eff}	滚子与滚道接触的有效长度	mm
q	滚子与滚道单位长度上的载荷	N/mm
Q	球或滚子法向载荷	N
Q_r	球或滚子径向载荷	N
Q_a	球或滚子轴向载荷	N
x	坐标方向的距离	mm
α	接触角	°，rad
μ	摩擦系数	
ξ	滚子歪斜角	rad
	角　标	
a	轴向	
f	挡边	
i	内滚道	
o	外滚道	
r	径向	

5.1　概述

作用于球或滚子轴承上的载荷通过滚动体由内圈传递到外圈，反之亦然。单个球或滚子承受载荷的大小取决于轴承内部的几何参数和作用于轴承上的载荷的类型。除了作用载荷之外，滚动体还会承受惯性力，即由速度效应产生的动力。然而，在通常运转速度下大多数球和滚子轴承性能的计算可以只考虑作用载荷。这一章的目的就是在只考虑作用载荷，也可以说是在静载荷的条件下来确定滚动体的载荷。

5.2　球-滚道载荷

一个滚动体可以承受沿滚动体和滚道接触线方向上的法向载荷(见图5.1)。在图5.1中

如果作用于球上的径向载荷是 Q_r，则作用于球上的法向载荷是

$$Q=\frac{Q_r}{\cos\alpha} \tag{5.1}$$

该载荷在轴承中将产生一个推力载荷分量，即

$$Q_a=Q\sin\alpha \tag{5.2}$$

或

$$Q_a=Q_r\tan\alpha \tag{5.3}$$

参见例5.1和例5.2。

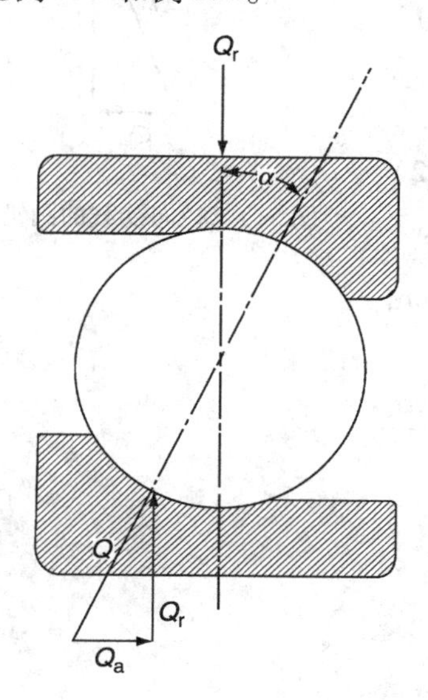

图5.1　径向受载的球

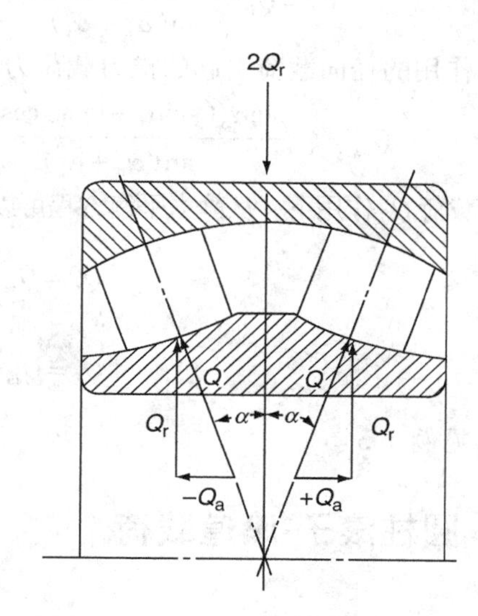

图5.2　径向受载的对称滚子

5.3　对称球面滚子-滚道载荷

式(5.2)和式(5.3)同样适用于具有对称形滚子的球面滚子轴承。对于径向载荷作用下的双列球面滚子轴承，滚子的推力载荷是自平衡的(见图5.2)。

5.4　圆锥和对称球面滚子-滚道以及滚子-挡边载荷

有着对称形滚子的球面滚子轴承和圆锥滚子轴承通常在内圈都会有一个固定的引导挡边。如图5.3所示，这个挡边将承受来自滚子端部的载荷。如果作用在轴承上的径向载荷是 Q_{ir}，则将产生如下的载荷：

$$Q_i=\frac{Q_{ir}}{\cos\alpha_i} \tag{5.4}$$

$$Q_{ia}=Q_{ir}\tan\alpha_i \tag{5.5}$$

为了静力平衡，在任意方向上的合力必须为零，因此

$$Q_{ir}-Q_{fr}-Q_{or}=0 \tag{5.6}$$

$$Q_{ia} + Q_{fa} - Q_{oa} = 0 \tag{5.7}$$

或

$$Q_{ir} - Q_f \cos\alpha_i - Q_o \cos\alpha_o = 0 \tag{5.8}$$

$$Q_{ir} \tan\alpha_i + Q_f \sin\alpha_i - Q_o \sin\alpha_o = 0 \tag{5.9}$$

将式(5.8)和式(5.9)对 Q_o 和 Q_f 进行求解，得

$$Q_o = Q_{ir} \frac{\sin\alpha_f + \tan\alpha_i \cos\alpha_f}{\sin(\alpha_o + \alpha_i)} \tag{5.10}$$

$$Q_f = Q_{ir} \frac{\sin\alpha_o - \tan\alpha_i \cos\alpha_f}{\sin(\alpha_o + \alpha_i)} \tag{5.11}$$

由作用的径向载荷引起的推力载荷为

$$Q_{oa} = Q_{ir} \frac{\sin\alpha_o(\sin\alpha_f + \tan\alpha_i \cos\alpha_f)}{\sin(\alpha_o + \alpha_i)} \tag{5.12}$$

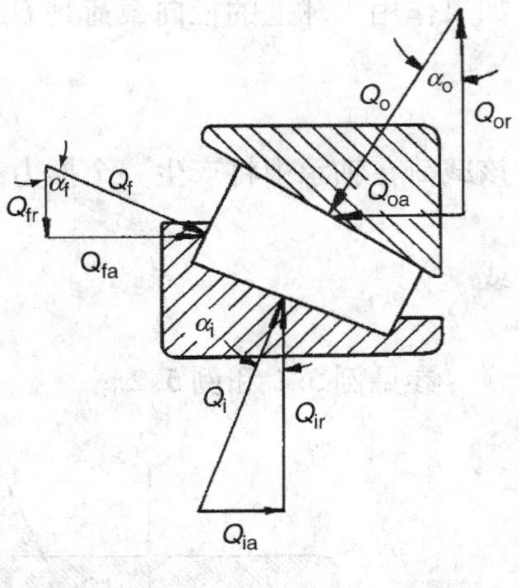

图 5.3　径向受载的圆锥滚子

在推力载荷 Q_{ia} 作用下，从静力平衡方程可以得到下列载荷：

$$Q_o = Q_{ia} \frac{\cos\alpha_f + \operatorname{ctn}\alpha_i \sin\alpha_f}{\sin(\alpha_o + \alpha_i)} \tag{5.13}$$

$$Q_f = Q_{ia} \frac{\operatorname{ctn}\alpha_i \sin\alpha_o - \cos\alpha_o}{\sin(\alpha_o + \alpha_i)} \tag{5.14}$$

参见例 5.3。

5.5　圆柱滚子-滚道载荷

5.5.1　径向受载

如图 5.4 所示，在单一径向载荷作用下，圆柱滚子在与内、外滚道接触处承受的径向载荷是相同的，都是 $Q_i = Q_o = Q$。图 5.5 表明，在理想状态下，滚子载荷沿有效接触长度 l_{eff} 的分布是均匀的。在每一个滚道上，滚子单位长度上的载荷是 $q = Q/l_{eff}$，或者 $Q = q \cdot l_{eff}$。

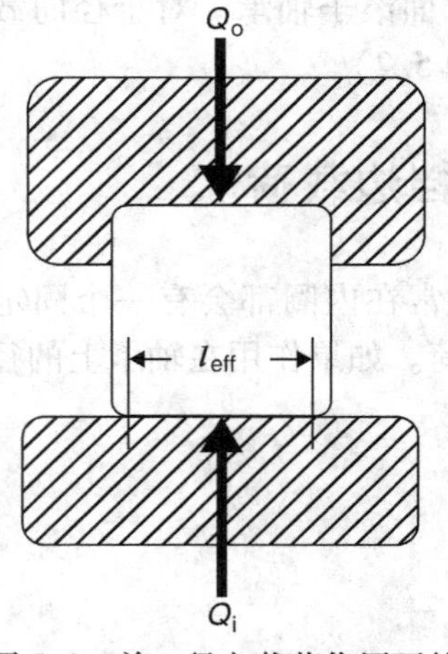

图 5.4　单一径向载荷作用下的圆柱滚子-滚道载荷

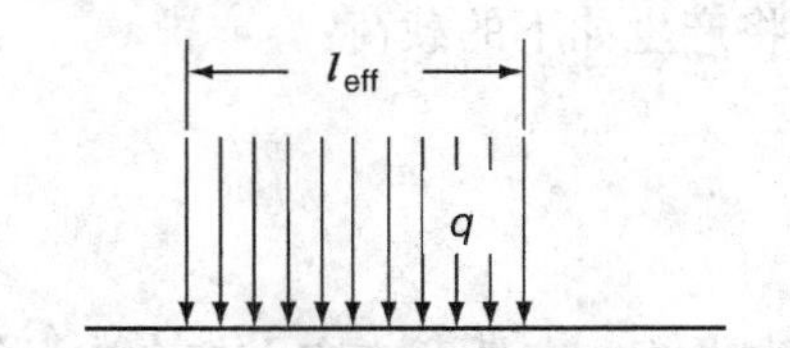

图 5.5　径向受载的圆柱滚子在理想状态下的均匀载荷分布

在图5.4中，轴承外圈有两个档边，而内圈没有档边。这就意味着在推力(轴向)载荷作用下轴承的套圈将彼此分离。但是，如果内圈也配有一个挡边，如图1.37表明的那样，那么轴承在承受了比较大的径向载荷的同时，还能承受一定的轴向载荷。图5.6表明了这种轴承中滚子所受的径向和轴向载荷。轴向载荷的出现将使滚子产生倾斜，以平衡由于轴向载荷相向作用而产生的力偶 $Q_a h$。图5.6表明了滚子与直滚道接触时载荷分布不均匀的状况，从这种载荷分布可以得到滚动体-滚道的接触载荷是

$$Q = \int_0^{l_{\text{eff}}} q\mathrm{d}x \tag{5.15}$$

定义单位长度上的最小载荷是 q_0、最大载荷是 q_1，而理想状态下的均匀分布载荷是 q，显然 $q_1 > q$，而这就导致了接触应力的增加和使用寿命的降低。由于圆柱滚子通常都带有如图1.38所表示的凸度，因此接触区内的分布载荷一般要比图5.6中表示的要小一些(见图5.7)。本书第2卷第1章将对这种情况进行详细分析。

5.5.2　滚子歪斜力矩

由于滚子端部和套圈挡边之间的滑动，在这些部位将产生摩擦。假定每一个摩擦力可以简单地表示为 μQ_a，该摩擦力将产生一个力矩，即 $\mu Q_a l$，这里 l 是滚子两端之间的长度(见图5.8)。

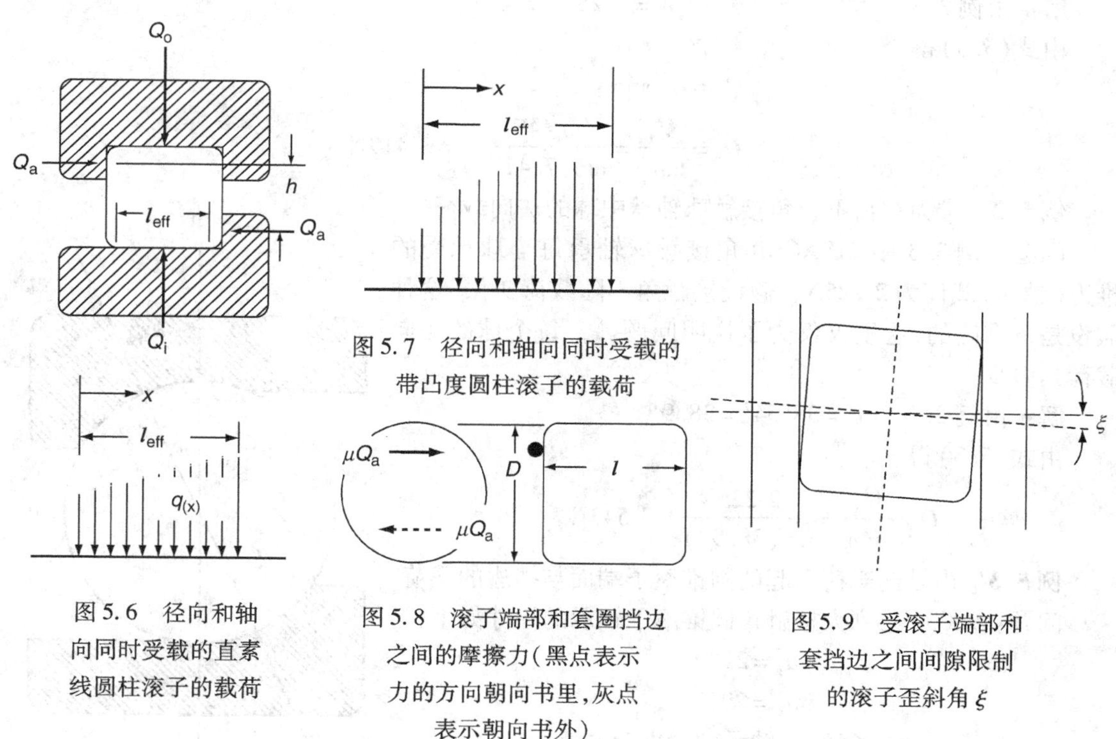

图5.6　径向和轴向同时受载的直素线圆柱滚子的载荷

图5.7　径向和轴向同时受载的带凸度圆柱滚子的载荷

图5.8　滚子端部和套圈挡边之间的摩擦力(黑点表示力的方向朝向书里，灰点表示朝向书外)

图5.9　受滚子端部和套挡边之间间隙限制的滚子歪斜角 ξ

本书第2卷第3章将对滚子歪斜进行详细分析，但是应该记住，引导挡边的作用是尽量减小滚子的歪斜，而要做到这一点就要使滚子端部和套圈挡边之间的间隙最小化，图5.9说明了这一点。

5.6　结束语

在应用中，为了分析滚动轴承的性能，就必须确定每一个球或是滚子的载荷。在大多数应用中，球或滚子在作用载荷下的表现将决定轴承的使用寿命。例如，一个轻微的径向载荷作用在接触角为90°的推力轴承上，将会使轴承迅速失效。类似地，一个作用在接触角为0°的深沟球轴承上的推力载荷将会随着最终形成的接触角而显著放大。在第7章中将讨论作用载荷在球或滚子中的分布，它将清楚地表明，每个滚动体承受载荷的方式也将影响其他滚动体的载荷。在角接触球轴承中，球的载荷还会显著地影响球和保持架的转速。因此，这一章是一个基础，即使是针对滚动轴承应用的初步分析也是如此。

例题

例5.1　轴向作用载荷产生的球径向负荷

问题：例3.3中209DGBB轴承每个球承受的推力(轴向)载荷为445N，假设接触角不随载荷变化(这种假设是不准确的,这里仅仅为了说明问题。)，每个球的径向载荷是多少?

解：由例3.3　　$\alpha = 7°25' = 7.417°$

由式(5.3)得

$$Q_a = Q_r \tan\alpha$$

$$Q_r = \frac{Q_a}{\tan\alpha} = \frac{445}{\tan(7.417°)} = 3\,419\text{N}$$

例5.2　推力载荷下，角接触球轴承中球的法向载荷

问题：例3.3中218ACBB角接触球轴承每个球承受的推力(轴向)载荷为2 225N，假设接触角不随载荷变化(这种假设是不准确的,这里仅仅为了说明问题。)，每个球的法向载荷是多少?

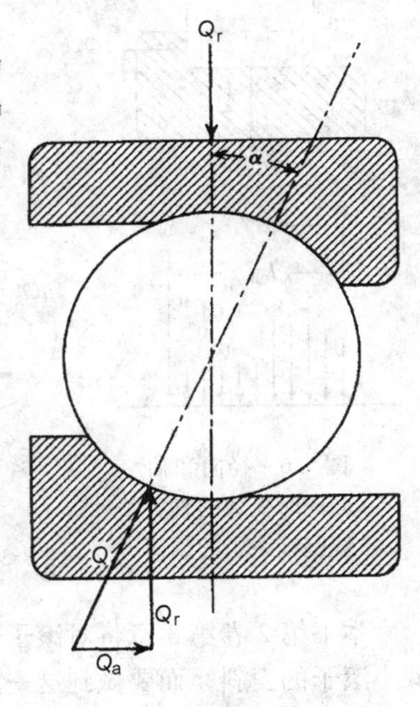

解：由例3.3　$\alpha = 38°54' = 38.9°$

由式(5.3)得

$$Q = \frac{Q_a}{\sin\alpha} = \frac{2\,225}{\tan(38.9°)} = 3\,543\text{N}$$

例5.3　由轴向载荷引起的圆锥滚子端面与挡边的载荷

问题：90000系列大接触角圆锥滚子轴承的尺寸如下：

$$a_i = 22°$$

$$a_o = 29°$$

$$a_f = 64°(\text{与轴承轴线夹角})$$

$$D = 22.86\text{mm}$$

$$l = 30.48\text{mm}$$

如果受载最大的滚子承受的推力载荷为 22 250N，引导挡边（大端面-挡边）最大载荷是多少？把这个载荷同内圈上所受的最大法向负荷做比较。

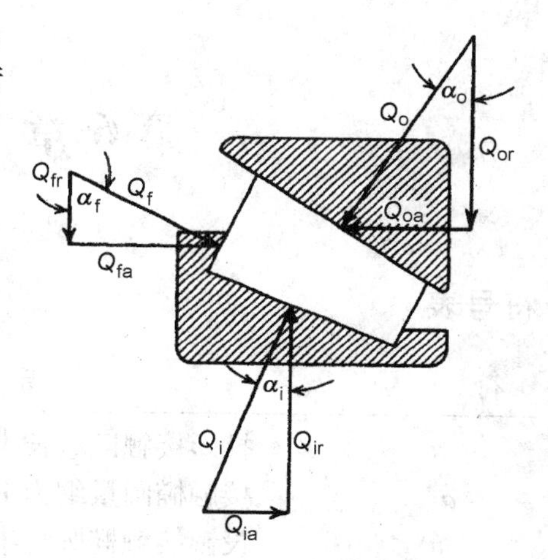

解：由式(5.14)得

$$Q_f = Q_{ia}\frac{\mathrm{ctn}\alpha_i \sin\alpha_o - \cos\alpha_o}{\sin(\alpha_o + \alpha_f)}$$

$$= 22\ 250\frac{\mathrm{ctn}22° \sin29° - \cos29°}{\sin(29° + 64°)} = 7\ 245\mathrm{N}$$

由图5.3得

$$Q_i = \frac{Q_{ia}}{\sin\alpha_i} = \frac{22\ 250}{\sin(22°)} = 59\ 410\mathrm{N}$$

第 6 章　接触应力与变形

符号表

符　号	定　义	单　位
a	投影接触区域长半轴	mm
a^*	接触椭圆量纲为 1 的长半轴	mm
b	投影接触椭圆短半轴	mm
b^*	接触椭圆量纲为 1 的短半轴	mm
E	弹性模量	MPa
F	第一类完全椭圆积分	
$\mathsf{F}(\phi)$	第一类椭圆积分	
E	第二类完全椭圆积分	
$\mathsf{E}(\phi)$	第二类椭圆积分	
F	力	N
G	切变模量	MPa
l	滚子有效长度	mm
Q	滚动体与滚道之间的法向力	N
r	曲率半径	mm
S	主应力	MPa
u	x 方向的位移	mm
U	任意函数	
v	y 方向的位移	mm
V	任意函数	
w	z 方向的位移	mm
x	主轴方向的距离	mm
X	量纲为 1 的参数	
y	主轴方向的距离	mm
Y	量纲为 1 的参数	
z	主轴方向的距离	mm
z_1	在 $x=0$，$y=0$ 处最大切应力深度	mm
z_0	在 $x=0$，$y\neq0$ 处最大交变切应力深度	mm
Z	量纲为 1 的参数	
γ	切应变	
δ	位移	mm

δ^*	量纲为1的接触位移	mm
ε	线应变	
ζ	z/b，滚子倾斜角	°，rad
$\dot{\theta}$	角度	rad
ϑ	辅助角	rad
κ	a/b	
λ	参数	
ξ	泊松比	
σ	正应力	MPa
τ	切应力	MPa
ν	辅助角	rad
ϕ	辅助角	°，rad
$F(\rho)$	曲率差函数	
$\sum\rho$	曲率和函数	mm^{-1}

角　标

i	内滚道
o	外滚道
r	径向
x	x 方向
y	y 方向
z	z 方向
yz	yz 平面
xz	xz 平面
x	x 方向
Ⅰ	接触体Ⅰ
Ⅱ	接触体Ⅱ

6.1　概述

在滚动轴承中，作用于滚动体与滚道之间的载荷仅能在二者之间形成很小的接触区域。因此，尽管滚动体的载荷可能是适中的，但在滚动体和滚道表面产生的应力通常却很高。在滚动表面的压应力超过1 380MPa(200,000psi)的条件下连续运转的轴承并非少见，在某些应用场合以及耐久实验中，滚动表面的压应力甚至会超过3 449MPa(500,000psi)。

由于承受应力的有效区域会随着滚动表面下的深度而迅速增加，因此表面上的高压应力不会扩散到整个滚动元件中。所以，在滚动轴承设计中滚动元件的整体破坏通常不是主要的考虑因素，而滚动表面的破坏才是关注的重点。本章将只考虑表面和表面附近的应力所产生的变形以及由接触应力所产生的变形。由于滚动元件的刚度特性，这些变形通常都很小，例如对钢制轴承一般小于0.025mm(0.001in)。本章的目的是建立计算滚动轴承中的接触应力和接触变形的关系式。

6.2 弹性理论

1896年Hertz[1]提出了关于两个弹性体在一点发生接触的局部应力和变形的经典解。今天，这种应力常被称为Hertz接触应力或简称为Hertz应力。

为了建立接触应力的数学表达，必须具备弹性力学原理的坚实基础。然而本节的目的不是讲述弹性理论，而是仅介绍这一学科的基本方法以说明接触应力问题的复杂性。按照这一

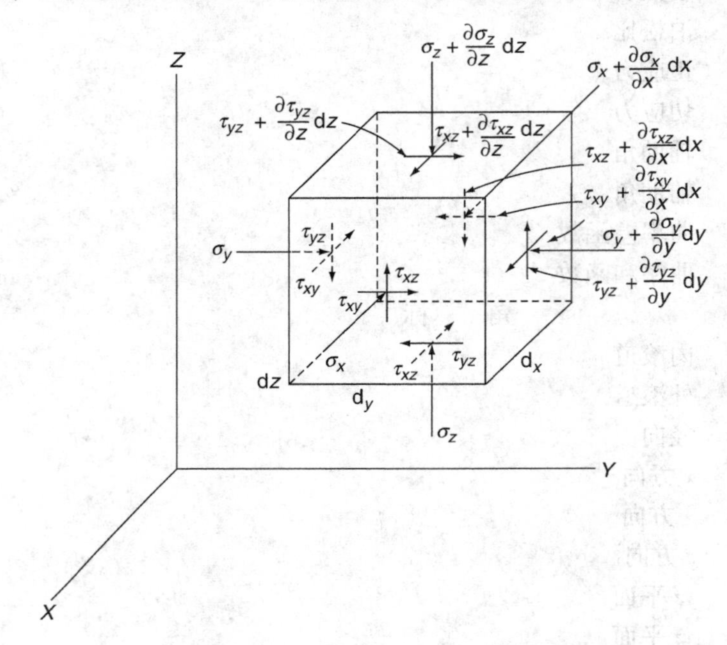

图6.1 作用在无限小立方体上的应力状态

目的，考虑图6.1中的由均匀各向同性材料构成的无限小弹性立方体的应力状态，在不考虑物体重力的情况下，根据x方向上应力的静力平衡条件可以得到：

$$\sigma_x \mathrm{d}y\mathrm{d}z + \tau_{xy}\mathrm{d}x\mathrm{d}z + \tau_{xz}\mathrm{d}x\mathrm{d}y - \left(\sigma_x + \frac{\partial\sigma_x}{\partial x}\mathrm{d}x\right)\mathrm{d}y\mathrm{d}z - \left(\tau_{xy} + \frac{\partial\tau_{xy}}{\partial y}\mathrm{d}y\right)\mathrm{d}x\mathrm{d}z - \left(\tau_{xz} + \frac{\partial\tau_{xz}}{\partial z}\mathrm{d}z\right)\mathrm{d}x\mathrm{d}y = 0 \tag{6.1}$$

于是有

$$\frac{\partial\sigma_x}{\partial x} + \frac{\partial\tau_{xy}}{\partial y} + \frac{\partial\tau_{xz}}{\partial z} = 0 \tag{6.2}$$

相似地，在y和z方向上分别有

$$\frac{\partial\sigma_y}{\partial y} + \frac{\partial\tau_{xy}}{\partial x} + \frac{\partial\tau_{yz}}{\partial z} = 0 \tag{6.3}$$

$$\frac{\partial\sigma_z}{\partial z} + \frac{\partial\tau_{xz}}{\partial x} + \frac{\partial\tau_{yz}}{\partial z} = 0 \tag{6.4}$$

式(6.2)~式(6.4)是直角坐标系中的平衡方程。在比例极限范围内，弹性材料的Hooke定

律为：

$$\varepsilon = \frac{\sigma}{E} \tag{6.5}$$

式中，ε 是应变，E 是变形材料的弹性模量。如果 u、v 和 w 分别是 x、y 和 z 方向的位移，则有：

$$\begin{aligned} \varepsilon_x &= \frac{\partial u}{\partial x} \\ \varepsilon_y &= \frac{\partial v}{\partial y} \\ \varepsilon_z &= \frac{\partial w}{\partial z} \end{aligned} \tag{6.6}$$

除了拉伸或压缩变形外，立方体的各边还会产生相对转动，以至变形后各边将不再相互垂直。这些角应变(即剪切应变)为：

$$\begin{aligned} \gamma_{xy} &= \frac{\partial u}{\partial y} + \frac{\partial v}{\partial x} \\ \gamma_{xz} &= \frac{\partial u}{\partial z} + \frac{\partial w}{\partial x} \\ \gamma_{yz} &= \frac{\partial v}{\partial z} + \frac{\partial w}{\partial y} \end{aligned} \tag{6.7}$$

当拉应力 σ_x 作用于立方体的两个对立面上时，在 x 方向将产生拉伸，同时还会在 y 和 z 方向产生收缩，它们表示如下：

$$\begin{aligned} \varepsilon_x &= \frac{\sigma_x}{E} \\ \varepsilon_y &= -\frac{\xi\sigma_x}{E} \\ \varepsilon_z &= -\frac{\xi\sigma_x}{E} \end{aligned} \tag{6.8}$$

式(6.8)中 ξ 是泊松比，对于钢材 $\xi = 0.3$。

由于正应力 σ_x、σ_y 和 σ_z 的作用在各个主方向上引起的总应变等于单个应变之和，因此

$$\begin{aligned} \varepsilon_x &= \frac{1}{E}[\sigma_x - \xi(\sigma_y + \sigma_z)] \\ \varepsilon_y &= \frac{1}{E}[\sigma_y - \xi(\sigma_x + \sigma_z)] \\ \varepsilon_x &= \frac{1}{E}[\sigma_z - \xi(\sigma_x + \sigma_y)] \end{aligned} \tag{6.9}$$

式(6.9)是由叠加法得到的。

根据 Hooke 定律，切应力和切应变的关系可表示为

$$\gamma_{xy} = \frac{\tau_{xy}}{G}$$

$$\gamma_{xz} = \frac{\tau_{xz}}{G} \tag{6.10}$$

$$\gamma_{yz} = \frac{\tau_{yz}}{G}$$

式中，G 是切变模量，它被定义为

$$G = \frac{E}{2(1+\xi)} \tag{6.11}$$

立方体的体积应变为

$$\varepsilon = \varepsilon_x + \varepsilon_y + \varepsilon_z \tag{6.12}$$

结合式(6.9)，式(6.11)和式(6.12)，可以得到正应力的方程为

$$\begin{aligned} \sigma_x &= 2G\left(\frac{\partial u}{\partial x} + \frac{\xi}{1-2\xi}\varepsilon\right) \\ \sigma_y &= 2G\left(\frac{\partial v}{\partial y} + \frac{\xi}{1-2\xi}\varepsilon\right) \\ \sigma_z &= 2G\left(\frac{\partial w}{\partial z} + \frac{\xi}{1-2\xi}\varepsilon\right) \end{aligned} \tag{6.13}$$

通过对线应变和角应变的关系式进行微分运算，并将平衡式(6.2)代入式(6.4)，最终可以获得一组相容方程：

$$\begin{aligned} \nabla^2 u + \frac{1}{1-2\xi}\frac{\partial \varepsilon}{\partial x} &= 0 \\ \nabla^2 v + \frac{1}{1-2\xi}\frac{\partial \varepsilon}{\partial y} &= 0 \\ \nabla^2 w + \frac{1}{1-2\xi}\frac{\partial \varepsilon}{\partial z} &= 0 \end{aligned} \tag{6.14}$$

其中

$$\nabla^2 = \frac{\partial^2}{\partial x^2} + \frac{\partial^2}{\partial y^2} + \frac{\partial^2}{\partial z^2} \tag{6.15}$$

式(6.14)代表了一组条件，只有满足了这些条件才能在已知应力作用下求解出物体的应变和内部的应力状态。详细的介绍可以参考 Timoshenko 和 Goodier 的著作[2]。

6.3 表面应力与变形

1892 年，Boussinesq[3]求解了如图 6.2 所示的半无限体内的径向应力分布，他用的是极坐标而不是直角坐标。在表面没有切应力的边界条件下，径向应力的解为

$$\sigma_r = \frac{2F\cos\theta}{\pi r} \tag{6.16}$$

从式(6.16)可以看出，当 r 趋近于 0 时，σ_r 将变为无穷大。显然这种情况是不可能存在的，因为此时表面材料将产生严重的屈服或失效。

Hertz 对此的解释是，一定会形成一个小的接触区域以取代点或线接触，载荷将分摊到

整个接触面上，从而缓解了无穷大应力的状况。Hertz 在分析中提出了如下的假设：

1）所有的变形都在弹性范围之内，没有超过材料的比例极限。

2）载荷垂直于表面，忽略表面切应力的影响。

3）与受载物体的曲率半径相比，接触区域的尺寸很小。

4）与接触区域的尺寸相比，接触区域的曲率半径很大。

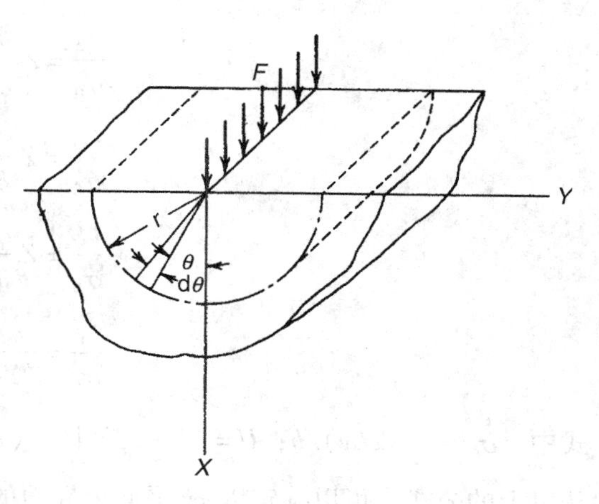

图 6.2　Boussinesq 分析模型

弹性理论问题的解是以假设的应力函数为基础的，这些应力函数必须单独或是组合地满足相容方程和边界条件。对于半无限弹性体的应力分布，Hertz 采用的假设是

$$X=\frac{x}{b}$$
$$Y=\frac{y}{b} \tag{6.17}$$
$$Z=\frac{z}{b}$$

式中 b 是任意固定长度，X，Y 和 Z 是量纲为 1 的参数。设：

$$\frac{u}{c}=\frac{\partial U}{\partial X}-Z\frac{\partial V}{\partial X}$$
$$\frac{v}{c}=\frac{\partial U}{\partial Y}-Z\frac{\partial V}{\partial Y} \tag{6.18}$$
$$\frac{w}{c}=\frac{\partial U}{\partial Z}-Z\frac{\partial V}{\partial Z}+V$$

式中 c 是任意长度，以使u/c、v/c和 w/c 量纲为1。U 和 V 是 X 和 Y 的任意函数，但要满足

$$\nabla^2 U=0$$
$$\nabla^2 V=0 \tag{6.19}$$

b 和 c 与 U 的关系为

$$\frac{b\varepsilon}{c}=-2\frac{\partial^2 U}{\partial Z^2} \tag{6.20}$$

这些假设部分来自直觉，部分来自经验，将它们与弹性关系相结合(式(6.7)、式(6.10)和式(6.12)至式(6.14))，得

$$\frac{\sigma_x}{\sigma_0}=Z\frac{\partial^2 V}{\partial X^2}-\frac{\partial^2 U}{\partial X^2}-2\frac{\partial V}{\partial Z}$$
$$\frac{\sigma_y}{\sigma_0}=Z\frac{\partial^2 V}{\partial Y^2}-\frac{\partial^2 U}{\partial Y^2}-2\frac{\partial V}{\partial Z}$$

$$\frac{\sigma_z}{\sigma_0}=Z\frac{\partial^2 V}{\partial Z^2}-\frac{\partial V}{\partial Z}$$

$$\frac{\tau_{xy}}{\sigma_0}=Z\frac{\partial^2 V}{\partial X\partial Y}-\frac{\partial^2 U}{\partial X\partial Y} \tag{6.21}$$

$$\frac{\tau_{xz}}{\sigma_0}=Z\frac{\partial^2 V}{\partial X\partial Z}$$

$$\frac{\tau_{yz}}{\sigma_0}=\frac{\partial^2 V}{\partial Y\partial Z}$$

式中，$\sigma_0=(-2Gc)/b$；$U=(1-2\xi)\int_z^{\infty}V(X,Y,\zeta)\,\mathrm{d}\zeta$

从以上的公式，可以确定以 xy 平面为界面的半无限体内的应力和变形，在 $z=0$ 的界面上应满足 $\tau_{xz}=\tau_{yz}=0$，而 σ_z 为有限值。

Hertz 最后假定变形后的表面形状是一个旋转椭圆面，此时函数 V 可表示为：

$$V=\frac{1}{2}\int_{s_0}^{\infty}\frac{\left(1-\frac{X^2}{\kappa^2+S^2}-\frac{Y^2}{1+S^2}-\frac{Z^2}{S^2}\right)}{\sqrt{(\kappa^2+S^2)(1+S^2)}}\kappa\mathrm{d}S \tag{6.22}$$

式中，S_0 是下面方程最大的正根：

$$\frac{X^2}{\kappa^2+S_0^2}+\frac{Y^2}{1+S_0^2}+\frac{Z^2}{S_0^2}=1 \tag{6.23}$$

而

$$\kappa=\frac{a}{b} \tag{6.24}$$

这里 a 和 b 是接触区域投影椭圆的长半轴和短半轴。

对于椭圆接触区域，其几何中心的应力为

$$\sigma_0=-\frac{3Q}{2\pi ab} \tag{6.25}$$

任意长度 c 被定义为

$$c=\frac{3Q}{4\pi Ga} \tag{6.26}$$

对于 $\kappa=\infty$ 的特殊情况，

$$\sigma_0=-\frac{2Q}{\pi b} \tag{6.27}$$

$$c=\frac{Q}{\pi G} \tag{6.28}$$

由于假定接触面相对于物体的尺寸来说是很小的，则接触体之间的距离可以表示为

$$z=\frac{x^2}{2r_x}+\frac{y^2}{2r_y} \tag{6.29}$$

式中，r_x 和 r_y 是主曲率半径。

引入由式(2.26)定义的辅助变量 $F(\rho)$，可以发现它是椭圆参数 a 和 b 的函数：

$$F(\rho)=\frac{(\kappa^2+1)\mathsf{E}-2\mathsf{F}}{(\kappa^2-1)\mathsf{E}} \tag{6.30}$$

式中，E 和 F 分别是第一类和第二类完全椭圆积分，

$$\mathsf{F}=\int_0^{\frac{\pi}{2}}\left[1-\left(1-\frac{1}{\kappa^2}\right)\sin^2\phi\right]^{-\frac{1}{2}}\mathrm{d}\phi \tag{6.31}$$

$$\mathsf{E}=\int_0^{\frac{\pi}{2}}\left[1-\left(1-\frac{1}{\kappa^2}\right)\sin^2\phi\right]^{\frac{1}{2}}\mathrm{d}\phi \tag{6.32}$$

给定椭圆偏心率参数 κ，就可以计算出对应的 $F(\rho)$ 的值，这样就可以建立 κ 和 $F(\rho)$ 的对应表。

Brewe 和 Hamrock[4] 借助线性回归的最小二乘法，获得了一组关于 κ 和 E，F 的简化的近似公式，它们是：

$$\kappa\approx 1.0339\left(\frac{R_y}{R_x}\right)^{0.636} \tag{6.33}$$

$$\mathsf{E}\approx 1.0003+\frac{0.5968}{\dfrac{R_y}{R_x}} \tag{6.34}$$

$$\mathsf{F}\approx 1.5277+0.6023\ln\left(\frac{R_y}{R_x}\right) \tag{6.35}$$

在 $1\leqslant\kappa\leqslant 10$ 的范围内，关于 κ 的计算误差小于3%；对于 E，除了在 $\kappa=1$ 及其附近误差小于2%外，其余基本上是零；而对于 F，除了在 $\kappa=1$ 及其附近误差小于2.6%外，其余也基本上是零。各方向上的等效半径定义为

$$R_x^{-1}=\rho_{x\mathrm{I}}+\rho_{x\mathrm{II}} \tag{6.36}$$

$$R_y^{-1}=\rho_{y\mathrm{I}}+\rho_{y\mathrm{II}} \tag{6.37}$$

式中，角标 x 表示接触椭圆的长半轴方向，y 表示短半轴方向。

利用接触体的曲率函数 $F(\rho)$ 式(2.26)，

$$F(\rho)=\frac{(\rho_{\mathrm{I1}}-\rho_{\mathrm{I2}})+(\rho_{\mathrm{II1}}-\rho_{\mathrm{II2}})}{\sum\rho}$$

可以进一步得到

$$a=a^*\left[\frac{3Q}{2\sum\rho}\left(\frac{(1-\xi_{\mathrm{I}}^2)}{E_{\mathrm{I}}}+\frac{(1-\xi_{\mathrm{II}}^2)}{E_{\mathrm{II}}}\right)\right]^{\frac{1}{3}} \tag{6.38}$$

$$=0.0236a^*\left(\frac{Q}{\sum\rho}\right)^{\frac{1}{3}}\quad(\text{对钢材}) \tag{6.39}$$

$$b=b^*\left[\frac{3Q}{2\sum\rho}\left(\frac{(1-\xi_{\mathrm{I}}^2)}{E_{\mathrm{I}}}+\frac{(1-\xi_{\mathrm{II}}^2)}{E_{\mathrm{II}}}\right)\right]^{\frac{1}{3}} \tag{6.40}$$

$$=0.0236b^*\left(\frac{Q}{\sum\rho}\right)^{\frac{1}{3}}\quad(\text{对钢材}) \tag{6.41}$$

$$\delta=\delta^{*}\left[\frac{3Q}{2\sum\rho}\left(\frac{(1-\xi_{\mathrm{I}}^{2})}{E_{\mathrm{I}}}+\frac{(1-\xi_{\mathrm{II}}^{2})}{E_{\mathrm{II}}}\right)\right]^{\frac{2}{3}}\frac{\sum\rho}{2} \quad (6.42)$$

$$=2.79\times10^{-4}\delta^{*}Q^{\frac{2}{3}}\sum\rho^{\frac{1}{3}} \quad (\text{对钢材}) \quad (6.43)$$

式中，δ 是接触体远控点的相对趋近量，而

$$a^{*}=\left(\frac{2\kappa^{2}\mathsf{E}}{\pi}\right)^{\frac{1}{3}} \quad (6.44)$$

$$b^{*}=\left(\frac{2\mathsf{E}}{\pi\kappa}\right)^{\frac{1}{3}} \quad (6.45)$$

$$\delta^{*}=\frac{2\mathsf{F}}{\pi}\left(\frac{\pi}{2\kappa^{2}\mathsf{E}}\right)^{\frac{1}{3}} \quad (6.46)$$

量纲为1的参数 a^*，b^* 和 δ^* 都是 $F(\rho)$ 的函数，表6.1列出了它们的值，这些值也同时表示在图6.3～图6.5中。

表6.1 量纲为1的接触参数

$F(\rho)$	a^*	b^*	δ^*	$F(\rho)$	a^*	b^*	δ^*
0	1	1	1	0.957 38	4.395	0.383 0	0.555 1
0.107 5	1.076 0	0.931 8	0.997 4	0.972 90	5.267	0.349 0	0.496 0
0.320 4	1.262 3	0.811 4	0.976 1	0.983 797	6.448	0.315 0	0.435 2
0.479 5	1.455 6	0.727 8	0.942 9	0.990 902	8.062	0.281 4	0.374 5
0.591 6	1.644 0	0.668 7	0.907 7	0.995 112	10.222	0.249 7	0.317 6
0.671 6	1.825 8	0.624 5	0.873 3	0.997 300	12.789	0.223 2	0.270 5
0.733 2	2.011	0.588 1	0.839 4	0.998 184 7	14.839	0.207 2	0.242 7
0.794 8	2.265	0.548 0	0.796 1	0.998 915 6	17.974	0.188 22	0.210 6
0.834 95	2.494	0.518 6	0.760 2	0.999 478 5	23.55	0.164 42	0.171 67
0.873 66	2.800	0.486 3	0.716 9	0.999 852 7	37.38	0.130 50	0.119 95
0.909 99	3.233	0.449 9	0.663 6	1	∞	0	0
0.936 57	3.738	0.416 6	0.611 2				

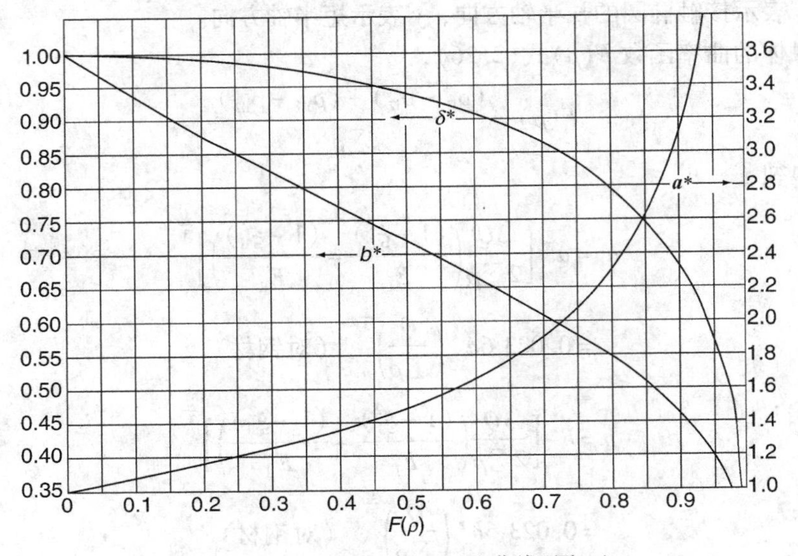

图6.3 a^*，b^*，δ^* 与 $F(\rho)$ 曲线(图一)

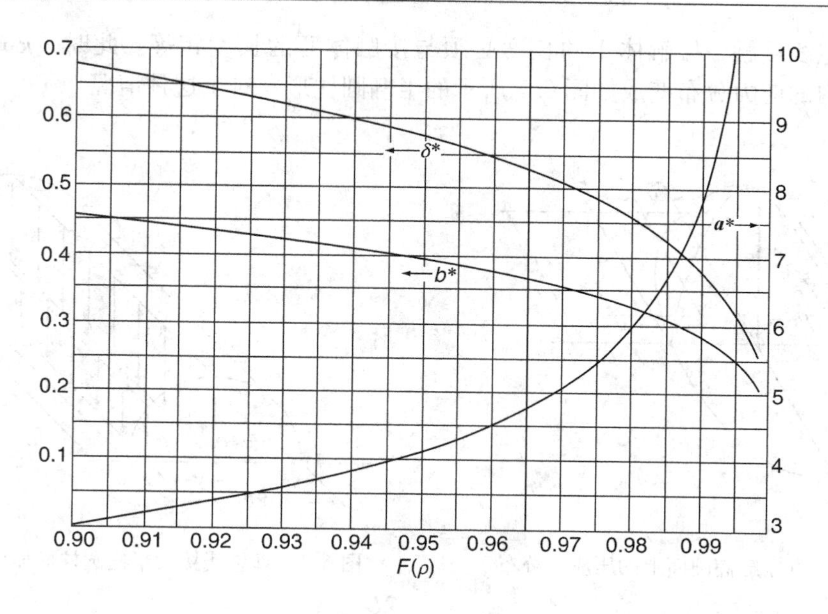

图 6.4　a^*，b^*，δ^* 与 $F(\rho)$ 曲线(图二)

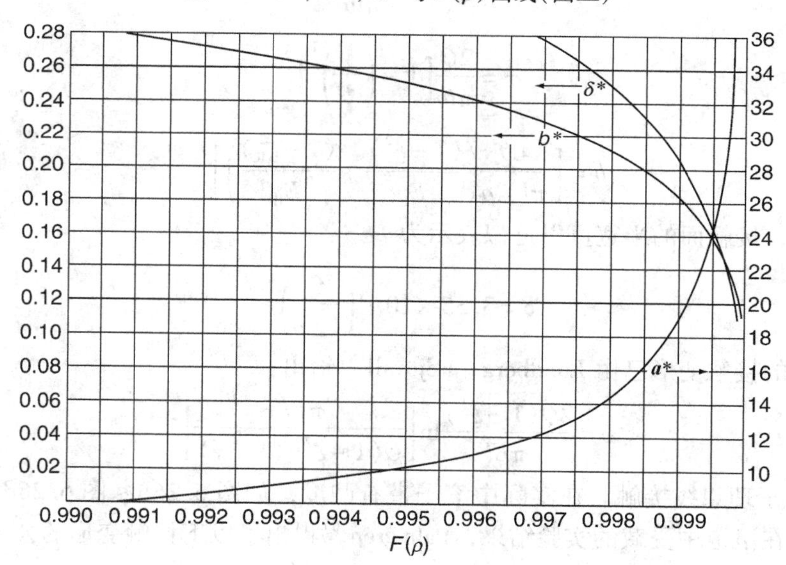

图 6.5　a^*，b^*，δ^* 与 $F(\rho)$ 曲线(图三)

对于椭圆接触区域，最大压应力出现在几何中心，其大小为

$$\sigma_{\max} = \frac{3Q}{2\pi ab} \tag{6.47}$$

根据图 6.6，接触区内其余点的法向应力为

$$\sigma = \frac{3Q}{2\pi ab}\left[1 - \left(\frac{x}{a}\right)^2 - \left(\frac{y}{b}\right)^2\right]^{\frac{1}{2}} \tag{6.48}$$

式(6.30)～式(6.43)就是点接触表面应力和变形的计算公式。

参见例 6.1。

对于理想线接触，接触体Ⅰ的长度必须与接触体Ⅱ的长度相等。此时，κ 趋近于无穷大，接触区内的应力分布变成如图6.7所示的半椭圆柱形。对于这种情况

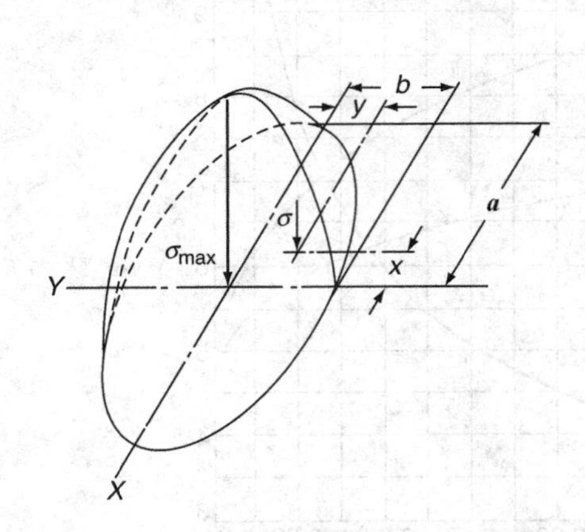

图6.6　点接触椭圆面上的压应力分布

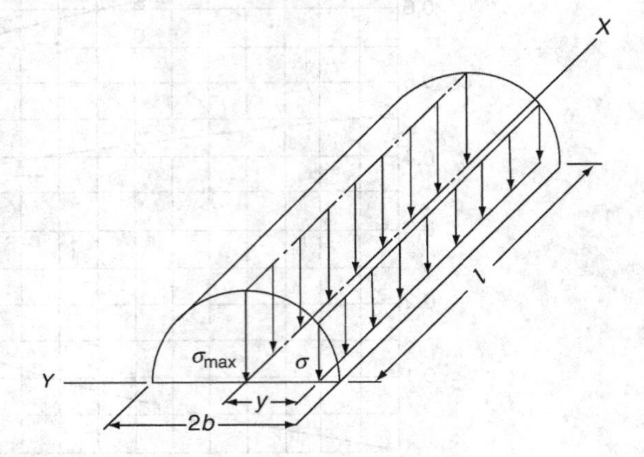

图6.7　理想线接触半椭圆柱面压应力分布

$$\sigma_{\max}=\frac{2Q}{\pi lb} \tag{6.49}$$

$$\sigma=\frac{2Q}{\pi lb}\left[1-\left(\frac{y}{b}\right)^2\right]^{\frac{1}{2}} \tag{6.50}$$

$$b=\left[\frac{4Q}{\pi l\sum\rho}\left(\frac{(1-\xi_{\mathrm{I}}^2)}{E_{\mathrm{I}}}+\frac{(1-\xi_{\mathrm{II}}^2)}{E_{\mathrm{II}}}\right)\right]^{\frac{1}{3}} \tag{6.51}$$

对于钢制轴承，接触面的半宽可以近似表示为

$$b=3.35\times10^{-3}\left(\frac{Q}{l\sum\rho}\right)^{\frac{1}{2}} \tag{6.52}$$

线接触条件下的接触变形已由 Lundberg 和 Sjövall[5] 给出：

$$\delta=\frac{2Q(1-\xi^2)}{\pi El}\ln\left[\frac{\pi El^2}{Q(1-\xi^2)(1\mp\gamma)}\right] \tag{6.53}$$

式(6.53)适用于理想线接触。在实际中滚子带有凸度，如图6.26b～图6.26d所示的那样。基于凸度滚子在滚道中受载的实验结果，Palmgren[6] 提出了以下接触变形的公式：

$$\delta=3.84\times10^{-5}\frac{Q^{0.9}}{l^{0.8}} \tag{6.54}$$

除了 Hertz[1] 以及 Lundberg 和 Sjövall[5] 之外，Thomas 和 Hoersch[7] 也分析了集中接触问题的应力和变形。这些参考文献对集中接触的弹性问题的解提供了更为完整的信息。

参见例6.2。

6.4　次表面应力

Hertz 的分析仅适用于垂直作用于表面的集中力所引起的表面应力。实验数据表明，滚动轴受载后以表面疲劳形式出现的失效，起源于受力表面下的一些点，因此确定次表面应力

的大小是很有意义的。由于滚动接触表面的疲劳失效是一种取决于材料承受应力的体积的统计现象(见第 11 章)，所以表面下特征应力所在的深度也是有意义的。

同样是仅考虑垂直作用于表面的集中力所产生的应力，Jones[8] 使用 Thomas 和 Hoersch[7] 的方法，给出了计算接触表面下沿 Z 轴任意深度处的主应力 S_x、S_y 和 S_z 的公式。由于在 Z 轴上表面的应力为最大，所以主应力在表面上一定也达到最大值(见图 6.8)：

$$S_x = \lambda(\Omega_x + \xi\Omega_x')$$
$$S_y = \lambda(\Omega_y + \xi\Omega_y') \tag{6.55}$$
$$S_z = -\frac{1}{2}\lambda\left(\frac{1}{\nu} - \nu\right)$$

式中

$$\lambda = \frac{b\sum\rho}{\left(\kappa - \frac{1}{\kappa}\right)\mathsf{E}\left(\frac{1-\xi_1^2}{E_1} + \frac{1-\xi_2^2}{E_2}\right)} \tag{6.56}$$

$$\nu = \left(\frac{1+\zeta^2}{\kappa^2+\zeta^2}\right)^{\frac{1}{2}} \tag{6.57}$$

$$\zeta = \frac{z}{b} \tag{6.58}$$

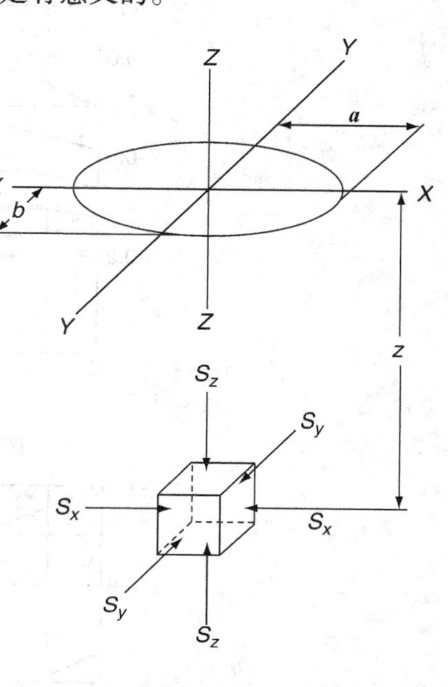

图 6.8　位于表面下 Z 轴上的主应力

$$\Omega_x = -\frac{1}{2}(1-\nu) + \zeta[\mathsf{F}(\phi) - \mathsf{E}(\phi)] \tag{6.59}$$

$$\Omega_x' = 1 - \kappa^2\nu + \zeta[\kappa^2\mathsf{E}(\phi) - \mathsf{F}(\phi)] \tag{6.60}$$

$$\Omega_y = \frac{1}{2}\left(1 + \frac{1}{\nu}\right) - \kappa^2\nu + \zeta[\kappa^2\mathsf{E}(\phi) - \mathsf{F}(\phi)] \tag{6.61}$$

$$\Omega_y' = -1 + \nu + \zeta[\mathsf{F}(\phi) - \mathsf{E}(\phi)] \tag{6.62}$$

$$\mathsf{F}(\phi) = \int_0^\phi \left[1 - \left(1 - \frac{1}{\kappa^2}\right)\sin^2\phi\right]^{-\frac{1}{2}} d\phi \tag{6.63}$$

$$\mathsf{E}(\phi) = \int_0^\phi \left[1 - \left(1 - \frac{1}{\kappa^2}\right)\sin^2\phi\right]^{\frac{1}{2}} d\phi \tag{6.64}$$

图 6.9 ~ 图 6.11 给出了由上述方程所表示的主应力曲线。

每一个最大主应力确定之后，就可以计算表面下沿 z 轴的最大切应力。根据 Mohr 圆(见文献[2])，最大切应力为

$$\tau_{yz} = \frac{1}{2}(S_z - S_y) \tag{6.65}$$

如图 6.12 所示，最大切应力出现在表面下不同的深度 z 处，对简单的点接触，这个深度是 $0.467b$，而对线接触则是 $0.786b$。

当受载的滚动体通过滚道表面的某一点时，在 z 轴上的最大切应力会在 0 与 τ_{max} 之间变化。如果滚动体沿 y 轴方向滚动，假设 y 的值是从小于 0 到大于 0 变化，则接触表面下 yz 平

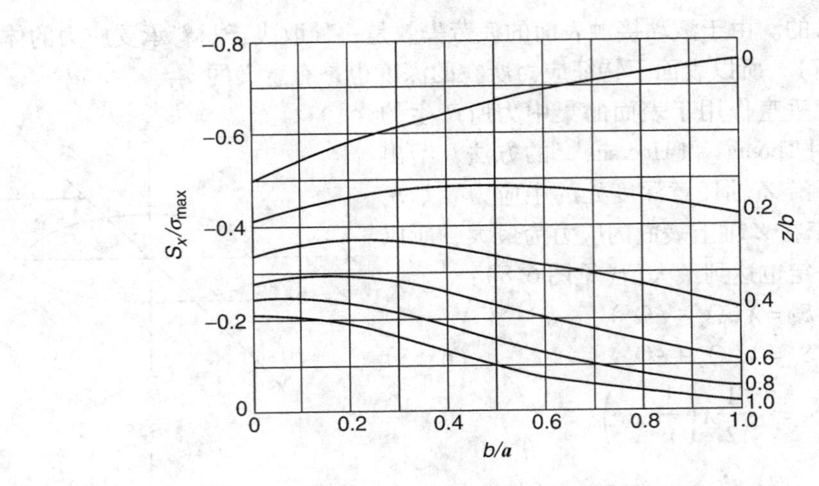

图 6.9　S_x/σ_{max}与b/a和z/b曲线

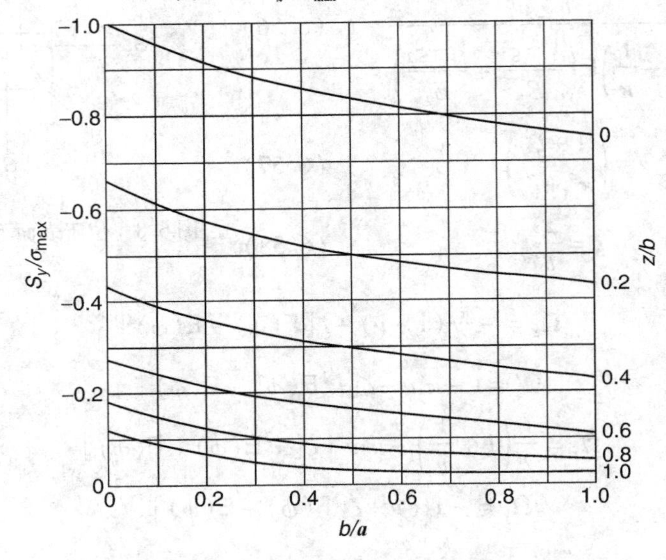

图 6.10　S_y/σ_{max}与b/a和z/b曲线

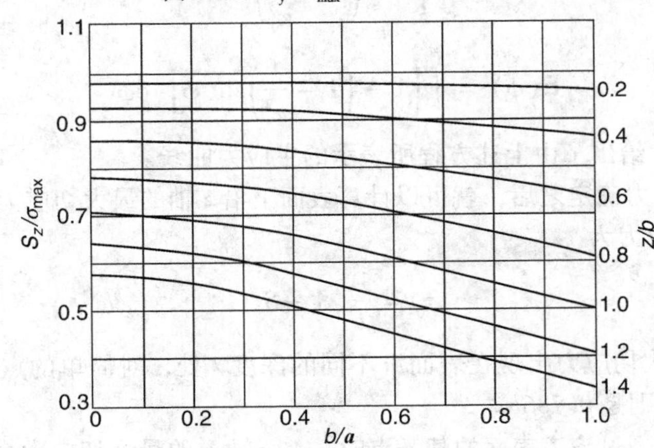

图 6.11　S_z/σ_{max}与b/a和z/b曲线

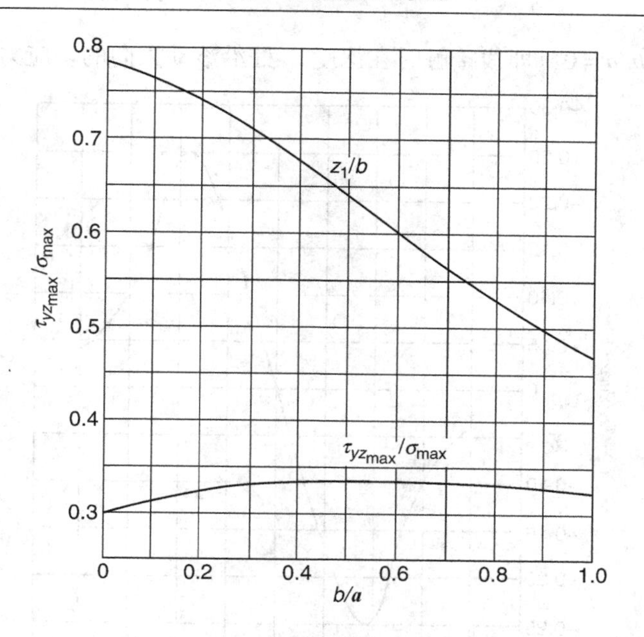

图 6.12 $\tau_{yzmax}/\sigma_{max}$和$z_1/b$与$b/a$和曲线

面内的切应力也将从负值变为正值。这样，对 yz 平面内给定深度的任意一点，其切应力的最大变化量是 $2\tau_{yz}$。

Palmgren 和 Lundberg[9] 给出

$$\tau_{yz}=\frac{3Q}{2\pi}\times\frac{\cos^2\phi\sin\phi\sin\vartheta}{a^2\tan^2\vartheta+b^2\cos^2\phi} \tag{6.66}$$

$$y=(b^2+a^2\tan^2\vartheta)^{\frac{1}{2}}\sin\phi \tag{6.67}$$

$$z=a\tan\vartheta\cos\phi \tag{6.68}$$

这里，ϑ 和 ϕ 是辅助角，并且有

$$\frac{\partial\tau_{yz}}{\partial\phi}=\frac{\partial\tau_{yz}}{\partial\vartheta}=0$$

上式定义了切应力的幅值 τ_0。此外，ϑ 和 ϕ 的关系如下：

$$\tan^2\phi=t$$

$$\tan^2\vartheta=t-1 \tag{6.69}$$

式中，t 是一个满足下面关系的辅助参数：

$$\frac{b}{a}=[(t^2-1)(2t-1)]^{\frac{1}{2}} \tag{6.70}$$

联立求解式(6.66)~式(6.70)(参考文献[8]的第5章)，可以得到：

$$\frac{2\tau_0}{\sigma_{max}}=\frac{(2t-1)^{\frac{1}{2}}}{t(t+1)} \tag{6.71}$$

以及

$$\zeta=\frac{1}{(t+1)(2t-1)^{\frac{1}{2}}} \tag{6.72}$$

图6.13给出了$b/a=0$，即线接触时在深度z_0处沿滚动方向的切应力分布。

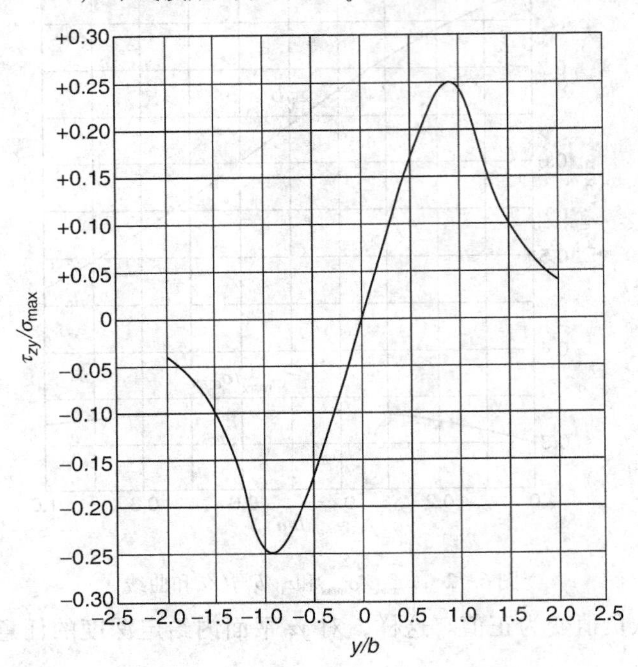

图6.13　$z=z_0$时，τ_y/σ_{max}与y/b曲线(集中法向载荷)

图6.14表明，由式(6.71)表示的切应力幅值是b/a的函数，同时表明该切应力发生在表面下的深度。由于图6.14给出的切应力幅值要大于图6.12中的切应力，因此Palmgren和Lundberg[9]假设，这个切应力(称之为最大正交切应力)是引起滚动接触表面疲劳失效的重要因数。从图6.14可以看出，对于$b/a=0.1$的典型的滚动轴承点接触，最大正交切应力发生在表面下深度约为$0.49b$处。此外，如图6.13所示，在任何情况下该切应力都发生在接近接触椭圆沿滚动方向的边缘，即$y=\pm0.9b$处。

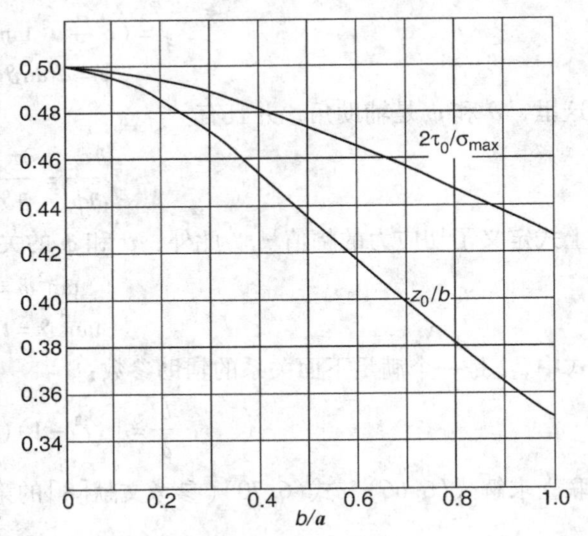

图6.14　$2\tau_0/\sigma_{max}$和z_0/b与b/a和曲线(集中法向载荷)

基于用透射电子显微镜观察到次表面塑性变形的事实，金相学研究表明，材料在次表面发生显著量变的深度约为$0.75b$。假定这种塑性变形是材料失效的先兆，显然，图6.12中的最大切应力就是值得考虑的引发失效的重要应力。取自参考文献[10]的图6.15和图6.16所示为在表面上持续滚动而引起次表面变化的金相照片。

为了得到关于滚动接触失效的更好的判据，许多学者考虑了von Mises-Hencky的变形能理论[11]和von Mises的应力标量，后者由下式给出：

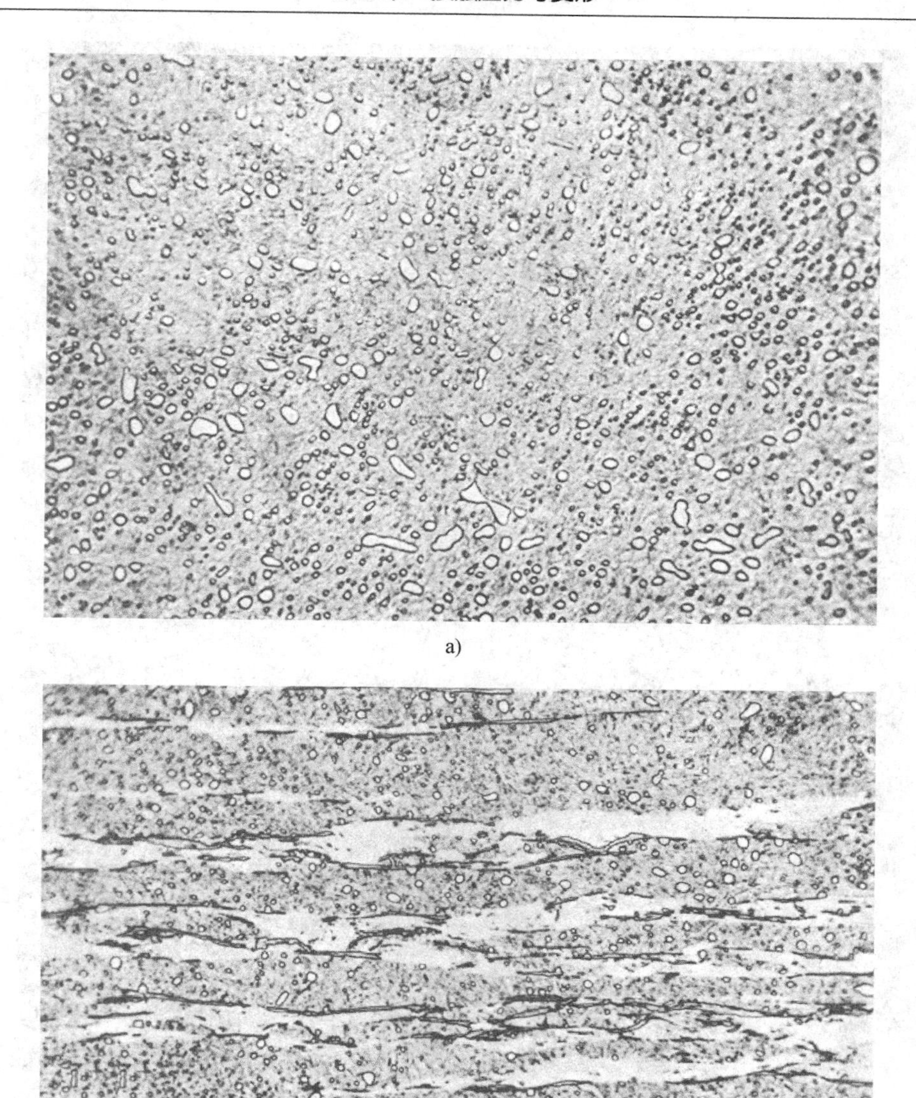

a)

b)

图6.15 在载荷下重复滚动时次表层的金相结构变化(酸洗后放大1300倍)

a) 正常结构 b) 应力循环结构——可见白色变形带和晶状碳化物形成

$$\sigma_{\mathrm{VM}}=\frac{1}{\sqrt{2}}[(\sigma_x-\sigma_y)^2+(\sigma_y-\sigma_z)^2+(\sigma_z-\sigma_x)^2+6(\tau_{xy}^2+\tau_{yz}^2+\tau_{zx}^2)]^{\frac{1}{2}} \tag{6.73}$$

最大正交切应力 τ_{o} 出现在深度 z_0 约为 $0.5b$ 处，y 沿滚动方向约为 $\pm 0.9b$ 处。与此相比，$\sigma_{\mathrm{VM,max}}$ 出现在深度 z 位于 $0.7b$ 和 $0.8b$ 之间，$y=0$ 处。

某些学者倾向于采用八面体切应力，它是一个与 σ_{VM} 成正比的向量：

$$\tau_{\mathrm{oct}}=\frac{\sqrt{2}}{3}\sigma_{\mathrm{VM}} \tag{6.74}$$

图6.17比较了 τ_0，最大切应力和 τ_{oct} 随深度变化的情况。

参见例6.3。

图6.16　次表层结构(酸洗后放大300倍)显示了碳化物朝滚动方向的排列(碳化物被认为是引发疲劳失效的薄弱点)

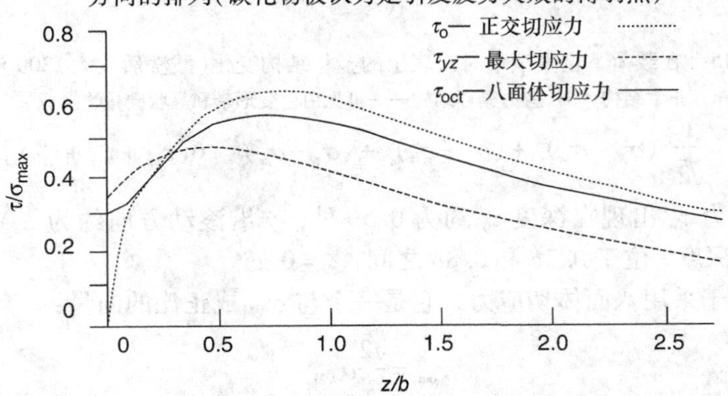

图6.17　表面下($x=y=0$)切应力的比较

6.5　表面切向应力的影响

在确定接触变形和载荷的关系时，对大多数应用场合，仅仅考虑垂直作用于表面的集中载荷就够了。况且，在大多数滚动轴承应用中，至少润滑是充分的，滚动体与滚道之间的滑动可以忽略。这就意味着与法向应力相比，作用于滚动体与滚道接触区域上，即接触椭圆上的切应力是可以忽略的。

但在确定轴承对于滚动接触表面疲劳的耐久性时，表面切应力不能被忽略，而且在很多情况下它还是确定给定条件下滚动轴承耐久性的最重要的因素。要确定联合作用在表面上的

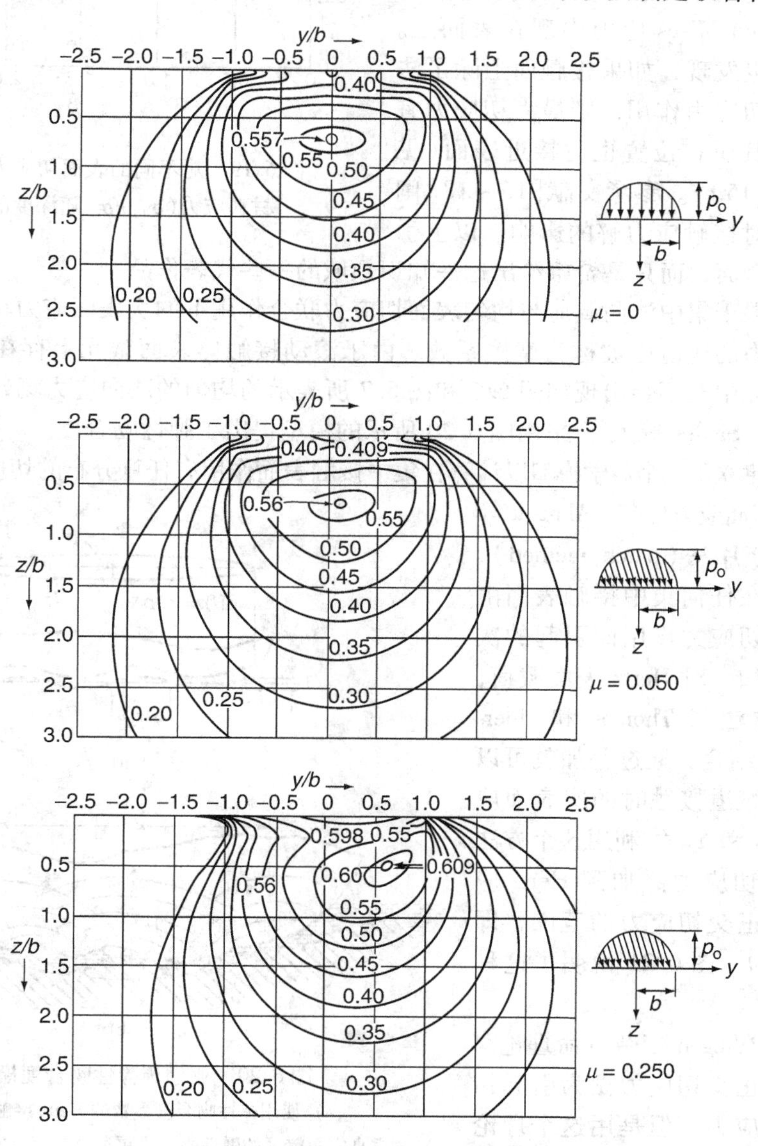

图6.18　在不同的表面切应力 τ 与法向应力 σ 的比值下，von Mises 应力/法向作用应力的等值线

法向应力和切向应力(拖动力)对次表层应力的影响，所用到的方法是很复杂的，需要采用数值计算。其中 Zwirlein 和 Schlicht[10] 基于几种设定的表面切应力与法向应力之比计算了次表面的应力场。Zwirlein 和 Schlicht[10] 假定 von Mises 应力是影响疲劳失效最重要的因素，并在图 6.18 中表明了这种应力。

图 6.19 也是来自参考文献[10]，它表明了不同的应力出现的深度。图中还表明，随着表面切应力与法向应力比值的增加，最大 von Mises 应力更接近于表面，当 τ/σ = 0.3 时，最大 von Mises 应力出现在表面上。其他的研究者也发现，如果接触面上除了法向应力外还有切应力作用，则最大切应力有增大的趋势，其所在位置也更接近表面(见参考文献[11～15])。参考文献[16～18]阐述了高阶表面对接触应力解的影响。以上引用的文献不求全面，而只是希望给出这一知识领域的一些代表作品。

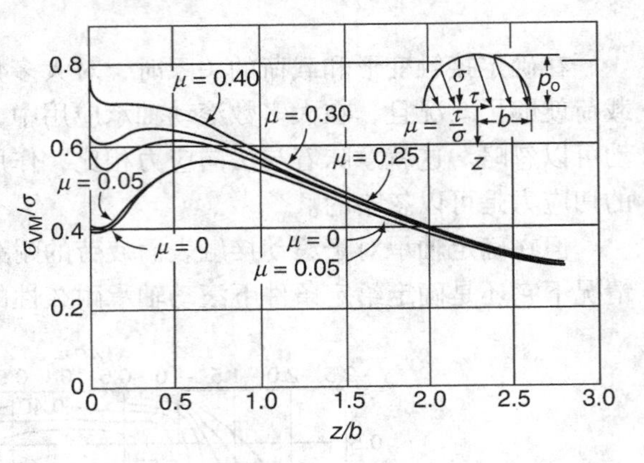

图 6.19　对不同的表面切应力(τ/σ)，材料应力(σ_{VM}/σ)随深度的变化

以上讨论限于集中法向载荷与均匀表面切应力联合作用下的次表面应力场问题。表面切应力与法向应力的比值也被称为摩擦系数。由于滚动接触体表面微元上存在很小的凹凸不平，因此在实际中既不会出现如图 6.6 和图 6.7 所表示的均匀的法向应力场，也不会出现均匀的切应力场。Sayles 等人[19] 采用图 6.20 所示的模型提出了弹性吻合度。

Kalker[20] 建立了一个数学模型以计算在集中接触表面作用有任意分布的切应力和法向应力时所产生的次表面应力分布。Ahmadi 等人[21] 提出了分片法(patch method)，可以用于确定在任何集中接触表面由于任意分布的切应力作用而引起的次表面应力。例如，对 Hertz 表面载荷，可以将这个方法与 Thomas 和 Hoersch[7] 的方法相结合，通过叠加就可以确定滚动体与滚道接触时的次表面应力分布。Harris 和 Yu[22] 利用这个方法证明，当表面切应力添加到 Hertz 应力上时，最大正交切应力的范围，即 $2\tau_0$ 是不变化的。图 6.21 说明了这种状态。

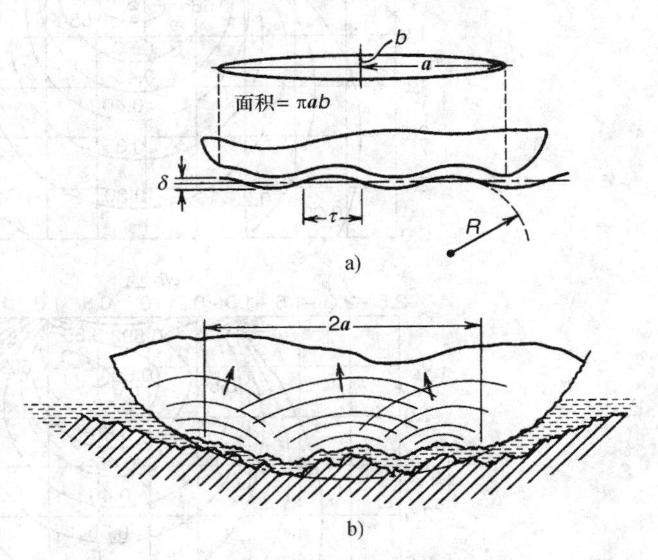

图 6.20　亚理想弹性吻合度模型

a）使用弹性吻合度参数的 Hertz 接触模型

b）考虑真实粗糙度的弹性吻合度更适合具有一定波长的凹凸表面

为方便起见，图中只表示了一个柔性的滚动体，实际上如果接触体采用相同弹性模量的材料，则变形将由二者分担

Lundberg-Palmgen 疲劳寿命理论[9] 是基于将最大正交切应力做为引起初始疲劳失效的应力，但是用这个理论来预测滚动轴承疲劳寿命的充分程度还是有疑问的。相反的情况是，对于

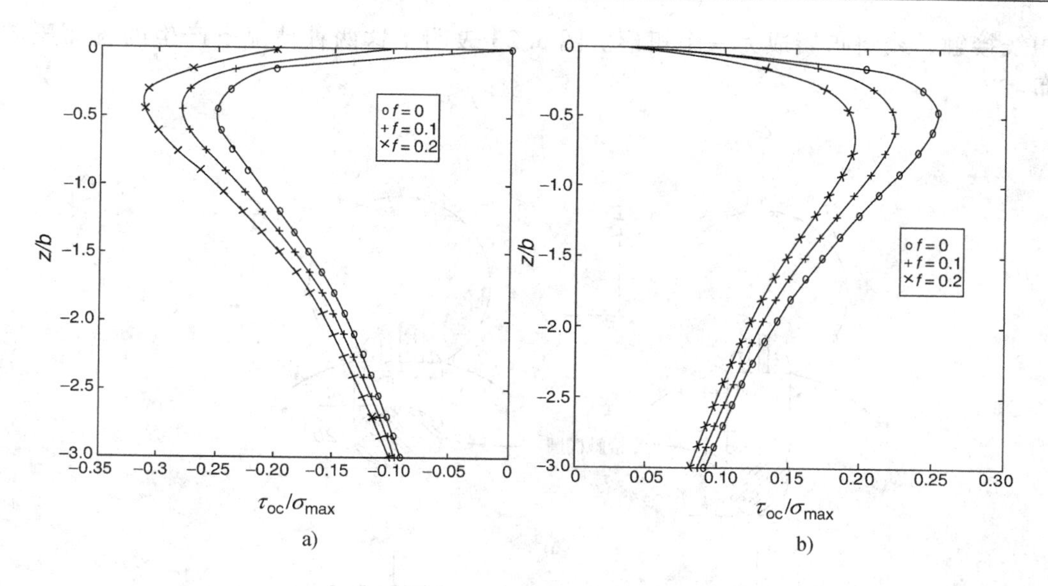

图6.21 接触区内 $x=0$ 处，正交切应力$\tau_{yz}/\sigma_{\max}$与深度z/b的关系曲线

a) $y=-0.9b$ b) $y=+0.9b$

注：摩擦系数$f=0$，0.1，0.2

简单的Hertz载荷，即$f=0$时，最大正交切应力直接出现在接触区的中心，图6.22进一步表明$\tau_{\mathrm{oct,max}}$的大小和它出现的深度都受到表面切应力的影响。

在本书第2卷的第11章和第8章我们将再来讨论哪一种应力应该用来预测疲劳失效寿命的问题。

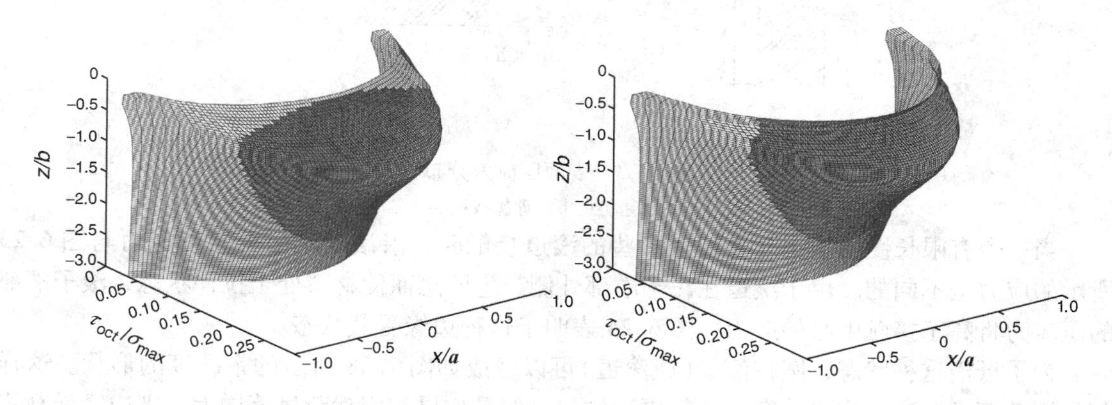

图6.22 正交切应力$\tau_{\mathrm{oct}}/\sigma_{\max}$（$y$方向）随深度$z/b$和位置$x/a$变化情况

6.6 接触类型

在零载荷条件下，接触基本上可以定义为以下两种假想的类型：

1）点接触，即两个表面在一个点接触。

2）线接触，即两个表面沿着一条宽度为零的直线或曲线接触。

显然，当载荷作用于接触体之后，点将扩展成为一个椭圆。而对接触体长度相等的理想线接触，线将扩展成为一个矩形。图6.23表明了这两种情况下产生的表面压应力分布。

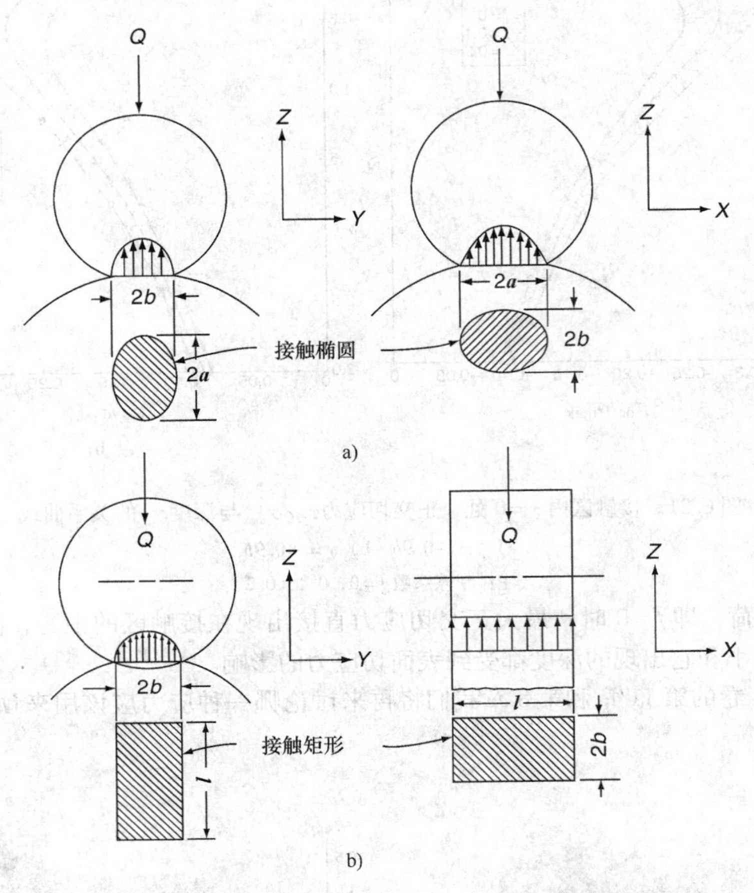

图6.23 表面压应力分布
a) 点接触 b) 理想线接触

当一个有限长度的滚子与长度大一些的滚道接触时，沿滚子轴向分布的应力与图6.23所示的应力是不同的。由于滚道在滚子端部外侧产生凹陷而使材料处于拉伸状态，滚子端部的压应力将高于接触中心的应力。图6.24表明了这种边缘受载状态。

为了抵消这种状态，圆柱滚子(或滚道)可以做成如图1.38所示的带凸度的形状。这样与作用载荷相匹配的应力分布将变得更为均匀，但是如果作用载荷显著增大，则边缘受载将再次发生(见图6.25)。

Palmgen 和 Lundberg[9] 对滚子与滚道接触提出了一个修正的线接触条件，即当接触椭圆的长半轴($2a$)大于滚子有效长度 l 而小于 $1.5l$ 时，属于修正线接触；如果 $2a < l$，属于点接触；如果 $2a > 1.5l$，属于附带边缘受载的线接触。这个条件可以通过6.3节中介绍的方法，并用滚子的凸度半径取代式(2.37)~式(2.40)中的 R 来近似确定。

参见例6.4和例6.5。

本节对接触应力与变形的分析是以存在椭圆接触区域为基础的，不包括在载荷作用下有着矩形接触区域的理想滚子。为了防止边缘受载和附带的高应力集中，对滚子轴承应该按照修正线接触准则仔细进行校核，当超出准则的规定时，有必要对滚子和滚道的曲率重新进行设计。

为了计算任意“线”接触情况下的表面应力分布及其大小，包括滚子、滚道的凸度及其组合的影响，已经建立了严格的数学和数值计算方法。此外，还采用有限元法(FEMs)来完成相同的分析。在所有情况下，即使是对单一的接触问题都需要采用数值计算来求解，而对于给定应用条件的滚子轴承分析，必须要计算很多接触问题。图6.25给出了重载荷下一个典型的球面滚子与滚道接触的有限元分析结果，接触面的形状有点儿象“狗骨”，同时在滚子凸面与端部的结合处压力稍显增大。

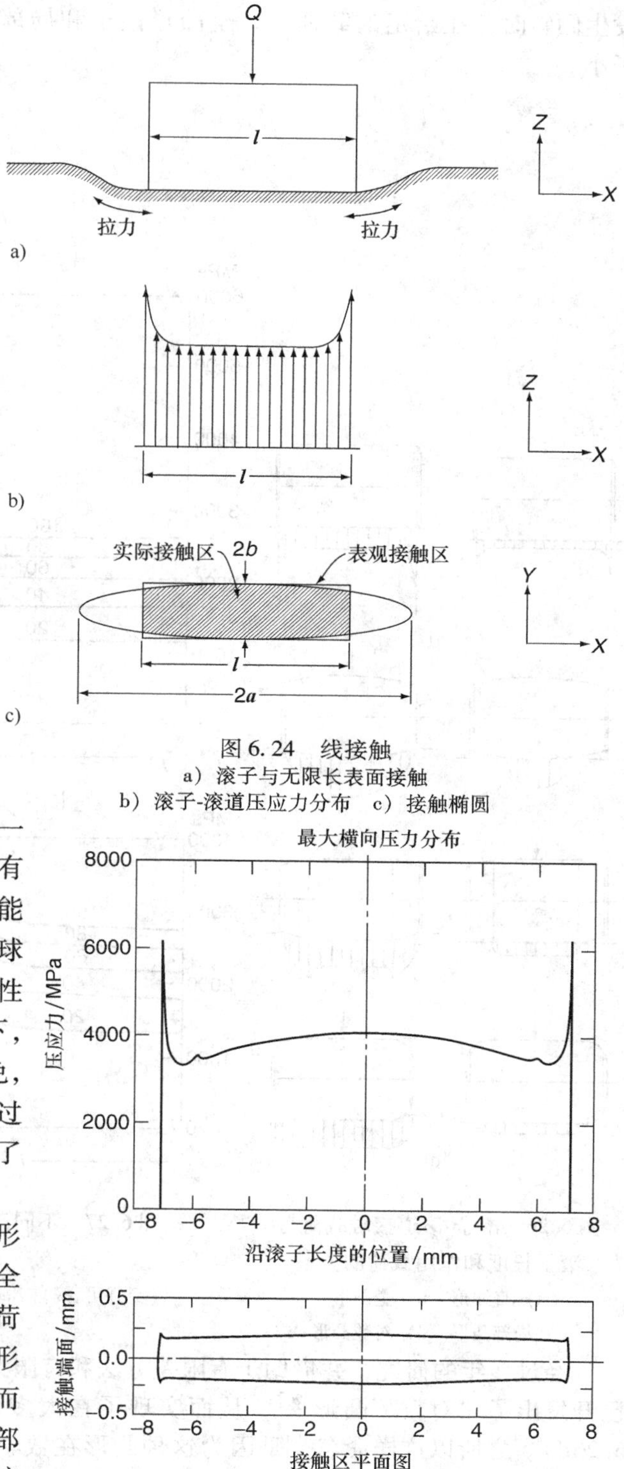

图6.24　线接触
a）滚子与无限长表面接触
b）滚子-滚道压应力分布　c）接触椭圆

图6.25　严重边缘受载的滚子轴承接触(非Hertz接触实例)

图1.38a所示的圆弧凸形来自Hertz理论[1]，而图1.38b所示的圆柱与凸度结合的形状来自Lundberg和Sjövall[5]的工作。图6.26表明，虽然每一种表面凸形都可以减小边缘应力，但也有自身的弱点。在轻载荷下，圆弧凸形不能充分利用滚子的长度，此时用滚子取代球以期承受更重的载荷并获得更长的耐久性似乎并不可取(见11章)。在重载荷下，虽然在大多数应用中边缘应力可以避免，但在接触区中心，接触应力可能大大超过直线型接触的应力，其结果仍然是降低了耐久性能。

在轻载荷下，图1.38b中的局部凸形滚子承受的接触应力要比相同载荷下的全凸形滚子小，如图6.26c所示。在重载荷下，由于接触中心的应力较低，局部凸形滚子的耐久性也要比全凸形滚子好，然而必须特别注意“平直段”(轮廓的直线部分)与凸起段交接的过度区，否则在交接点处会产生应力集中，从而降低耐久性能(见11章)。当滚子轴线相对于轴承轴线发生倾斜时，在给定的载荷下，全凸形滚子和局部凸形滚子的边缘应力都要比直线形滚子小。

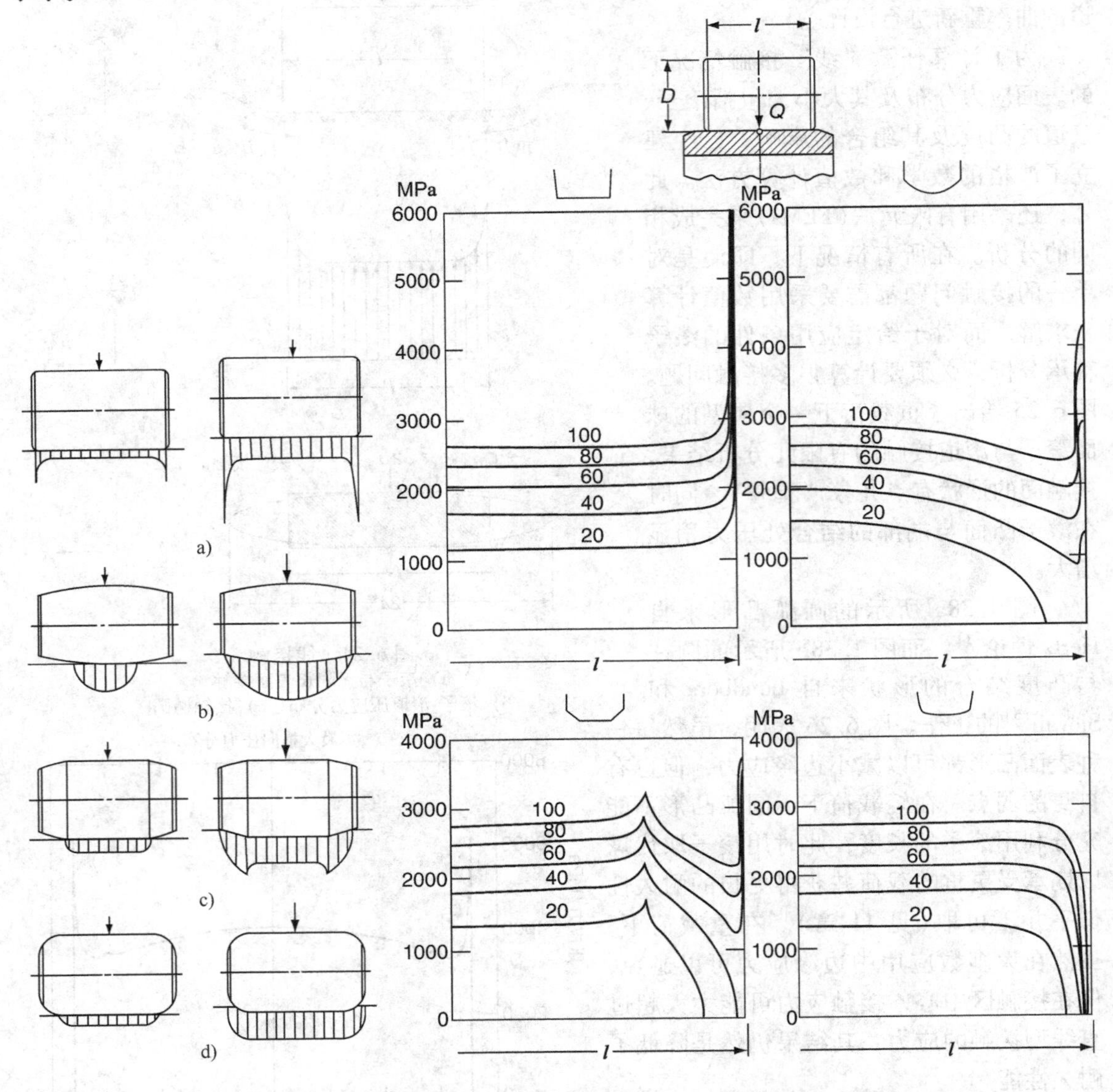

图 6.26 滚子-滚道接触载荷与滚子长度和作用载荷的关系

a）直线形 b）全凸形

c）局部凸形 d）对数凸形

图 6.27 不同滚子(或滚道)凸形下应力与滚子长度和特定载荷关系的比较

（经许可，摘自 Reusner, H., ball Bearing J., 230, SKF, June 1987）

经过多年的研究，并借助于有限差分法和有限元法等数学工具在计算机上的实际应用，已开发出了“对数”凸形[26]，从而实现了在大多数载荷条件下应力分布的最优化(见图 6.26d)。之所以这样命名，是因为这种凸形在数学上可以用一个特殊的对数函数来表示。在所有的载荷条件下，与全凸形或局部凸形滚子相比，对数凸形可以更充分地利用滚子长度。在倾斜条件下，除了特别重的载荷之外，它还可以避免边缘载荷的发生。当特定载荷(Q/lD)从 20 到 100MPa 变化时，图 6.27(摘自文献[26])表明了接触应力分布随上述不同的表面凸形变化的情况。图6.28（也是摘自文献[26]）表明了与不同表面凸形对应的表面和次表面的应力特征。

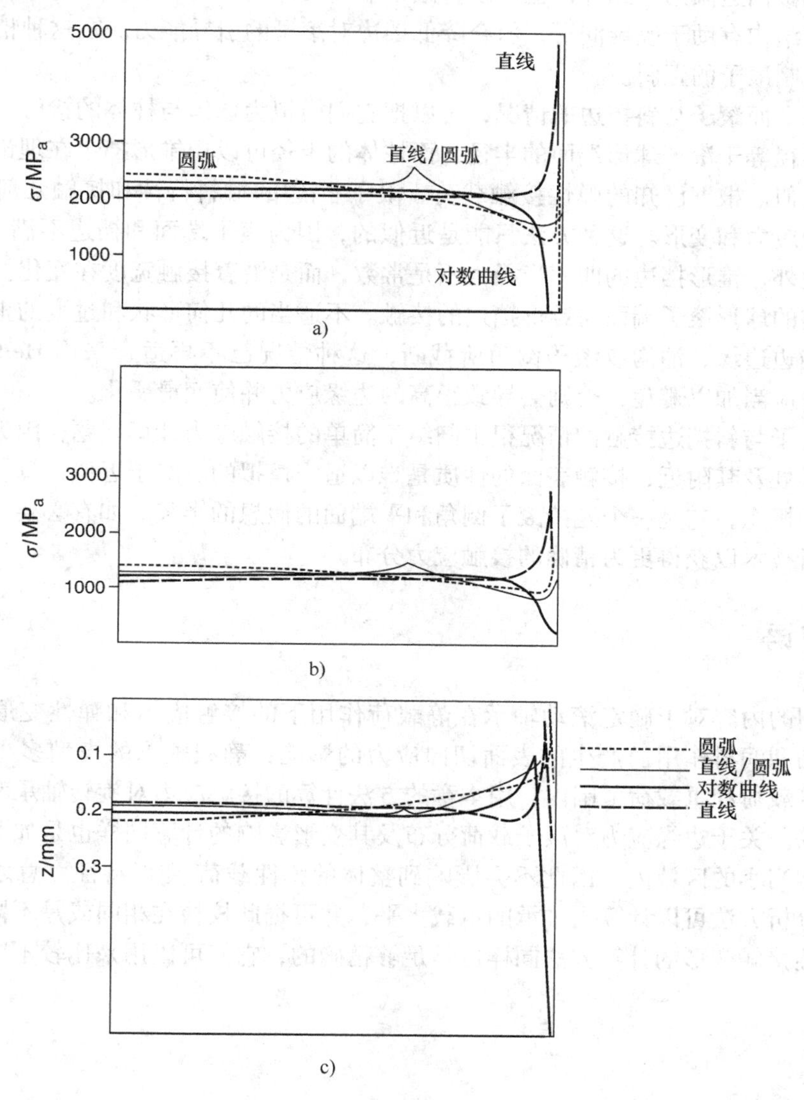

图6.28　不同滚子（或滚道）凸形下表面压应力 σ_z、最大 von Mises 应力 σ_{VM} 及其深度 z 的比较

（经许可，摘自 Reusner，H.，ball Bearing J.，230，SKF，June 1987）

a）不同轮廓应力 σ_z 的比较　b）最大 von Mises σ　c）σ 的作用深度 z

6.7　滚子端面与挡边接触应力

滚子端面与挡边之间的接触应力可以用前面介绍的接触应力与变形的公式来计算。滚子端面通常是平的，它与滚子外形凸起部位相连处有一个圆弧倒角。挡边也可以是平面的一部分。在圆柱滚子轴承中，这是一种通常的设计。当要求在滚子端面与挡边之间承受推力载荷

时，有时侯将挡边设计成锥面。在这种情况下，滚子的倒角将与挡边接触，挡边与径向平面之间的夹角叫做挡边倾角。此外，也可以将滚子端面设计成球面，让滚子的球形端面与斜挡边接触，这种结构有助于改善润滑，但会降低挡边对滚子的引导能力。在这种情况下，必须靠保持架来控制滚子的歪斜。

对于球形端面滚子与斜挡边的情况，可以把它们模拟为球体与柱体的接触。为了便于计算，球体的半径等于滚子球形端面的半径，而柱体的半径可以用锥形挡边在理论接触点处的曲率半径来近似。根据已知的弹性接触载荷、滚子-挡边的材料特性和接触几何参数，就可以计算出接触应力和变形。这种方法只能是近似的，因为滚子端面和挡边不满足 Hertz 半空间的假设。此外，锥形挡边的曲率半径也不是常数，而是沿着接触宽度在变化。这个方法仅仅适用于完整的球形滚子端面与锥形挡边的接触。不适当的几何形状和过度的歪斜都可能使接触椭圆被挡边边缘、油沟或滚子倒角所截断，这种情况已不再适合采用 Hertz 理论模型，而且在设计中应当加以避免，否则会导致很高的边缘应力并使润滑恶化。

平端面滚子与斜挡边接触的情况很少归结于简单的接触应力计算问题，因为在滚子倒角与平端面交界处及其附近，接触表面的性质是难以适当模拟的。对于近似计算，可以采用有效滚子半径的概念，它是一个连接滚子倒角和平端面的假想的半径。如有必要，可以采用有限元应力分析技术以获得更为精确的接触应力分布。

6.8 结束语

本章介绍的内容对于确定滚动轴承在静载荷作用下的接触应力和弹性变形而言是充分的。由于滚动和润滑作用而产生的表面切向应力的影响，静载轴承的模型多少会有一些失真，但在中等载荷和重载荷范围内，用本章的方法计算的接触应力对旋转轴承和静止轴承都是足够精确的。关于边缘应力对滚子载荷分布及其变形影响的计算同样也是如此。这些应力分布在一个相当小的区域内，因此不会影响到整体的弹性载荷-变形特征。总之，利用本章介绍的简化分析方法可以计算出轴承的承载水平，并可据此校核在相同或是不同载荷下的其他轴承。弹性接触变形的计算方法同样也是足够精确的，它们可以用来比较不同类型的滚动轴承的刚度。

例题

例 6.1 球-滚道的接触应力和变形

问题：确定例 5.2 中 218ACBB 角接触球轴承的最大法向接触应力和接触变形。

解：由式(2.27)得

$$\gamma=\frac{D}{d_m}\cos\alpha=\frac{22.23}{125.3}\cos38.9°=0.1381$$

因为这个值仅比例 2.6 中的 0.135 9 稍大一点，因此我们将用例 2.6 中所计算出的 $\sum\rho_i$，$\sum\rho_o$ 和 $F(\rho)_i$ 值，并利用图 6.4 来确定 a_i^*，b_i^* 和 δ_i^*。

从图 6.4 得

$$a_i^*=3.50,\ b_i^*=0.430,\ \delta_i^*=0.630$$

由式(6.39)得

$$a_i = 0.0236 a_i^* \left(\frac{Q_i}{\sum\rho_i}\right)^{\frac{1}{3}} = 0.0236 \times 3.50 \times \left(\frac{3543}{0.108}\right)^{\frac{1}{3}} = 2.64\text{mm}$$

由式(6.41)得

$$b_i = 0.0236 b_i^* \left(\frac{Q_i}{\sum\rho_i}\right)^{\frac{1}{3}} = 0.0236 \times 0.430 \times \left(\frac{3543}{0.108}\right)^{\frac{1}{3}} = 0.324\text{mm}$$

由式(6.47)得

$$\sigma_i = \frac{3Q_i}{2\pi a_i b_i} = \frac{3 \times 3543}{2\pi \times 2.64 \times 0.324} = 1976\text{MPa}$$

由式(6.43)得

$$\delta_i = 2.79 \times 10^{-4} \delta_i^* Q_i^{\frac{2}{3}} \sum\rho_i^{\frac{1}{3}} = 2.79 \times 10^{-4} \times 0.630 \times (3543)^{\frac{2}{3}} \times (0.108)^{\frac{1}{3}} = 0.0195\text{mm}$$

从图6.4得

$$a_o^* = 3.10,\ b_o^* = 0.455,\ \delta_o^* = 0.672$$

由式(6.39)得

$$a_o = 0.0236 a_o^* \left(\frac{Q_o}{\sum\rho_o}\right)^{\frac{1}{3}} = 0.0236 \times 3.10\left(\frac{3543}{0.0832}\right)^{\frac{1}{3}} = 2.56\text{mm}$$

由式(6.41)得

$$b_o = 0.0236 b_o^* \left(\frac{Q_o}{\sum\rho_o}\right)^{\frac{1}{3}} = 0.0236 \times 0.455\left(\frac{3543}{0.0832}\right)^{\frac{1}{3}} = 0.3754\text{mm}$$

由式(6.47)得

$$\sigma_o = \frac{3Q_o}{2\pi a_o b_o} = \frac{3 \times 3543}{2\pi \times 2.56 \times 0.3754} = 1762\text{MPa}$$

由式(6.43)，得

$$\delta_o = 2.79 \times 10^{-4} \delta_o^* Q_o^{\frac{2}{3}} \sum\rho_o^{\frac{1}{3}} = 2.79 \times 10^{-4} \times 0.672 \times (3543)^{\frac{2}{3}} \times (0.0832)^{\frac{1}{3}} = 0.01902\text{mm}$$

注意：$\sigma_{i,max} > \sigma_{o,max}$

对于大多数的球和滚子轴承，内滚道的法向接触应力要大于外滚道的法向接触应力。

例6.2　滚子-滚道接触应力和变形

问题：计算例5.3中90000系列大接触角圆锥滚子轴承内滚道的最大法向接触应力和变形

解：由式(2.27)得

$$\gamma = \frac{D}{d_m}\cos\alpha = \frac{22.86}{142.2}\cos 22° = 0.1490$$

由式(2.37)得

$$\sum\rho_i = \frac{1}{D}\left(\frac{2}{1-\gamma_i}\right) = \frac{1}{22.86}\left(\frac{2}{1-0.1490}\right) = 0.1028\text{mm}^{-1}$$

由式(6.52)得

$$b_i = 3.35 \times 10^{-3}\left(\frac{Q_i}{l\sum\rho_i}\right)^{\frac{1}{2}} = 3.35 \times 10^{-3} \times \left(\frac{594\,10}{30.48 \times 0.102\,8}\right)^{\frac{1}{2}} = 0.461\text{mm}$$

由式(6.49)得

$$\sigma_{i,\max} = \frac{2Q_i}{\pi l b_i} = \frac{2 \times 59\,410}{\pi \times 30.38 \times 0.461} = 2\,692\text{MPa}$$

因为滚子轮廓为直线，在重载荷下，将产生很高的边缘应力并迅速导致疲劳失效。因此，为避免边缘应力，滚子轮廓应带凸度。

由式(6.54)得

$$\delta_i = 3.85 \times 10^{-5}\frac{Q_i^{0.9}}{l^{0.8}} = 3.85 \times 10^{-5} \times \frac{(59\,410)^{0.9}}{(30.48)^{0.8}} = 0.049\,1\text{mm}$$

例 6.3 球与滚道接触的次表面应力

问题：确定例 6.1 中 218ACBB 角接触球轴承内滚道的最大正交切应力及其在表面下的深度。

解： 由例 6.1 $a_i = 2.64\text{mm}$，$b_i = 0.324\text{mm}$

$$\frac{b_i}{a_i} = \frac{0.324}{2.64} = 0.122\,7$$

由图 6.14 得

$$\frac{2\tau_{0i}}{\sigma_{i,\max}} = 0.498，\frac{z_{0i}}{b_i} = 0.493$$

$$\tau_{0i} = 0.249\sigma_{i,\max} = 0.249 \times 1\,976 = 492\text{ MPa}$$

$$z_{0i} = 0.493 b_i = 0.493 \times 0.324 = 0.160\text{mm}$$

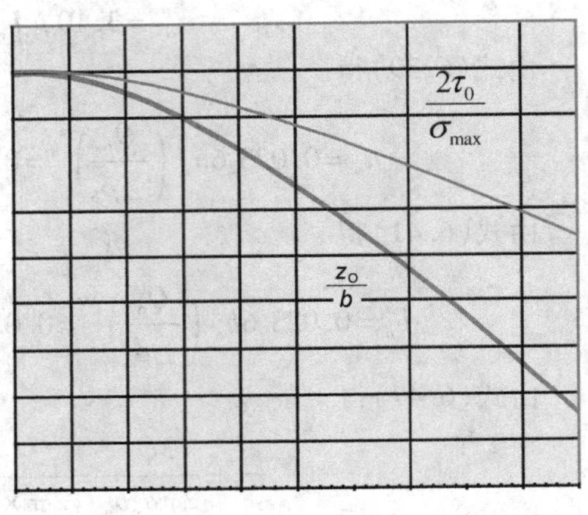

由例 6.1 $a_o = 2.558\text{mm}$，$b_o = 0.375\text{mm}$

$$\frac{b_o}{a_o} = \frac{0.375}{2.558} = 0.146\,8$$

由图 6.14 得

$$\frac{2\tau_{0o}}{\sigma_{o,\max}} = 0.497，\frac{z_{0o}}{b_o} = 0.491$$

$$\tau_{0o} = 0.248\,5\sigma_{i,\max} = 0.248\,5 \times 1\,762 = 438\text{MPa}$$

$$z_{0o} = 0.491 b_o = 0.491 \times 0.375 = 0.184\text{mm}$$

对于表面淬硬轴承，可用 z_{0i} 和 z_{0o} 的值来估算需要的淬硬深度。注意到内、外滚道接触中心最大切应力出现的深度分别为 $z_{1i} = 0.76b_i$ 和 $z_{1o} = 0.755b_o$(见图 6.12)，即 $z_{1i} = 0.246\text{mm}$，$z_{1o} = 0.281\text{mm}$。以这些数值作为淬硬深度是过于保守的，因此，淬硬深度至少应是 z_o，z_i 的三倍。

例 6.4 球面滚子与滚道的接触

问题：例 2.9 中的 22317SRB 调心滚子轴承滚子所受的最大载荷为 2 225N，确定滚子与每个滚道的接触类型。

解： 由例 2.7 $l = 20.71\text{mm}$

由例 2.9

$$\sum\rho_{\mathrm{i}}=0.0979\mathrm{mm}^{1}$$

$$F(\rho)_{\mathrm{i}}=0.9951$$

$$\sum\rho_{\mathrm{o}}=0.068\mathrm{mm}^{-1}$$

$$F(\rho)_{\mathrm{o}}=0.9929$$

由图6.5得　$a_{\mathrm{i}}^{*}=10.2$

由式(6.38)得

$$a_{\mathrm{i}}=0.0236a_{\mathrm{i}}^{*}\left(\frac{Q_{\mathrm{i}}}{\sum\rho_{\mathrm{i}}}\right)^{\frac{1}{3}}=0.0236\times10.2\times\left(\frac{2225}{0.0979}\right)^{\frac{1}{3}}=6.82\mathrm{mm}$$

$$2a_{\mathrm{i}}=2\times6.828=13.64<20.71\mathrm{mm}=l$$

因此，内滚道和滚子发生点接触。

由图6.5得　$a_{\mathrm{o}}^{*}=8.8$

由式(6.38)得

$$a_{\mathrm{o}}=0.0236a_{\mathrm{o}}^{*}\left(\frac{Q_{\mathrm{o}}}{\sum\rho_{\mathrm{o}}}\right)^{\frac{1}{3}}=0.0236\times8.8\times\left(\frac{2225}{0.068}\right)^{\frac{1}{3}}=6.65\mathrm{mm}$$

$$2a_{\mathrm{o}}=2\times6.65=13.3<20.71\mathrm{mm}=l$$

因此，外滚道和滚子也发生点接触。

例6.5　球面滚子与滚道接触

问题：例2.9中22317SRB调心滚子轴承滚子所受的最大载荷为22 250N，确定滚子与每个滚道的接触类型。

解：由例2.7　$l=20.71\mathrm{mm}$

由图6.5得　$a_{\mathrm{i}}^{*}=10.2$

由式(6.38)得

$$a_{\mathrm{i}}=0.0236a_{\mathrm{i}}^{*}\left(\frac{Q_{\mathrm{i}}}{\sum\rho_{\mathrm{i}}}\right)^{\frac{1}{3}}=0.0236\times10.2\times\left(\frac{22250}{0.0979}\right)^{\frac{1}{3}}=14.69\mathrm{mm}$$

$$2a_{\mathrm{i}}=2\times14.69=29.38>20.71\mathrm{mm}=l$$

$$1.5l=1.5\times20.71=31.06>2a_{\mathrm{i}}=29.38$$

因此，内滚道和滚子发生修正线接触。

由图6.5得　$a_{\mathrm{o}}^{*}=8.8$

由式(6.38)得

$$a_{\mathrm{o}}=0.0236a_{\mathrm{o}}^{*}\left(\frac{Q_{\mathrm{o}}}{\sum\rho_{\mathrm{i}}}\right)^{\frac{1}{3}}=0.0236\times8.8\times\left(\frac{22250}{0.068}\right)^{\frac{1}{3}}=14.31\mathrm{mm}$$

$$2a_{\mathrm{o}}=2\times14.31=28.62>20.71\mathrm{mm}=l$$

$$1.5l=1.5\times20.71=31.06>2a_{\mathrm{o}}=28.62$$

因此，外滚道和滚子也是修正线接触。

参考文献

[1] Hertz, H., On the contact of rigid elastic solids and on hardness, in *Miscellaneous Papers*, MacMil-

lan, London, 163–183, 1896.
[2] Timoshenko, S. and Goodier, J., *Theory of Elasticity*, 3rd ed., McGraw-Hill, New York, 1970.
[3] Boussinesq, J., *Compt. Rend.*, 114, 1465, 1892.
[4] Brewe, D. and Hamrock, B., Simplified solution for elliptical-contact deformation between two elastic solids, *ASME Trans. J. Lub. Tech.*, 101(2), 231–239, 1977.
[5] Lundberg, G. and Sjövall, H., *Stress and Deformation in Elastic Contacts*, Pub. 4, Institute of Theory of Elasticity and Strength of Materials, Chalmers Inst. Tech., Gothenburg, 1958.
[6] Palmgren, A., *Ball and Roller Bearing Engineering*, 3rd ed., Burbank, Philadelphia, 1959.
[7] Thomas, H. and Hoersch, V., Stresses due to the pressure of one elastic solid upon another, *Univ. Illinois Bull.*, 212, July 15, 1930.
[8] Jones, A., *Analysis of Stresses and Deflections*, New Departure Engineering Data, Bristol, CT, 12–22, 1946.
[9] Palmgren, A. and Lundberg, G., Dynamic capacity of rolling bearings, *Acta Polytech. Mech. Eng. Ser.* 1, R.S.A.E.E., No. 3, 7, 1947.
[10] Zwirlein, O. and Schlicht, H., Werkstoffanstrengung bei Wälzbeanspruchung-Einfluss von Reibung und Eigenspannungen, *Z. Werkstofftech.*, 11, 1–14, 1980.
[11] Johnson, K., The effects of an oscillating tangential force at the interface between elastic bodies in contact, Ph.D. Thesis, University of Manchester, 1954.
[12] Smith, J. and Liu, C., Stresses due to tangential and normal loads on an elastic solid with application to some contact stress problems, ASME Paper 52-A-13, December 1952.
[13] Radzimovsky, E., Stress distribution and strength condition of two rolling cylinders pressed together, *Univ. Illinois Eng. Experiment Station Bull.*, Series 408, February 1953.
[14] Liu, C., Stress and deformations due to tangential and normal loads on an elastic solid with application to contact stress, Ph.D. Thesis, University of Illinois, June 1950.
[15] Bryant, M. and Keer, L., Rough contact between elastically and geometrically identical curved bodies, *ASME Trans., J. Appl. Mech.*, 49, 345–352, June 1982.
[16] Cattaneo, C., A theory of second order elastic contact, *Univ. Roma Rend. Mat. Appl.*, 6, 505–512, 1947.
[17] Loo, T., A second approximation solution on the elastic contact problem, *Sci. Sinica*, 7, 1235–1246, 1958.
[18] Deresiewicz, H., A note on second order Hertz contact, *ASME Trans. J. Appl. Mech.*, 28, 141–142, March 1961.
[19] Sayles, R. et al., Elastic conformity in Hertzian contacts, *Tribol. Intl.*, 14, 315–322, 1981.
[20] Kalker, J., Numerical calculation of the elastic field in a half-space due to an arbitrary load distributed over a bounded region of the surface, SKF Eng. and Res. Center Report NL82D002, Appendix, June 1982.
[21] Ahmadi, N. et al., The interior stress field caused by tangential loading of a rectangular patch on an elastic half space, ASME Paper 86-Trib-15, October 1986.
[22] Harris, T. and Yu, W.-K., Lundberg–Palmgren fatigue theory: considerations of failure stress and stressed volume, *ASME Trans. J. Tribol.*, 121, 85–90, January 1999.
[23] Kunert, K., Spannungsverteilung im Halbraum bei Elliptischer Flächenpressungsverteilung über einer Rechteckigen Druckfläche, *Forsch. Geb. Ingenieurwes*, 27(6), 165–174, 1961.
[24] Reusner, H., Druckflächenbelastung und Overflächenverschiebung in Wälzkontakt von Rotätionkörpern, Dissertation, Schweinfurt, Germany, 1977.
[25] Fredriksson, B., Three-dimensional roller–raceway contact stress analysis, Advanced Engineering Corp. Report, Linköping, Sweden, 1980.
[26] Reusner, H., The logarithmic roller profile—the key to superior performance of cylindrical and taper roller bearings, *Ball Bearing J.*, 230, SKF, June 1987.

第 7 章　静载荷作用下轴承内部载荷分布

符号表

符　号	定　义	单　位
A	滚道沟曲率中心之间的距离	mm
B	$f_i + f_o - 1$，总曲率	
D	球或滚子直径	mm
d_m	轴承节圆直径	mm
e	载荷偏心距	mm
E	弹性模量	MPa
f	r/D	
F	作用载荷	N
i	轴承滚动体列数	
J_a	轴向载荷积分	
J_r	径向载荷积分	
J_m	力矩载荷积分	
K	载荷-位移系数，轴向载荷-位移系数	N/mm^n
l	滚子长度	mm
L	列之间的距离	mm
M	力矩	N · mm
$\mathbf{M}$	作用在轴承上的力矩	N · mm
n	载荷-位移指数	
P_d	径向游隙	mm
Q	球或滚子-滚道法向载荷	N
r	滚道沟曲率半径	mm
Z	滚动体数目	

α	接触角	rad，°
α°	自由接触角	rad，°
γ	$(D\cos\alpha)/d_{m}$	
δ	位移或接触变形	mm
δ_{1}	内、外圈之间的距离	mm
Δ	理想法向载荷产生的接触变形	mm
$\Delta\psi$	滚动体之间的角间距	rad，°
ε	载荷分布系数	
$\sum\rho$	曲率和	mm^{-1}
ψ	方位角	rad，°

角　标

a	轴向
i	内滚道
j	滚动体位置
l	线接触
m	滚道
M	力矩载荷
n	沿法向载荷方向
o	外滚道
P	点接触
r	径向
R	滚动体
1，2	轴承列数
ψ	位置角

7.1 概述

当了解了轴承中每一个球或滚子如何承受载荷(正如第5章中所确定的)之后，确定轴承载荷在球或是滚子之间是如何分配的也就成为可能。为了做到这一点，首先必须建立滚动体与滚道接触的载荷-位移关系。借助第2章和第6章，可以建立起任何类型的滚动体与任何类型的滚道接触的载荷-位移关系。因此，本章介绍的内容完全取决于前面的一些章节，为了便于理解，快速地回顾一下有关内容是有益的。

在大多数滚动轴承应用中，或者是内圈，或者是外圈，或者是内、外圈同时在稳定运转，而且转速通常不是很高，所以不会使球或滚子产生足够大的惯性力而对滚动体之间的载荷分布产生明显影响。此外，在大多数应用中，作用在滚动体上的摩擦力和力矩对载荷分布也不会产生明显影响。因此，在确定滚动体的载荷分布时，忽略上述因素的影响在大多数应用中通常能够得到满意的结果。另一方面，在广泛采用数值计算之前，对于这种载荷分布的分析已经提出了一些相对简单而有效的方法。本章也将采用这些方法来研究静载荷作用下的球轴承或滚子轴承中的载荷分布。

7.2　载荷-位移关系

由式(6.42)可以看出，对于给定的球-滚道接触(点接触)，有

$$\delta \sim Q^{\frac{2}{3}} \tag{7.1}$$

对式(7.1)进行转换，并写成等式形式

$$Q = K_{\mathrm{p}}\delta^{\frac{3}{2}} \tag{7.2}$$

相似地，对于给定的滚子-滚道接触(线接触)，有

$$Q = K_{\mathrm{l}}\delta^{\frac{10}{9}} \tag{7.3}$$

一般地，有

$$Q = K\delta^{n} \tag{7.4}$$

式中，对球轴承，$n = 3/2 (=1.5)$；对滚子轴承，$n = 10/9 (\approx 1.11)$。

在载荷作用下，被滚动体隔开的两个滚道之间的法向趋近量等于滚动体与每一个滚道的趋近量之和，因此

$$\delta_{\mathrm{n}} = \delta_{\mathrm{i}} + \delta_{\mathrm{o}} \tag{7.5}$$

于是，

$$K_{\mathrm{n}} = \left[\frac{1}{(1/K_{\mathrm{i}})^{\frac{1}{n}} + (1/K_{\mathrm{o}})^{\frac{1}{n}}}\right]^{n} \tag{7.6}$$

以及

$$Q = K_{\mathrm{n}}\delta^{n} \tag{7.7}$$

对于钢制球和滚道的接触，有

$$K_{\mathrm{p}} = 2.15 \times 10^{5} \sum\rho^{-\frac{1}{2}}(\delta^{*})^{-\frac{3}{2}} \tag{7.8}$$

同样，对于钢制滚子和滚道的接触，有

$$K_{\mathrm{l}} = 8.06 \times 10^{4} l^{\frac{8}{9}} \tag{7.9}$$

7.3　径向载荷下的轴承

对于径向载荷作用下的刚性支承的轴承，在任意角度位置滚动体的径向位移为

$$\delta_\psi = \delta_r \cos\psi - \frac{1}{2}P_d \tag{7.10}$$

式中，δ_r 是 $\psi=0°$ 处套圈的径向移动量，P_d 是径向游隙。图7.1表示的是有游隙的向心轴承。式(7.10)可以按照最大变形量改写为

$$\delta_\psi = \delta_{max}\left[1 - \frac{1}{2\varepsilon}(1-\cos\psi)\right] \tag{7.11}$$

式中

$$\varepsilon = \frac{1}{2}\left(1 - \frac{P_d}{2\delta_r}\right) \tag{7.12}$$

根据式(7.12)，可以得到由径向游隙确定的负荷区域的角度范围为

$$\psi = \cos^{-1}\left(\frac{P_d}{2\delta_r}\right) \tag{7.13}$$

对于零游隙，$\psi_l = 90°$。

由式(7.4)，得

$$\frac{Q_\psi}{Q_{max}} = \left(\frac{\delta_\psi}{\delta_{max}}\right)^n \tag{7.14}$$

于是，由式(7.11)和式(7.14)得

$$Q_\psi = Q_{max}\left[1 - \frac{1}{2\varepsilon}(1-\cos\psi)\right]^n \tag{7.15}$$

为了满足静力平衡，作用的径向载荷必须等于滚动体载荷的竖向分量之和：

$$F_r = \sum_{\psi=0}^{\psi=\pm\psi_l} Q_\psi \cos\psi \tag{7.16}$$

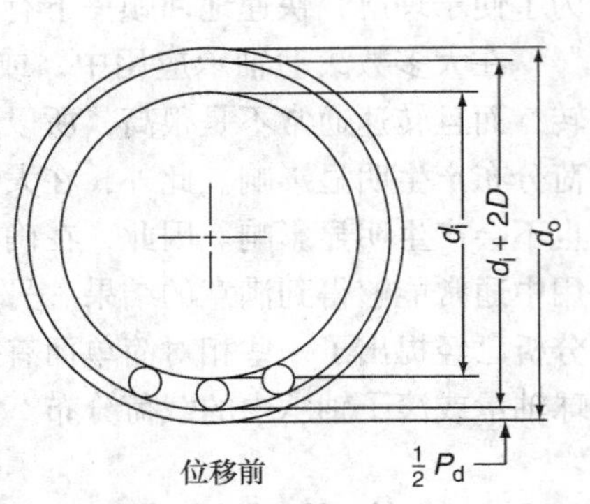

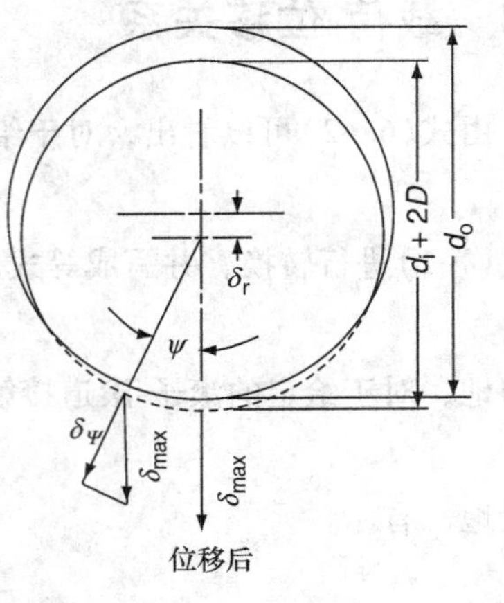

图7.1 轴承套圈位移

或

$$F_r = Q_{max}\sum_{\psi=0}^{\psi=\pm\psi_l}\left[1 - \frac{1}{2\varepsilon}(1-\cos\psi)\right]^n \cos\psi \tag{7.17}$$

式(7.17)还可以写成积分形式：

$$F_r = ZQ_{max} \times \frac{1}{2\pi}\int_{-\psi_l}^{\psi_l}\left[1 - \frac{1}{2\varepsilon}(1-\cos\psi)\right]^n \cos\psi \mathrm{d}\psi \tag{7.18}$$

或

$$F_r = ZQ_{max}J_r(\varepsilon) \tag{7.19}$$

式中

$$J_r(\varepsilon) = \frac{1}{2\pi}\int_{-\psi_l}^{\psi_l}\left[1 - \frac{1}{2\varepsilon}(1-\cos\psi)\right]^n \cos\psi \mathrm{d}\psi \tag{7.20}$$

对不同的 ε 值，可以对式(7.20)所表示的径向积分 $J_r(\varepsilon)$ 进行数值计算，它们的值被列在表7.1中。

表7.1　载荷分布积分 $J_r(\varepsilon)$

ε	点　接　触	线　接　触	ε	点　接　触	线　接　触
0	$1/Z$	$1/Z$	0.8	0.255 9	0.265 8
0.1	0.115 6	0.126 8	0.9	0.257 6	0.262 8
0.2	0.159 0	0.173 7	1.0	0.254 6	0.252 3
0.3	0.189 2	0.205 5	1.25	0.228 9	0.207 8
0.4	0.211 7	0.228 6	1.67	0.187 1	0.158 9
0.5	0.228 8	0.245 3	2.5	0.133 9	0.107 5
0.6	0.241 6	0.256 8	5.0	0.071 1	0.054 4
0.7	0.250 5	0.263 6	∞	0	0

由式(7.7)得

$$Q_{max} = K_n \delta_{\psi=0}^n = K_n \left(\delta_r - \frac{1}{2}P_d\right)^n \tag{7.21}$$

所以，

$$F_r = ZK_n \left(\delta_r - \frac{1}{2}P_d\right)^n J_r(\varepsilon) \tag{7.22}$$

对于给定了游隙和载荷的特定轴承，可以用控制误差的试解法求解式(7.22)。首先假定 δ_r 的值，然后由式(7.12)计算 ε，再利用表7.1得到 $J_r(\varepsilon)$ 的值。如果不能满足式(7.22)，则重复上述过程。图7.2也给出了 J_r 与 ε 的对应值。

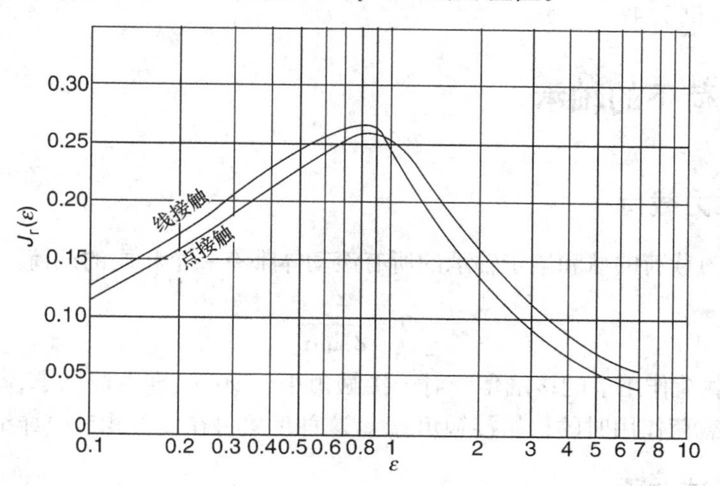

图7.2　向心轴承 $J_r(\varepsilon)$ 与 ε 的关系

图7.3表明了与 ε 值对应的径向载荷分布，对应于零游隙，$\varepsilon=0.5$；对应于正游隙，$0<\varepsilon<0.5$；对应于负游隙或过盈配合，$0.5<\varepsilon<1$。因此，ε 可以被认为是载荷区域在轴承直径上的投影与直径之比。

对于承受单一径向载荷而且游隙为零的球轴承，Stribeck[1] 给出：

$$Q_{max} = \frac{4.37F_r}{Z\cos\alpha} \tag{7.23}$$

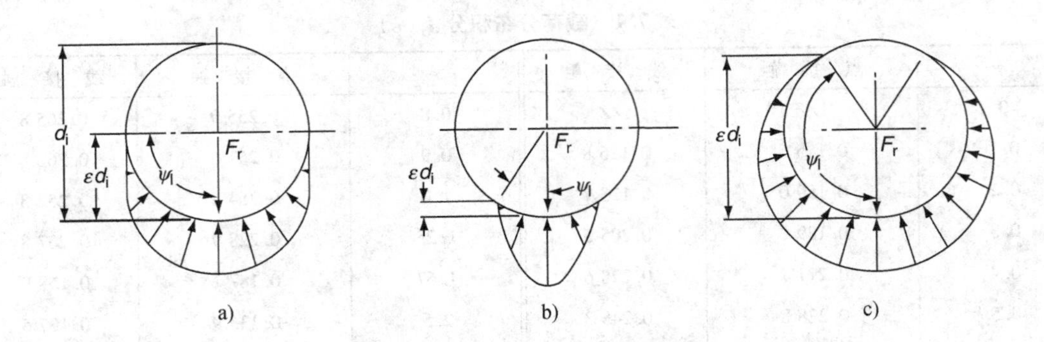

图 7.3 不同游隙时滚动体载荷分布

a) $\varepsilon=0.5$，$\psi_1=\pm 90°$，零游隙 b) $0<\varepsilon<0.5$，$0<\psi_1<90°$，正游隙

c) $0.5<\varepsilon<1$，$90°<\psi_1<180°$，预负荷

考虑到轴承中正常的径向游隙，可以采用下面的近似公式：

$$Q_{\max}=\frac{5F_r}{Z\cos\alpha} \tag{7.24}$$

对于承受单一径向载荷而且内部径向游隙为零的向心滚子轴承，有

$$Q_{\max}=\frac{4.08F_r}{Z\cos\alpha} \tag{7.25}$$

式(7.24)对于有着正常径向游隙的向心滚子轴承也是近似有效的。但是对于承受轻载荷的轴承，用式(7.24)来确定最大滚动体载荷是不合适的，此时就不能再使用该方程。

参见例 7.1 ~ 例 7.4。

7.4 推力载荷下的轴承

7.4.1 中心推力载荷

承受中心推力载荷的球和滚子轴承的所有滚动体都有一个相同的载荷。因此，

$$Q=\frac{F_r}{Z\sin\alpha} \tag{7.26}$$

式中，α 是载荷作用下的接触角。对于接触角小于 90°的推力球轴承，其载荷作用下的接触角要大于无载荷作用时的初始接触角 $\alpha°$。这种现象将在以下几节中详细讨论。

7.4.2 角接触球轴承

在没有离心力载荷时，内、外滚道的接触角相等，但它们要大于无载荷状态下的接触角。无载荷状态下，接触角定义为

$$\cos\alpha°=1-\frac{P_d}{2BD} \tag{7.27}$$

式中，P_d 是安装后的径向游隙。如图 7.4 所示，推力载荷 F_a 作用于内圈上将产生一个轴向位移 δ_a。由图 7.4 可以看出，这个轴向位移是沿接触线方向的法向位移的分量

$$\delta_n = BD\left(\frac{\cos\alpha^\circ}{\cos\alpha} - 1\right) \tag{7.28}$$

因为 $Q = K_n \delta_n^{1.5}$，所以

$$Q = K_n (BD)^{1.5}\left(\frac{\cos\alpha^\circ}{\cos\alpha} - 1\right)^{1.5} \tag{7.29}$$

将式(7.26)代入式(7.29)，得：

$$\frac{F_a}{ZK_n (BD)^{1.5}} = \sin\alpha\left(\frac{\cos\alpha^\circ}{\cos\alpha} - 1\right)^{1.5} \tag{7.30}$$

由于 K_n 是最终接触角 α 的函数，所以必须用控制误差的试解法求解式(7.30)，才能得到 α 的精确解。然而，Jones[2] 定义了如下的轴向位移常数：

$$K = \frac{B}{g(+\gamma) + g(-\gamma)} \tag{7.31}$$

式中，$\gamma = (D\cos\alpha)/d_m$，$g(+\gamma)$ 与内滚道相关，$g(-\gamma)$ 与外滚道相关。Jones[2] 进一步指出，事实上 $g(+\gamma)$ 与 $g(-\gamma)$ 之和对于所有的接触角都保持常数，故 K 仅仅取决于总曲率 B，如图 7.5 所示。

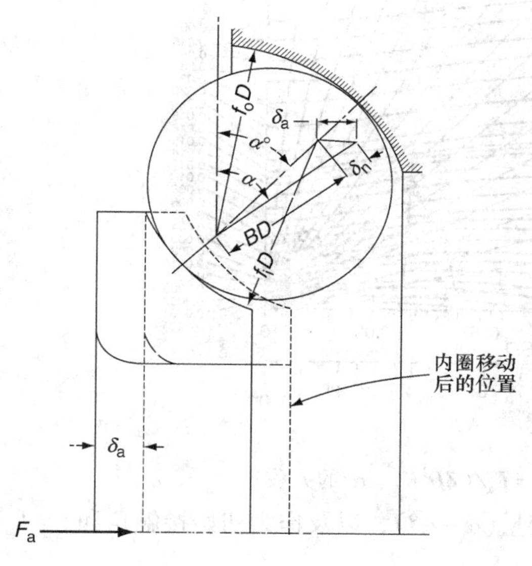

图 7.4　推力载荷下的角接触球轴承

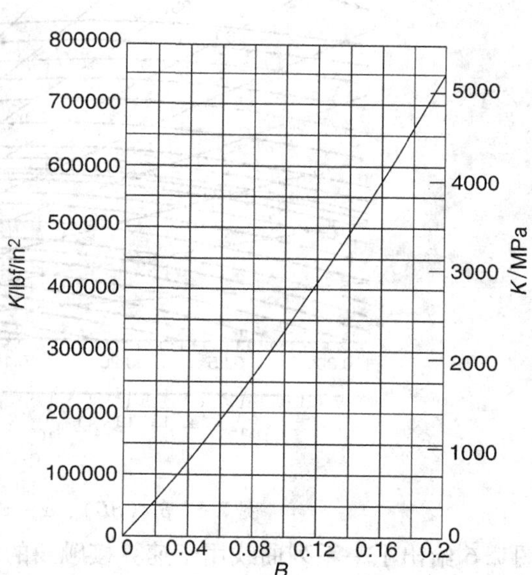

图 7.5　轴向位移常数 K 与球轴承总曲率 B 的关系 $\left(B = f_i + f_o - 1,\ f = \frac{r}{D}\right)$ [2]

轴向位移常数 K 与 K_n 的关系为

$$K_n = \frac{KD^{0.5}}{B^{1.5}} \tag{7.32}$$

因此，

$$\frac{F_a}{ZD^2K} = \sin\alpha\left(\frac{\cos\alpha^\circ}{\cos\alpha} - 1\right)^{1.5} \tag{7.33}$$

由图 7.5 查出 K 值后，可用 Newton-Raphson 法对式(7.33)进行数值求解，需要满足的

迭代方程为

$$\alpha' = \alpha + \frac{\dfrac{F_a}{ZD^2K} - \sin\alpha\left(\dfrac{\cos\alpha^\circ}{\cos\alpha} - 1\right)^{1.5}}{\cos\alpha\left(\dfrac{\cos\alpha^\circ}{\cos\alpha} - 1\right)^{1.5} + 1.5\tan^2\alpha\left(\dfrac{\cos\alpha^\circ}{\cos\alpha} - 1\right)^{0.5}\cos\alpha^\circ} \tag{7.34}$$

当 $\alpha' - \alpha$ 趋近于零时，式(7.34)得到满足。

从图7.6可以得到与 δ_n 对应的轴向位移 δ_a 为

$$\delta_a = (BD + \delta_n)\sin\alpha - BD\sin\alpha^\circ \tag{7.35}$$

用式(7.28)代替 δ_n，得

$$\delta_a = \frac{BD\sin(\alpha - \alpha^\circ)}{\cos\alpha} \tag{7.36}$$

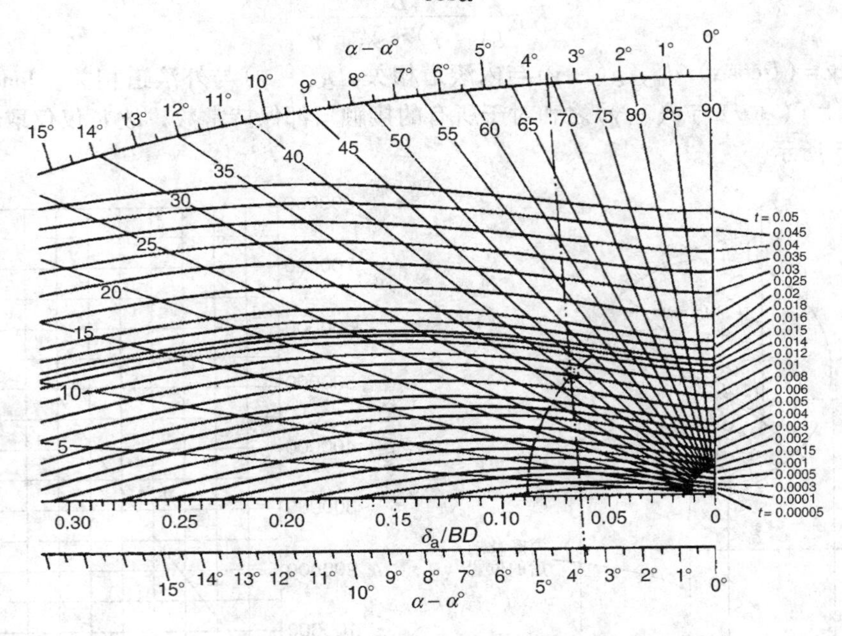

图7.6 $\delta_a/(BD)$、$\alpha - \alpha^\circ$与 $t = F_a/(ZD^2K)$、α°的关系

图7.6给出了一系列曲线用于速算接触角的改变量($\alpha - \alpha^\circ$)，以及作为初始接触角和 $t = F_a/(ZD^2K)$ 的函数的轴向位移。

参见例7.5。

7.4.3 偏心推力载荷

7.4.3.1 单向轴承

图7-7表明的是承受了偏心推力载荷的推力球轴承。如果取 $\psi = 0^\circ$ 为最大载荷滚动体所在的位置，则

$$\delta_\psi = \delta_a + \frac{1}{2}\theta d_m \cos\psi \tag{7.37}$$

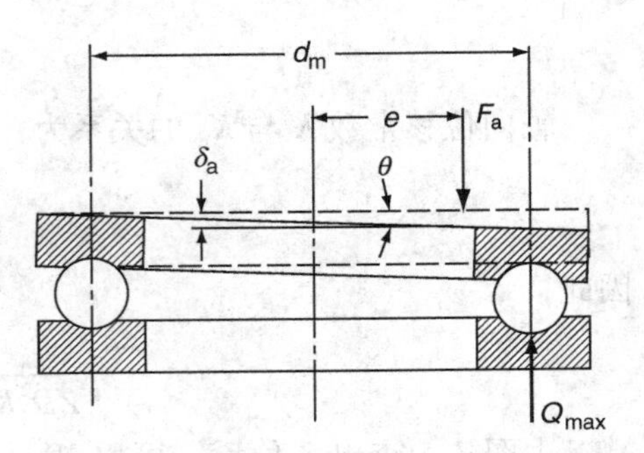

图7.7 偏心载荷下的推力球轴承

于是

$$\delta_{\max}=\delta_{a}+\frac{1}{2}\theta d_{m} \tag{7.38}$$

由式(7.37)和式(7.38)可以推导出我们熟悉的关系

$$\delta_{\psi}=\delta_{\max}\left[1-\frac{1}{2\varepsilon}(1-\cos\psi)\right] \tag{7.39}$$

式中

$$\varepsilon=\frac{1}{2}\left(1+\frac{2\delta_{a}}{\theta d_{m}}\right) \tag{7.40}$$

承载区域范围由下式确定：

$$\psi_{l}=\cos^{-1}\left(\frac{-2\delta_{a}}{\theta d_{m}}\right) \tag{7.41}$$

和前面一样，

$$Q_{\psi}=Q_{\max}\left[1-\frac{1}{2\varepsilon}(1-\cos\psi)\right]^{n} \tag{7.42}$$

静力平衡要求

$$F_{a}=\sum_{\psi=0}^{\psi=\pm\pi}Q_{\psi}\sin\alpha \tag{7.43}$$

$$M=eF_{a}=\sum_{\psi=0}^{\psi=\pm\pi}\frac{1}{2}Q_{\psi}d_{m}\sin\alpha\cos\psi \tag{7.44}$$

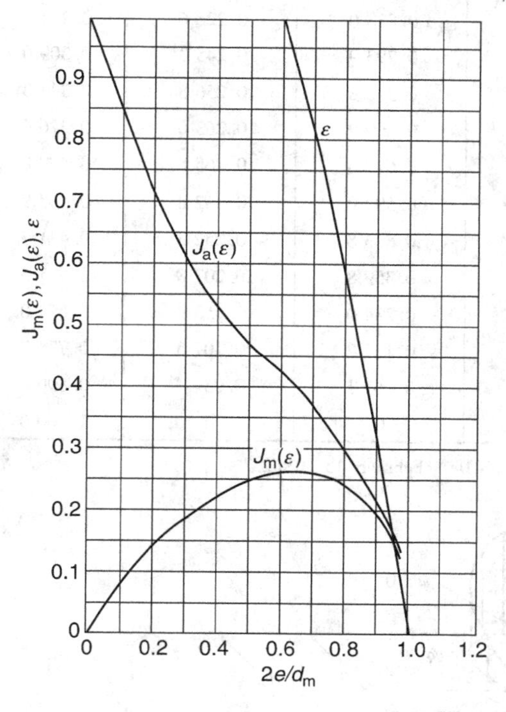

图7.8 点接触推力轴承 $J_a(\varepsilon)$，$J_m(\varepsilon)$，ε 与 $2e/d_m$ 的关系

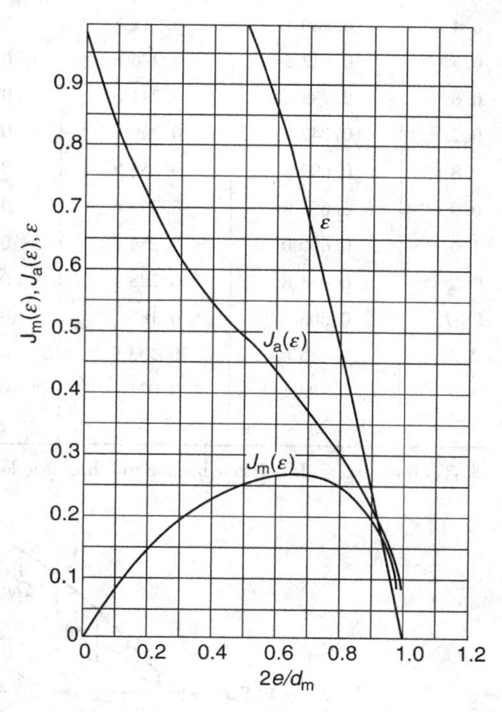

图7.9 线接触推力轴承 $J_a(\varepsilon)$，$J_m(\varepsilon)$，ε 与 $2e/d_m$ 的关系

式(7.43)和式(7.44)也可以写成如下的推力和力矩积分的形式：

$$F_{a}=ZQ_{max}J_{a}(\varepsilon)\sin\alpha \tag{7.45}$$

式中

$$J_{a}(\varepsilon)=\frac{1}{2\pi}\int_{-\psi_l}^{\psi_l}\left[1-\frac{1}{2\varepsilon}(1-\cos\psi)\right]^{n}d\psi \tag{7.46}$$

$$M=eF_{a}=\frac{1}{2}ZQ_{max}d_{m}J_{m}(\varepsilon)\sin\alpha \tag{7.47}$$

$$J_{m}(\varepsilon)=\frac{1}{2\pi}\int_{-\psi_l}^{\psi_l}\left[1-\frac{1}{2\varepsilon}(1-\cos\psi)\right]^{n}\cos\psi d\psi \tag{7.48}$$

表7.2出自Rumbarger[3]，它给出了$J_{a}(\varepsilon)$、$J_{m}(\varepsilon)$与$2e/d_{m}$的函数关系。图7.8和图7.9用图形表示了相同的数据。图7.10表示的是承受偏心载荷的90°推力轴承的典型载荷分布。

表7.2　单列推力轴承的$J_{a}(\varepsilon)$和$J_{m}(\varepsilon)$

ε	点接触			线接触		
	$2e/d_{m}$	$J_{a}(\varepsilon)$	$J_{m}(\varepsilon)$	$2e/d_{m}$	$J_{a}(\varepsilon)$	$J_{m}(\varepsilon)$
0	1.0000	1/Z	1/Z	1.0000	1/Z	1/Z
0.1	0.9663	0.1156	0.1196	0.9613	0.1268	0.1319
0.2	0.9318	0.1590	0.1707	0.9215	0.1737	0.1885
0.3	0.8964	0.1892	0.2110	0.8805	0.2055	0.2334
0.4	0.8601	0.2117	0.2462	0.8380	0.2286	0.2728
0.5	0.8225	0.2288	0.2782	0.7939	0.2453	0.3090
0.6	0.7835	0.2416	0.3084	0.7488	0.2568	0.3433
0.7	0.7427	0.2505	0.3374	0.6999	0.2636	0.3766
0.8	0.6995	0.2559	0.3658	0.6486	0.2658	0.4098
0.9	0.6529	0.2576	0.3945	0.5920	0.2628	0.4439
1.0	0.6000	0.2546	0.4244	0.5238	0.2523	0.4817
1.25	0.4338	0.2289	0.5044	0.3598	0.2078	0.5775
1.67	0.3088	0.1871	0.6060	0.2340	0.1589	0.6790
2.5	0.1850	0.1339	0.7240	0.1372	0.1075	0.7837
5.0	0.0831	0.0711	0.8558	0.0611	0.0544	0.8909
∞	0	0	1.0000	0	0	1.0000

来自：Rumbarger, J., Thrust bearing with eccentric loads, Math. Des. February 15, 1962.

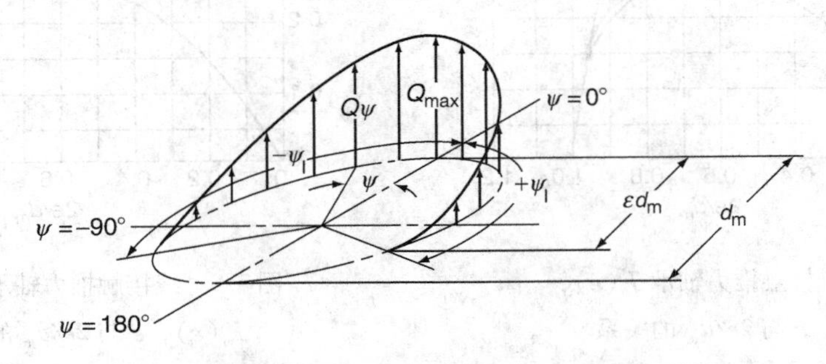

图7.10　偏心载荷作用下的90°推力轴承的载荷分布

7.4.3.2　双向轴承

下列关系适用于双列双向推力轴承：

$$\delta_{a1} = -\delta_{a2} \tag{7.49}$$

$$\theta_1 = \theta_2 \tag{7.50}$$

同时还有

$$\varepsilon_1 + \varepsilon_2 = 1 \tag{7.51}$$

以及

$$\frac{\delta_{max2}}{\delta_{max1}} = \frac{\varepsilon_2}{\varepsilon_1} \tag{7.52}$$

根据式(7.4)，式(7.52)变成

$$\frac{Q_{max2}}{Q_{max1}} = \left(\frac{\varepsilon_2}{\varepsilon_1}\right)^n \tag{7.53}$$

式(7.53)中，对推力球轴承，$n=1.5$；对推力滚子轴承，$n=1.11$。根据平衡条件可得

$$F_a = F_{a1} - F_{a2} = ZQ_{max1}J_a\sin\alpha \tag{7.54}$$

式中

$$J_a = J_a(\varepsilon_1) - \frac{Q_{max2}}{Q_{max1}}J_a(\varepsilon_2) \tag{7.55}$$

$$M = M_1 + M_2 = \frac{1}{2}ZQ_{max1}d_mJ_m\sin\alpha \tag{7.56}$$

式中

$$J_m = J_m(\varepsilon_1) + \frac{Q_{max2}}{Q_{max1}}J_m(\varepsilon_2) \tag{7.57}$$

表7.3给出了双列推力轴承的$J_a(\varepsilon)$、$J_m(\varepsilon)$与$2e/d_m$的函数关系。图7.11和图7.12用图形表示了相同的数据。

表7.3　双列推力轴承的$J_a(\varepsilon)$、$J_m(\varepsilon)$与$2e/d_m$的函数关系

ε_1	ε_2	点接触				线接触			
		$2e/d_m$	J_m	J_a	$\frac{Q_{max2}}{Q_{max1}}$	$2e/d_m$	J_m	J_a	$\frac{Q_{max2}}{Q_{max1}}$
0.50	0.50	∞	0.4577	0	1.000	∞	0.4906	0	1.000
0.51	0.49	25.72	0.4476	0.0174	0.941	28.50	0.4818	0.0169	0.955
0.60	0.40	2.046	0.3568	0.1744	0.544	2.389	0.4031	0.1687	0.640
0.70	0.30	1.092	0.3036	0.2782	0.281	1.210	0.3445	0.2847	0.394
0.80	0.20	0.800	0.2758	0.3445	0.125	0.823	0.3036	0.3688	0.218
0.90	0.10	0.671	0.2618	0.3900	0.037	0.634	0.2741	0.4321	0.089
1.0	0	0.600	0.2546	0.4244	0	0.524	0.2523	0.4817	0
1.25	0	0.434	0.2289	0.5044	0	0.360	0.2078	0.5775	0
1.67	0	0.309	0.1871	0.6060	0	0.234	0.1589	0.6790	0
2.5		0.185	0.1339	0.7240		0.137	0.1075	0.7837	
5.0	0	0.083	0.0711	0.8558	0	0.061	0.0544	0.8909	0
∞	0	0	0	1.0000	0	0	0	1.0000	0

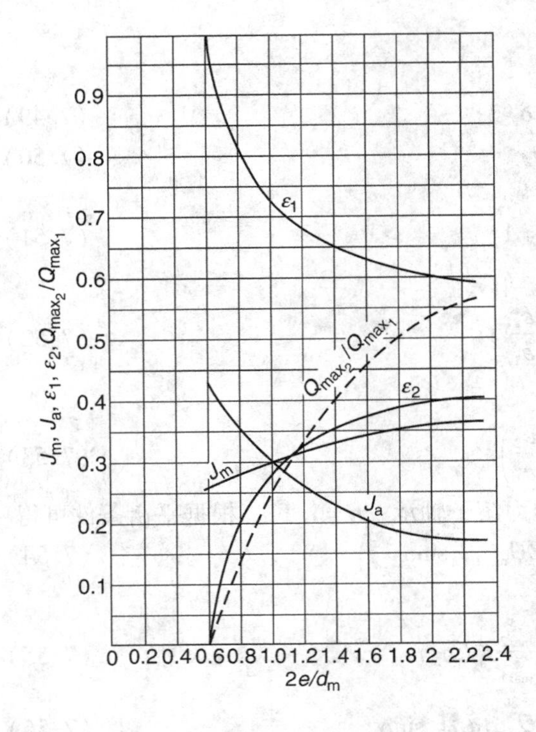

图 7.11 双列点接触推力轴承 J_m、J_a、ε_1、ε_2、Q_{max2}/Q_{max1} 与 $2e/d_m$ 的关系

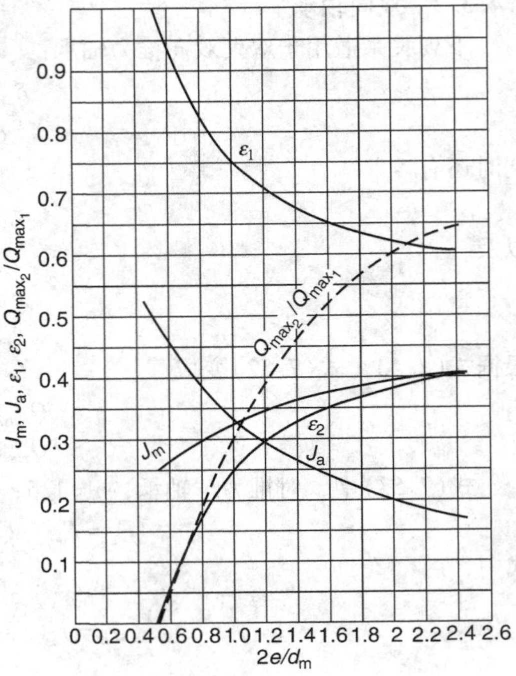

图 7.12 双列线接触推力轴承 J_m、J_a、ε_1、ε_2、Q_{max2}/Q_{max1} 与 $2e/d_m$ 的关系

参见例 7.6。

7.5 径向和推力载荷联合作用下的轴承

7.5.1 单列轴承

无径向游隙的滚动轴承如果在滚动体中心平面同时承受了径向载荷和中心推力载荷，则轴承的内、外套圈将保持平行，并且在轴向和径向分别产生相对位移 δ_a 和 δ_r。以最大载荷滚动体为起点，在任意角度位置 ψ 套圈的移动量为

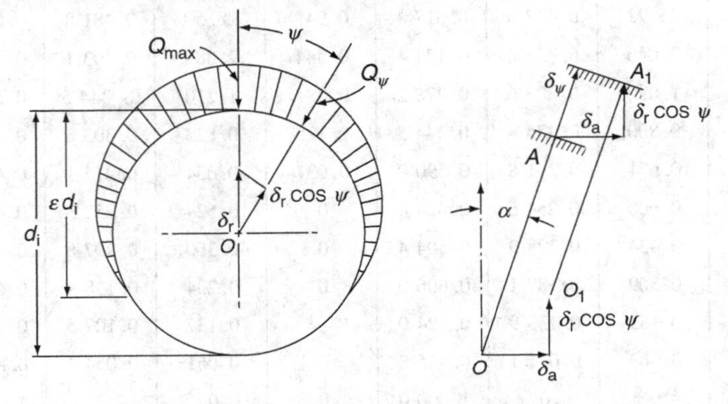

图 7.13 径向和推力载荷联合作用下的轴承位移

$$\delta_{\psi}=\delta_{a}\sin\alpha+\delta_{r}\cos\alpha\cos\psi \tag{7.58}$$

图7.13表明了这种状态。当$\psi=0°$时位移达到最大，并由下式给出

$$\delta_{max}=\delta_{a}\sin\alpha+\delta_{r}\cos\alpha \tag{7.59}$$

合并式(7.58)和式(7.59)，得

$$\delta_{\psi}=\delta_{max}\left[1-\frac{1}{2\varepsilon}(1-\cos\psi)\right] \tag{7.60}$$

该式在形式上与式(7.11)等同，但是，

$$\varepsilon=\frac{1}{2}\left(1+\frac{\delta_{a}\tan\alpha}{\delta_{r}}\right) \tag{7.61}$$

显然还有

$$Q_{\psi}=Q_{max}\left[1-\frac{1}{2\varepsilon}(1-\cos\psi)\right]^{n} \tag{7.62}$$

与式(7.4)一样，对球轴承，$n=1.5$；对滚子轴承，$n=1.11$。

为了保持静力平衡，在各个方向上滚动体受力之和必须等于该方向上的作用载荷：

$$F_{r}=\sum_{\psi=-\psi_{l}}^{\psi=+\psi_{l}}Q_{\psi}\cos\alpha\cos\psi \tag{7.63}$$

$$F_{a}=\sum_{\psi=-\psi_{l}}^{\psi=+\psi_{l}}Q_{\psi}\cos\alpha \tag{7.64}$$

式中，载荷角定义为

$$\psi_{l}=\cos^{-1}\left(-\frac{\delta_{a}\tan\alpha}{\delta_{r}}\right) \tag{7.65}$$

式(7.63)和式(7.64)可以分别写成径向积分和推力积分的形式：

$$F_{r}=ZQ_{max}J_{r}(\varepsilon)\cos\alpha \tag{7.66}$$

式中

$$J_{r}(\varepsilon)=\frac{1}{2\pi}\int_{-\psi_{l}}^{+\psi_{l}}\left[1-\frac{1}{2\varepsilon}(1-\cos\psi)\right]^{n}\cos\psi\,d\psi \tag{7.67}$$

以及

$$F_{a}=ZQ_{max}J_{a}(\varepsilon)\sin\alpha \tag{7.68}$$

式中

$$J_{a}(\varepsilon)=\frac{1}{2\pi}\int_{-\psi_{l}}^{+\psi_{l}}\left[1-\frac{1}{2\varepsilon}(1-\cos\psi)\right]^{n}d\psi \tag{7.69}$$

式(7.67)和式(7.69)的积分是由Sjoväs[4]引入的。表7.4给出了点接触和线接触下作为$F_{r}\tan\alpha/F_{a}$函数的这些积分值。

表7.4　单列轴承的$J_{r}(\varepsilon)$和$J_{a}(\varepsilon)$

ε	点接触			线接触		
	$\frac{F_{r}\tan\alpha}{F_{a}}$	$J_{r}(\varepsilon)$	$J_{a}(\varepsilon)$	$\frac{F_{r}\tan\alpha}{F_{a}}$	$J_{r}(\varepsilon)$	$J_{a}(\varepsilon)$
0	1	1/Z	1/Z	1	1/Z	1/Z
0.2	0.9318	0.1590	0.1707	0.9215	0.1737	0.1885
0.3	0.8964	0.1892	0.2110	0.8805	0.2055	0.2334
0.4	0.8601	0.2117	0.2462	0.8380	0.2286	0.2728

(续)

ε	点接触			线接触		
	$\frac{F_r\tan\alpha}{F_a}$	$J_r(\varepsilon)$	$J_a(\varepsilon)$	$\frac{F_r\tan\alpha}{F_a}$	$J_r(\varepsilon)$	$J_a(\varepsilon)$
0.5	0.8225	0.2288	0.2782	0.7939	0.2453	0.3090
0.6	0.7835	0.2416	0.3084	0.7488	0.2568	0.3433
0.7	0.7427	0.2505	0.3374	0.6999	0.2636	0.3766
0.8	0.6995	0.2559	0.3658	0.6486	0.2658	0.4098
0.9	0.6529	0.2576	0.3945	0.5920	0.2628	0.4439
1.0	0.6000	0.2546	0.4244	0.5238	0.2523	0.4817
1.25	0.4338	0.2289	0.5044	0.3598	0.2078	0.5775
1.67	0.3088	0.1871	0.6060	0.2340	0.1589	0.6790
2.5	0.1850	0.1339	0.7240	0.1372	0.1075	0.7837
5.0	0.0831	0.0711	0.8558	0.0611	0.0544	0.8909
∞	0	0	1	0	0	1

值得指出的是，对所有受力中的球或滚子接触角假定是不变的，因此积分值就是近似的。但对于大多数计算，这些积分值还是具有足够的精度。利用这些积分，得

$$Q_{\max}=\frac{F_r}{J_r(\varepsilon)Z\sin\alpha} \tag{7.70}$$

或者

$$Q_{\max}=\frac{F_a}{J_a(\varepsilon)Z\sin\alpha} \tag{7.71}$$

图7.14和图7.15分别给出了点接触和线接触下 J_r、J_a 和 ε 与 $F_r\tan\alpha/F_a$ 的关系。

参见例7.7。

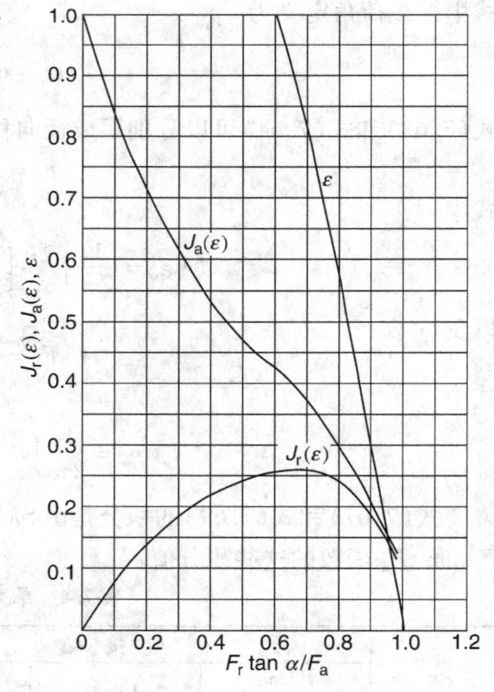

图7.14　点接触轴承 $J_r(\varepsilon)$、$J_a(\varepsilon)$、ε 与 $F_r\tan\alpha/F_a$ 的关系

7.5.2　双列轴承

用下标1和2表示径向游隙为零的双列轴承的列号，则

$$\delta_{r1}=\delta_{r2}=\delta_r \tag{7.72}$$

$$\delta_{a1}=-\delta_{a2} \tag{7.73}$$

把这些条件代入式(7.59)和式(7.60)，得

$$\frac{\delta_{\max2}}{\delta_{\max1}}=\frac{\varepsilon_2}{\varepsilon_1} \tag{7.74}$$

$$\varepsilon_1+\varepsilon_2=1 \tag{7.75}$$

只有当两列轴承都承载时，式(7.75)才成立。如果仅有一列承载，则

$$\varepsilon_1\geqslant 1,\ \varepsilon_2=0 \tag{7.76}$$

从式(7.4)进一步可以得到

$$\frac{Q_{\max2}}{Q_{\max1}}=\left(\frac{\varepsilon_2}{\varepsilon_1}\right)^n \tag{7.77}$$

根据静力平衡定理，得

$$F_r=F_{r1}+F_{r2} \tag{7.78}$$

$$F_a=F_{a1}+F_{a2} \tag{7.79}$$

与前面相同，

$$F_r=ZQ_{\max1}J_r\cos\alpha \tag{7.80}$$

$$F_a=ZQ_{\max1}J_a\sin\alpha \tag{7.81}$$

式中

$$J_r=J_r(\varepsilon_1)+\frac{Q_{\max2}}{Q_{\max1}}J_r(\varepsilon_2) \tag{7.82}$$

$$J_a=J_a(\varepsilon_1)+\frac{Q_{\max2}}{Q_{\max1}}J_a(\varepsilon_2) \tag{7.83}$$

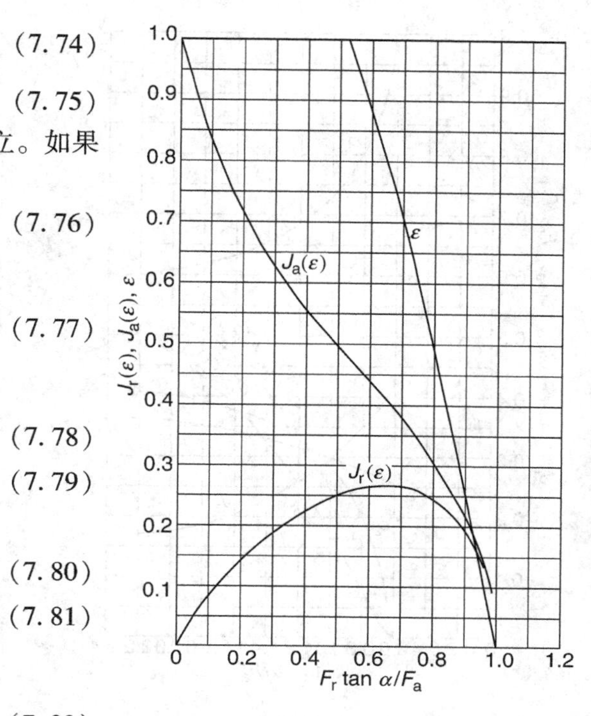

图7.15　线接触轴承 $J_r(\varepsilon)$、$J_a(\varepsilon)$、ε 与 $F_r\tan\alpha/F_a$ 的关系

表7.5给出了 J_r、J_a 与 $F_r\tan\alpha/F_a$ 的函数关系。图7.16和图7.17分别给出了点接触和线接触下相同数据的图形关系。

参见例7.8。

表7.5　双列轴承的 J_r 和 J_a

ε_1	ε_2	点接触					线接触				
		$\frac{F_r\tan\alpha}{F_a}$	J_r	J_a	$\frac{Q_{\max2}}{Q_{\max1}}$	$\frac{F_{r2}}{F_{r1}}$	$\frac{F_r\tan\alpha}{F_a}$	J_r	J_a	$\frac{Q_{\max2}}{Q_{\max1}}$	$\frac{F_{r2}}{F_{r1}}$
0.5	0.5	∞	0.457 7	0	1	1	∞	0.490 6	0	1	1
0.6	0.4	2.046	0.356 8	0.174 4	0.544	0.477	2.389	0.403 1	0.168 7	0.640	0.570
0.7	0.3	1.092	0.303 6	0.278 2	0.281	0.212	1.210	0.344 5	0.284 7	0.394	0.306
0.8	0.2	0.800 5	0.275 8	0.344 5	0.125	0.078	0.823 2	0.303 6	0.368 8	0.218	0.142
0.9	0.1	0.671 3	0.261 8	0.390 0	0.037	0.017	0.634 3	0.274 1	0.432 1	0.089	0.043
1.0	0	0.600 0	0.254 6	0.424 4	0	0	0.523 8	0.252 3	0.481 7	0	0

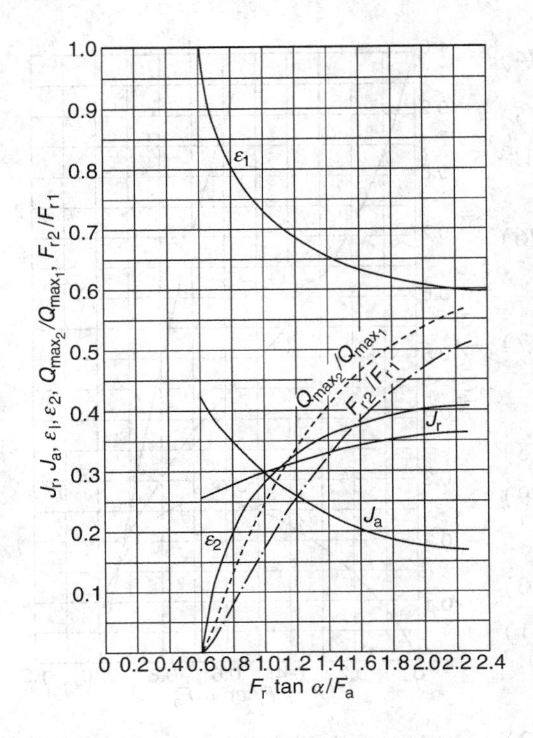

图 7.16　双列点接触轴承 J_r、J_a、ε_1、ε_2、Q_{max2}/Q_{max1}、F_{r2}/F_{r1} 与 $F_r\tan\alpha/F_a$ 的关系

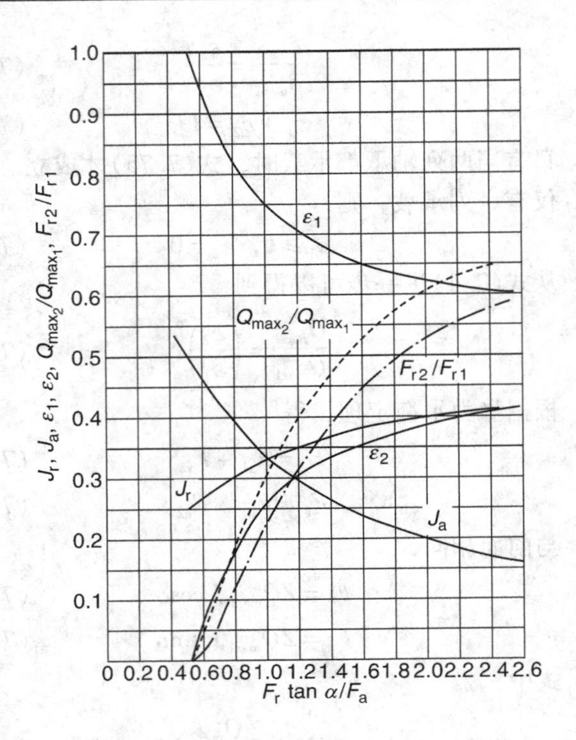

图 7.17　双列线接触轴承 J_r、J_a、ε_1、ε_2、Q_{max2}/Q_{max1}、F_{r2}/F_{r1} 与 $F_r\tan\alpha/F_a$ 的关系

7.6　结束语

本章提出的滚动轴承中球和滚子载荷分布的计算方法适用于以中低速运转的轴承应用场合。在这样的速度条件下，滚动体的离心力和陀螺力矩可以忽略。而在高速情况下，这些力将变得很重要，它们会改变接触角和内部游隙，从而在很大程度上影响到内部载荷分布。

在前面的讨论中，采用了相对简单的计算方法来确定内部载荷分布。借助于书中提供的表格和图形数据，用手工计算方法就可以获得计算结果。在随后的本书第2卷的几章中，为了评估球轴承和滚子轴承中三自由度或是五自由度载荷的影响、滚子轴承中滚子倾斜和推力载荷的影响以及非刚性套圈的影响等，必须采用数值计算方法。不过对很多应用来说，本章提供的相对简单的方法可以被有效地采用。

本章还表明，轴承的径向和轴向位移是内部载荷分布的函数。然而，由于接触应力取决于载荷，所以轴承中的最大接触应力也是载荷分布的函数。这样一来，由应力水平控制的轴承的疲劳寿命自然会受到滚动体载荷分布的显著影响。

例题

例 7.1　径向载荷作用下有确定游隙的深沟球轴承内部载荷分布。

问题：例 2.1 中的 209DGBB 轴承受到 8 900N 径向载荷作用，试确定每个球与滚道的载荷。

解：由例2.1　$Z=9$

$$P_d=0.0150\text{mm}$$

$$d_m=65\text{mm}$$

$$D=12.7\text{mm}$$

由例2.2　$f_i=f_o=0.52$

由例2.5　$\gamma=0.1954$

$$\sum\rho_i=0.202^{-1}$$

$$F(\rho)_i=0.9399$$

$$\sum\rho_o=0.138^{-1}$$

$$F(\rho)_o=0.9120$$

由图6.4得　$\delta_1^*=0.602$，$\delta_0^*=0.658$

由式(7.8)得

$$\begin{aligned}K_{\rho i}&=2.15\times10^5\sum\rho_i^{-\frac{1}{2}}(\delta_i^*)^{-\frac{3}{2}}\\&=2.15\times10^5\times(0.202)^{-\frac{1}{2}}\times(0.602)^{-\frac{3}{2}}\\&=1.026\times10^6\text{N/mm}^{1.5}\end{aligned}$$

$$\begin{aligned}K_{\rho o}&=2.15\times10^5\sum\rho_o^{-\frac{1}{2}}(\delta_o^*)^{-\frac{3}{2}}\\&=2.15\times10^5\times(0.138)^{-\frac{1}{2}}\times(0.658)^{-\frac{3}{2}}\\&=1.089\times10^6\text{N/mm}^{1.5}\end{aligned}$$

由式(7.6)得

$$K_n=(K_{\rho i}^{-\frac{1}{1.5}}+K_{\rho o}^{-\frac{1}{1.5}})^{-1.5}=(1.026^{-0.667}+1.089^{-0.667})^{-1.5}\times10^6=3.735\times10^5\text{N/mm}^{1.5}$$

由式(7.22)得

$$F_r=ZK_n\left(\delta_r-\frac{1}{2}P_d\right)^{1.5}J_r(\varepsilon)$$

$$(1)\quad 8900=9\times3.735\times10^5\left(\delta_r-\frac{0.0150}{2}\right)^{1.5}J_r(\varepsilon)$$

由式(7.22)得

$$\varepsilon=\frac{1}{2}\left(1-\frac{P_d}{2\delta_r}\right)^{1.5}$$

$$\begin{aligned}(2)\quad \varepsilon&=\frac{1}{2}\left(1-\frac{0.0150}{2\delta_r}\right)^{1.5}\\&=0.5-\frac{0.00375}{\delta_r}\end{aligned}$$

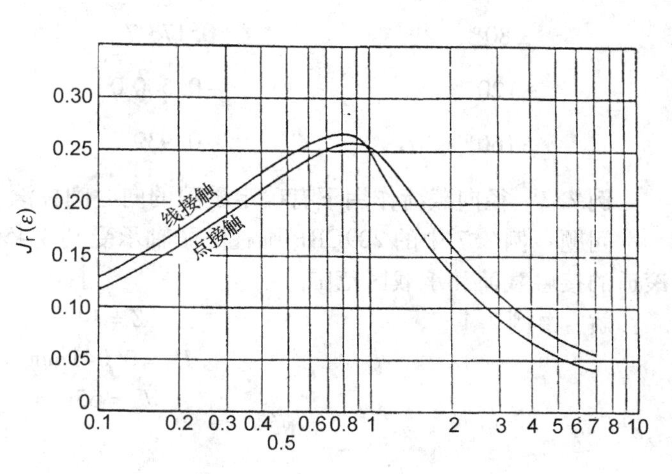

利用图7.2，联立求解方程(1)和(2)得 $\delta_r=0.06041\text{mm}$，$\varepsilon=0.438$，$J_r(0.438)=0.218$

由式(7.19)得

$$F_r=ZQ_{max}J_r(\varepsilon)$$

$$Q_{max}=\frac{F_r}{ZJ_r(\varepsilon)}=\frac{8900}{9\times0.218}=4536\text{N}$$

由式(7.15)得

$$Q_\psi = Q_{\max}\left[1-\frac{1}{2\varepsilon}(1-\cos\psi)\right]^{1.5}$$

$$Q_\psi = 4\,536\left[1-\frac{1}{2\times 0.438}(1-\cos\psi)\right]^{1.5} = 4\,536(1.142\cos\psi - 0.142)^{1.5}$$

ψ	$\cos\psi$	Q_ψ/N
0	1	4 536
±40°	0.766 0	2 846
±80°	0.173 7	61
±120°	−0.500 0	0
±160°	−0.939 7	0

例 7.2　径向载荷作用下具有 0 游隙的深沟球轴承内部载荷分布

问题：利用 Stribeck 公式确定例 2.1 中的 209DGBB 轴承内部载荷分布。

解：由式(7.23)得

$$Q_{\max} = \frac{4.37F_r}{Z\cos\alpha} = \frac{4.37\times 8\,900}{9\cos 0°} = 4\,321\text{N}$$

由式(7.15)得

$$Q_\psi = Q_{\max}\left[1-\frac{1}{2\varepsilon}(1-\cos\psi)\right]^{1.5}$$

当 $\varepsilon = 0.5$ 时，由式(7.23)得

$$Q_\psi = 4\,321\left[1-\frac{1}{2\times 0.5}(1-\cos\psi)\right]^{1.5} = 4\,321\cos^{1.5}\psi$$

ψ	$\cos\psi$	Q_ψ/N
0	1	4 321
±40°	0.766 0	2 897
±80°	0.173 7	313
±120°	−0.500 0	0
±160°	−0.939 7	0

例 7.3　径向载荷作用下有确定游隙的向心圆柱滚子轴承内部载荷分布

问题：例 2.7 中的 209CRB 圆柱滚子轴承受到 4 450N 径向载荷作用，试确定每个滚子-滚道的接触载荷和承载区范围。

解：由例 2.1

$$Z = 14$$

$$P_d = 0.041\text{mm}$$

$$d_m = 65\text{mm}$$

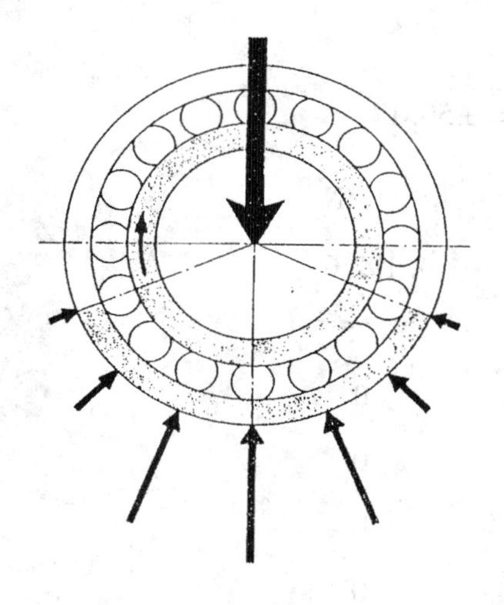

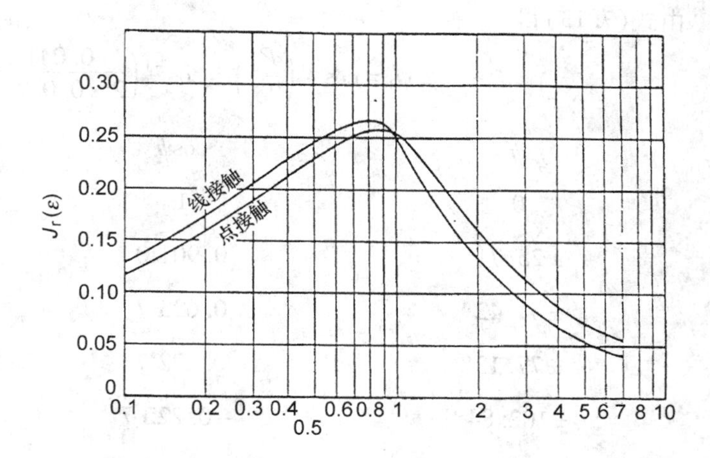

$$l = 9.6\text{mm}$$

由式(7.9)得

$$K_1 = 7.86\times10^4 l^{\frac{8}{9}} = 7.86\times10^4\times(9.6)^{\frac{8}{9}} = 5.869\times10^5(\text{N/mm})^{\frac{10}{9}}$$

由式(7.6)得

$$K_n = (K_1^{-0.9}+K_1^{-0.9})^{-\frac{10}{9}} = (5.869^{-0.9}+5.869^{-0.9})^{-\frac{10}{9}}\times10^5 = 2.720\times10^5(\text{N/mm})^{1.11}$$

由式(7.22)得

$$F_r = ZK_n\left(\delta_r - \frac{1}{2}P_d\right)^{\frac{10}{9}} J_r(\varepsilon)$$

$$(1)\quad 4\,450 = 14\times2.72\times10^5\left(\delta_r - \frac{0.041}{2}\right)^{\frac{10}{9}} J_r(\varepsilon)$$

由式(7.12)得

$$\varepsilon = \frac{1}{2}\left(1 - \frac{P_d}{2\delta_r}\right)^{1.5}$$

$$(2)\quad \varepsilon = \frac{1}{2}\left(1 - \frac{0.041}{2\delta_r}\right)^{1.5} = 0.5 - \frac{0.010\,25}{\delta_r}$$

利用图7.2，联立求解方程(1)和(2)，得

$$\delta_r = 0.032\,0\text{mm},\ \varepsilon = 0.182\,4,\ J_r(0.182\,4) = 0.165$$

由式(7.19)得

$$F_r = ZQ_{max}J_r(\varepsilon)$$

$$Q_{max} = \frac{F_r}{ZJ_r(\varepsilon)} = \frac{4\,450}{14\times0.165} = 1\,926\text{N}$$

由式(7.15)得

$$Q_\psi = Q_{max}\left[1 - \frac{1}{2\varepsilon}(1-\cos\psi)\right]^{\frac{10}{9}}$$

$$Q_\psi = 1\,926\left[1 - \frac{1}{2\times0.182\,4}(1-\cos\psi)\right]^{\frac{10}{9}} = 1\,926(2.741\cos\psi - 1.741)^{\frac{10}{9}}$$

由式(7.13)得

$$\psi_1=\cos^{-1}\left(\frac{P_d}{2\delta_r}\right)=\cos^{-1}\left(\frac{0.041}{2\times0.0320}\right)=\pm50.17°$$

ψ	$\cos\psi$	Q_ψ/N
0	1	192 6
±25.71°	0.901 0	1 355
±51.42°	0.623 7	0
±77.13°	0.222 7	0
±102.84°	−0.222 7	0
±128.55°	−0.623 7	0
±154.26°	−0.901 0	0
180°	−1	0

例 7.4 径向载荷作用下有正常游隙的向心圆柱滚子轴承内部载荷分布

问题：利用式(7.2)确定例 7.3 中 209CRB 轴承的 Q_{max}，并计算内部载荷分布。

解：由式(7.2)得

$$Q_{max}=\frac{5F_r}{Z\cos\alpha}=\frac{5\times4450}{14\cos0°}=1589\text{N}$$

由式(7.2)得

$$J_r(\varepsilon)=\frac{F_r}{ZQ_{max}}=\frac{4450}{14\times1589}=0.2000$$

由图 7.2 $\varepsilon=0.28$

由式(7.15)得

$$Q_\psi=Q_{max}\left[1-\frac{1}{2\varepsilon}(1-\cos\psi)\right]^{\frac{10}{9}}$$

$$Q_\psi=1589\left[1-\frac{1}{2\times0.28}(1-\cos\psi)\right]^{\frac{10}{9}}=1589(1.786\cos\psi-0.786)^{\frac{10}{9}}$$

由式(7.13)得

$$\psi_1=\cos^{-1}\left(\frac{P_d}{2\delta_r}\right)$$

由式(7.12)得

$$\varepsilon=\frac{1}{2}\left(1-\frac{P_d}{2\delta_r}\right)^{1.5}$$

因此

$$\psi_1=\cos^{-1}(1-2\varepsilon)=\cos^{-1}(1-2\times0.28)=\pm63.9°$$

ψ	$\cos\psi$	Q_ψ/N
0	1	1 589
±25.71°	0.901 0	1 280
±51.42°	0.623 7	461
±77.13°	0.222 7	0
±102.84°	−0.222 7	0
±128.55°	−0.623 7	0
±154.26°	−0.901 0	0
180°	−1	0

例7.5　角接触球轴承在推力载荷作用下球-滚道接触角的增大

问题：例2.3中的218ACBB角接触球轴承受到17 800N推力静载荷作用，球数为16，确定：

- 球-滚道接触角；
- 球-滚道法向载荷；
- 轴承轴向位移。

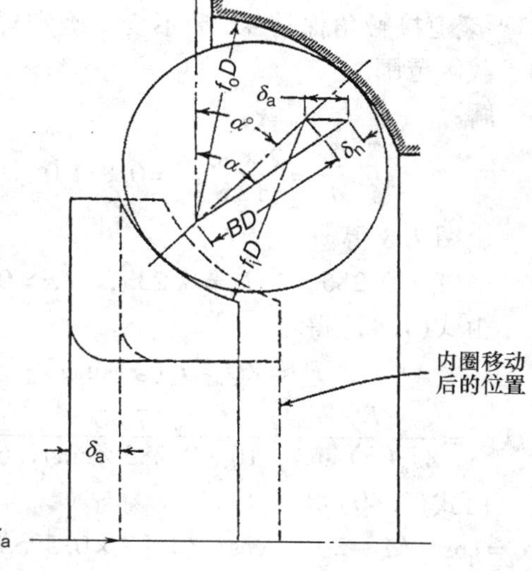

解：由例2.3

$$B=0.046\,4$$
$$\alpha°=40°$$
$$D=22.23\text{mm}$$

由式(7.33)得

$$\frac{F_a}{ZD^2K}=\sin\alpha\left(\frac{\cos\alpha°}{\cos\alpha}-1\right)^{1.5}$$

从图7.5得

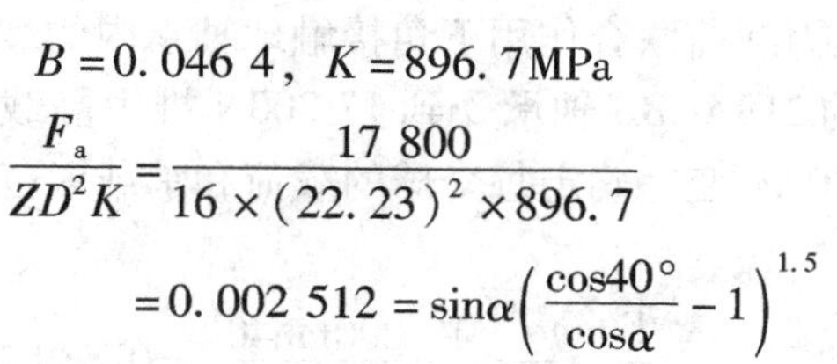

$$B=0.046\,4,\ K=896.7\text{MPa}$$

$$\frac{F_a}{ZD^2K}=\frac{17\,800}{16\times(22.23)^2\times896.7}$$

$$=0.002\,512=\sin\alpha\left(\frac{\cos40°}{\cos\alpha}-1\right)^{1.5}$$

由式(7.34)得

$$\alpha'=\alpha+\frac{\dfrac{F_a}{ZD^2K}-\sin\alpha\left(\dfrac{\cos\alpha°}{\cos\alpha}-1\right)^{1.5}}{\cos\alpha\left(\dfrac{\cos\alpha°}{\cos\alpha}-1\right)^{1.5}+1.5\tan^2\alpha\left(\dfrac{\cos\alpha°}{\cos\alpha}-1\right)^{0.5}\cos\alpha°}$$

$$\alpha' = \alpha + \frac{0.002\,512 - \sin\alpha\left(\frac{\cos 40^\circ}{\cos\alpha} - 1\right)^{1.5}}{\cos\alpha\left(\frac{\cos 40^\circ}{\cos\alpha} - 1\right)^{1.5} + 1.5\tan^2\alpha\left(\frac{\cos 40^\circ}{\cos\alpha} - 1\right)^{0.5}\cos 40^\circ}$$

对式(7.34)进行迭代求解，直至$\alpha - \alpha'$逼近0。解得$\alpha = 41.6^\circ$。

由式(7.26)得

$$Q = \frac{F_a}{Z\sin\alpha} = \frac{17\,800}{16\sin 41.6^\circ} = 1\,676\text{N}$$

由式(7.36)得

$$\delta_a = \frac{BD\sin(\alpha - \alpha^\circ)}{\cos\alpha} = \frac{0.046\,4 \times 22.23 \times \sin(41.6^\circ - 40^\circ)}{\cos 41.6^\circ} = 0.038\,6\text{mm}$$

例7.6　偏心推力载荷作用下角接触球轴承内的载荷分布

问题：例7.5中的218ACBB轴承承受的推力静载荷为17 800N，载荷作用点偏离轴承中心50.8mm。假定球-滚道接触角保持41.6°不变，确定球的最大载荷和承载区范围。

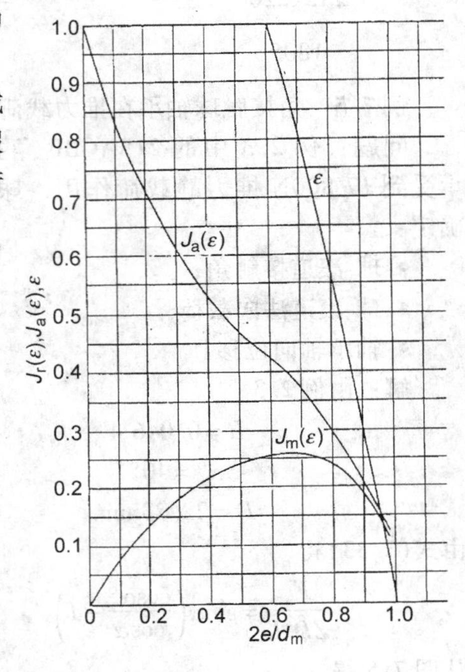

解：

$$\frac{2e}{d_m} = \frac{2 \times 50.8}{125.3} = 0.811\,0$$

由图7.8得

$$J_a = 0.285, \quad J_m = 0.233, \quad \varepsilon = 0.525$$

由式(7.45)得

$$F_a = ZQ_{max}J_a(\varepsilon)\sin\alpha$$

$$Q_{max} = \frac{F_a}{ZJ_a(\varepsilon)\sin\alpha} = \frac{17\,800}{16 \times 0.285 \times \sin 41.6^\circ} = 5\,878\text{N}$$

由式(7.40)得

$$\psi_l = \cos^{-1}(1 - 2\varepsilon) = \cos^{-1}(1 - 2 \times 0.525) = \pm 92.87^\circ$$

例7.7　径向和推力载荷联合作用下角接触球轴承内的载荷分布

问题：例7.5中的218ACBB轴承受到17 800N推力静载荷和17 800N径向载荷联合作用，假定接触角保持40°不变，确定每个球的载荷和承载区范围。

解：

$$\frac{F_r\tan\alpha}{F_a} = \frac{17\,800\tan 40^\circ}{17\,800} = 0.839\,1$$

由图7.14得

$$J_a = 0.263, \quad J_r = 0.221, \quad \varepsilon = 0.455$$

由例7.5　　$Z = 16$

由式(7.70)得

$$Q_{max} = \frac{F_a}{ZJ_r(\varepsilon)\cos\alpha} = \frac{17\,800}{16 \times 0.221\cos 40^\circ} = 6\,571\text{N}$$

由式(7.62)得

$$Q_\psi = Q_{\max}\left(1 - \frac{1}{2\varepsilon}(1 - \cos\psi)\right)^{1.5}$$

$$Q_\psi = 6\ 571\left(1 - \frac{1}{2 \times 0.455}(1 - \cos\psi)\right)^{1.5}$$

$$= 6\ 571(1.099\cos\psi - 0.098\ 9)^{1.5}$$

由式(7.40)得

$$\psi_l = \cos^{-1}(1 - 2\varepsilon) = \cos^{-1}(1 - 2 \times 0.455) = \pm 84.78°$$

ψ	$\cos\psi$	Q_ψ/N
0	1	6 571
±22.5°	0.923 9	5 765
±45°	0.707 1	3 670
±67.5°	0.382 7	1 200
±90°	0	0
±112.5°	−0.382 7	0
±135°	−0.707 1	0
180°	−1	0

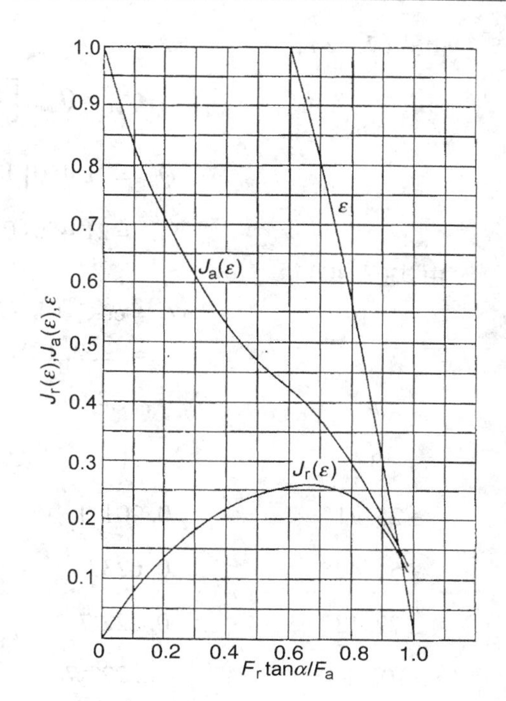

例 7.8　径向和推力载荷联合作用下双列球面滚子轴承内的载荷分布

问题：例 2.7 中的 22317SRB 轴承受到 22 250N推力静载荷和 89 000N 径向载荷联合作用，计算每列滚子的载荷分布和承载区范围。

解：由例 2.8 $\alpha = 12°$，每一列 $Z = 14$

$$\frac{F_r\tan\alpha}{F_a} = \frac{89\ 000\tan 12°}{22\ 250} = 0.850\ 2$$

由图 7.17 得

$$J_r = 0.303,\ J_a = 0.370,\ \varepsilon_1 = 0.8,$$

$$\varepsilon_2 = 0.2,\quad \frac{Q_{\max 2}}{Q_{\max 1}} = 0.220$$

由式(7.80)得

$$F_r = ZQ_{\max 1}J_r(\varepsilon_1)\cos\alpha$$

$$Q_{\max 1} = \frac{89\ 000}{14 \times 0.303\cos 12°} = 21\ 450\text{N}$$

$$Q_{\max 2} = \frac{Q_{\max 2}}{Q_{\max 1}}Q_{\max 1} = 0.220 \times 21\ 450 = 4\ 719\text{N}$$

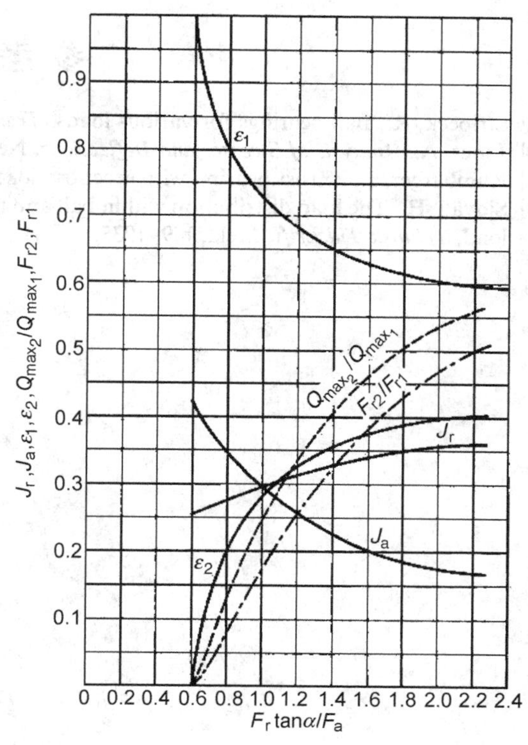

由式(7.62)得

$$Q_{\psi1}=Q_{\max1}\left[1-\frac{1}{2\varepsilon_1}(1-\cos\psi)\right]^{1.11}$$

$$Q_{\psi1}=21\ 450\left[1-\frac{1}{2\times0.8}(1-\cos\psi)\right]^{1.11}$$

$$=21\ 450(0.625\cos\psi-0.375)^{1.11}$$

由式(7.40)得

$$\psi_{l2}=\cos^{-1}(1-2\varepsilon_2)=\cos^{-1}(1-2\times0.2)$$

$$=\pm53.13°$$

ψ	$\cos\psi$	$Q_{\psi1}$/N	$Q_{\psi2}$/N
0	1	21 450	4 719
±25.71°	0.901 0	19 980	3 442
±51.42°	0.623 7	15 930	204
±77.13°	0.222 7	10 250	0
±102.84°	−0.222 7	4 321	0
±128.55°	−0.623 7	0	0
±154.26°	−0.901 0	0	0
180°	−1	0	0

参考文献

[1] Stribeck, R., Ball bearings for various loads, *Trans. ASME* 29, 420–463, 1907.
[2] Jones, A., *Analysis of Stresses and Deflections*, New Departure Engineering Data, Bristol, CT, 1946.
[3] Rumbarger, J., Thrust bearing with eccentric loads, *Mach. Des.* (February 15, 1962).
[4] Sjovāll, H., The load distribution within ball and roller bearings under given external radial and axial load, *Teknisk Tidskrift*, Mek., h.9, 1933.

第 8 章　轴承位移与预载荷

符号表

符　号	定　义	单　位
a	接触椭圆长半轴	mm
b	接触椭圆短半轴	mm
d_1	挡边直径	mm
D	球或滚子直径	mm
F	作用力	N
$J_r(\varepsilon)$	径向载荷积分	
K	载荷—位移常数	N/mm^2
l	滚子有效长度	mm
M	力矩载荷	N · mm
Q	滚动体载荷	N
Z	每列滚动体数目	
α	接触角	rad，°
γ	$D\cos\alpha/d_m$	
δ	位移或接触变形	mm
δ'	变形率	mm/N
ε	径向承载区在轴承节圆直径上的投影	
θ	挡边角	rad，°
σ_{max}	最大接触应力	N/mm^2
$\sum\rho$	曲率和	mm^{-1}
Φ	角度	rad，°

角　标

a	轴向

i	内滚道
n	滚动体载荷方向
o	外滚道
p	预紧状态
r	径向
R	球或滚子
1、2	轴承1、轴承2

8.1 概述

在第6章中介绍了滚动体与滚道之间的弹性接触变形的计算方法。对于刚性支承轴承，作为一个单元体，其弹性位移是指沿载荷作用方向或设计者关心的方向上的最大弹性接触变形。由于最大弹性接触变形与滚动体的载荷有关，因此在确定轴承的变形位移之前有必要首先分析轴承内部的载荷分布，第7章已对承受简单的静载荷和刚性支承的轴承滚动体载荷分布的计算方法作了介绍。在这些方法中，采用了轴承的主要位移量 δ_r 和 δ_a，这些位移在许多应用中，对机械系统的稳定，对其他部件的动载荷以及系统的运转精度可能有重要的影响。本章将讨论这些位移。

8.2 刚性支承套圈的轴承位移

利用第7章中的方法，可以计算简单径向载荷、轴向载荷或径向-轴向联合载荷作用下滚动体的最大载荷 Q_{max}。Palmgren[1] 给出了一系列计算特定条件下轴承位移的公式，这些公式可以作为近似公式使用。

以中、低速运转且只承受径向载荷的深沟球轴承和角接触球轴承，将只产生径向位移，即 $\delta_a=0$，

$$\delta_r = 4.36\times10^{-4}\frac{Q_{max}^{\frac{2}{3}}}{D^{\frac{1}{3}}\cos\alpha} \tag{8.1}$$

对于调心球轴承

$$\delta_r = 6.98\times10^{-4}\frac{Q_{max}^{\frac{2}{3}}}{D^{\frac{1}{3}}\cos\alpha} \tag{8.2}$$

以中、低速运转，一个滚道为点接触而另一个滚道为线接触的滚子轴承

$$\delta_r = 1.81\times10^{-4}\frac{Q_{max}^{\frac{3}{4}}}{l^{\frac{1}{2}}\cos\alpha} \tag{8.3}$$

对每个滚道上都是线接触的向心滚子轴承

$$\delta_r = 7.68\times10^{-5}\frac{Q_{max}^{0.9}}{l^{0.8}\cos\alpha} \tag{8.4}$$

以上给出的值还必须加上适当的径向游隙以及由非刚性支承引起的位移。

对角接触球轴承，在纯轴向载荷作用下，即 $\delta_r = 0$，轴向位移为

$$\delta_a = 4.36 \times 10^{-4} \frac{Q_{max}^{2/3}}{D^{\frac{1}{3}} \sin\alpha} \tag{8.5}$$

对调心球轴承

$$\delta_a = 6.98 \times 10^{-4} \frac{Q_{max}^{2/3}}{D^{\frac{1}{3}} \sin\alpha} \tag{8.6}$$

对推力球轴承

$$\delta_a = 5.24 \times 10^{-4} \frac{Q_{max}^{2/3}}{D^{\frac{1}{3}} \sin\alpha} \tag{8.7}$$

对承受轴向载荷的深沟球轴承，在利用8.5式之前必须先确定接触角 α。对于一个滚道为点接触而另一个滚道为线接触的滚子轴承，

$$\delta_a = 1.81 \times 10^{-4} \frac{Q_{max}^{3/4}}{l^{\frac{1}{2}} \sin\alpha} \tag{8.8}$$

对于每一个滚道都为线接触的滚子轴承

$$\delta_a = 7.68 \times 10^{-5} \frac{Q_{max}^{0.9}}{l^{0.8} \sin\alpha} \tag{8.9}$$

参见例8.1和例8.2。

8.3 预载荷

8.3.1 轴向预载荷

图8.1给出了球轴承位移与载荷关系的典型曲线。从图中可以看出，随着载荷均匀增加，变形率逐渐减小。因此，当作用载荷超过这条曲线上的拐点时，对减小轴承的位移来说是有利的。这个状态可以通过对角接触球轴承进行轴向预载荷来实现。通常的做法是磨削轴承两个相对接触的端面，然后将它们一起压紧在轴上，如图8.2所示。图8.3显示了轴向压紧前后的成对轴承组。图8.4表明，球轴承预载荷改善了载荷-位移特征曲线。

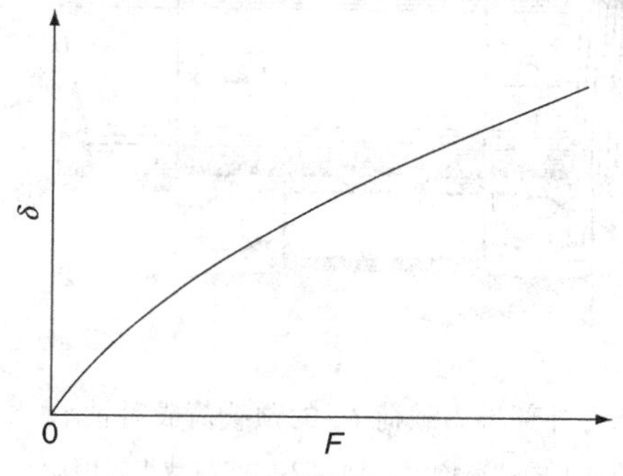

图8.1　球轴承位移与载荷关系

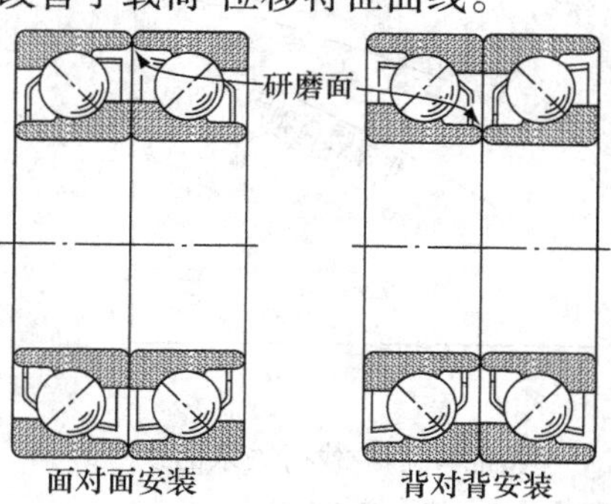

图8.2　成对角接触球轴承组

假定两个相同的角接触球轴承背对背或面对面地安装在轴上，如图8.5所示，并通过锁紧装置紧固在一起。在预载荷 F_P 作用下，两个轴承都产生同样的轴向位移 δ_p。此时，轴承

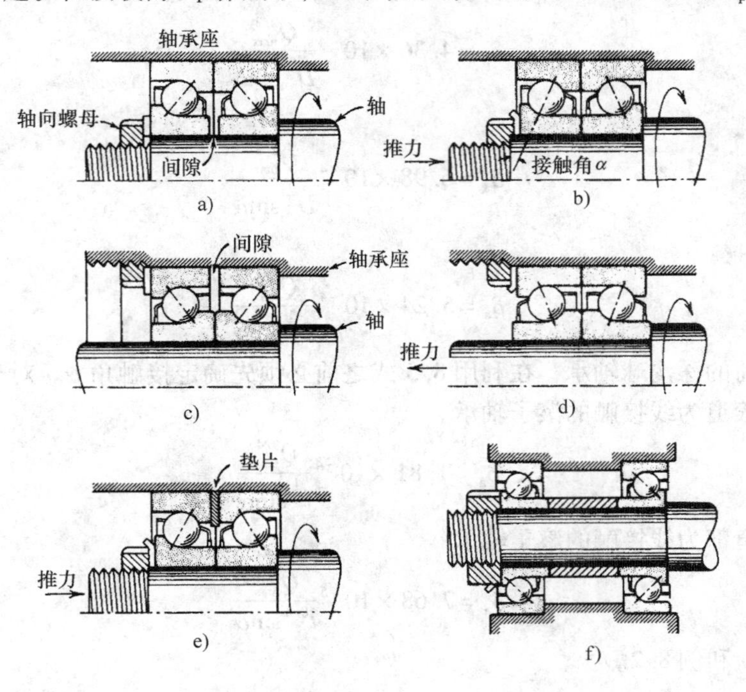

图8.3 轴向压紧前后的成对轴承组

a）轴向预紧前背对背成对角接触球轴承，两内圈端面都被磨削，以提供一定的轴向间隙 b）图a中轴承在拧紧轴向螺母消除间隙后，接触角变大 c）预紧前面对面成对角接触球轴承。此时应磨削两外圈端面，以提供所需的间隙 d）图c中轴承在拧紧轴向螺母后，预紧使接触角变大 e）在两个标准宽度轴承之间放入垫片，可避免磨削外端面 f）轴承之间的精密隔套可提供适当的预载荷，图中内隔套长度略小于外隔套

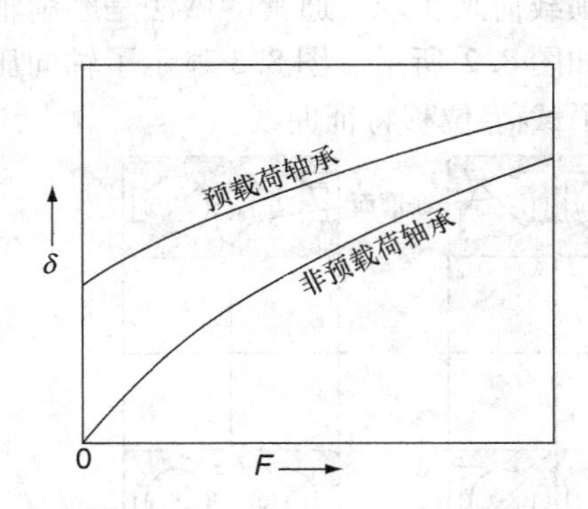

图8.4 球轴承位移-载荷关系曲线

随着载荷增加，位移增加率减小，因此预载荷(上曲线)能减小增量载荷下的轴承位移

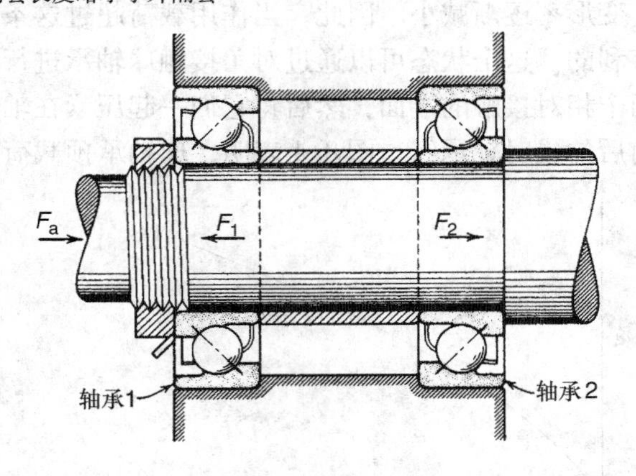

图8.5 承受外部推力载荷 F_a 的预载荷成对轴承

由于 F_a 使轴承1的载荷增大，轴承2的载荷减小，因此计算最终位移变得很复杂

组受的推力载荷为 F_a，如图 8.5 所示。由于这个推力载荷作用，成对轴承将产生轴向位移 δ_a。这样在轴承 1 上，总的轴向位移为

$$\delta_1=\delta_p+\delta_a \tag{8.10}$$

而在轴承 2 上，

$$\delta_2=\begin{cases}\delta_p-\delta_a & \delta>\delta_a\\ 0 & \delta\leqslant\delta_a\end{cases} \tag{8.11}$$

成对轴承的总载荷应等于推力载荷：

$$F_a=F_1-F_2 \tag{8.12}$$

为了便于分析，仅考虑推力载荷作用在轴承的中心，因此由式(7.33)可得

$$\frac{F_a}{ZD^2K}=\sin\alpha_1\left(\frac{\cos\alpha^o}{\cos\alpha_1}-1\right)^{1.5}-\sin\alpha_2\left(\frac{\cos\alpha^o}{\cos\alpha_2}-1\right)^{1.5} \tag{8.13}$$

合并式(8-10)和式(8.11)，得

$$\delta_1+\delta_2=2\delta_p \tag{8.14}$$

把式(8.10)的 δ_1 和式(8.11)的 δ_2 分别代入式(7.36)，得

$$\frac{\sin(\alpha_1-\alpha^o)}{\cos\alpha_1}+\frac{\sin(\alpha_2-\alpha^o)}{\cos\alpha_2}=\frac{2\delta_p}{BD} \tag{8.15}$$

至此，由式(8.13)和式(8.15)可以解出 α_1 和 α_2，然后将 α_1 和 α_2 代入式(7.36)，即可求出 δ_1 和 δ_2 的值。预载荷 F_P 和预变形 δ_p 可以由下列方程确定：

$$\frac{F_p}{ZD^2K}=\sin\alpha_p\left(\frac{\cos\alpha^o}{\cos\alpha_p}-1\right)^{1.5} \tag{8.16}$$

$$\delta_p=\frac{BD\sin(\alpha_p-\alpha^o)}{\cos\alpha_p} \tag{8.17}$$

图 8.6 给出了轴承位移 δ_a 与载荷之间的典型曲线。值得注意的是，在外载荷使预紧载荷卸载之前，预紧轴承的位移始终小于非预紧轴承的位移。而在预紧载荷卸载之后，成对轴承在推力载荷作用下的特性与单个轴承相同，具有与单个轴承同样的载荷-位移曲线。使轴承 2 卸载的那一点可用图解方法来确定，即将单个轴承的载荷-位移曲线绕预载荷点反置过来即可，如图 8.6 所示。

由于滚子轴承的位移与载荷几乎成线性关系，对圆锥或调心滚子轴承进行轴向预紧并不会产生多大益处，因此，对滚子轴承进行预紧不如球轴承那样常见。图 8.7 所示为轴向锁紧

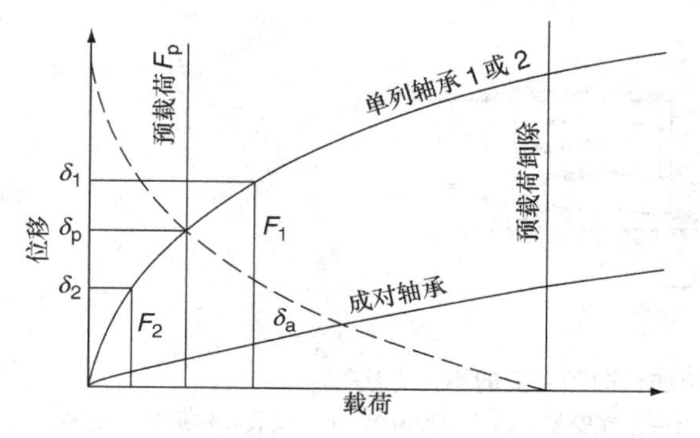

图 8.6　预紧成对球轴承的载荷-位移曲线

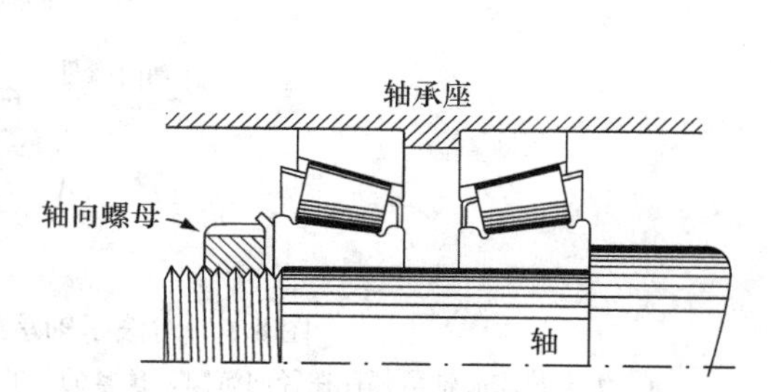

图 8.7　轻度预紧的圆锥滚子轴承

后获得轻度预紧的成对圆锥滚子轴承。

参见例8.3。

如果需要对两个不同的球轴承施加预载荷，则式(8.13)和式(8.15)变成

$$F = ZD_1^2K_1\sin\alpha_1\left(\frac{\cos\alpha_1^0}{\cos\alpha_1}-1\right)^{1.5} - ZD_2^2K_2\sin\alpha_2\left(\frac{\cos\alpha^0}{\cos\alpha_2}-1\right)^{1.5} \tag{8.18}$$

$$\frac{B_1D_1\sin(\alpha_1-\alpha_1^0)}{\cos\alpha_1}+\frac{B_2D_2\sin(\alpha_2-\alpha_2^0)}{\cos\alpha_2}=2\delta_P \tag{8.19}$$

联立求解式(8.18)和式(8.19)才能得到α_1和α_2，跟前面一样，再用式(7.36)计算对应的δ值。

为了进一步减小轴向位移，可以对两个以上的轴承进行轴向锁紧，如图8.8所示的三联角接触轴承。这样做的缺点是增大了所需空间，增加了重量和成本，参考文献[2]给出了有关轴承预紧的更详细的资料。

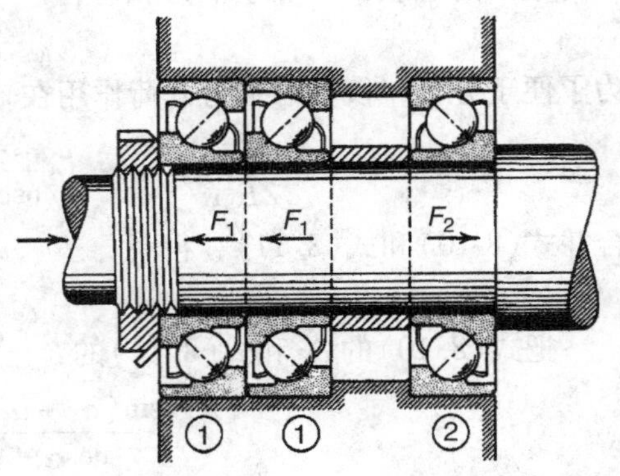

图8.8 三联角接触轴承

其中两个同向而一个反向。这种配置比双联轴承具有更高的轴向刚度和更长的寿命，但需要更大的空间

8.3.2 径向预载荷

滚动轴承径向预紧与轴向预紧不同，其目的不是用来消除较大的初始位移，而是使更多的滚动体承受载荷，从而降低滚动体的最大载荷。另外也可利用它来防止打滑。第7章给出了计算最大径向滚动体载荷的方法，图8.9显示了对滚子轴承施加径向预载荷的不同方法。

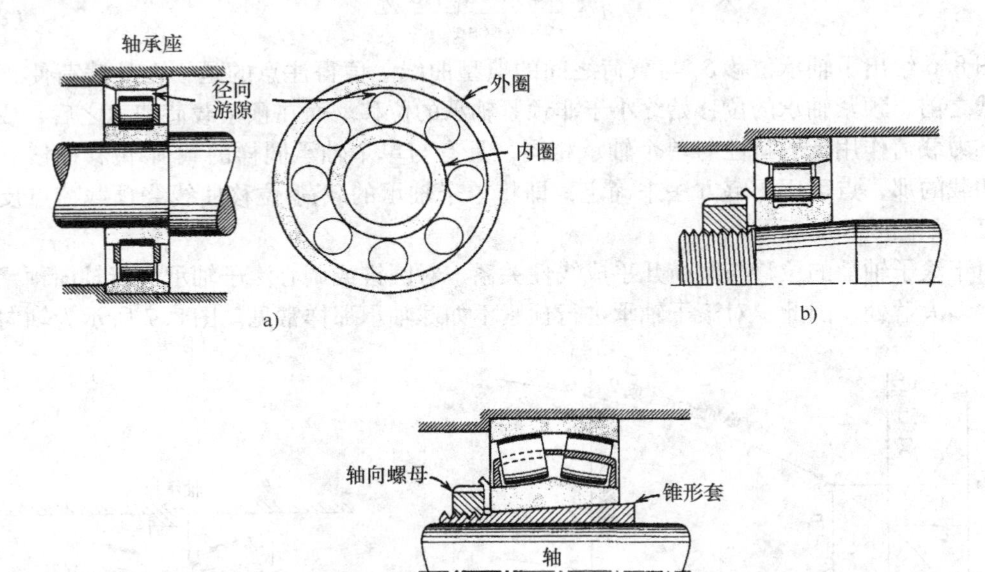

图8.9 对滚子轴承施加径向预载荷的不同方法

a）大多数成品轴承都存在径向游隙，预紧的目的之一是在安装时消除这种游隙　b）安装在锥形轴上的圆柱滚子轴承，内圈扩涨。这种轴承的内孔通常具有1/12的锥度　c）安装在锥形套上的调心滚子轴承，内圈扩涨

参见例8.4。

8.3.3　等弹性预载荷

有时候希望轴承及其支承结构的轴向和径向变形率尽可能地相等。换句话说，不论是轴向还是径向载荷所产生的位移是相等的(在理想情况下)。随着导航、导弹以及空间制导系统所用高精度、低漂移惯性陀螺的使用，其中的球轴承必须是等弹性的。这种惯性陀螺通常有一个单自由度的可倾轴，它对误差力矩极为敏感。

考虑一个旋转轴与 x 轴重合的陀螺(见图8.10)，可倾轴通过原点并垂直于纸面，旋转质量重心受到位于 xz 平面内、与 x 轴成 ϕ 夹角的干扰力 F 的作用，这个力有使旋转质量重心从O移到O′的趋势。如果 x 轴和 z 轴方向上的位移不相等，作用力 F 将产生绕可倾轴的误差力矩。

利用轴承的轴向和径向变形率，误差力矩为

$$M=\frac{1}{2}F^2(\delta'_z-\delta'_x)\sin(2\phi) \tag{8.20}$$

其中轴承变形率 δ'_z 和 δ'_x 是单位力引起的位移。

为了使 M 及由此引起的漂移最小，δ'_z 必须尽可能与 δ'_x 相等，这就是对精确导航或制导提出的要求。另外，从图8.10还可以看出，增加轴承的刚度，即相应减小 δ'_z 和 δ'_x，可以降低最小误差力矩的幅值，从而达到等弹性。

在大多数球轴承中，径向变形率通常小于轴向变形率，要改变这一状态，最好是增大轴承的接触角，这样可以降低轴向变形率而增加径向变形率。使用30°或更大接触角的轴承可以使两个方向的变形率之比达到1:1。

对接触角很大的轴承，预紧载荷大小几乎不会影响轴向与径向变形率之比，但是为了保持所要求的接触角，必须对轴承施加预紧载荷。

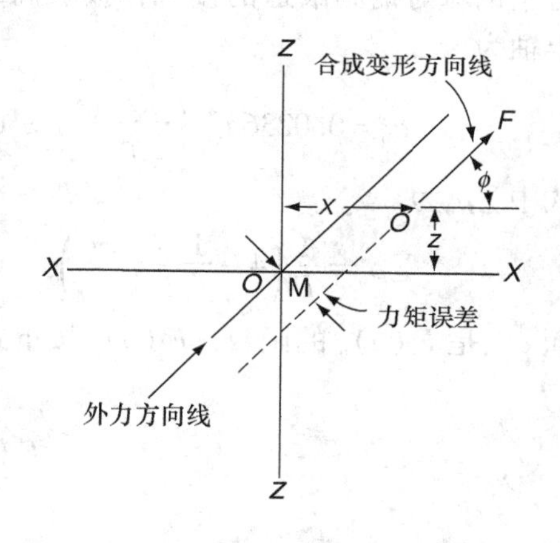

图8.10　干扰力 F 对旋转质量重心的影响
通常对轴承有等弹性要求，即要求轴
承位移方向与干扰力作用方向相同

8.4　球轴承极限推力载荷

8.4.1　一般考虑

大多数向心球轴承可承受一定的推力载荷，只要由此而引起的接触应力不是太高或者不会使球接触区超出滚道就可以。出现后一种情况会导致严重的应力集中并使轴承迅速发生疲劳破坏。因此，对于给定的球轴承，有必要确定轴承所能承受并能保持正常运转的最大推力载荷。为此，首先要考虑的就是球接触区是否超出滚道的问题。

8.4.2 使球超出挡边的推力载荷

图 8.11 显示了推力载荷作用下角接触轴承中的球刚好触及挡边边缘的极限角位置。从图 8.11 可以看到，使接触椭圆的长轴正好达到轴承挡边边缘的推力载荷，即是球不超出挡边的最大容许载荷。必须同时对内外挡边考虑这种状态。由图 8.11 可知，外圈滚道与挡边交点处的夹角 θ_o 等于 $\alpha+\varphi$，其中 α 是载荷作用下使接触椭圆长轴不超出挡边边缘时的接触角，而 φ 是弦 $2a_o$ 对应角度的一半。θ_o 由下式近似给出

$$\theta_o=\cos^{-1}\left(1-\frac{d_o-d_{lo}}{D}\right) \tag{8.21}$$

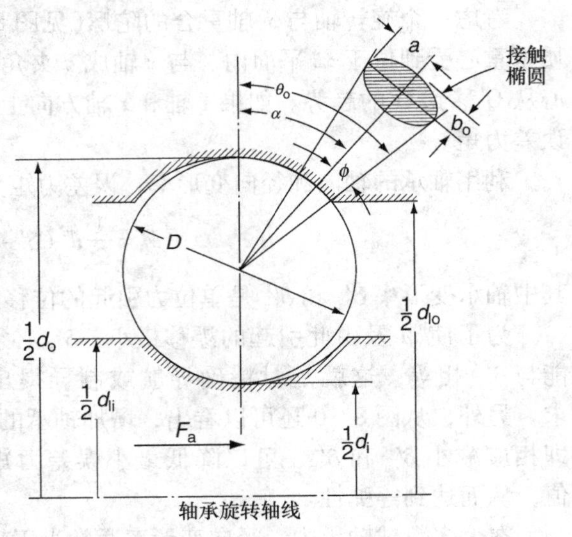

图 8.11 极限推力载荷下的球-滚道接触

由于接触变形是微小量，弦 $2a_o$ 中点的曲率半径 r'_o 近似等于 $D/2$，因此 $\sin\varphi\approx 2a_o/D$，或

$$\sin(\theta_o-\alpha)=\frac{2a_o}{D} \tag{8.22}$$

对于钢球与钢制滚道的接触，接触椭圆的长半轴为

$$a_o=0.0236a_o^*\left(\frac{Q}{\sum\rho_o}\right)^{\frac{1}{3}} \tag{6.39}$$

式中 $\sum\rho_o$ 为

$$\sum\rho_o=\frac{1}{D}\left(4-\frac{1}{f_o}-\frac{2\gamma}{1+\gamma}\right) \tag{2.30}$$

而 a_o^* 是 $F(\rho)_o$ 的函数，$F(\rho)_o$ 按下式定义

$$F(\rho)_o=\frac{\dfrac{1}{f_o}-\dfrac{2\gamma}{1+\gamma}}{4-\dfrac{1}{f_o}-\dfrac{2\gamma}{1+\gamma}} \tag{2.31}$$

$$\gamma=\frac{D\cos\alpha}{d_m} \tag{2.27}$$

对于承受推力载荷的球轴承，由式(7.26)

$$Q=\frac{F_a}{Z\sin\alpha} \tag{7.26}$$

结合式(6.39)、式(2-30)、式(8.22)和式(7.26)，可得

$$F_{ao}=Z\sin\alpha\sum\rho_o\left[\frac{D\sin(\theta_o-\alpha)}{0.0472a_o^*}\right]^3 \tag{8.23}$$

第7章中的式(7.33)给出了最终接触角与推力载荷和装配接触角的关系：

$$\frac{F_a}{ZD^2K}=\sin\alpha\left(\frac{\cos\alpha^o}{\cos\alpha}-1\right)^{1.5} \tag{7.33}$$

式中，K 是 Jones 的轴向位移常数，可从图 7.5 中得到。将式(7.33)和式(8.23)结合，可得到下列关系：

$$\sin(\theta_o-\alpha)=0.0472\frac{a_o^* K^{\frac{1}{3}}\left(\frac{\cos\alpha^o}{\cos\alpha}-1\right)^{0.5}}{(D\sum\rho_o)^{\frac{1}{3}}} \quad (8.24)$$

这个方程可以采用数值方法对 α 进行迭代求解。

求出 α 后，就可用式(7.33)确定使球不超出外挡边的极限推力载荷 F_a。

同样，对内滚道有

$$\sin(\theta_i-\alpha)=0.0472\frac{a_i^* K^{\frac{1}{3}}\left(\frac{\cos\alpha^0}{\cos\alpha}-1\right)^{0.5}}{(D\sum\rho_i)^{\frac{1}{3}}} \quad (8.25)$$

$$\theta_i=\cos^{-1}\left(\frac{d_{1i}-d_i}{D}\right) \quad (8.26)$$

而 $\sum\rho_i$ 和 $F(\rho)_i$ 分别由式(2.28)和式(2.29)来确定。

参见例8.5

8.4.3 产生过度接触应力的推力载荷

在球还没有超出挡边之前，内滚道接触区(或调心球轴承的外滚道接触区)的接触应力有可能已达到了极限值。载荷 Q 引起的球的最大接触应力为

$$\sigma_{max}=\frac{3Q}{2\pi ab} \quad (6.47)$$

式中

$$b=0.0236b_i^*\left(\frac{Q}{\sum\rho_i}\right)^{\frac{1}{3}} \quad (6.41)$$

结合式(6.41)、式(6.39)、式(6.47)和式(7.33)，得到：

$$\left(\frac{\cos\alpha^o}{\cos\alpha}-1\right)^{\frac{1}{3}}=\frac{1.166\times10^{-3}a_i^* b_i^*\sigma_{max}}{(D^2K)^{\frac{1}{3}}(\sum\rho_i)^{\frac{2}{3}}} \quad (8.27)$$

当已知最大许用接触应力 σ_{max} 后，就可对 α 进行数值求解，然后利用式(7.33)就可以计算出极限载荷 F_a。实际应用中，可取 $\sigma_{max}=2\,069$MPa(300,000psi)作为钢制球轴承的极限应力。然而，如果球不超出挡边，通常可允许接触应力短时间超过3 449MPa(500,000psi)。

8.5 结束语

在许多工程应用中，为了保证转子系统的动态稳定性，必须知道轴承的位移，这个问题在高速轴承系统，比如航空燃气蜗轮发动机中是很重要的。在这种情况下轴承系统的径向位移可看成是系统的偏心。在其他应用中，比如惯性陀螺、射电望远镜和机床中，为了保持系统的精度或制造精度，要求载荷作用下轴承的位移最小。前面几章已经表明，轴承位移是轴承内部设计、轴承尺寸、游隙、速度和载荷分布的函数。然而在低速应用中并不需要很高的精度，此时本章中介绍的简化方程对于估计轴承的位移具有足够的精度。

为了使位移最小，可以采用轴向或径向预紧，但是必须注意不要使预紧载荷过大，因为这会引起摩擦力矩增加，从而导致轴承过热，轴承寿命降低。

例题

例8.1　径向载荷作用下圆柱滚子轴承的径向位移

问题：计算例7.4中的209CRB轴承的径向位移，并将这个值与例7.4中得到的δ_{max}进行比较。假定径向游隙为0.040 6mm。

解：由例7.4 $Q_{max}=1\ 589\text{N}$

由例2.7　　　$l=9.6\text{mm}$

由式(8.4)得

$$\delta_r=7.68\times10^{-5}\frac{Q_{max}^{0.9}}{l^{0.8}\cos\alpha}=7.68\times10^{-5}\frac{(1\ 589)^{0.9}}{(9.6)^{0.8}\cos0°}=0.009\ 53\text{mm}$$

$$\delta_{max}=\delta_r+\frac{P_d}{2}=0.009\ 53+\frac{0.040\ 6}{2}=0.029\ 83\text{mm}$$

由例7.3　$\delta_{max}=0.032\ 51\text{mm}>0.029\ 83\text{mm}$

例8.2　轴向载荷作用下角接触球轴承的轴向位移

问题：例7.5中的218ACBB轴承的推力载荷为17 800N，计算它的轴向位移，并与例7.5中的δ_{max}进行比较。

解：由例7.5　　　$Z=16$

由例2.3　　　$\alpha°=40°$

$D=22.23\text{mm}$

由式(7.26)得

$$Q=\frac{F_a}{Z\sin\alpha}=\frac{17\ 800}{16\times\sin40°}=1\ 731\text{N}$$

由式(8.5)得

$$\delta_a=4.36\times10^{-4}\frac{Q_{max}^{\frac{2}{3}}}{D^{\frac{1}{3}}\sin\alpha}=4.36\times10^{-4}\frac{(1\ 731)^{\frac{2}{3}}}{(22.23)^{\frac{1}{3}}\sin40°}=0.034\ 8\text{mm}$$

由例7.5，$\delta_a=0.038\ 6\text{mm}$。这个值略大于本例的计算值。这是由于例7.5考虑了接触角的改变。

例8.3　轴向载荷作用下角接触球轴承的轴向位移。

问题：如图8.3所示的背对背安装的成对218ACBB轴承，已知轴向预载荷为4 450N。在8 900N推力载荷作用下计算轴承的轴向位移。

解：由例2.3 $\alpha°=40°$

$D=22.23\text{mm}$

$B=0.046\ 4$

由例7.5　　　$Z=16$

$K=896.7\text{N/mm}^2$

由式(8.16)得

$$\frac{F_p}{ZD^2K}=\sin\alpha_p\left(\frac{\cos\alpha°}{\cos\alpha_p}-1\right)^{1.5}$$

$$\frac{4\ 450}{16\times(22.23)^2\times896.7}=\sin\alpha_p\left(\frac{\cos40°}{\cos\alpha_p}-1\right)^{1.5}$$

用 Newton-Raphson 法求解得　$\alpha_p = 40.66°$

由式(8.17)得

$$\delta_p=\frac{BD\sin(\alpha_p-\alpha°)}{\cos\alpha_p}$$

$$\delta_p=\frac{0.046\ 4\times22.23\sin(40.66°-40°)}{\cos40.66°}=0.015\ 55\text{mm}$$

由式(8.13)得

$$\frac{F_a}{ZD^2K}=\sin\alpha_1\left(\frac{\cos\alpha°}{\cos\alpha_1}-1\right)^{1.5}-\sin\alpha_2\left(\frac{\cos\alpha°}{\cos\alpha_2}-1\right)^{1.5}$$

$$\frac{8\ 900}{16\times(22.23)^2\times896.7}=\sin\alpha_1\left(\frac{\cos40°}{\cos\alpha_1}-1\right)^{1.5}-\sin\alpha_2\left(\frac{\cos40°}{\cos\alpha_2}-1\right)^{1.5}$$

$$0.001\ 255=\sin\alpha_1\left(\frac{0.766\ 0}{\cos\alpha_1}-1\right)^{1.5}-\sin\alpha_2\left(\frac{0.766\ 0}{\cos\alpha_2}-1\right)^{1.5} \tag{a}$$

由式(8.15)得

$$\frac{\sin(\alpha_1-\alpha°)}{\cos\alpha_1}+\frac{\sin(\alpha_2-\alpha°)}{\cos\alpha_2}=\frac{2\delta_p}{BD}$$

$$\frac{\sin(\alpha_1-40°)}{\cos\alpha_1}+\frac{\sin(\alpha_2-40°)}{\cos\alpha_2}=\frac{2\times0.015\ 55}{0.046\ 4\times22.23}=0.030\ 14 \tag{b}$$

用 Newton-Raphson 法联立求解方程(a)和(b)，得 $\alpha_1 = 41.09°$，$\alpha_2 = 40.22°$。

$$\delta_a=\delta_{a1}-\delta_p=\frac{BD\sin(\alpha_1-\alpha°)}{\cos\alpha_1}$$

$$\delta_a=\frac{0.046\ 4\times22.23\sin(41.09°-40°)}{\cos41.09°}=0.010\ 39\text{mm}$$

对承受 8 900N 推力载荷的单列 218ACBB 轴承，$\delta_a=0.024\ 46$mm。可以看到，在推力载荷作用下预载荷成对轴承的刚度是单列轴承的两倍多。这种刚度的改进可在机床轴承中加以利用。

例 8.4　径向载荷作用下圆柱滚子轴承的径向位移

问题：例 7.3 中的 209CRB 轴承内圈与轴的配合采用锥孔配合，如图 8.9 所示，直至径向游隙达到 0.002 54mm。在 4 450N 径向载荷作用下，试确定：

- 最大滚子载荷；
- 承载区范围；
- 径向位移。

解：由式(7.22)得

$$F_r=ZK_n\left(\delta_r-\frac{1}{2}P_d\right)^{\frac{10}{9}}J_r(\varepsilon)$$

$$\frac{F_r}{ZK_n}=\frac{4\ 450}{14\times2.72\times10^5}=0.001\ 169$$

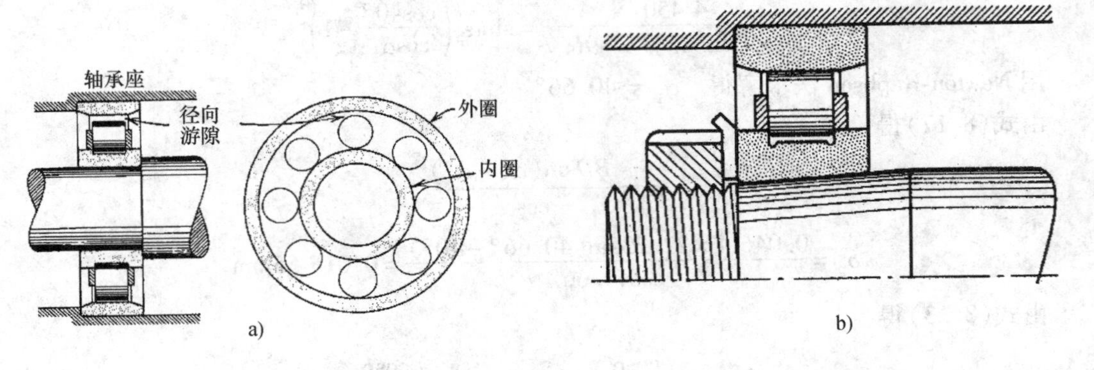

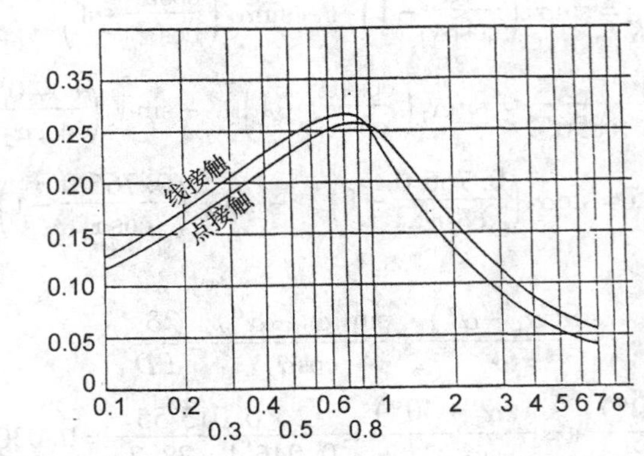

$$0.001\ 169 = \left(\delta_r - \frac{-0.002\ 54}{2}\right)^{\frac{10}{9}} J_r(\varepsilon)$$

$$(\delta_r + 0.001\ 27)^{\frac{10}{9}} J_r(\varepsilon) = 0.001\ 169 \tag{a}$$

由式(7.12)得

$$\varepsilon = \frac{1}{2}\left(1 - \frac{P_d}{2\delta_r}\right)^{1.11}$$

$$\varepsilon = \frac{1}{2}\left(1 - \frac{-0.002\ 54}{2\delta_r}\right)^{1.11} = 0.5 - \frac{0.000\ 635}{\delta_r} \tag{b}$$

利用图7.2，联立求解方程（a)和(b)，得

$$\delta_r = 0.006\ 60\text{mm} \quad \varepsilon = 0.596 \quad J_r(0.596) = 0.256$$

由式(7.19)得

$$F_r = ZQ_{\max} J_r(\varepsilon)$$

$$Q_{\max} = \frac{F_r}{ZJ_r(\varepsilon)} = \frac{4\ 450}{14 \times 0.256} = 1\ 242\text{N}$$

由式(7.13)得

$$\psi_1 = \cos^{-1}\left(\frac{P_d}{2\delta_r}\right) = \cos^{-1}\left(\frac{0.002\ 54}{2 \times 0.006\ 6}\right) = \pm 101.53°$$

比　较

参　数	例7.3	例8.4
P_d/mm	0.040 6	-0.002 5
Q_{max}/N	1 915	1 242
δ_r/mm	0.032	0.006 6
ψ_l(°)	±50.58	±101.53

例8.5　角接触球轴承的极限推力载荷

问题：例7.5中的218ACBB轴承外圈挡边直径为133.8mm，确定使球超越外圈挡边的推力载荷。

解：由例2.3

$$\alpha° = 40°$$

$$D = 22.23\text{mm}$$

$$B = 0.046\,4$$

$$\sum\rho_o = 0.093\,96 - \frac{0.015\,96\cos\alpha}{1 + 0.177\,4\cos\alpha}$$

$$d_o = 147.7\text{mm}$$

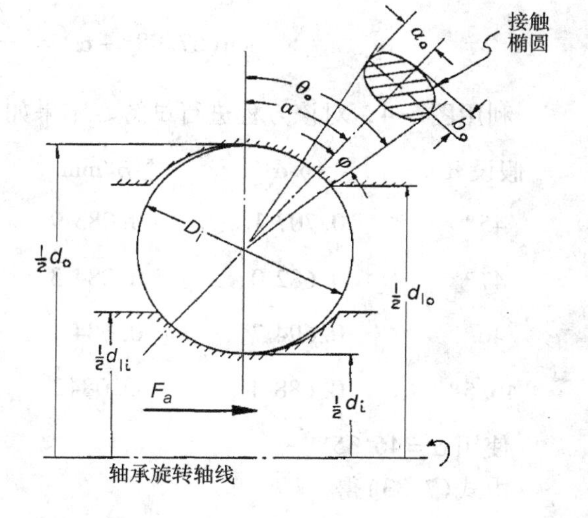

由例2.3

$$d_m = 125.3\text{mm}$$

由例7.5

$$Z = 16$$

$$K = 896.7\text{N/mm}^2$$

由式(8.21)得

$$\theta_o = \cos^{-1}\left(1 - \frac{d_o - d_{lo}}{D}\right)$$

$$= \cos^{-1}\left(1 - \frac{147.7 - 133.8}{22.23}\right) = 67.68°$$

由式(2.27)得

$$\gamma = \frac{D\cos\alpha}{d_m} = \frac{22.23\cos\alpha}{125.3} = 0.177\,4\cos\alpha$$

由式(2.30)得

$$\sum\rho_a = \frac{1}{D}\left(4 - \frac{1}{f_o} - \frac{2\gamma}{1+\gamma}\right) = \frac{1}{22.23}\left(4 - \frac{1}{0.523\,2} - \frac{2\times 0.177\,4\cos\alpha}{1 + 0.177\,4\cos\alpha}\right)$$

$$\sum\rho_a = 0.093\,96 - \frac{0.015\,96\cos\alpha}{1 + 0.177\,4\cos\alpha}$$

由式(2.31)得

$$F(\rho)_o = \frac{\frac{1}{f_o} - \frac{2\gamma}{1+\gamma}}{D\sum\rho_o} = \frac{\frac{1}{0.523\,2} - \frac{2\times 0.177\,4\cos\alpha}{1 + 0.177\,4\cos\alpha}}{22.23\times\left(0.093\,96 - \frac{0.015\,96\cos\alpha}{1 + 0.177\,4\cos\alpha}\right)}$$

$$F(\rho)_{\mathrm{o}}=\frac{1.911-\dfrac{0.3548\cos\alpha}{1+0.1774\cos\alpha}}{2.089-\dfrac{0.3548\cos\alpha}{1+0.1774\cos\alpha}}$$

由式(8.24)得

$$\sin(\theta-\alpha)=\frac{0.0472a_{\mathrm{o}}^{*}K^{\frac{1}{3}}\left(\dfrac{\cos\alpha^{\circ}}{\cos\alpha}-1\right)^{\frac{1}{2}}}{(D\sum\rho_{\mathrm{o}})^{\frac{1}{3}}}$$

$$\sin(67.98^{\circ}-\alpha)=\frac{0.0472a_{\mathrm{o}}^{*}(896.7)^{\frac{1}{3}}\left(\dfrac{\cos40^{\circ}}{\cos\alpha}-1\right)^{\frac{1}{2}}}{(22.23\sum\rho_{\mathrm{o}})^{\frac{1}{3}}}$$

$$\sin(67.98^{\circ}-\alpha)=\frac{0.454a_{\mathrm{o}}^{*}\left(\dfrac{0.7660}{\cos\alpha}-1\right)^{\frac{1}{2}}}{(22.23\sum\rho_{\mathrm{o}})^{\frac{1}{3}}}$$

利用图6.4，对该方程进行试解，结果如下表：

假设 α	$\cos\alpha$	$\sum\rho/\mathrm{mm}^{-1}$	$F(\rho)$	a_{o}^{*}	α 计算值
45°	0.7071	0.0839	0.9046	3.11	48.58°
47°	0.6820	0.0843	0.9050	3.12	44.13°
46°	0.6947	0.0841	0.9048	3.11	46.35°
46.5°	0.6884	0.0842	0.9049	3.12	46.32°

使用 $\alpha=46.35^{\circ}$

由式(7.33)得

$$\frac{F_{\mathrm{ao}}}{ZD^{2}K}=\sin\alpha\left(\frac{\cos\alpha^{\circ}}{\cos\alpha}-1\right)^{\frac{3}{2}}$$

$$F_{\mathrm{ao}}=ZD^{2}K\sin\alpha\left(\frac{\cos\alpha^{\circ}}{\cos\alpha}-1\right)^{\frac{3}{2}}$$

$$=16\times(22.23)^{2}\times896.7\sin46.35^{\circ}\left(\frac{\cos40^{\circ}}{\cos46.35^{\circ}}-1\right)^{\frac{3}{2}}$$

$$=1.87\times10^{5}\mathrm{N}$$

参 考 文 献

[1] Palmgren, A., *Ball and Roller Bearing Engineering*, 3rd ed., Burbank, Philadelphia, 49–51, 1959.
[2] Harris, T., How to compute the effects of preloaded bearings, *Prod. Eng*., 84–93, July 19, 1965.

第9章　永久变形与轴承额定静载荷

符号表

符　号	定　义	单　位
C_s	基本额定静载荷	N
d_m	节圆直径	mm
D	球或滚子直径	mm
F	载荷	N
f	r/D	
FS	安全系数	
HV	维氏硬度	
i	滚动体列数	
l	滚子有效长度	mm
P_d	径向游隙	mm
Q	滚动体载荷	N
r	沟曲率半径	mm
R	滚子母线轮廓半径	mm
X_s	径向载荷系数	
Y_s	轴向载荷系数	
Z	每列滚动体个数	
α	接触角	°
γ	$D\cos\alpha/d_m$	
δ_s	永久变形	mm
η	硬度下降修正系数	
ρ	曲率	mm^{-1}
σ	屈服应力或极限应力	N/mm^2

φ_s	额定载荷系数
	角　标
a	轴向
i	内滚道
ip	材料初始塑性流动
o	外滚道
r	径向
s	静载荷

9.1 概述

很多结构材料在载荷作用下都存在一个应变极限，如果超过了这个极限，在卸去载荷后便不可能完全恢复其原有的尺寸。轴承钢在受压时也具有这种特征。这样，当承受载荷的球压在轴承滚道上，再卸去载荷后，滚道上可能会留下一个压痕，而球上可能会出现一个“平台”斑点。这种永久变形量如果足够大，会引起轴承过大的振动，也可能造成可观的应力集中。

9.2 永久形变计算

实际上，即使在很轻的载荷下也会产生微小的永久变形。图9.1摘自文献[1]，表示了典型的球轴承中滚动体接触表面沿滚动方向及其横向的高倍放大图。图9.2也取自文献[1]，显示了一个与珩磨和研磨表面特征相似的磨加工滚道表面的等距视图。值得指出的是，即使是非常好的精加工表面仍会出现“凸峰”和“凹谷”。显然，滚动体与滚道的载荷分布到整个接触面积上时，平均压应力为$\sigma=Q/A$，而在此之前，载荷仅分布在比较小的接触凸峰面积上，此时的应力要比σ大很多。这样，局部区域有可能超过压缩屈服强度，两个表面多少会被压平和磨光。根据Palmgren[2]的结论，由于这种变形太小，所以压平现象对轴承的运转影响不大。从表面反射光的轻微改变中可以觉察到这种变化。

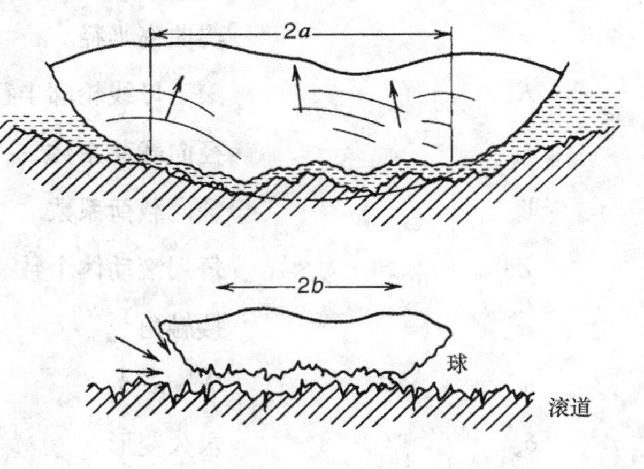

图9.1　球与滚道接触表面(高倍放大图)

在第6章中式(6-43)已经给出，两个钢制物体点接触时的弹性趋近量为

$$\delta=2.79\times10^{-4}\delta^{*}Q^{\frac{2}{3}}(\sum\rho)^{\frac{1}{3}}$$

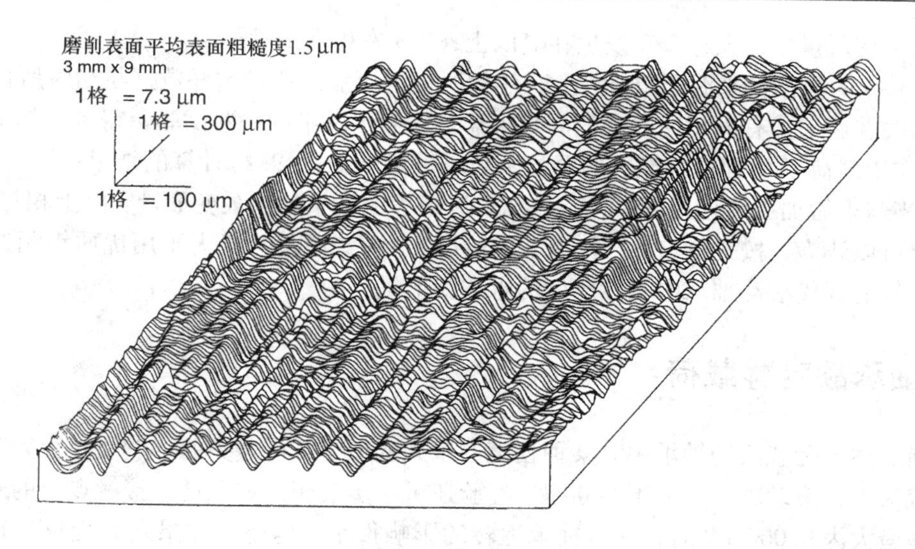

图 9.2　典型研磨及珩磨表面的等距视图

式中，δ^*是一个与接触表面形状有关的常量。随着接触表面载荷的增加，变形逐步偏离式(6.43)描述的曲线，而且对任意载荷变形都偏大(见图9.3)。开始偏离的点对应的就是体积抗压屈服强度。对于硬度为63.5～65.5HRC的优质轴承钢，在实验数据的基础上，Palmgren[2]提出了下面的点接触永久变形的计算公式：

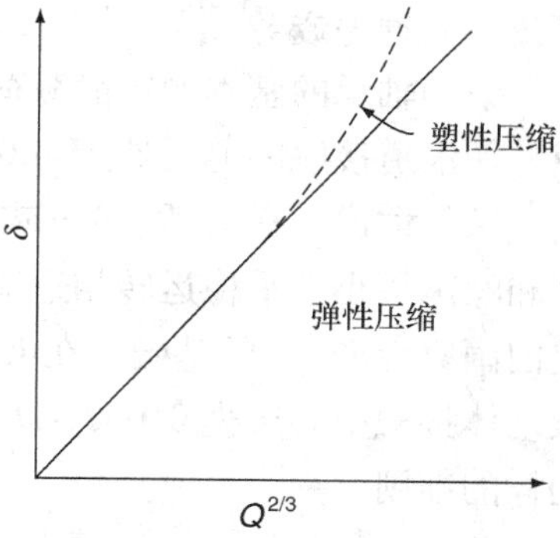

$$\delta_s = 1.3 \times 10^{-7} \frac{Q^2}{D}(\rho_{\mathrm{I}1} + \rho_{\mathrm{II}1})(\rho_{\mathrm{I}2} + \rho_{\mathrm{II}2}) \tag{9.1}$$

式中，$\rho_{\mathrm{I}1}$是物体 I 在平面 1 中的曲率，依此类推。对于球与滚道接触，式(9.1)成为

$$\delta_s = 5.25 \times 10^{-7} \frac{Q^2}{D^3}\left(1 \pm \frac{\gamma}{1 \mp \gamma}\right)\left(1 - \frac{1}{2f}\right) \tag{9.2}$$

图 9.3　点接触变形与载荷关系

式中，上面的算符用于内滚道接触，下面的算符用于外滚道接触。对于滚子与滚道的点接触，得到下面的公式：

$$\delta_s = 5.25 \times 10^{-7} \frac{Q^2}{D^2}\left(1 \pm \frac{\gamma}{1 \mp \gamma}\right)\left(\frac{1}{R} - \frac{1}{r}\right) \tag{9.3}$$

式中，R 为滚子母线轮廓半径，r 为沟曲率半径。以上公式适用于钢材在受压弹性极限(屈服点)附近的永久变形计算。

参见例9.1。

对于滚子与滚道的线接触，在与前面相同的弹性极限条件下，可用下面公式计算其永久变形：

$$\delta_s = \frac{6.03 \times 10^{-11}}{D^2}\left(\frac{Q}{l}\right)^2 \frac{1}{1 \mp \gamma} \tag{9.4}$$

根据 Lundberg[3]等人的研究结果，当滚道长度超出滚子有效长度时，由式(9.4)计算的变形出现在线接触的端部。按照文献[3]，接触区中心的变形为$\delta_s/6.2$ 。Palmgren[2]指出，在总的永久变形量中，大约2/3发生在套圈上，1/3发生在滚动体上。

Palmgren的数据是来源于20世纪40年代所做的压痕试验。这些数据与当时所拥有的测量仪器有关。后来，有人利用先进的测量仪器重新做了其中的一些试验，得到了如下结论：

1）作用载荷 Q 引起球与滚道的总的永久压痕量小于式(9.1)计算的结果。

2）当球未做加工硬化处理时，球表面与滚道表面发生的永久变形量实际上相等。

据此可以认为，按式(9.1)~式(9.4)计算的永久变形量势必大于用优质钢制造且表面粗糙度较好的现代滚动轴承中实际产生的永久变形量。

9.3　轴承额定静载荷

如前所述，受载滚动轴承中有某种程度的永久变形是不可避免的。然而经验表明，在正常工作载荷下，滚动轴承一般不会断裂。经验还进一步表明，如果任一接触点上的永久变形量限制在最大为0.000 1D时，它对轴承运转的影响很小。但是，如果永久变形量很大，会在滚道上形成凹坑。虽然这种凹坑不会明显增加轴承摩擦，却会引起轴承振动，增大噪声。在其他方面，轴承的性能通常不受损害。但是，当压痕与边界润滑状态同时出现时，有可能导致表面首先疲劳。

滚动轴承的基本额定静载荷定义为：作用于非旋转轴承上，并使最大受载滚动体与内圈或外圈滚道接触的薄弱处产生0.000 1D永久变形的载荷。

换句话说，在式(9.2)~式(9.4)中，当 $Q=Q_{\max}$ 时，$\delta/D=0.0001$。这种与滚动轴承振动和噪声最小的平稳运转相适应的容许永久变形量的概念，构成了ISO国际标准[4]和ANSI美国国家标准[5,6]的基础。在ISO标准的最新版本[4]中，给出了不同类型的轴承在最大受载滚动体接触中心产生0.000 1D永久变形时的接触应力，如表9.1所示。ANSI[5,6]也采用了同样的准则。

表9.1　产生0.000 1D永久变形时的接触应力

轴承类型	接触应力		轴承类型	接触应力	
	MPa	lbf/in²		MPa	lbf/in²
调心球轴承	4 600	667 000	滚子轴承	4 000	580 000
其他球轴承	4 200	609 000			

由第7章可知，对于大多数深沟球轴承和滚子轴承来说，最大受载滚动体载荷可以近似地表示为

$$Q_{\max}=\frac{5F_{\mathrm{r}}}{iZ\cos\alpha} \tag{7.24}$$

式中，i 为滚动体列数。令 $F_{\mathrm{r}}=C_{\mathrm{s}}$，则得径向额定静载荷容量

$$C_{\mathrm{s}}=0.2iZQ_{\max}\cos\alpha \tag{9.5}$$

采用应力极限准则，对于标准的深沟球轴承，可用式(6.25)、式(6.34)及式(6.36)来确定对应于4 200MPa的 $Q_{\max}$。如果最大接触应力发生在内滚道上，将 $Q_{\max}$ 值代入式(9.5)后得到下式：

$$C_s = \frac{23.8iZD^2(a_i^* b_i^*)^3\cos\alpha}{\left(4 - \frac{1}{f_i} + \frac{2\gamma}{1-\gamma}\right)^2} \tag{9.6}$$

如果最大接触应力发生在外滚道上，则有

$$C_s = \frac{23.8iZD^2(a_o^* b_o^*)^3\cos\alpha}{\left(4 - \frac{1}{f_o} + \frac{2\gamma}{1-\gamma}\right)^2} \tag{9.7}$$

文献[4]将上述公式简写成：

$$C_s = \varphi_s iZD^2\cos\alpha \tag{9.8}$$

对于标准球轴承，表 CD 9.1 给出了 φ_s 的值。

对于向心滚子轴承，文献[4]给出了相应的公式：

$$C_s = 44(1-\gamma)iZDl\cos\alpha \tag{9.9}$$

对于推力轴承：

$$Q_{max} = \frac{F_a}{iZ\sin\alpha} \tag{7.26}$$

令 $F_a = C_{sa}$，则有

$$C_{sa} = iZQ_{max}\sin\alpha \tag{9.10}$$

相应地，引入标准的极限应力准则，有

$$C_{sa} = \varphi_s ZD^2\sin\alpha \tag{9.11}$$

式中，φ_s 值由表 CD 9.1 给出。

对于线接触的推力滚子轴承，

$$C_{sa} = 220(1-\gamma)ZDl\cos\alpha \tag{9.12}$$

当表面硬度低于规定的有效值下限时，应采用修正系数对额定静载荷进行修正，于是有

$$C'_s = \eta_s C_s \tag{9.13}$$

式中

$$\eta_s = \eta_1\left(\frac{HV}{800}\right)^2 \leqslant 1 \tag{9.14}$$

HV 为维氏硬度。图 9.4 给出了维氏硬度与洛氏硬度之间的关系。

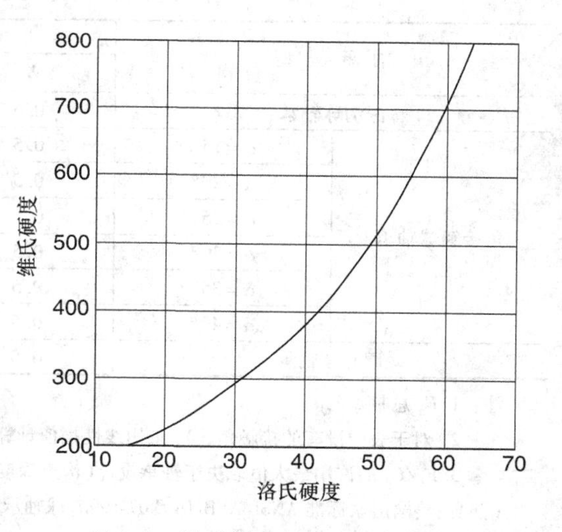

图 9.4　维氏硬度与洛氏硬度关系

式(9.14)是 SKF 用实验方法得到的。η_1 的值取决于接触类型并在表 9.2 中给出。η_s 的最大值为 1。

表 9.2　η_1 的值

接触类型	η_1	接触类型	η_1
球与平面接触(调心球轴承)	1	滚子与滚子接触(向心滚子轴承)	2
球与沟道接触	1.5	滚子与平面接触	2.5

9.4 当量静载荷

为了将作用在非旋转轴承上的载荷与额定静载荷相比较，需要确定轴承的当量静载荷，这是一个纯径向或纯轴向载荷(无论哪一个都适用)，它在最大接触载荷处产生的总的永久变形与实际作用的组合载荷产生的总永久变形相同。当量静载荷的理论计算可按第7章介绍的方法来进行。

在不太严格的情况下，对于承受径向与轴向联合载荷的轴承，当量静载荷可按下式计算：

$$F_s = X_s F_r + Y_s F_a \tag{9.15}$$

在式(9.15)中，如果 F_r 大于 F_s，则令 $F_s = F_r$。表9.3摘自文献[5]，它给出了深沟球轴承的 X_s 与 Y_s 的值。

表9.3中的数据适用于沟曲率不大于球直径53%的轴承。双列轴承假定是对称的。而面对面或背对背安装的角接触球轴承类似于双列轴承。串联安装的轴承类似于单列轴承。

对于向心滚子轴承，可以用表9.4中的值，该表摘自文献[6]。

对于推力轴承，当量静载荷为：

$$F_{sa} = F_a + 2.3F_r \tan\alpha \tag{9.16}$$

当 F_r 超过 $0.44F_a\cot\alpha$ 时，式(9.16)的精度降低，应按第7章的方法进行理论计算。

表9.3 深沟球轴承的 X_s 与 Y_s 值

轴承类型		单列轴承		双列轴承	
		X_s	Y_s	X_s	Y_s
深沟球轴承		0.6	0.5	0.6	0.5
角接触球轴承	$\alpha=15°$	0.5	0.47	1	0.94
	$\alpha=20°$	0.5	0.42	1	0.84
	$\alpha=25°$	0.5	0.38	1	0.76
	$\alpha=30°$	0.5	0.33	1	0.66
	$\alpha=35°$	0.5	0.29	1	0.58
	$\alpha=40°$	0.5	0.26	1	0.52
调心球轴承		0.5	$0.22\cot\alpha$	1	$0.44\cot\alpha$

注：1. F_s 总是 $\geqslant F_r$。

2. 对于表中没有的接触角，Y_s 采用线性插值计算。

3. F_s/C_s 的许用最大值取决于轴承设计(沟道深度与内部游隙)。

(摘自:美国国家标准 ANSI/AFBMA Std9-1990,球轴承额定载荷与寿命)

表9.4 向心滚子轴承的 X_s 和 Y_s 值①

轴承类型	单列轴承②		双列轴承	
	X_s	Y_s	X_s	Y_s
调心滚子及圆锥滚子轴承 $\alpha\neq0°$	0.5	$0.22\cot\alpha$	1	$0.44\cot\alpha$

① $\alpha\neq0°$的滚子轴承承受轴向载荷的能力随轴承的设计与使用不同而不同，因而轴承用户应向制造商咨询关于在$\alpha=0°$承受轴向载荷时，如何估算当量载荷。

② F_s 总是 $\geqslant F_r$，对 $\alpha=0°$的滚子轴承只承受径向载荷时，$F_s=F_r$。

(摘自:美国国家标准 ANSI/AFBMA Std9-1990,球轴承额定载荷与寿命)

9.5　轴承零件的断裂

一般认为使轴承滚动体或滚道断裂的载荷大于 $8C_s$（见文献[2]）。

9.6　轴承许用静载荷

众所周知，作用在旋转轴承上的最大载荷允许超过额定静载荷，但这个载荷要连续作用在转动的轴承上。这样，产生的永久变形会均匀分布在滚道与滚动体上，轴承仍能令人满意地运转。另一方面，如果载荷是短期作用，即使在冲击发生的瞬间轴承正在转动，也会产生不均匀的变形。在这种情况下，需要选用额定静载荷超过最大工作载荷的轴承。当载荷长期作用时，工作载荷可以超过额定静载荷而不会损坏轴承的运转。

根据轴承应用的类型，可考虑额定静载荷的安全系数。因而，许用载荷为

$$F=\frac{C_s}{FS} \tag{9.17}$$

表 9.5 给出了各种工作类型的静载荷安全系数 FS 值。

表 9.5　静载荷安全系数 *FS* 值

工作状况	*FS*	工作状况	*FS*
平稳无冲击运转	≥0.5	突发性冲击和对平稳运转有高要求	≥2
正常工作	≥1		

参见例 9.2。

9.7　结束语

对于现代的球与滚子轴承来说，工作的平稳性是一个重要的考虑因素。滚道上如有因永久变形造成的损伤就会增大摩擦、噪声和振动。本章集中讨论了轴承的额定静载荷，只要轴承处于静止状态时不超出这一载荷值，就可以避免产生显著的永久变形。以往额定静载荷是以最大允许永久变形量为 0.000 1 D 作为基础；后来，对于各类球与滚子轴承，分别确定了对应于这一变形量的接触应力极限值。根据这一应力值，对于每一种类型与尺寸的滚动轴承建立了相应的额定静载荷计算方法。

一般地，基本额定静载荷不是既连续作用在轴承上又能得到满意的轴承耐久性能的载荷，而是针对突然超载或至多与连续运转的轴承上的正常载荷相比是一个短期作用的载荷而言的极限载荷。这一原则的例外情况是一些不经常且仅为短时间工作的轴承。例如，导弹发射井的井门或水闸门上的轴承。对于这类的应用场合，轴承设计是基于额定静载荷而不是疲劳寿命。而目前的额定静载荷是以非转动时的损伤为基础。因为在较低的转动速度与不经常运转的场合，无论是振动还是表面疲劳，都不如表面下材料过度塑性流动重要。因此这类轴承的尺寸选定的目标是消除上述塑性流动或使之为最小。

例题

例 9.1　深沟球轴承的永久变形

问题：计算例 7.1 中的 209DGBB 轴承内滚道的永久变形，并与最大弹性变形进行比较。

解：由例 2.1

$$D = 12.7\text{mm}$$
$$P_d = 0.0150\text{mm}$$

由例 2.2

$$f_i = 0.52$$

由例 2.5

$$\gamma = 0.1954$$

由例 7.1

$$Q_{max} = 4536\text{N}$$
$$\delta_{max} = 0.0604\text{mm}$$

由式(9.2)得

$$\begin{aligned}\delta_s &= 5.25 \times 10^{-7} \frac{Q^2}{D^3}\left(\frac{1}{1-\gamma}\right)\left(1-\frac{1}{2f}\right)\\ &= 5.25 \times 10^{-7} \frac{(4536)^2}{(12.7)^3}\left(\frac{1}{1-0.1954}\right)\left(1-\frac{1}{2 \times 0.52}\right)\\ &= 2.521 \times 10^{-4}\text{mm}\end{aligned}$$

在 $\psi = 0°$ 位置的弹性变形为

$$\delta_{io} = \delta_{max} - \frac{P_d}{2} = 0.06041 - \frac{0.0150}{2} = 5.291 \times 10^{-2}\text{mm}$$

因此，弹性变形 >> 永久变形。

例 9.2　角接触球轴承的额定静载荷和静载荷安全系数

问题：例 2.6 中的 218ACBB 轴承受到 $F_r = F_a = 17800\text{N}$ 的联合载荷作用，确定以轴承额定静载荷为基础的安全系数。

解：由例 2.3

$$D = 22.23\text{mm}$$
$$f = 0.52$$
$$\alpha^0 = 40°$$
$$d_m = 125.3\text{mm}$$

由式(2.27)得

$$\gamma = \frac{D\cos\alpha}{d_m} = \frac{22.23\cos 40°}{125.3} = 0.1358$$

由式(9.8)得

$$C_s = \varphi_s i Z D^2 \cos\alpha$$

查表 9.2，当 $\gamma = 0.1358$ 时，$\varphi_s = 15.48$

$$C_s = 15.48 \times 1 \times 16 \times (22.23)^2 \cos 40° = 93\ 760\text{N}$$

查表9.4，$X_s = 0.5$，$Y_s = 0.26$

由式(9.15)得

$$F_s = X_s F_r + Y_s F_a = 0.5 \times 17\ 800 + 0.26 \times 17\ 800 = 13\ 530\text{N}$$

所以取 $F_s = 17\ 800\text{N}$

$$FS = \frac{C_s}{F_s} = \frac{93\ 760}{17\ 800} = 5.4$$

表

表 CD9.1　球轴承极限应力系数 φ_s 值①

	向心和角接触沟槽型		向心调心型		推　力	
$\gamma = D\cos\alpha$④$/d_m$	公制②	英制③	公制②	英制③	公制②	英制③
0.00	14.7	2 120	1.9	284	61.6	8 950
0.01	14.9	2 180	2.0	290	60.8	8 820
0.02	15.1	2 220	2.0	297	59.9	8 680
0.03	15.3	2 270	2.1	301	59.1	8 540
0.04	15.5	2 300	2.1	307	58.3	8 430
0.05	15.7	2 350	2.1	313	57.5	8 320
0.06	15.9	2 400	2.2	319	56.7	8 210
0.07	16.0	2 430	2.2	325	55.9	8 100
0.08	16.2	2 480	2.3	332	55.1	7 990
0.09	16.4	2 440	2.3	338	54.3	7 870
0.10	16.4	2 410	2.4	344	53.5	7 790
0.11	16.1	2 370	2.4	351	52.7	7 710
0.12	15.9	2 340	2.4	357	51.9	7 630
0.13	15.6	2 290	2.5	363	51.2	7 500
0.14	15.4	2 260	2.5	370	50.4	7 390
0.15	15.2	2 220	2.6	376	49.0	7 270
0.16	14.9	2 190	2.6	382	48.8	7 150
0.17	14.7	2 140	2.7	389	48.0	7 030
0.18	14.4	2 110	2.7	397	47.3	6 910
0.19	14.2	2 070	2.8	403	46.5	6 780
0.20	14.0	2 040	2.8	409	45.7	6 670
0.21	13.7	2 000	2.8	417	44.9	6 540
0.22	13.5	1 960	2.9	423	44.2	6 420
0.23	13.2	1 920	2.9	430	43.5	6 300
0.24	13.0	1 890	3.0	438	42.7	6 200

(续)

$\gamma = D\cos\alpha$④$/d_m$	向心和角接触沟槽型		向心调心型		推力	
	公制②	英制③	公制②	英制③	公制②	英制③
0.25	12.8	1 850	3.0	446	41.9	6 110
0.26	12.5	1 820	3.1	452	41.2	6 010
0.27	12.3	1 780	3.1	459	40.5	5 880
0.28	12.1	1 750	3.2	467	39.7	5 760
0.29	11.8	1 730	3.2	473	39.0	5 660
0.30	11.6	1 690	3.3	481	38.2	5 570
0.31	11.4	1 670	3.3	488	37.5	5 490
0.32	11.2	1 630	3.4	496	36.8	5 370
0.33	10.9	1 600	3.4	503	36.0	5 244
0.34	10.7	1 560	3.5	511	35.3	5 120
0.35	10.5	1 530	3.5	519	34.6	5 040
0.36	10.3	1 490	3.6	526		
0.37	10.0	1 460	3.6	534		
0.38	9.8	1 440	3.7	541		
0.39	9.6	1 400	3.8	549		
0.40	9.4	1 370	3.8	558		

① 基于弹性模量 $=2.07\times10^5 N/mm^2$ ($30\times10^6 psi$)，泊松比 =0.3。

② 适用于基本额定静载荷 C_s 以 N 为单位，球直径 D、节圆直径以 mm 为单位。

③ 适用于基本额定静载荷 C_s 以 psi 为单位，球直径 D、节圆直径以 in 为单位。

④ 接触角以(°)为单位。

参考文献

[1] Sayles, R. and Poon, S., Surface topography and rolling element vibration, *Precis. Eng.*, 137–144, 1981.
[2] Palmgren, A., *Ball and Roller Bearing Engineering*, 3rd ed., Burbank, Philadelphia, 1959.
[3] Lundberg, G., Palmgren, A., and Bratt, E., Statiska Bärörmagan hos Kullager och Rullager, *Kullagertidningen*, 3, 1943.
[4] International Standard ISO 76, Rolling bearings—static load ratings, 1989.
[5] American National Standard, *ANSI/AFBMA Std 9-1990*, Load ratings and fatigue life for ball bearings.
[6] American National Standard, *ANSI/AFBMA Std 11-1990*, Load ratings and fatigue life for roller bearings.

第10章 运动速度、摩擦力矩和功率损耗

符号表

符号	定义	单位
A	面积	mm^2
B	轴承宽度	mm
C_s	轴承的额定静负荷	N
d_m	轴承节圆直径	mm
d	轴承滚道直径	mm
d_1	推力轴承轴圈外径	mm
D	球或滚子直径	mm
D	轴承外径	mm
D_1	推力轴承座圈内径	mm
F_s	轴承等效静负荷	N
H	摩擦功率损失	W
l	滚针长度	mm
M	轴承的总摩擦力矩	Nm
M_f	由滚子与挡边间的负荷引起的摩擦力矩	Nm
M_l	由负荷引起的摩擦力矩	Nm
M_v	由于润滑引起的摩擦力矩	Nm
n	转速	r/min
q	单位面积的热流	W/mm^2
r	沟道半径	mm
T	推力轴承宽度	mm
V	表面速度	mm/s
Z	滚动体数	

α	接触角	rad，°
γ	$D\cos\alpha/d_m$	
ν_0	润滑剂运动粘度	
ω	转速	rad/s

角　标

i	表示内圈或滚道
m	表示保持架或滚动体的绕轴心的公转
o	表示外圈滚道
θ	表示热参考速度条件
R	表示滚动体

10.1 概述

球或滚子轴承通常用于承受各种负荷，同时允许轴或滑块转动或平动。在本书中仅限于轴或外圈转动或摆动。

与流体动压或静压轴承不同，在滚动轴承中的运动通常是一些复杂的运动。例如，一滚动轴承安装在转速为n(r/min)的轴上，滚动体以转速n_m(r/min)绕轴承轴线转动，同时又以转速n_R(r/min)绕自身轴线旋转。在多数工况下，特别是在轴承或外圈低速工况下，这些内部的速度能够运用简单的运动学关系式计算出足够精确的结果，本章假设球或滚子在滚道上作纯滚动而没有滑动。

阻碍滚动轴承旋转运动的是摩擦力矩，用摩擦力矩以及轴或轴承外圈的速度可以计算轴承的功率损失。在滚动轴承试验的基础上，已经建立了相对低速工况下计算摩擦力矩的经验公式，在这种低速工况下，接触变形和速度对惯性力和接触摩擦力不会产生显著影响。本章中也会介绍这些经验公式。

10.2 保持架速度

在低速旋转和/或重载情况下，分析滚动轴承时可以略去动力学效应。这种低速性能被称为运动学性能。

一般情况下，首先假定轴承内圈和外圈同时旋转，内外圈具有相同接触角α(见图10.1)。绕轴旋转的线速度为：

$$v=\omega r \tag{10.1}$$

式中ω以rad/s计算。因此，

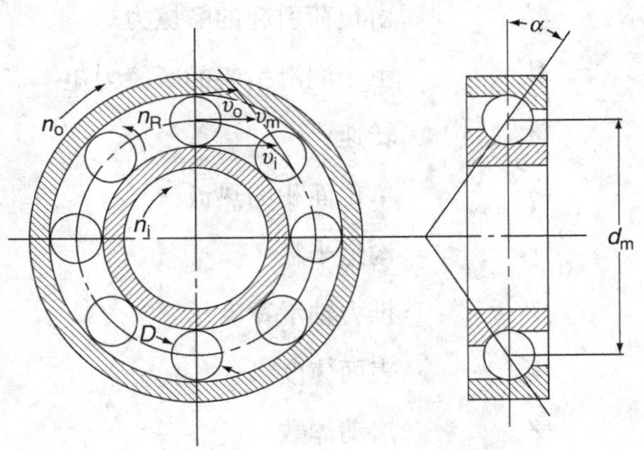

图10.1 滚动速度和线速度

$$v_i = \frac{1}{2}\omega_i(d_m - D\cos\alpha) = \frac{1}{2}\omega_i d_m(1-\gamma) \tag{10.2}$$

同样，

$$v_o = \frac{1}{2}\omega_o d_m(1+\gamma) \tag{10.3}$$

由于

$$\omega = \frac{2\pi n}{60} \tag{10.4}$$

式中 n 以 r/min 为单位，因此

$$v_i = \frac{\pi n_i d_m}{60}(1-\gamma) \tag{10.5}$$

$$v_o = \frac{\pi n_o d_m}{60}(1+\gamma) \tag{10.6}$$

如果在沟道接触处没有严重滑动，则保持架和滚动体的线速度是内圈和外圈沟道线速度平均值，于是

$$v_m = \frac{1}{2}(v_i + v_o) \tag{10.7}$$

把式(10.5)和式(10.6)代入式(10.7)得

$$v_m = \frac{\pi d_m}{120}[n_i(1-\gamma) + n_o(1+\gamma)] \tag{10.8}$$

由于

$$v_m = \frac{1}{2}\omega_m d_m = \frac{\pi d_m n_m}{60}$$

因此

$$n_m = \frac{1}{2}[n_i(1-\gamma) + n_o(1+\gamma)] \tag{10.9}$$

10.3 滚动体的转速

保持架相对于内圈的角速度是

$$n_{mi} = n_m - n_i \tag{10.10}$$

假定内圈沟道与球接触处没有严重滑动，接触点上球的线速度应等于沟道线速度，于是

$$v_m = \frac{1}{2}\omega_m d_m(1-\gamma) = \frac{1}{2}\omega_R D \tag{10.11}$$

因 n 正比于 ω，并将式(10.10)代入，得

$$n_R = (n_m - n_i)\frac{d_m}{D}(1-\gamma) \tag{10.12}$$

将式(10.9)的 n_m 代入上式，得

$$n_R = \frac{d_m}{2D}(1-\gamma)(1+\gamma)(n_o - n_i) \tag{10.13}$$

仅仅考虑内圈旋转时，式(10.9)和式(10.13)变为

$$n_{m}=\frac{n_{i}}{2}(1-\gamma) \tag{10.14}$$

$$n_{R}=\frac{d_{m}n_{i}}{2D}(1-\gamma^{2}) \tag{10.15}$$

对于接触角为90°的推力轴承，$\cos\alpha=0$，因此

$$n_{m}=\frac{1}{2}(n_{i}+n_{o}) \tag{10.16}$$

$$n_{R}=\frac{d_{m}}{2D}(n_{o}-n_{i}) \tag{10.17}$$

参见例10.1。

10.4 滚动轴承的摩擦

人们普遍认为，无润滑接触表面之间的滚动摩擦比这两个接触表面之间的滑动摩擦小得多。虽然滚动轴承中接触零件的运动并不单单是纯滚动，滚动轴承的摩擦仍比与其尺寸、速度和承载能力相近的油膜轴承或滑动轴承的摩擦小得多。当然，上述结论有一个明显的例外，就是空气静压轴承。不过空气静压轴承不像滚动轴承那样是自动调整的，而是需要一套复杂昂贵的空气供给系统。

任何摩擦都会造成能量损失，并阻碍运动。因此，工作中滚动轴承的摩擦引起温度上升，并可用阻力矩来度量。以后将会表明对中重载荷下的球和滚子轴承，摩擦产生的主要原因是滚动体和滚道接触变形区内的滑动。对于圆锥滚子轴承，发生在滚子端面与内圈或外圈大挡边处的滑动是产生摩擦的主要原因。对于圆柱滚子轴承，发生在滚子端面与内挡边、外挡边或内外两个挡边之间的滑动是产生摩擦的主要原因。对于带保持架的圆柱滚子轴承，滑动发生在滚子与保持架兜孔之间；如果保持架由内圈或外圈引导，滑动摩擦还发生在保持架与套圈的引导面之间。

在上述各种情况中，摩擦力的大小在很大程度上取决于润滑剂的类型。而且，对于流体润滑的滚动轴承，润滑剂占据轴承内部的部分空间，阻碍了球或滚子的运转。摩擦阻力的大小与润滑剂的性能、填充量和滚动体的运转速度有关。在本书第2卷中，将说明对滚动体运转速度有影响的摩擦因素。

10.5 滚动轴承的摩擦力矩

10.5.1 球轴承

除了用数学方法来计算和分析滚动轴承的摩擦力矩之外，Palmgren[1]通过对各种类型和尺寸轴承的实验获得了计算轴承摩擦力矩的经验公式。这些实验是在从轻载到重载，中、低转速以及采用不同的润滑剂和润滑技术的条件下完成的。为了评价试验结果，Palmgren[1]分别对不同载荷、不同润滑剂粘性及其填充量，以及不同轴承转速条件下的摩擦力矩进行了测量。结果，正像10.4节所述，即使是在重载情况下，对摩擦力矩的影响主要还是取决于滚

动体与滚道接触处润滑剂的力学性能。然而，为了简化分析方法，仍然认为产生摩擦力矩的主要因素是外加载荷。在限于轴承以中、低速运转的条件下，Palmgren 得出的滚动轴承摩擦力矩的经验公式是相当有用的，特别是对滚动轴承和油膜轴承进行比较时更是如此。

10.5.1.1　由外加载荷引起的力矩

Palmgren[1]用下面的公式描述摩擦力矩：

$$M_1 = f_1 F_\beta d_m \tag{10.18}$$

式中，f_1 是一个与轴承结构和载荷有关的系数

$$f_1 = z\left(\frac{F_s}{C_s}\right)^y \tag{10.19}$$

式中，F_s 是当量静负荷，C_s 是基本额定静负荷，第9章已对它们进行了说明。表10.1列出了 z 和 y 的取值。C_s 的值和计算 F_s 的数据通常在制造商样本中给出。

表10.1　z 和 y 的值

球轴承类型	名义接触角(°)	z	y
向心深沟球轴承	0	0.000 4 ~ 0.000 6①	0.55
角接触球轴承	30 ~ 40	0.001	0.33
推力球轴承	90	0.000 8	0.33
双列自调心球轴承	10	0.000 3	0.40

① 小值适用于轻系列轴承，大值用于重系列轴承

式(10.18)中 F_β 取决于作用力的大小和方向。对于深沟球轴承可用下式表示：

$$F_\beta = 0.9F_a \text{ctn}\alpha - 0.1F_r$$

或

$$F_\beta = F_r \tag{10.20}$$

上式中采用较大的 F_β 值。对于名义接触角为0°的深沟球轴承，上面第一个公式可近似表示为

$$F_\beta = 3F_a - 0.1F_r \tag{10.21}$$

对于推力球轴承，$F_\beta = F_a$

10.5.1.2　润滑剂粘性摩擦产生的力矩

对于中速运转的轴承，Palmgren[1]建立了以下经验公式，用于计算当滚动体穿过轴承腔内的粘性润滑剂时所产生的摩擦力矩：

$$M_v = 10^{-7} f_o (v_o n)^{\frac{2}{3}} d_m^3 \qquad v_o n \geqslant 2\ 000 \tag{10.22}$$

$$M_v = 160 \times 10^{-7} f_o d_m^3 \qquad v_o n < 2\ 000 \tag{10.23}$$

以上两式中，v_o 以厘斯(cSt)为单位，n 以 r/min 为单位，f_o 是一个与轴承类型和润滑方式有关的系数。表10.2列出了来自文献[2]的最新数据，给出了在不同润滑条件下各类球轴承的 f_o 值。式(10.22)和式(10.23)对于比密度约为0.9的润滑油有效。对于不同密度的润滑油，Palmgren[1]给出了一个更为完整的公式。对于脂润滑轴承，v_o 是指润滑脂中基础油的运动粘度，该式在加脂后的短时间内有效。

表 10.2 f_0 值与球轴承的类型和润滑条件的关系

球轴承类型	脂润滑	油气润滑	油浴润滑	油浴(立轴)或喷油润滑
深沟球轴承①	0.7-2②	1	2	4
调心球轴承③	1.5-2②	0.7-1②	1.5-2②	3-4②
推力球轴承	5.5	0.8	1.5	3
角接触球轴承①	2	1.7	3.3	6.6

① 对于配对或双列轴承用 $2f_0$。

② 小值适用于轻系列轴承，大值适用于重系列轴承。

③ 仅适用于双列轴承。

10.5.1.3 总摩擦力矩

在中等载荷和中等转速条件下，用载荷引起的摩擦力矩与粘性摩擦力矩之和来确定滚动轴承摩擦力矩是合理的，即

$$M = M_1 + M_v \tag{10.24}$$

由于 M_1 和 M_v 是基于经验公式的，所以也包括了滚动体在保持架兜孔中的滑动的影响。

参见例 10.2。

10.5.2 圆柱滚子轴承

10.5.2.1 由于外加载荷产生的力矩

式(10.18)也适用于圆柱滚子轴承，f_1 的值可以从表 10.3 中查出。

式(10.18)用于向心滚子轴承时，

$$F_\beta = 0.8F_a \mathrm{ctn}\alpha \text{ 或 } F_\beta = F_r \tag{10.25}$$

上式中应采用较大的 F_β 值。对于推力圆柱滚子轴承 $F_\beta = F_a$。

表 10.3 圆柱滚子轴承的 f_1 值

滚子轴承类型	f_1	滚子轴承类型	f_1
带保持架的向心滚子轴承①	0.000 2-0.000 4①	推力圆柱滚子轴承	0.001 5
满圆柱滚子的向心轴承	0.000 55		

① 小值用于轻系列轴承，大值用于重系列轴承。

10.5.2.2 由于润滑剂粘性摩擦产生的力矩

式(10.22)和式(10.23)也适用于圆柱滚子轴承，f_0 的值可以从表 10.4 中查出(出自参考文献[2])。

表 10.4 在不同润滑条件下的各类圆柱滚子轴承的 f_0 值

轴 承 类 型	润 滑 条 件			
	脂润滑	油气润滑	油浴润滑	垂直轴油浴润滑或喷油润滑
带保持架的圆柱滚子轴承	0.6~1①	1.5~2.8①	2.2~4①	2.2~4①,②
满圆柱滚子的向心轴承	5~10①	—	5~10①	—

（续）

轴承类型	润滑条件			
	脂润滑	油气润滑	油浴润滑	垂直轴油浴润滑或喷油润滑
推力圆柱滚子轴承	9	—	3.5	8

① 小值用于轻系列轴承，大值用于重系列轴承。
② 对于油浴润滑和垂直轴润滑场合用 $2f_0$。

10.5.2.3　由于滚子端面与挡边之间滑动摩擦产生的力矩

内圈和外圈都带挡边的向心滚子轴承除承受正常的径向载荷外，还能承受推力载荷。在这种情况下，滚子受到两个套圈中相对挡边的作用。对于经过适当设计和制造的挡边，由滚子端部相对运动产生的摩擦力矩为

$$M_f = f_f F_a d_m \tag{10.26}$$

当 $F_a/F_r \leqslant 0.4$，且润滑剂有足够的粘性，则 f_f 的值在表10.5中列出。

表10.5　向心圆柱滚子轴承的 f_f 值

滚子轴承类型	脂润滑	油润滑
带保持架经优化设计的向心滚子轴承	0.003	0.002
带保持架，其他设计的向心滚子轴承	0.009	0.005
满圆柱单列滚子的向心轴承	0.006	0.003
满圆柱双列滚子的向心轴承	0.015	0.009

10.5.2.4　总摩擦力矩

在中等载荷和转速条件下，可以合理地推测，圆柱滚子轴承摩擦力矩是载荷引起的摩擦力矩、粘性摩擦力矩和滚子端面与挡边间的摩擦力矩之和，即

$$M = M_l + M_v + M_f \tag{10.27}$$

由于 M_l 和 M_v 是基于经验公式的，所以也包括了滚动体在保持架兜孔中的滑动的影响。

参见例10.3。

10.5.3　调心滚子轴承

10.5.3.1　由外加载荷引起的力矩

对于最新设计的双列调心滚子轴承，SKF用下面的公式：

$$M_1 = f_1 F^a d^b \tag{10.28}$$

式中，常数 f_1 和指数 a、b 取决于具体的轴承系列。表10.6给出了SKF样本中提供的 f_1 和 a、b 的值。

表 10.6 调心轴承的 f_1、a、b 值

轴承尺寸系列	f_1	a	b	轴承尺寸系列	f_1	a	b
13	0.000 22	1.35	0.2	32	0.000 45	1.5	-0.1
22	0.000 15	1.35	0.3	39	0.000 25	1.5	-0.1
23	0.000 65	1.35	0.1	40	0.000 8	1.5	-0.2
30	0.001	1.5	-0.3	41	0.001	1.5	-0.2
31	0.000 35	1.5	-0.1				

鉴于这些轴承的内部设计是不同时期 SKF 所特有的，因此式(10.28)所用到的表 10.6 中的数据也仅限于参考文献[2]所列举的轴承㊀。尽管其他制造商对相同系列的轴承采用了相似的滚道和滚子设计，但由于表面粗糙度、保持架结构等方面的差异，由外载荷引起的摩擦力矩仍然有所不同，因此，式(10.28)和表 10.6 仅用于轴承摩擦力矩的初步计算。

对于推力调心滚子轴承，表 10.7 给出了 f_1 和 a、b 的值。对推力滚子轴承，$F = F_a$。

表 10.7 推力调心滚子轴承的 f_1、a、b 值

轴 承 系 列	f_1	a	b	轴 承 系 列	f_1	a	b
292	0.000 3	1	1	294	0.000 5	1	1
293	0.000 4	1	1				

10.5.3.2 粘性摩擦力矩

式(10.22)和式(10.23)也适用于调心滚子轴承，f_0 的值可以从表 10.8 中查出(出自文献[2])。

表 10.8 在不同润滑条件下的各类调心滚子轴承的 f_0 值

调心滚子轴承类型	润滑条件			
	脂润滑	油雾润滑	油浴润滑	油浴(立轴)或喷油润滑
双列向心推力	3.5 ~ 7①	1.7 ~ 3.5①	3.5 ~ 7①	7 ~ 14①
推力向心推力	—	—	2.5 ~ 5①	5 ~ 10①

① 小值用于轻系列轴承，大值用于重系列轴承。

10.5.3.3 总摩擦力矩

式(10.24)也适用于调心滚子轴承。

在适当载荷和低速工况下，用式(10.18)计算轴承的载荷摩擦力矩，用式(10.22)和式(10.23)计算粘性摩擦力矩，可以说具有合理的精度。Harris[4] 应用这些数据已成功地进行了潜艇推进轴的向心推力轴承的热力学评价。

㊀ SKF 后来又出版了新版的通用轴承样本[3]，其中摩擦力矩计算方法已做了修正。然而，式(10.28)和表 10.6 对这些轴承还应当是有效的。

10.5.4　滚针轴承

滚针轴承在设计与使用上与前面讨论过的球、圆柱和调心滚子轴承稍有不同。典型的滚针长度至少是其直径的3~4倍。与其他类型的轴承不同，较长的滚子相对滚道稍微有些倾斜或歪斜就会导致滚子端面产生更大的滑动摩擦。这种情况对于推力滚针轴承更是如此，此时滚道表面的速度取决于接触直径，而滚针表面的速度沿长度是不变的，迫使在滚针端面与滚道接触处产生滑动。再者，滚针轴承经常直接装于用户自己加工的轴或轴承座上，这就导致这些安装表面的粗糙度、纹理与轴承制造商加工的内外圈稍逊一筹。这两种状况使得滚针轴承工作过程中的摩擦力不同于其他类型轴承。

在以后的章节里将要涉及直接计算接触摩擦从而推算出轴承运转摩擦力矩的方法。然而，这里要先介绍由Chiu和Myers[5]提出的向心和推力滚针轴承摩擦力矩的经验公式。在Trippett[6]工作的基础上、Chiu和Myers提出的带保持架的向心滚针轴承的公式为

$$M = d_m(4.5\times10^{-7}\nu_o^{0.3}n^{0.6} + 0.12F_r^{0.41}) \tag{10.29}$$

Chiu和Myers的试验表明，向心满滚针轴承的摩擦力矩是式(10.29)算出的1.5~2倍。类似地，推力滚针轴承的摩擦力矩可由下式给出：

$$M = 4.5\times10^{-7}\nu_o^{0.3}n^{0.6}d_m + 0.016F_a l \tag{10.30}$$

显然，从式(10.30)可以看出，推力滚针轴承的运转摩擦力矩与滚针—滚道的接触长度有关。前面已经讨论过，这与滚针端面的滑动有关，这也在Chiu和Myers的试验中得到证明。

式(10.29)和式(10.30)都是轴承在循环油润滑条件下的试验结果。对于脂润滑，在循环注脂后的短时间内以及当滚子推动腔内润滑脂的瞬时力矩趋于平稳时，可用基础油的粘度来计算轴承的运转摩擦力矩。最后，式(10.29)和式(10.30)也可用于计算油浴润滑引起的力矩，但正如Trippett[6]的试验所发现，供油温度比供油率对摩擦力矩的影响更大，因为它影响到润滑油的粘度。

参见例10.4和例10.5。

10.5.5　圆锥滚子轴承

圆锥滚子轴承与其他类型的轴承不同，其工作过程中滚子的大端面与挡边有滑动接触。Witte[7]研究了圆锥滚子轴承受径向载荷和轴向载荷时的摩擦力矩，分别得到以下的经验公式：

$$M = 3.35\times10^{-8}G\,(n\nu_o)^{\frac{1}{2}}\left(f_t\frac{F_r}{K}\right)^{\frac{1}{3}} \tag{10.31}$$

$$M = 3.35\times10^{-8}G\,(n\nu_o)^{\frac{1}{2}}F_a^{\frac{1}{3}} \tag{10.32}$$

式(10.31)中的径向载荷系数f_t可以由图10.2中查出。

与估算粘性摩擦力矩的式(10.22)和式(10.23)类似，式(10.31)和式(10.32)对于比重约为0.9的润滑油有效。Witte讨论了对不同比重润滑油的处理方法。基于轴承内部结构的几何系数G由下式确定：

$$G = d_m^{\frac{1}{2}}D^{\frac{1}{6}}(Z\cdot l)^{\frac{2}{3}}(\sin\alpha)^{-\frac{1}{3}} \tag{10.33}$$

Witte[7]的工作是基于经验的，他在一个典型的运转条件范围内考虑套圈大挡边与滚子端面的摩擦，该范围被定义为：

$$F_r/C_r \text{ 或 } F_a/C_a \leqslant 0.519$$

$$n\nu_o \geqslant 2\,700 \tag{10.34}$$

要保证成立，上述条件就要防止滚子端面与挡边的摩擦过大，以免轴承摩擦力矩被低估。

Witte 和 Hill[8]进一步讨论了当式(10.34)的限制条件不能成立时，滚子端面与挡边间的摩擦对式(10.22)和式(10.23)所计算的轴承摩擦力矩的影响。

在推导式(10.22)和式(10.23)时，Witte 使用了油浴润滑和循环油润滑系统。Witte 还发现润滑系统类型对摩擦力矩影响最小；而润滑剂粘度的影响则更大。更可能的解释是滚子滚通润滑剂时产生的拖动力更取决于润滑剂的粘度而不是轴承腔内润滑剂的多少。对于脂润滑，应当使用基础油的粘度来计算摩擦力矩。

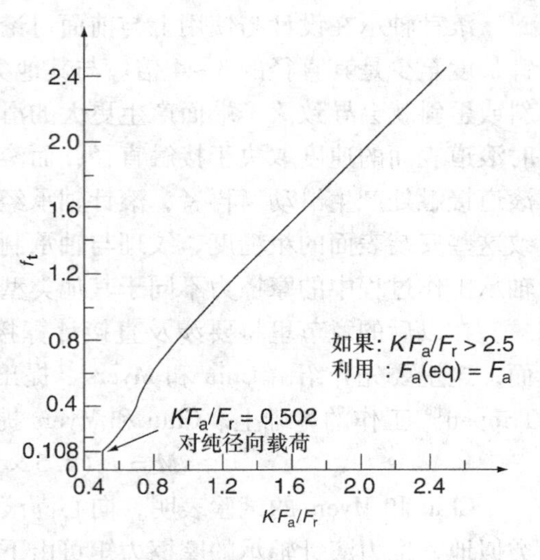

图 10.2 圆锥滚子轴承径向载荷系数 f_t

参见例 10.6 和例 10.7

10.5.6 高速效应

对于高速球或滚子轴承，其滚动体的离心力和陀螺力矩增大，由于滑动引起的摩擦显著增加，本章提供的公式将低估实际的摩擦。高速球或滚子轴承摩擦的分析计算方法将在本书第 2 卷中详细讨论。

10.6 轴承的功率损耗

从简单的物理学可知，功率等于力乘以速度或力矩乘以转速。因此，由于轴承摩擦引起的功率损耗可用下式计算：

$$H = 0.001M \cdot \omega \tag{10.35}$$

式中 H 以 W 为单位，M 以 N · mm 为单位，ω 以 rad/s 为单位。若轴承转速以 r/min 为单位，则式(10.35)变为：

$$H = 1.047 \times 10^{-4} M \cdot n \tag{10.36}$$

10.7 额定热流速

对一组给定的参考运转条件，利用前几节讨论过的以及由 Palmgren[1] 提出的摩擦力矩公式，ISO[9] 对最大转速进行了定义。由于轴承功率损失与从轴承中带走的热量相等，由此得到下列能量平衡方程：

$$\frac{\pi \cdot n_\theta}{30 \times 10^3}\left[10^{-7} f_{o\theta}(v_{o\theta} n\theta)^{\frac{2}{3}} d_m^3 + f_{1\theta} F_\theta d_m\right] = q_\theta A_\theta \tag{10.37}$$

在使用式(10.37)时，参考粘度 $\nu_{o\theta}$ 对于向心轴承和推力轴承分别为 12 厘斯和 24 厘斯；参考径向载荷 F_θ 对于向心轴承和推力轴承分别为额定静载荷的 5% 和 2%。同时，散热表面积定义为：

$$A_\theta = \begin{cases} \pi \cdot B(D+d) & \text{向心轴承(圆锥滚子除外)} \\ \pi \cdot T(D+d) & \text{圆锥滚子轴承} \\ \dfrac{\pi}{2}(D^2-d^2) & \text{推力圆柱滚子轴承} \\ \dfrac{\pi}{4}(D^2+d_1^2-D_1^2-d^2) & \text{推力球面滚子轴承} \end{cases} \tag{10.38}$$

对于向心轴承：

$$q_\theta = 0.016\left(\frac{A_\theta}{50\ 000}\right)^{-0.34} \qquad (q_\theta \geqslant 0.016) \tag{10.39}$$

对于推力轴承：

$$q_\theta = 0.020\left(\frac{A_\theta}{50\ 000}\right)^{-0.34} \qquad (q_\theta \geqslant 0.020) \tag{10.40}$$

表 *CD*10.1 给出了由载荷和粘性引起的参考系数。式(10.38)、式(10.39)与式(10.37)一起定义了一组关于额定热流参考速度的非线性方程，用迭代技术如 Newton-Raphson 法可以求解该方程。

额定热流速度对于给定的工况下初步选择轴承类型是有用的。实际应用条件可能与参考条件有很大不同，实际的速度极限与 ISO 规定的额定速度也有很大不同。例如，ISO 的额定速度不包括由于循环油或轴承座的强制风冷所造成的系统的热耗散。其他一些条件，如比规定值更重的载荷、更高的粘度等会导致比额定速度更低的许用速度。这样一来，在计算实际工况下的摩擦功率损失时就要特别留意有关轴承系统的实际热耗散条件。本书第 2 卷第 7 章将对滚动轴承工作温度进行讨论。

10.8　结束语

在 20 世纪初，球或滚子轴承被称为减摩轴承，以强调其在工作中具有较小的摩擦功耗。这一点与在同样工况下的流体动压油膜轴承或简单的滑动轴承的摩擦功耗相比就能得到证实。

在本章中，只考虑了相对低速和中等载荷的情况，应用简单的滚动和相关的运动学关系来确定滚动体和保持架的速度。在相似条件下，采用经验公式来计算轴承的摩擦力矩和功率损失。这些计算方法对于分析许多轴承的应用是足够的。在本书第 2 卷中将要引用一些不同于普通应用的原则，并提出更多的方法，这些方法适用于在重载、不同轴、高速、高温条件下对内部速度、接触摩擦、发热率进行更精确的计算，从而导出一些不同于普通工况的定律。

例题

例 10.1　深沟球轴承球和保持架的速度

问题：如果轴以转速 1 800r/min 旋转，试计算例 7.1 中 209 深沟球轴承保持架和钢球的转速。

解：由例2.1 $\alpha^\circ=0^\circ$，$D=12.7\text{mm}$，$d_m=65\text{mm}$

由例2.5 $\gamma=1.954$

由式(10.13)

$$n_m=\frac{n_i}{2}(1-\gamma)=\frac{1\,800}{2}(1-0.195\,4)=724.1\text{r/min}$$

由式(10.14)

$$n_R=\frac{d_m n_i}{2D}(1-\gamma^2)=\frac{65\times1\,800}{2\times12.7}(1-0.195\,4^2)=4\,430\text{r/min}$$

例10.2 向心圆柱滚子轴承的摩擦力矩

问题：计算209圆柱滚子轴承在10 000r/min、径向载荷为4 450N下的总摩擦力矩。轴承用矿物油油浴润滑，运动粘度为20cst(1cst$=10^{-6}\text{m}^2/\text{s}$)。

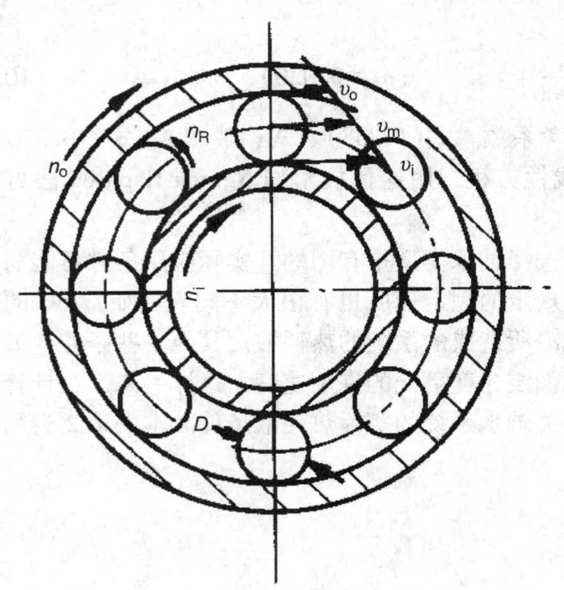

解：由例2.7 $\alpha^\circ=0^\circ$，$D=10\text{mm}$，$d_m=65\text{mm}$，$\gamma=1.538$，$Z=14$，$l=9.6\text{mm}$

由式(10.17)

$$M_1=f_1F_\beta d_m$$

由表10.3可得，$f_1=0.000\,3$

$$M_1=0.003\times4\,450\times65=86.78\text{N}\cdot\text{mm}$$

由式(10.23)

$$M_v=10^{-7}f_0(v_0n)^{\frac{2}{3}}d_m^3$$

对油浴润滑，由表10.4可得，$f_0=3$(中系列轴承)，则：

$$M_v=10^{-7}\times3\times(20\times10\,000)^{\frac{2}{3}}\times(65)^3=281.8\text{N}\cdot\text{mm}$$

由式(10.26)

$$M=M_1+M_v+M_f=86.8+281.8+0=368.6\text{N}\cdot\text{mm}$$

例 10.3　角接触球轴承的摩擦力矩

问题：计算218角接触球轴承的滚动摩擦力矩和粘性摩擦力矩。工作条件为：转速10 000r/min，轴向载荷为22 250N，轴承用优质矿物油喷油润滑，运动粘度为5cst。

解：由例2.3　$D=22.23\text{mm}$，$\alpha=40°$，$f=0.52$

由例2.5　　$Z=16$

由例2.6　　$d_{\text{m}}=125.3\text{mm}$，$\gamma=0.1359$

由式(9.8)

$$C_{\text{s}}=\varphi_{\text{s}}iZD^2\cos\alpha$$

从表9.2中可得，当$\gamma=0.1359$时，$\varphi_{\text{s}}=15.48$

$$C_{\text{s}}=15.48\times1\times16\times(22.23)^2\cos40°=93\,760\text{N}$$

由式(9.15)

$$F_{\text{s}}=X_{\text{s}}F_{\text{r}}+Y_{\text{s}}F_{\text{d}}$$

从表9.4中可得，当$\alpha=40°$时，$X_{\text{s}}=0.5$，$Y_{\text{s}}=0.26$

$$F_{\text{s}}=0.5\times0+0.26\times22\,250=5\,785\text{N}$$

由式(10.18)

$$f_1=z\left(\frac{F_{\text{s}}}{C_{\text{s}}}\right)^y$$

从表10.1中可得，对于$\alpha=40°$，有$z=0.001$，$y=0.33$

$$f_1=0.001\left(\frac{5\,785}{93\,769}\right)^{0.33}=3.988\times10^{-4}$$

由式(10.20)

$$F_\beta=0.9\times F_{\text{a}}\cot\alpha^0-0.1\times F_{\text{r}}$$

$$F_\beta=0.9\times22\,250\cot40°-0.1\times0=23\,860\text{N}$$

由式(10.17)

$$M_1=f_1F_\beta d_{\text{m}}=3.988\times10^{-4}\times23\,860\times125.3=1\,192\text{N}\cdot\text{mm}$$

由式(10.23)

$$M_{\text{v}}=10^{-7}f_0(v_0n)^{\frac{2}{3}}d_{\text{m}}^3$$

对于喷油润滑，从表10.3中可得$f_0=6.6$，则

$$M_{\text{v}}=10^{-7}\times6.6\times(5\times10\,000)^{\frac{2}{3}}\times(125.3)^3=1\,762\text{N}\cdot\text{mm}$$

由式(10.26)

$$M=M_1+M_{\text{v}}+M_{\text{f}}=1\,192+1\,762+0=2\,954\text{N}\cdot\text{mm}$$

例 10.4　滚针轴承的摩擦力矩

问题：试计算一个重型卡车手动离合器上分离杯用滚针轴承的摩擦力矩，该轴承节圆直径为20mm。工作条件为：转速3 500r/min，径向载荷为51N，润滑油为SAE50号重油，在工作温度下其运动粘度为94cst。

解：由式(10.28)

$$M=d_{\text{m}}(4.5\times10^{-7}v_0^{0.3}n^{0.6}+0.12F_{\text{r}}^{0.41})$$

$$M=20[4.5\times10^{-7}\times94^{0.3}\times3\,500^{0.6}+0.12\times51^{0.41}]$$

$$M=12.04\text{N}\cdot\text{mm}$$

例 10.5　推力滚针轴承的摩擦力矩

问题：试计算一个重型卡车手动离合器用推力滚针轴承的摩擦力矩，该轴承节圆直径为46mm，长2.6mm。工作条件为：转速3 500r/min，轴向载荷为825N，润滑油为SAE50号重油，在工作温度下其运动粘度为94cst。

解：由式(10.29)

$$M=4.5\times10^{-7}v_0^{0.3}n^{0.6}d_m+0.016F_al$$

$$M=4.5\times10^{-7}\times94^{0.3}\times3\,500^{0.6}46+0.016\times825\times2.6$$

$$M=34.33\mathrm{N}\cdot\mathrm{mm}$$

例 10.6　圆锥滚子轴承的摩擦力矩

问题：试计算一个安装于双平行轴减速器2号位置(右)的圆锥滚子轴承的摩擦力矩，其中低速轴上装有一个斜齿轮，该齿轮副上分别作用有径向载荷144 800N和轴向载荷为37 300N。工作条件为：转速70r/min，润滑油为AGMA5号油，在工作温度下其运动粘度为32cst，溅油润滑。两轴承中心的有效距离L为60mm，1号位置(左)的轴承到齿轮中心的有效距离a为16mm。两轴承均为30228系列圆锥滚子轴承，尺寸如下：

$$d_m=200\mathrm{mm},\ D=23.5\mathrm{mm},\ l=27\mathrm{mm},\ Z=24,\ \alpha=16.2°,\ K=1.34。$$

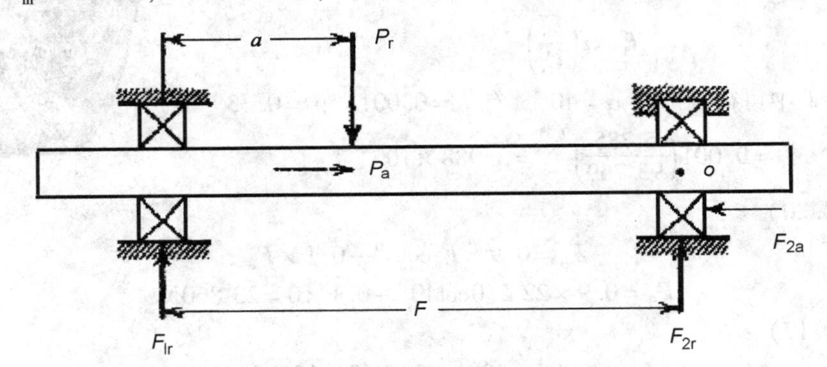

解：由式(4.6)

$$F_{2r}=P\frac{a}{L}=144\,800\frac{16}{60}=38.613\mathrm{N}$$

$$F_{2a}=P_a=37\,300\mathrm{N}$$

$$K\frac{F_{2a}}{F_{2r}}=1.34\frac{37\,300}{38\,613}=1.29$$

由式(10.2)　$f_T=1.2$

由式(10.32)

$$G=d_m^{\frac{3}{2}}D^{\frac{1}{6}}(Z\cdot l)^{\frac{2}{3}}(\sin\alpha)^{-\frac{1}{3}}$$

$$G=200^{\frac{3}{2}}\times23.5^{\frac{1}{6}}\times(24\times27)^{\frac{2}{3}}(\sin16.2°)^{-\frac{1}{3}}$$

$$G=548\,584$$

由式(10.30)

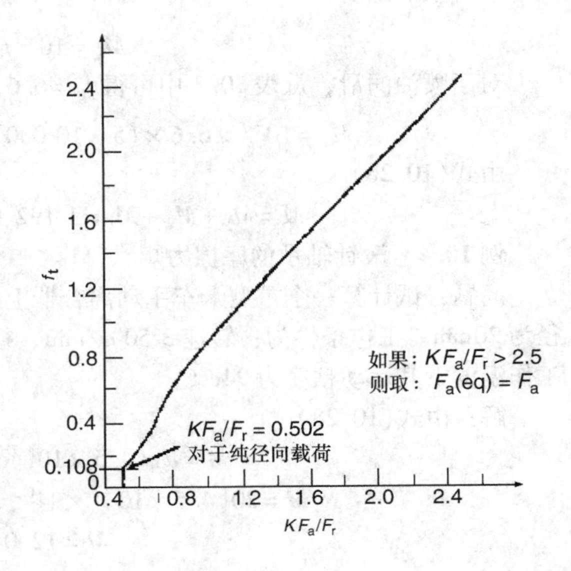

$$M=3.76\times10^{-6}\cdot G(nv_0)^{\frac{1}{2}}\left(f_T\frac{F_r}{K}\right)^{\frac{1}{3}}$$

$$M = 3.76 \times 10^{-6} \times 548.584 \times (70 \times 32)^{\frac{1}{2}} \times \left(1.2 \times \frac{38\ 613}{1.34}\right)^{\frac{1}{3}}$$
$$= 3\ 180\text{N} \cdot \text{mm}$$

例 10.7　圆锥滚子轴承的摩擦力矩

问题：试计算例 10.6 中 1 号位置(左)圆锥滚子轴承的摩擦力矩。

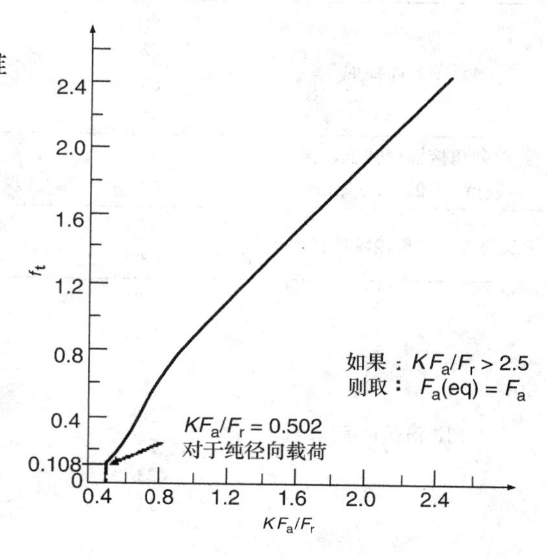

解：由例 10.6 知

$P_r = 144\ 800\text{N}$，$p_a = 37\ 300\text{N}$，

$L = 60\text{mm}$，$a = 16\text{mm}$

$n = 70\text{r/min}$，$\nu_0 = 32\text{cst}$，

$G = 548\ 584$，$K = 1.34$。

由式(4.5)

$$F_{1r} = P\left(1 - \frac{a}{L}\right) = 144\ 800 \times \left(1 - \frac{16}{60}\right) = 106\ 187\text{N}$$

$$F_{1a} = 0$$

由式(10.2)

$$f_T = 1.08$$

由式(10.30)

$$M = 3.76 \times 10^{-6} \times G(n\nu_0)^{\frac{1}{2}}\left(f_T\frac{F_r}{K}\right)^{\frac{1}{3}}$$

$$M = 3.76 \times 10^{-6} \times 548\ 584 \times (70 \times 32)^{\frac{1}{2}}\left(1.08 \times \frac{106\ 187}{1.34}\right)^{\frac{1}{3}}$$

$$M = 4301\text{N} \cdot \text{mm}$$

表

表 CD10.1　ISO 热参考额定速度的系数

轴承类型	尺寸系列	与轴承力距有关的粘性系数，$f_{0\theta}$	与轴承力距有关的载荷系数，$f_{1\theta}$
单列深沟球轴承	18	1.7	0.000 10
	28	1.7	0.000 10
	38	1.7	0.000 10
	19	1.7	0.000 15
	39	1.7	0.000 15
	00	1.7	0.000 15
	10	1.7	0.000 15
	02	2	0.000 20
	03	2.3	0.000 20
	04	2.3	0.000 20

(续)

轴承类型	尺寸系列	与轴承力距有关的粘性系数，$f_{0\theta}$	与轴承力距有关的载荷系数，$f_{1\theta}$
自调心球轴承	02	2.5	0.000 08
	22	3	0.000 08
	03	3.5	0.000 08
	23	4	0.000 08
单列角接触球轴承，接触角α 22°<α<45°	02	2	0.000 25
	03	3	0.000 35
双列或成对角接触球轴承	32	5	0.000 35
	33	7	0.000 35
圆锥滚子轴承	02	3	0.000 40
	03	3	0.000 40
	30	3	0.000 40
	29	3	0.000 40
	20	3	0.000 40
	22	4.5	0.000 40
	23	4.5	0.000 40
	13	4.5	0.000 40
	31	4.5	0.000 40
	32	4.5	0.000 40
滚针轴承	48	5	0.000 50
	49	5.5	0.000 50
	69	10	0.000 50
四点接触球轴承	02	2	0.000 37
	03	3	0.000 37
单列圆柱滚子轴承带保持架	10	2	0.000 20
	02	2	0.000 30
	22	3	0.000 40
	03	2	0.000 35
	23	4	0.000 40
	04	2	0.000 40
单列圆柱滚子轴承满滚子	18	5	0.000 55
	29	6	0.000 55
	30	7	0.000 55
	22	8	0.000 55
	23	12	0.000 55
球面滚子轴承	39	4.5	0.000 17
	30	4.5	0.000 17
	40	5.5	0.000 27
	31	5.5	0.000 27
	41	7	0.000 49
	22	4	0.000 19
	32	6	0.000 36
	03	3.5	0.000 19
	23	4.5	0.000 30

（续）

轴承类型	尺寸系列	与轴承力距有关的粘性系数，$f_{0\theta}$	与轴承力距有关的载荷系数，$f_{1\theta}$
双列圆柱滚子轴承满滚子	48	9	0.000 55
	49	11	0.000 55
	50	13	0.000 55
推力圆柱滚子轴承	11	3	0.001 50
	12	4	0.001 50
推力滚针轴承	①	5	0.001 50
推力球面滚子轴承	92	3.7	0.000 30
	93	4.5	0.000 40
	94	5	0.000 50
推力球面滚子轴承修正设计(优化内部结构)	92	2.5	0.000 23
	93	3	0.000 30
	94	3.3	0.000 33

① 推力滚针轴承的尺寸系列按照ISO 3031

参考文献

[1] Palmgren, A., *Ball and Roller Bearing Engineering*, 3rd ed., Burbank, Philadelphia, 34–41, 1959.
[2] SKF, General Catalog 4000, US, 2nd ed., 1997.
[3] SKF, General Catalog 4000, 2004.
[4] Harris, T., Prediction of temperature in a rolling contact bearing assembly, *Lub. Eng.*, 145–150, April 1964.
[5] Chiu, Y. and Myers, M., A rational approach for determining permissible speed for needle roller bearings, SAE Tech. Paper No. 982030, September 1998.
[6] Trippett, R., Ball and needle bearing friction correlations under radial load conditions, SAE Tech. Paper No. 851512, September 1985.
[7] Witte, D., Operating torque of tapered roller bearings, *ASLE Trans.*, 16(1), 61–67, 1973.
[8] Witte, D. and Hill, H., Tapered roller bearing torque characteristics with emphasis on rib-roller end contact, SAE Tech. Paper No. 871984, October 1987.
[9] International Organization for Standards, International Standard (ISO) Std. 15312:2003, Rolling bearings—thermal speed ratings—calculations and coefficients, December 1, 2003.

第11章　疲劳寿命：基本理论和额定标准

符号表

符　号	定　义	单　位
A	球轴承材料系数，常量	
a	接触椭圆长半轴	mm
a^*	无量纲接触椭圆长半轴	
B	线接触滚子轴承材料系数	
b	接触椭圆短半轴	mm
b^*	无量纲接触椭圆短半轴	
b_m	现代常用材料的额定载荷系数	
C	轴承套圈或整套轴承的基本额定动载荷	N
c	τ_0 的指数	
d	直径	mm
d_m	节圆直径	mm
D	球或滚子直径	mm
E	弹性模量	MPa
e	Weibull 斜率	
$\mathscr{F}$	失效概率	
F_r	径向载荷	N
F_a	轴向载荷	N
F_e	当量载荷	N
f	r/D	
f_m	材料系数	
g_c	轴承内、外套圈的额定动载荷综合系数	
h	z_0 的指数	
i	滚动体列数	
J_1	旋转滚道平均载荷与 Q_{max} 的比例系数	
J_2	非旋转滚道平均载荷与 Q_{max} 的比例系数	
J_r	径向载荷积分系数	
J_a	轴向载荷积分系数	
K	常量	
L	疲劳寿命	
L_{10}	一批轴承中90%可达到的疲劳寿命	10^6 转

L_{50}	一批轴承中 50% 可达到的疲劳寿命	10^6 转
l	滚子有效长度	mm
L	滚动轨迹长度	mm
N	转数	
n	转速	r/min
n_{mi}	滚动体相对于内滚道的公转速度	r/min
Q	球或滚子载荷	N
Q_c	滚道额定接触动载荷	N
Q_e	当量滚动体载荷	N
R	滚子轮廓半径	mm
r	沟道半径	mm
S	幸存概率	
T	τ_0/σ_{max}	
u	每转一周的应力循环次数	
V	应力体积	mm^3
V	旋转系数	
ν	$J_2(0.5)/J_1(0.5)$	
X	径向载荷系数	
Y	轴向载荷系数	
Z	每列滚动体数	
z_0	最大交变切应力深度	mm
α	接触角	弧度，°
γ	$D\cos a/d_m$	
ε	载荷分布系数	
ζ	z_0/b	
η	动载荷容量降低系数	
λ	滚动体边缘应力和非均匀应力分布引起的降低系数	
ν	与载荷—寿命指数 $n=10/3$ 关联的降低系数	
σ	法向应力	MPa
τ_0	次表面最大正交剪切应力	MPa
ψ	滚动体的位置角	弧度，°
ψ_1	极限位置角	弧度，°
ω_s	自旋速度	弧度/s
ω_{roll}	滚动速度	弧度/s
$\sum\rho$	曲率和	mm^{-1}
$F(\rho)$	曲率差	

角　　标

a	轴向

c	单一接触
e	当量载荷
i	内滚道
j	滚动体位置
l	线接触
μ	旋转滚道
ν	旋转滚道
o	外滚道
r	径向
s	幸存概率 S
R	滚动体
Ⅰ	物体Ⅰ
Ⅱ	物体Ⅱ

11.1 概述

人们已经认识到，运转中的轴承，如果润滑良好，安装正确，无轴线偏斜，无尘埃、水分和腐蚀介质的侵入，且载荷适中，则造成轴承损坏的原因只有一个，即材料的疲劳。在20世纪的前80年间，工业界普通认为，由于存在滚动接触表面的疲劳概率，没有任何滚动轴承可以无限运转。正如第6章中所指出的，循环作用于接触表面的应力，可能比其他工程构件中的应力大得多。在那些工程构件中，其材料具有一个耐久极限。这一耐久极限代表一个动态应力水平，假如动态应力不超过这一应力水平，构件将不会发生疲劳破坏。滚动轴承基本疲劳寿命理论不包括耐久极限的概念，这一概念将在本书第2卷中建立并加以讨论。本章仅探究滚动接触疲劳的基本概念及其相关的轴承额定载荷和额定寿命，这是因为：

1）现行通用的额定载荷和额定寿命计算方法在基本理论方面有其基础。

2）使用基本理论计算轴承寿命会产生较保守的估计。

3）对基本理论的理解，对于发展和应用更精确、更现代的理论，包括但不限于耐久极限应力是一个必要的基础。

11.2 滚动接触疲劳

11.2.1 轴承运转前的材料微观结构

对于采用AISI 52100钢制造的滚动轴承，在运转之前，即滚动体滚过滚道之前，其材料的微观结构如图11.1所示。使用这种材料制造的套圈、钢球或滚子，Lundberg和Palmgren[1]进行了各种耐久性试验，建立了确定滚动轴承额定动载荷和疲劳寿命的基本方法。该材料的微观结构主要由含5%~8%(体积分数)的$(Fe,Cr)_3$碳化物的片状马氏体[2]和最高到20%的残余奥氏体所组成，其含量取决于淬火和回火条件。回火硬度通常为58~64HRC。回火温度越高，残留奥氏体的含量和硬度就越低。

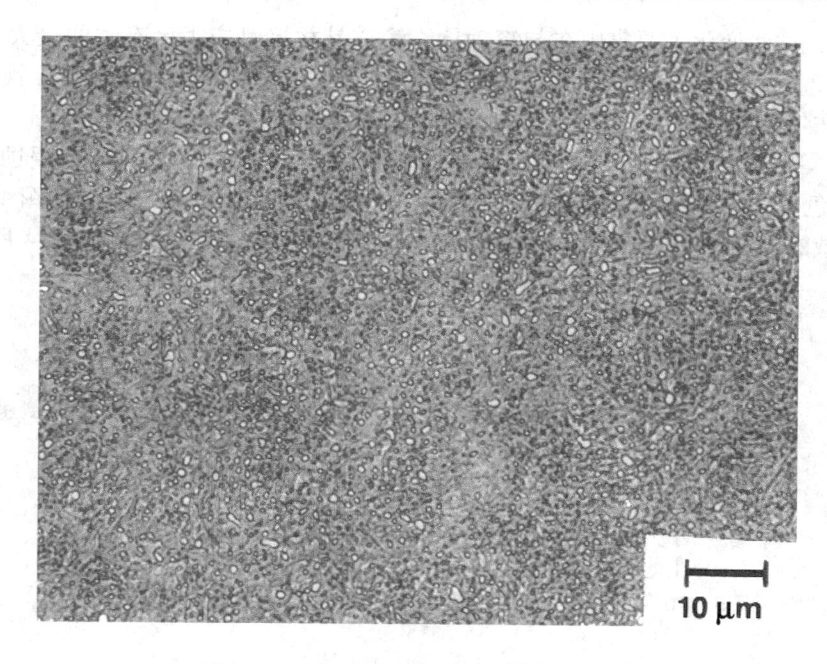

图 11.1 AISI 52100 钢的淬回火显微组织

11.2.2 滚动引起的微观结构的变化

自 1946 年以来，在轴承耐久性试验中，关于内圈表层显微组织的显著变化不断有报道，例如文献[4~6]。该变化的主要特征表现为，滚道表面下的显微组织对酸蚀有不同的反应

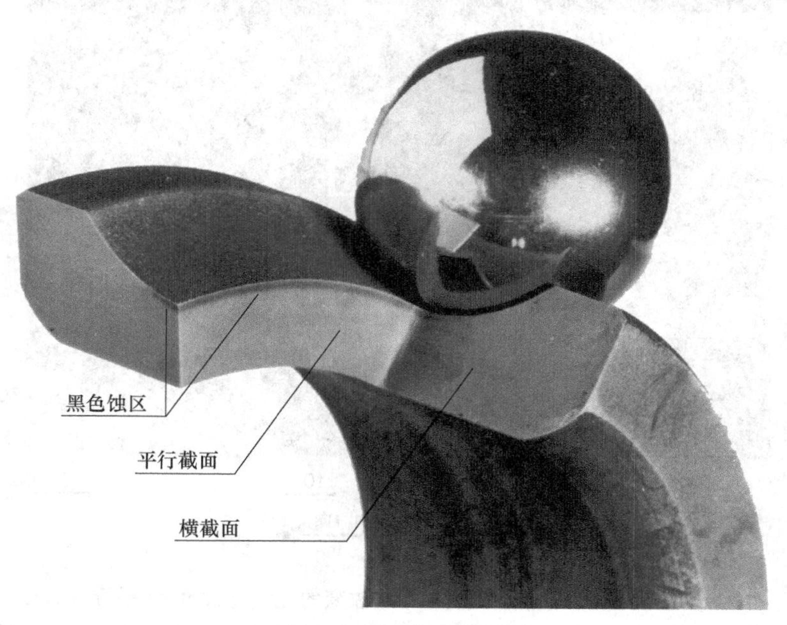

图 11.2 309 深沟球轴承内圈剖面方向和显微组织变化区位置
（引自 Swanhn, H., Becher, P., and Vingsbo, O., 滚动轴承接触疲劳过程中的马氏体衰退, Metallurgical Trans. A, 7A, 1099-1110, 1976 年 8 月，经许可）

(见图11.2)，这些变化主要集中在与滚动体—滚道赫兹接触应力区有关的最大切应力发生处。由图11.2可以确定出该深度大约为0.76b，这里b是典型球轴承工况下接触椭圆的短半轴，见参考文献[7,8]。

Sweahan等人[9]和Lund[10]从三个区域描述了微观结构的变化：黑色侵蚀区(DER)，DER+30°白色侵蚀带，DER+30°和+80°白色侵蚀带。Sweahan等人[9]也在图11.3中揭示了该三个区域的顺序特征。平行截面内微观结构变化的光学显微照片如图11.4所示。

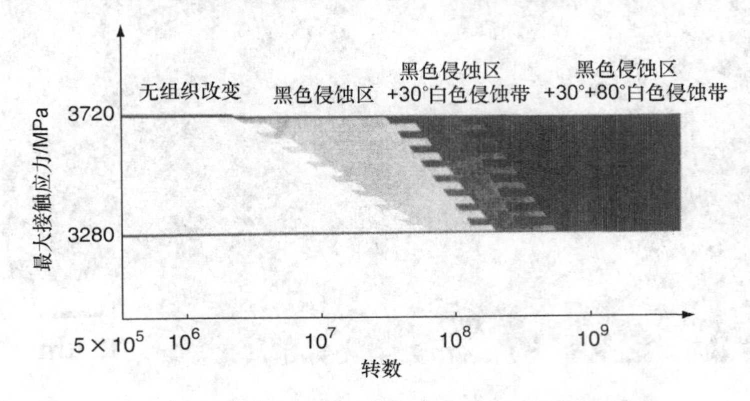

图11.3 微观结构变化与应力水平及内圈转数的关系

(引自Sweanhn, H., Becher, P., and Vingsbo, O., 滚动轴承接触疲劳过程中的马氏体衰退, Metallurgical Trans. A, 7A, 1099-1110, 1976年8月, 经许可)

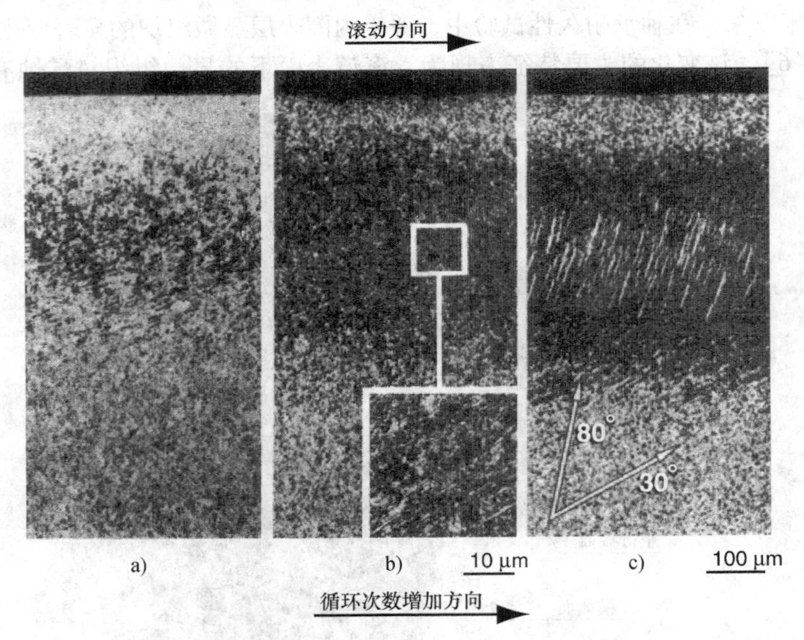

图11.4 309深沟球轴承内圈中结构改变的光学显微照片(平行截面)

a) 早期的黑色侵蚀区DER b) 充分发展的DER+30°白色侵蚀带 c) DER+30°和+80°白色侵蚀带

(引自Sweanhn, H., Becher, P., and Vingsbo, O., 滚动轴承接触疲劳过程中的马氏体衰退, Metallurgical Trans. A, 7A, 1099-1110, 1976年8月, 经许可)

第一个变化是DER的形式。该区域由铁素体组成，并含有非均匀分布的过量的碳(与初始马氏体相等)，且碳与残留马氏体混合在一起。Sweahan等人[9]描述了由马氏体减少而引起应力降低的过程。第二种显微组织变化形式是形成白色侵蚀盘状铁素体区，厚约0.1～0.5μm，与滚道周向切线约成30°夹角，且被夹于富碳层之间。第三种变化形式属第二种白色侵蚀带且明显大于30°，在平行截面上与滚道切线约成80°角。此盘状区域厚约10μm，是由严重塑性变形的铁素体组成。

11.2.3 滚动引起的疲劳裂纹和滚道剥落

当金属微粒从滚道和滚动体表面剥落时，表明已发生了滚动接触疲劳。对于润滑充分和制造良好的轴承，剥落通常起始于表面下的裂纹，然后扩展至表面，最后在承载表面形成麻点或剥落。图11.5是轴承滚道表面下材料产生疲劳裂纹的照片，图11.6是球轴承滚道次表面的疲劳剥落的典型照片。

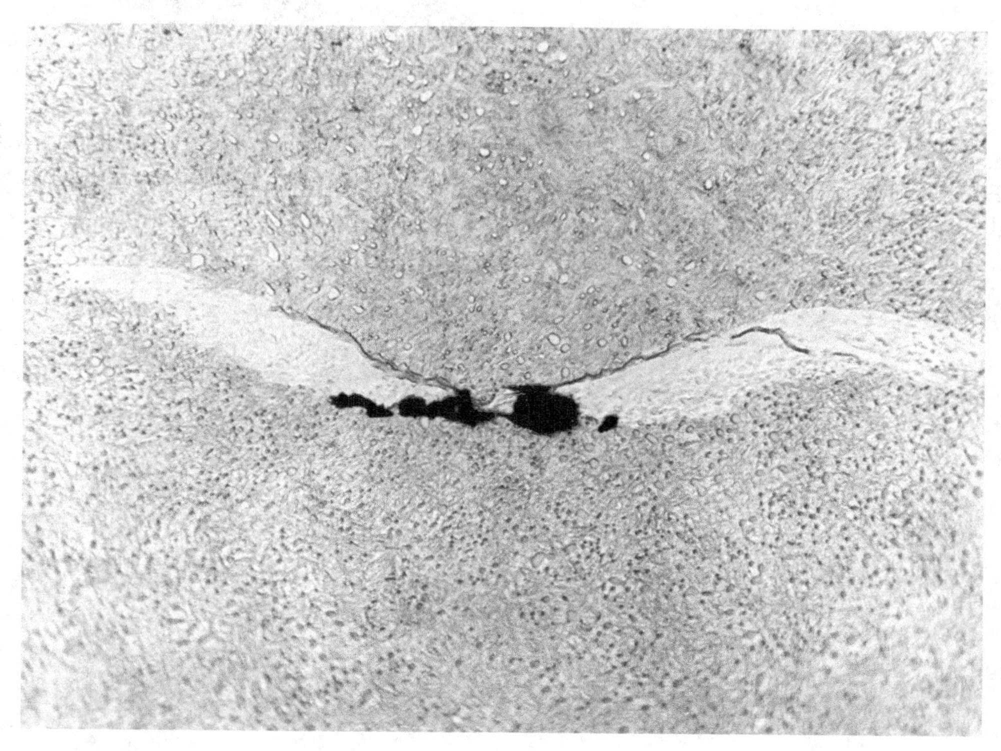

图11.5 球轴承滚道次表面的疲劳裂纹

事实上，图11.5显示的次表面裂纹，也被称为“蝶斑”，表明该轴承经历不断的重载作用，致使滚动接触零件产生了显微组织变化。之所以称之为蝶斑，是因为裂纹从基体中的非金属夹杂物开始呈翅膀状扩展，经硝酸乙醇酸蚀后，与周围的回火马氏体相比，蝶翼呈白色。如图11.7所示，蝶翼和裂纹方向与滚道上表面摩擦力的方向成40°～45°角。根据Littmann和Widner[4]的研究，蝶翼的扩展取决于应力大小和应力循环次数。Becker[11]对蝶翼特性的综合性能研究的结论是，它们由散布的超细化铁素体和碳化物组成，其属性和形成与前述的30°和80°区域的白色酸蚀区十分相似。此外，根据Littmann、Widner[4]和Becker[11]的

图 11.6 球轴承滚道表面的疲劳剥落

研究，蝶翼可能起源于与非金属夹杂物有关的原始裂纹，随后裂纹和蝶翼同时扩展。尽管白色酸蚀区和蝶斑与高应力循环滚动接触作用显著相关，但还不能确定它们就是疲劳的起因；Nèlias[12]指出当它们不存在时似乎不会发生疲劳失效。

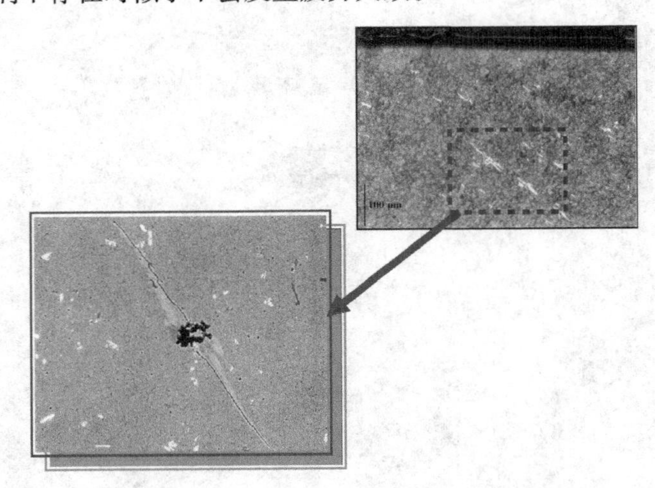

图 11.7 M50 钢环次表面“蝶斑”，与接触表面呈 45°角，表面摩擦力指向左方

（引自 Nélias, D., Contribution a L'etude des Roulements, Dossier d'Habilitation a Diriger des Recherches, Laboratoire de Mécanique des Contacts, UMR-CNRS-INSA de Lyon No. 5514, December 16, 1999. 经许可）

11.2.4 疲劳失效的初始应力和深度

Lundberg 和 Palmgren[1]在研究滚动轴承疲劳失效的基本理论时，假设疲劳裂纹起始于滚道材料(钢)表面下的薄弱点，因此，保持所有其他因素不变，改变钢材的金相组织及其均匀性，就会对轴承的疲劳特性产生重大影响。这里所说的薄弱点不包括宏观夹渣物，对于轴

承制造而言，含有宏观夹杂物的钢材是不合格的，它会导致轴承过早疲劳失效。只有用实验室方法才能探测到的微观夹渣物和金相错位，才可能是我们所说的薄弱点。

Lundberg 和 Palmgren[1] 进一步假设最大正交切应力 τ_0 的范围，即 $2\tau_0$ 是产生初始裂纹的原因。根据图 6.14，对于典型的球轴承，τ_0 发生在沟道表面下大约 0.49b 的深度。如上所述，与蝶斑和疲劳裂纹相关的微观结构变化趋于发生在比 τ_0 深度大 50% 之处，即 0.76b 处。蝶斑的走向与沟道表面呈约 45°角，与最大切应力的方位一致。就是在最大正交切应力及其发生深度的基础之上建立起来的。Lundberg-Palmgren 理论以及后来的标准额定载荷和额定寿命公式。

11.3　疲劳寿命的离散性

即使是一批相同的滚动轴承，在同一载荷、速度、润滑和环境条件下运转，所有的轴承也不具有相同的疲劳寿命。相反，这些轴承失效服从如图 11.8 所示的离散分布。图 11.8 表明，以幸存概率为 100%（即 $S=1$）能够达到的轴承的转数为零。换言之，在一批轴承中，任何一套轴承具有无限耐久性的概率为零。当在承载表面观察到剥落时，这一模型即认为轴承已经疲劳。显然，由于裂纹从最初产生扩展至表面，需要一定的时间，因此，疲劳寿命实际上不可能为零。一般来说，裂纹扩展的时间比裂纹发生的时间短得多，因此，将已看到剥落的时间设定为轴承的疲劳寿命，从而认为表面下发生了裂纹也是安全的。

由于轴承的寿命存在这样的离散性，因此人们在概率曲线上选取一个或者两个点，来描述轴承的耐久性，这两点就是：

1）L_{10}一批轴承中 90% 可达到的疲劳寿命。

2）L_{50}一批轴承中 50% 可达到的疲劳寿命，或者叫中值疲劳寿命。

由图 11.8 可以看出，$L_{50}\approx 5L_{10}$。这一关系是以各类轴承的疲劳耐久性试验数据为基础而建立的，在缺乏更准确的数据资料时，这一关系是很好的经验公式。

幸存概率 S 可以用下式表示：

$$S=\frac{N_s}{N} \tag{11.1}$$

式中，N_s 为达到 L_S 转的轴承数量，N 为试验轴承的总数。因此，如果试验 100 套轴承，其中 12 套轴承在运行 L_{12}转后发生疲劳失效，则其余轴承的幸存概率就是 $S=0.88$。相反，失效概率可定义为

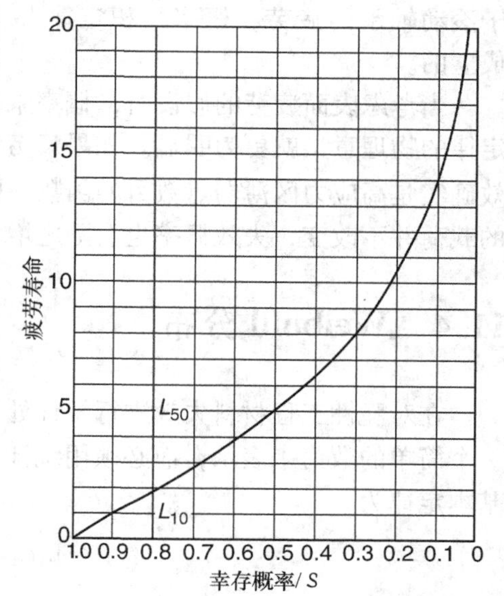

图 11.8　滚动轴承疲劳寿命分布

$$\mathscr{F}=1-S \tag{11.2}$$

轴承制造商通常采用“额定寿命”作为特定载荷条件下给定轴承运转的疲劳耐久性的度量手段。这个额定寿命是指相当大一批轴承在规定载荷下运转的估计 L_{10} 寿命。事实上，对一个单独的轴承应用给出一个确定的疲劳寿命是不可能的，但是，我们可以确定轴承的可

靠性。对于一个给定应用条件的给定轴承，轴承制造商只能给出轴承的估计额定寿命，实际上是指轴承将以90%的可靠性运转至额定寿命(L_{10}转)。因此，可靠性与幸存概率是一个同义词。疲劳寿命一般以百万转来表示，在固定转速下通常也将其转换为小时数来表示。

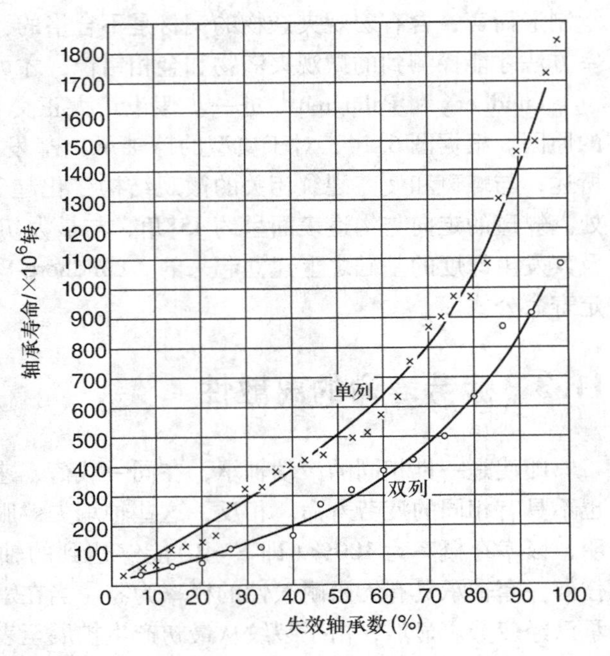

图 11.9 单列轴承与双列轴承的疲劳寿命对比
随机取样进行疲劳试验的一组单列轴承，编号为1~300。在图上逐一标出每套轴承的寿命，得到上面的曲线。下面的曲线是按单列轴承编号中的1与2、3与4、5与6……以此类推进行配对，将其看成双列轴承并取两套轴承的最短寿命为双列轴承的寿命而得到的结果。

轴承疲劳的一个有超的问题是多列轴承的寿命，图11.9给出了叠加在图11.8曲线上的一组单列轴承的实际耐久性数据。考虑到试验轴承是随机配对的，如果认为配对轴承本质上是一套双列轴承，那么一对轴承的疲劳寿命显然就是双列轴承中的最小寿命。从图11.9可以注意到，配对轴承的寿命离散曲线位于单列轴承曲线的下方。因此，双列轴承中的每一列如果与相同结构的单列轴承承受同样的载荷，其寿命也要低于单列轴承。所以，对于滚动轴承的疲劳，概率乘积定律[13]是成立的。

当考虑表面疲劳的假设时，概率乘积定律的物理意义就更为明显。如果疲劳失效确实是高应力区薄弱点数目的函数，则随着应力体积的扩大，薄弱点数目增多，尽管指定的载荷并不改变，失效概率也会随之增大，Weibuill[14,15]已进一步阐明了这一现象。

11.4 Weibuill 分布

在对脆性工程材料失效进行统计处理时，Weibuill[15]认识到：材料的极限强度不可能用一个简单的数值来表示，而必须用统计分布来描述。应用概率分析，可导出Weibuill理论的基本定律为

$$\ln(1-\mathscr{F}) = \int_v n(\sigma)\mathrm{d}v \tag{11.3}$$

式(11.3)描述了在体积V中由给定应力分布所决定的材料断裂概率$\mathscr{F}$，式中$n(\sigma)$为材料特性。Weibuill的主要贡献是提出了结构破坏是应力体积的函数。这一理论是基于这样的假设，即初始裂纹导致破坏。但在滚动轴承的疲劳中，经验已经证明，产生在表面之下的许多裂纹，并不扩展至表面。因此，Weibuill理论就不能直接适用于滚动轴承。Lundberg和palmgren[1]的理论考虑了这样的事实，即疲劳破坏的概率是承载表面下最大切应力深度z_0的函数。Weibuill理论和滚动轴承疲劳寿命统计方法将在本书第2卷做更加详细的讨论。

按照Lundberg和palmgren[1]的理论，令$\Gamma(n)$是n次加载后在深度z处的材料状态的函

数。因此，$d\Gamma(n)$就是小量后续加载 dn 次以后材料状态的变化。对于这样的状态变化，在深度 z 处的体积单元 ΔV 内，产生裂纹的概率为

$$\mathscr{F}(n)=g[\Gamma(n)]d\Gamma(n)\Delta V \tag{11.4}$$

因此，失效概率正比于材料应力体积。很显然，应力体积的大小就是应力作用下薄弱点数目的量度。

根据式(11.4)，$S(n)=1-\mathscr{F}(n)$为材料至少承受 n 次循环载荷的幸存概率。而材料至少承受 $n+dn$ 次循环的幸存概率，等于材料承受 n 次循环的幸存概率与材料发生状态变化 $d\Gamma(n)$的概率的乘积，即为

$$\Delta S(n+dn)=\Delta S(n)\{1-g[\Gamma(n)]d\Gamma(n)\Delta V\} \tag{11.5}$$

重新整理式(11.5)并取极限，令 dn 趋于零，得：

$$\frac{1}{\Delta S(n)}\frac{d\Delta S(n)}{dn}=-g[\Gamma(n)]\frac{d\Gamma(n)}{dn}\Delta V \tag{11.6}$$

在区间$[0,N]$上对式(11.6)进行积分，并注意到 $\Delta S(0)=1$，可给出

$$\ln\frac{1}{\Delta S}=\Delta V\int_0^N g[\Gamma(n)]\frac{d\Gamma(n)}{dn}dn \tag{11.7}$$

或

$$\ln\frac{1}{\Delta S(n)}=G[\Gamma(n)]\Delta V \tag{11.8}$$

由概率乘积定律可知，整个体积 V 的幸存概率 $S(n)$为

$$S(n)=\Delta_1 S(n)\times\Delta_2 S(n)\cdots \tag{11.9}$$

合并式(11.8)和式(11.9)并取极限，令 dn 趋于零，得

$$\ln\frac{1}{S(n)}=\int_V G[\Gamma(n)]dV \tag{11.10}$$

式(11.10)形式上类似于 Weibull 方程式(11.3)，所不同的是，$G[\Gamma(n)]$包括了深度 z 对失效的影响。式(11.10)可以改写成如下形式：

$$\ln\frac{1}{S}=f(\tau_0,N,z_0)V \tag{11.11}$$

式中，τ_0 为最大正交切应力，z_0 为承载表面下 τ_0 所在的位置，N 是幸存概率为 S 时的应力循环次数。显而易见，这里的 τ_0 和 z_0 可用另一个应力—深度关系来替代。

Lundberg 和 palmgren[1] 用经验方法确定了下列关系，这一关系与他们的试验结果相当吻合：

$$f(\tau_0,N,z_0)\sim\tau_0^c N^e z_0^{-h} \tag{11.12}$$

此外，还假设应力体积是由接触椭圆的宽度 $2a$，深度 z_0 和滚动轨迹长度 L 所界定，即

$$V\sim az_0L \tag{11.13}$$

将式(11.12)和式(11.13)代入式(11.11)，可得

$$\ln\frac{1}{S}\sim\tau_0^c z_0^{1-h}aLN^e \tag{11.14}$$

如今，人们已经知道，在润滑恰当、加工精密的轴承中，润滑油膜能够将滚动体与滚道完全隔离开。在这种情况下，滚动接触中的表面切应力可以忽略不计。考虑到 20 世纪 40 年代 Lundberg 和 palmgren 在建立他们的理论时所用的轴承及其运转条件，滚动体—滚道接触

处是有可能存在表面剪切应力的。许多研究者已经证明，如果除了法向应力外还有表面剪切应力，则表面下最大剪切应力的深度将小于 z_0。因此，对于 Lundberg-palmgren 所采用的试验轴承和试验条件，在式(11.12)~式(11.14)中使用 z_0 就值得怀疑了。此外，如果 z_0 有疑问，则在应力体积关系中 a 的使用也必须重新考虑。

如果应力循环次数 N 等于 uL，其中 u 表示每一转的应力循环次数，L 表示以转数为单位的寿命，则

$$\ln S^{-1} \sim \tau_0^c z_0^{1-h} aLu^e L^e \tag{11.15}$$

对于在特定载荷下的给定轴承，则简化为

$$\ln S^{-1} = AL_s^e \tag{11.16}$$

或

$$\ln\ln S^{-1} = e\ln L_s + \ln A \tag{11.17}$$

式(11.17)定义了所谓的滚动轴承疲劳寿命的 Weibull 分布，指数 e 被称为 Weibull 斜率。

试验已证实，轴承寿命分布在 L_7 到 L_{60} 之间，Weibull 分布与试验数据极为吻合(见参考文献[16])。由式(11.17)可以看出，$\ln\ln\frac{1}{S}$与 $\ln L$ 呈线性关系。图 11.10 给出了轴承试验数据的一个 Weibull 分布示意图。显然从上述分析和图 11.10 中可以看出，Weibull 斜率 e 反映了轴承寿命分布的离散性。由式(11.17)可知，对于给定的一组试验轴承，Weibull 斜率为

$$e = \frac{\ln \dfrac{\ln S_1^{-1}}{\ln S_2^{-1}}}{\ln(L_1/L_2)} \tag{11.18}$$

式中，(L_1,S_1)和(L_2,S_2)是根据试验数据所得到的最优拟合直线上的任意两点。采用 Lieblein[17] 介绍的极值统计方法，由给定的一组耐久试验数据，可以精确地得到这条最优拟合直线。根据 Lundburg 和 Palmgren[1,18] 等人的研究，对球轴承 $e=10/9$，对滚子轴承 $e=9/8$。这些数值是以 AISI 52100 淬透钢轴承的实际耐久试验数据为基础而得出的。Palmgren[19] 指出，对于各种常用轴承钢，e 值的范围为 1.1~1.5。对于现代各种高纯度的真空重熔钢，已得到 e 值为 0.7~3.5。e 值越低，表明疲劳寿命的离散性越大。

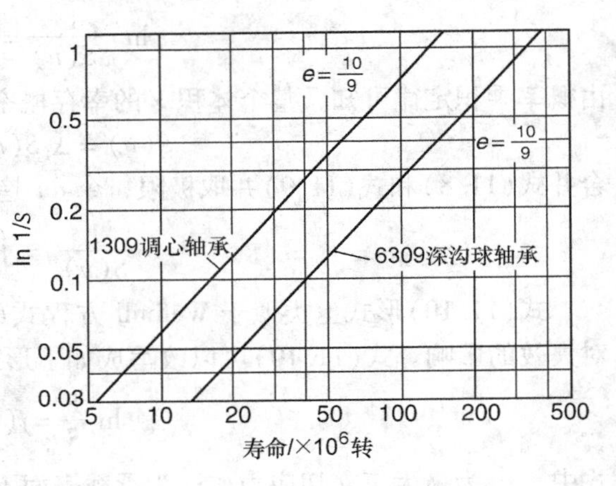

图 11.10 球轴承典型的 Weibull 曲线图
(引自 Lundberg, G. 和 Palmgren, A., 滚动轴承的动载荷, Acta Polytech. Mech. Eng., Ser. 1, No. 3, 7, Royal Swedish Acad. Eng., 1947, 经许可再印)

当 $L=L_{10}$，$S=0.9$ 时，将这些数值代入式(11.17)，得

$$\ln\ln\frac{1}{0.9} = e\ln L_{10} + \ln A \tag{11.19}$$

在式(11.17)和式(11.19)中消去 A，则有

$$\ln\frac{1}{S}=\left(\frac{L_S}{L_{10}}\right)^e\ln\frac{1}{0.9} \tag{11.20}$$

或

$$\ln\frac{1}{S}=0.1053\left(\frac{L_S}{L_{10}}\right)^e \tag{11.21}$$

对于特定应用场合，一旦已知 Weibull 斜率 e 和额定寿命，式(11.21)就能估算出可靠度(即幸存概率)为 S 时的疲劳奉命 L_S。当 S 在0.40～0.93之间，即在大多数轴承常用范围内，该方法都是正确的。

参见例11.1～例11.3。

11.5 滚动接触的额定动载荷和寿命

11.5.1 点接触

对于点接触，由式(6.71)得

$$\frac{2\tau_0}{\sigma_{\max}}=\frac{(2t-1)^{\frac{1}{3}}}{t(t+1)} \tag{6.71}$$

简化为

$$\tau_0=T\sigma_{\max} \tag{11.22}$$

式中，T 为接触表面尺寸，即 b/a(见图6.14)的函数。根据式(6.47)，接触椭圆内的最大压应力为

$$\sigma_{\max}=\frac{3Q}{2\pi ab} \tag{6.47}$$

此外，由式(6.38)和式(6.40)，a 和 b 分别为

$$a=a^*\left(\frac{3Q}{E_0\sum\rho}\right)^{\frac{1}{3}} \tag{6.38}$$

$$b=b^*\left(\frac{3Q}{E_0\sum\rho}\right)^{\frac{1}{3}} \tag{6.40}$$

式中

$$E_0=\left\{\frac{1}{2}\left[\frac{(1-\xi_1^2)}{E_1}+\frac{(1-\xi_2^2)}{E_2}\right]\right\}^{-1} \tag{11.23}$$

由式(6.58)

$$z_0=\zeta b$$

式中，ζ 是由式(6.72)和图6.14所决定的 b/a 的函数。

将式(6.47)和式(6.40)代入式(11.15)，得

$$\ln\frac{1}{S}\sim\frac{T^c aL}{(\zeta b)^{h-1}}\left(\frac{Q}{ab}\right)^c u^e L^e \tag{11.24}$$

令 d 为滚道直径，则 $L=\pi d$，且

$$\ln\frac{1}{S}\sim\frac{T^{c}u^{e}L^{e}d}{\zeta^{h-1}}\left(\frac{1}{b}\right)^{c+h-1}\left(\frac{1}{a}\right)^{c-1}Q^{c} \tag{11.25}$$

整理式(11.25)，得

$$\ln\frac{1}{S}\sim\frac{T^{c}u^{e}L^{e}d}{\zeta^{h-1}}\left(\frac{Q}{ab^{2}}\right)^{\frac{c+h-1}{2}}\left(\frac{1}{a}\right)^{\frac{c-h-1}{2}}Q^{\frac{c-h-1}{2}} \tag{11.26}$$

由式(6.38)和式(6.40)，

$$\frac{Q}{ab^{2}}=\frac{E_{0}\sum\rho}{3a^{*}(b^{*})^{2}} \tag{11.27}$$

建立恒等式：

$$D^{\frac{c+h-1}{2}}D^{\frac{c-h-1}{2}}\left(\frac{1}{D^{2}}\right)^{\frac{c-h-1}{2}}D^{2-h}=1 \tag{11.28}$$

再将式(11.27)和式(11.28)代入式(11.26)，得

$$\ln\frac{1}{S}\sim\frac{T^{c}}{\zeta^{h-1}}\left[\frac{E_{0}\sum\rho}{3a^{*}(b^{*})^{2}}\right]^{\frac{c+h-1}{2}}\left(\frac{D}{a}\right)^{\frac{c-h-1}{2}}\left(\frac{Q}{D^{2}}\right)^{\frac{c-h-1}{2}}dD^{2-h}u^{e}L^{e} \tag{11.29}$$

将点接触中长半轴 a 的计算式代入式(11.29)：

$$\ln\frac{1}{S}\sim\frac{T^{c}}{\zeta^{h-1}}\left[\frac{E_{0}\sum\rho}{3a^{*}(b^{*})^{2}}\right]^{\frac{c+h-1}{2}}\left[\frac{D}{a^{*}}\left(\frac{E_{0}\sum\rho}{3Q}\right)^{\frac{1}{3}}\right]^{\frac{c-h-1}{2}}\left(\frac{Q}{D^{2}}\right)^{\frac{c-h-1}{2}}dD^{2-h}u^{e}L^{e} \tag{11.30}$$

整理式(11.30)，得

$$\ln\frac{1}{S}\sim\frac{T^{c}dD^{2-h}u^{e}L^{e}}{\zeta^{h-1}(a^{*})^{c-1}(b^{*})^{c+h-1}}\left(\frac{E_{0}D\sum\rho}{3}\right)^{\frac{2c+h-2}{3}}\left(\frac{Q}{D^{2}}\right)^{\frac{c-h-2}{3}} \tag{11.31}$$

式(11.30)可以进一步整理。注意到对于任何特定的应用，幸存概率 S 是一个常量。

$$\left(\frac{Q}{D^{2}}\right)^{\frac{c-h-2}{3}}L^{e}\sim\left[\frac{T^{c}dD^{2-h}u^{e}}{\zeta^{h-1}(a^{*})^{c-1}(b^{*})^{c+h-1}}\left(\frac{E_{0}D\sum\rho}{3}\right)^{\frac{2c+h+2}{3}}\right]^{-1} \tag{11.32}$$

当 $b/a=1$ 时，令 $T=T_{1}$，$\zeta=\zeta_{1}$，则有

$$\left(\frac{Q}{D^{2}}\right)^{\frac{c-h-2}{3}}L^{e}\sim\left[\left(\frac{T}{T_{1}}\right)^{c}\left(\frac{\zeta_{1}}{\zeta}\right)^{h-1}\frac{(D\sum\rho)^{\frac{2c+h-2}{3}}}{(a^{*})^{c-1}(b^{*})^{c+h-1}}\frac{d}{D}u^{e}\right]^{-1}D^{-(3-h)} \tag{11.33}$$

进一步整理得

$$QL^{\frac{3e}{c-h+2}}=A_{1}\Phi D^{\frac{2c+h-5}{c-h+2}} \tag{11.34}$$

式中 A_{1} 为材料常数，且

$$\Phi=\left[\left(\frac{T}{T_{1}}\right)^{c}\left(\frac{\zeta_{1}}{\zeta}\right)^{h-1}\frac{(D\sum\rho)^{\frac{(2c+h-2)}{3}}}{(a^{*})^{c-1}(b^{*})^{c+h-1}}\frac{d}{D}u^{e}\right]^{\frac{-3}{c-h+2}} \tag{11.35}$$

对于给定的幸存概率，滚动体与滚道接触的额定动载荷定义为这样一个载荷，在该载荷作用下，滚动体与滚道接触的持续到套圈旋转一百万次。因此，基本额定载荷 Q_{c} 为

$$Q_{\mathrm{c}}=A_{1}\Phi D^{\frac{2c+h-5}{c-h+2}} \tag{11.36}$$

对于尺寸已知的轴承，由式(11.34)和式(11.36)，可得

$$QL^{\frac{3e}{c-h+2}} = Q_c \tag{11.37}$$

或

$$L = \left(\frac{Q_c}{Q}\right)^{\frac{c-h+2}{3e}} \tag{11.38}$$

因此，从外加载荷 Q 和基本额定动载荷 Q_c，即可算出以 10^6 转为单位的疲劳寿命。

球轴承的耐久性试验[1]表明，其载荷-寿命指数非常接近于3。图11.11是球轴承疲劳寿命与载荷的典型关系曲线。这一结果以后又由美国国家标准局[20]通过统计分析予以证实。因此，式(11.38)变为

$$L = \left(\frac{Q_c}{Q}\right)^3 \tag{11.39}$$

对于有着点接触的滚子轴承，该公式也是正确的。

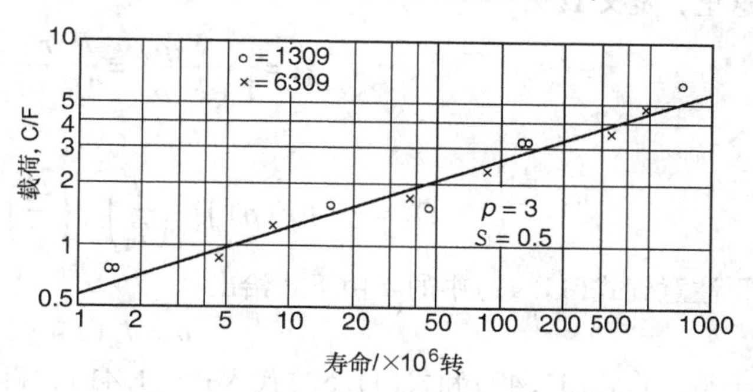

图11.11　球轴承疲劳寿命与载荷的典型关系曲线
(引自 Lundberg，G. 和 Palmgren，A.，滚动轴承的动载荷，Acta Polytech. Mech. Eng.，Ser. 1，No. 3，7，Royal Swedish Acad. Eng.，1947，经许可再印)

由于对于点接触 $e = 10/9$，因此

$$c - h = 8 \tag{11.40}$$

Lundburg 和 Palmgren[1]在评估了大约1 500套轴承的耐久试验数据后确定，$c = 31/3$ 和 $h = 7/3$，将 c 与 h 值分别代入式(11.35)和式(11.36)，得

$$\Phi = \left(\frac{T}{T_1}\right)^{3.1}\left(\frac{\zeta_1}{\zeta}\right)^{0.4}\frac{(a^*)^{2.8}(b^*)^{3.5}}{(D\sum\rho)^{2.1}}\left(\frac{D}{d}\right)^{0.3}u^{\frac{-1}{3}} \tag{11.41}$$

$$Q_c = A_1\Phi D^{1.8} \tag{11.42}$$

回顾一下滚子轴承中滚子与滚道的点接触：

$$F(\rho) = \frac{\frac{2}{D} - \frac{1}{R} \pm \frac{2\gamma}{D(1\mp\gamma)} + \frac{1}{r}}{\sum\rho} \tag{2.38,2.40}$$

因此

$$\frac{D}{2}\sum\rho F(\rho) = 1 - \frac{D}{2R} \pm \frac{\gamma}{1\mp\rho} + \frac{D}{2r} \tag{11.43}$$

同时，由式(2.37)，

$$\frac{D}{2}\sum\rho = 1 + \frac{D}{2R} \pm \frac{\gamma}{1\mp\rho} - \frac{D}{2r} \tag{11.44}$$

将式(11.43)和式(11.44)相加，得

$$[1 + F(\rho)]\frac{D}{2}\sum\rho = \frac{2}{1\mp\gamma} \tag{11.45}$$

将式(11.44)减去式(11.43)，得

$$[1-F(\rho)]\frac{D}{2}\sum\rho=D\left(\frac{1}{R}-\frac{1}{r}\right) \tag{11.46}$$

由式(11.45)，

$$D\sum\rho=\frac{4}{[1+F(\rho)](1\mp\gamma)} \tag{11.47}$$

这里，定义 Ω 为

$$\Omega=\frac{1-F(\rho)}{1+F(\rho)}=\frac{D}{2R}\frac{r-R}{r}(1\mp\gamma) \tag{11.48}$$

令

$$\Omega_1=[1+F(\rho)]^{2.1}\left(\frac{T}{T_1}\right)^{3.1}\left(\frac{\zeta_1}{\zeta}\right)^{0.4}(a^*)^{2.8}(b^*)^{3.5} \tag{11.49}$$

再注意到式(11.41)中的 d 由下式给出：

$$d=d_m(1\mp\gamma) \tag{11.50}$$

于是，将式(11.49)和式(11.50)代入式(11.41)，得

$$\Phi=\frac{\Omega_1}{[1+F(\rho)]^{2.1}}=\frac{1}{(D\times\sum\rho)^{2.1}}\left[\frac{D}{d_m(1\mp\gamma)}\right]^{0.3}u^{-\frac{1}{3}} \tag{11.51}$$

Lundburg 和 Palmgren[1] 确认，对于球和滚子轴承在相当的范围内，Ω_1 非常接近于：

$$\Omega_1=1.3\Omega^{-0.41} \tag{11.52}$$

图 11.12(摘自文献[1])证实了这个假设的有效性。将式(11.52)和式(11.47)代入式(11.51)，得

$$\Phi=0.0706\left(\frac{2R}{D}\frac{r}{r-R}\right)^{0.41}(1\mp\gamma)^{1.39}\left(\frac{D}{d_m}\right)^{0.3}u^{-\frac{1}{3}} \tag{11.53}$$

每一转的应力循环次数 u，就是套圈转一周时，通过另一套圈滚道上某一给定载荷点的滚动体数目。因此，由第 10 章可知，单位时间内通过内圈某一点的滚动体数目为

$$u_i=Z\frac{n_{mi}}{n}=0.5Z(1+\gamma) \tag{11.54}$$

对于外圈有

$$u_o=0.5Z(1-\gamma) \tag{11.55}$$

两式统一写为

$$u=0.5Z(1\mp\gamma) \tag{11.56}$$

式中，正号用于内圈，负号用于外圈。

将式(11.56)代入式(11.53)，可得

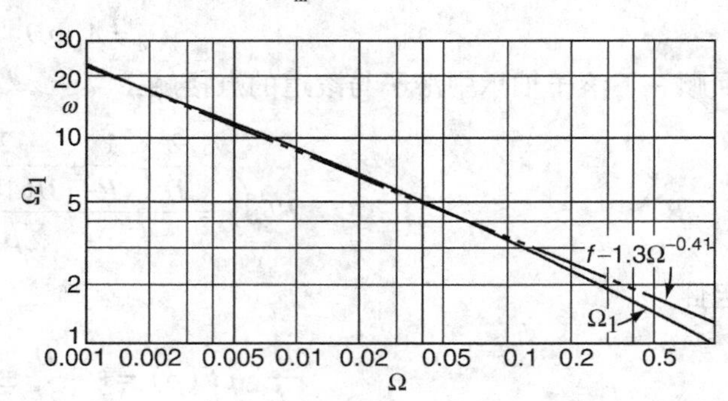

图 11.12　点接触球和滚子轴承的 Ω_1 与 Ω 的关系

(引自 Lundberg, G. 和 Palmgren, A., 滚动轴承的动载荷, ActaPolytech. Mech. Eng., Ser. 1, No. 3, 7, Royal Swedish Acad. Eng., 1947, 经许可再印)

$$\Phi=0.089\left(\frac{2R}{D}\frac{r}{r-R}\right)^{0.41}\frac{(1\mp\gamma)^{1.39}}{(1\pm\gamma)^{\frac{1}{3}}}\left(\frac{D}{d_m}\right)^{0.3}Z^{-\frac{1}{3}} \tag{11.57}$$

合并式(11.57)和式(11.42)，即得到与轴承结构参数有关的点接触额定动载荷 Q_c 的表达式为

$$Q_c = A\left(\frac{2R}{D}\frac{r}{r-R}\right)^{0.41}\frac{(1\mp\gamma)^{1.39}}{(1\pm\gamma)^{\frac{1}{3}}}\left(\frac{\gamma}{\cos\alpha}\right)^{0.3}D^{1.8}Z^{-\frac{1}{3}} \tag{11.58}$$

对于采用 52100 钢制造，淬火硬度为 61.7 ~64.5HRC 的轴承，Lundburg 和 Palmgren[1] 通过试验发现，A 的平均值为 98.1N · mm。该值仅适用于当时，即 20 世纪 60 年代以前的材料和制造精度。后来，由于冶炼技术的进步和制造工艺的改进，这个球轴承材料系数显著提高了。这种情况将在下一章中详细讨论。

11.5.2　线接触

对于线接触，式(11.29)仍然有效。在线接触状态下，b/a 趋于零时，$(a^*)(b^*)^2$ 趋于极限 $2/\pi$。因此，对于线接触得到如下表达式：

$$\ln\frac{1}{S} \sim \frac{T^c}{\zeta^{h-1}}\left[\frac{\pi E_0 D\sum\rho}{6}\right]^{\frac{c+h-1}{2}}\left(\frac{4D}{3l}\right)^{\frac{c-h-1}{2}}\left(\frac{Q}{D^2}\right)^{\frac{c-h+1}{2}}dD^{2-h}u^eL^e \tag{11.59}$$

采用与点接触相同的方法，可推出

$$Q_c = B_1\Psi D^{\frac{c+h-3}{c-h+1}}l^{\frac{c-h-1}{c-h+1}} \tag{11.60}$$

式中

$$B_1 = \left(\frac{3}{4}\right)^{\frac{c-h-1}{c-h+1}}\left(\frac{\pi}{2}\right)^{\frac{-(c+h-1)}{c-h+1}}\left(\frac{T_1}{T_0}\right)^{\frac{2c}{c-h+1}}\times \left(\frac{\zeta_0}{\zeta_1}\right)^{\frac{2(h-1)}{c-h+1}}\left(\frac{E_0}{3}\right)^{\frac{c-h-1}{3(c-h+1)}}A^{\frac{2c-2h+4}{3c-3h+3}} \tag{11.61}$$

$$\Psi = \left[(D\sum\rho)^{\frac{c+h-1}{2}}\frac{d}{D}u^e\right]^{\frac{-2}{c-h+1}} \tag{11.62}$$

进而可以确定

$$\Psi = 0.513\frac{(1\mp\gamma)^{\frac{29}{27}}}{(1\pm\gamma)^{\frac{1}{4}}}\left(\frac{D}{d_m}\right)^{\frac{2}{9}}Z^{\frac{-1}{4}} \tag{11.63}$$

$$Q_c = B\frac{(1\mp\gamma)^{\frac{29}{27}}}{(1\pm\gamma)^{\frac{1}{4}}}\left(\frac{\gamma}{\cos\alpha}\right)^{\frac{2}{9}}D^{\frac{29}{27}}l^{\frac{7}{9}}Z^{\frac{-1}{4}} \tag{11.64}$$

式中，对于采用 52100 淬透钢制造的轴承，$B = 552$N · mm。与球轴承一样，自从 Lundburg 和 Palmgren 进行研究以来，滚子轴承材料系数也已显著提高。这个问题将在后面的章节作详细的阐述。

对于线接触可确定

$$L = \left(\frac{Q_c}{Q}\right)^4 \tag{11.65}$$

根据 Lundburg 和 Palmgren[18] 的研究，有

$$\frac{c-h+1}{2e}=4 \tag{11.66}$$

因为对于线接触，$e=9/8$。由式(11.66)得

$$c-h=8$$

这里，c 和 h 与点接触相同，都是材料常数。

采用全凸型滚子的轴承，在相当大的载荷下也不会产生“边缘应力”，即在该载荷作用下，形成修正线接触。但是，载荷较低时，则会出现点接触。对于这一情况，由式(11.64)和式(11.58)计算的动载荷应该相同。遗憾的是，由于受当时计算工具的限制，Lundburg-Palmgren 的原始理论中存在着缺陷。为了有一个连贯性，对此不足之处，可以通过在式(11.64)中以指数 28/81 代替 1/4(并以 −28/81 代替 −1/4)予以修正。对于采用52100 淬透钢制造的滚子轴承，常数 B 也变成 488N · mm，而这个材料系数仅适用于 Lundburg-Palmgren 时代的滚子轴承。

11.6　滚动轴承的疲劳寿命

11.6.1　点接触向心轴承

根据以上分析，在法向载荷 Q 作用下，滚动体与滚道点接触的疲劳寿命由下式确定

$$L=\left(\frac{Q_c}{Q}\right)^3 \tag{11.39}$$

式中，L 的单位为 10^6 转，且

$$Q_c=98.1\left(\frac{2R}{D}\frac{r}{r-R}\right)^{0.41}\frac{(1\mp\gamma)^{1.39}}{(1\pm\gamma)^{\frac{1}{3}}}\left(\frac{\gamma}{\cos\alpha}\right)^{0.3}D^{1.8}Z^{-\frac{1}{3}} \tag{11.58}$$

对于球轴承，该式可变为

$$Q_c=98.1^{⊖}\left(\frac{f}{2f-1}\right)^{0.41}\frac{(1\mp\gamma)^{1.39}}{(1\pm\gamma)^{\frac{1}{3}}}\left(\frac{\gamma}{\cos\alpha}\right)^{0.3}D^{1.8}Z^{-\frac{1}{3}} \tag{11.67}$$

式中，上面符号用于内圈滚道接触，下面符号用于外圈滚道接触。由于内圈滚道接触应力通常高于外圈滚道接触应力，所以，内圈一般先出现疲劳。但是，对于调心球轴承，就不一定如此。作为球面一部分的外滚道，应力反而要高。

滚动轴承具有多种接触状态。例如，内圈滚道上的一个点，随着内圈的旋转可能经历如图 11.13 所示的载荷循环。尽管最大载荷以及由此产生的最大应力对失效具有显著影响，但疲劳失效的统计特性还必须考虑载荷的变化。Lundburg 和 Palmgren[1] 等人根据经验发现，对于点接触来说，三次方平均载荷与试验数据相当吻合。因此相对于载荷旋转的套圈，有

⊖ 考虑到当时加工水平会造成不精确的沟道误差，Palmgren 曾推荐，对单列球轴承，此常量减至 93.2；对于双列深沟球轴承，减至 88.2。后来，由于材质的改善和加工精度的提高，沟型轴承的材料系数已经显著提高，于是用 b_m 系数来反映上述材料系数的提高，这将在以后的章节中作详细讨论。

$$Q_{e\mu} = \left(\frac{1}{Z}\sum_{j=1}^{j=Z} Q_j^3\right)^{\frac{1}{3}} \tag{11.68}$$

用滚动体的角位置表示

$$Q_{e\mu} = \left(\frac{1}{2\pi}\int_0^{2\pi} Q_\psi^3 \mathrm{d}\psi\right)^{\frac{1}{3}} \tag{11.69}$$

因此，旋转套圈滚道的疲劳寿命可按下式计算：

$$L_\mu = \left(\frac{Q_{c\mu}}{Q_{e\mu}}\right)^3 \tag{11.70}$$

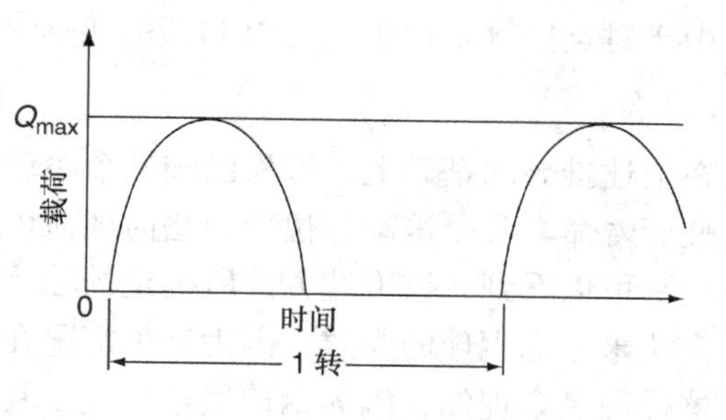

图11.13　向心轴承内圈滚道上一点的典型的载荷循环

相对于载荷静止的滚道上的各个点，实际上只承受恒定幅值应力的作用。只有在各个滚动体之间的的应力幅值才会随时间而波动。由式(11.31)可以确定，非旋转滚道上，任一给定接触点的幸存概率由下式给出

$$\ln\frac{1}{S_{\nu j}} \sim Q_j^{\frac{c-h+2}{3}} L_j^e \tag{11.71}$$

根据概率乘积定律，套圈的失效概率为各部分失效概率的乘积。由于 $3e = (c - h + 2)/3$，因此

$$\ln\frac{1}{S} \sim L^e \int_0^{2\pi} Q_\psi^{3e} \mathrm{d}\psi = L^e Q_{e\nu}^{3e} \tag{11.72}$$

式中，$Q_{e\nu}$定义如下：

$$Q_{e\nu} = \left(\frac{1}{2\pi}\int_0^{2\pi} Q_\psi^{3e}\mathrm{d}\psi\right)^{\frac{1}{3e}} = \left(\frac{1}{2\pi}\int_0^{2\pi} Q_\psi^{\frac{10}{3}}\mathrm{d}\psi\right)^{0.3} \tag{11.73}$$

以离散数值形式表示，式(11.73)变成

$$Q_{e\nu} = \left(\frac{1}{Z}\sum_{j=1}^{j=Z} Q_j^{\frac{10}{3}}\right)^{0.3} \tag{11.74}$$

由式(11.74)和式(11.39)，非旋转套圈的疲劳寿命可由下式计算

$$L_\nu = \left(\frac{Q_{c\nu}}{Q_{e\nu}}\right)^3 \tag{11.75}$$

为了确定整套轴承的寿命，必须按照乘积定律将旋转和非旋转(内和外,或者相反)滚道的寿命进行统计处理。旋转滚道的幸存概率为

$$\ln\frac{1}{S_\mu} = K_\mu L_\mu^e \tag{11.76}$$

同样，对于非旋转滚道

$$\ln\frac{1}{S_\nu} = K_\nu L_\nu^e \tag{11.77}$$

因而，对于整套轴承：

$$\ln\frac{1}{S} = (K_\mu + K_\nu) L^e \tag{11.78}$$

因为 $S_\mu = S_\nu = S$，将式(11.76)～式(11.78)进行整理，得

$$L = (L_\mu^{-e} + L_\nu^{-e})^{-\frac{1}{e}} \tag{11.79}$$

由于对点接触 e = 10/9，式(11.79)变为

$$L = \left(L_{\mu}^{-\frac{10}{9}} + L_{\nu}^{-\frac{10}{9}}\right)^{-0.9} \tag{11.80}$$

在上述推导的基础上，如果已知各个滚动体位置的法向载荷，就可以计算点接触滚动轴承的疲劳寿命。各个滚动体位置的法向载荷可运用第7章所确定的方法来计算。

可以看到，按上述方法所确定的轴承寿命是以滚道次表层疲劳失效为基础的。显然，该方法未考虑钢球的失效，因为这种情况在 Lundburg-Palmgren 疲劳寿命试验数据中并不常见。这样做是合理的，因为钢球很容易改变其自转轴线，整个钢球表面都处于应力作用下，使应力循环发生在更大的体积范围内，从而降低了钢球先于滚道疲劳失效的概率。后来一些学者观察到各个球都有绕一个旋转轴转动的趋势，而与轴承运转前的初始方位无关。这种趋势否定了 Lundburg-Palmgren 的假设。合理的解释可能是 Lundburg 和 Palmgren 并未观察到大量钢球的疲劳失效，这是由于当时加工具有优良冶金性能和精确几何形状钢球的能力超过了加工相应的滚道。但从那以后，采用优质钢材精确加工滚道的能力不断提高。对于目前生产的球轴承，经常看到滚道在疲劳失效时钢球也发生了疲劳失效的情况。由于钢球的制造精度也同时得到改善，钢球和滚道疲劳失效的差别已明显缩小了。

参见例11.4。

对于有刚性支承套圈并以中速旋转的轴承，Lundburg 和 Palmgren[1] 提出了一种计算轴承疲劳寿命的近似方法，以代替上述严格的计算方法。第7章已推导出

$$Q_{\psi} = Q_{\max}\left[1 - \frac{1}{2\varepsilon(1-\cos\psi)}\right]^{n} \tag{7.15}$$

对于点接触，$n = 1.5$。将此式代入式(11.69)，得

$$Q_{e\mu} = Q_{\max}\left\{\frac{1}{2\pi}\int_{-\psi_1}^{+\psi_1}\left[1 - \frac{1}{2\varepsilon(1-\cos\psi)}\right]^{4.5}\mathrm{d}\psi\right\}^{\frac{1}{3}} \tag{11.81}$$

或

$$Q_{e\mu} = Q_{\max}J_1 \tag{11.82}$$

同样，对于非旋转套圈：

$$Q_{e\nu} = Q_{\max}\left\{\frac{1}{2\pi}\int_{-\psi_1}^{+\psi_1}\left[1 - \frac{1}{2\varepsilon(1-\cos\psi)}\right]^{5}\mathrm{d}\psi\right\}^{0.3} \tag{11.83}$$

或

$$Q_{e\nu} = Q_{\max}J_2 \tag{11.84}$$

表11.1给出了点接触时对应于不同 ε 值的 J_1 和 J_2 值。

再参照第7章，对于向心轴承，式(7.66)给出

$$F_r = ZQ_{\max}J_r\cos\alpha \tag{7.66}$$

令 $F_r = C_{\mu}$，C_{μ} 为相对于作用载荷旋转的套圈的基本额定动载荷，用式(11.82)取代 $Q_{\max}$ 代入上式，得：

$$C_{\mu} = Q_{c\mu}Z\cos\alpha\,\frac{J_r}{J_1} \tag{11.85}$$

这里，额定动载荷定义为这样一个径向载荷，在此载荷作用下，一批相同的轴承套圈将有90%可以达到一百万转。式中 J_r 数值由表7.1和表7.4给出。

表11.1　点接触的 J_1 和 J_2

单列轴承			双列轴承			
ε	J_1	J_2	ε_{I}	ε_{II}	J_1	J_2
0	0	0	0.5	0.5	0.6925	0.7233
0.1	0.4275	0.4608	0.6	0.4	0.5983	0.6231
0.2	0.4806	0.5100	0.7	0.3	0.5986	0.6215
0.3	0.5150	0.5427	0.8	0.2	0.6105	0.6331
0.4	0.5411	0.5673	0.9	0.1	0.6248	0.6453
0.5	0.5625	0.5875	1.0	0	0.6372	0.6566
0.6	0.5808	0.6045				
0.7	0.5970	0.6196				
0.8	0.6104	0.6330				
0.9	0.6248	0.6453				
1.0	0.6372	0.6566				
1.24	0.6652	0.6821				
1.67	0.7064	0.7190				
2.5	0.7707	0.7777				
5	0.8675	0.8693				
∞	1	1				

按照同样的方法，对于非旋转套圈，有

$$C_\nu = Q_{c\nu} Z\cos\alpha \frac{J_r}{J_2} \tag{11.86}$$

当 $\varepsilon = 0.5$，即向心轴承无游隙值时，

$$C_\mu = 0.407 Q_{c\mu} Z\cos\alpha \tag{11.87}$$

$$C_\nu = 0.389 Q_{c\nu} Z\cos\alpha \tag{11.88}$$

为了建立轴承零件疲劳寿命与整套轴承寿命的关系，也要运用概率乘积定律。由式(11.31)，可以确定

$$\ln\frac{1}{S_\mu} = K_\mu F^{3e} = K_\mu C_\mu^{\frac{10}{3}} \tag{11.89}$$

同样，

$$\ln\frac{1}{S_\nu} = K_\nu C_\nu^{\frac{10}{3}} \tag{11.90}$$

$$\ln\frac{1}{S} = (K_\mu + K_\nu) C^{\frac{10}{3}} \tag{11.91}$$

由式(11.89)～式(11.91)可以确定

$$C = (C_\mu^{\frac{10}{3}} + C_\nu^{\frac{10}{3}})^{-0.3} \tag{11.92}$$

式中，C 为轴承的基本额定动载荷。整理式(11.92)，得

$$C = C_{\mu}\left[1+\left(\frac{C_{\mu}}{C_{\nu}}\right)^{\frac{10}{3}}\right]^{-0.3} = g_{c}C_{\mu} \tag{11.93}$$

采用类似的方法，进而可以计算多列滚动体的影响。考虑尺寸完全相同，并且每列承受的载荷也完全相同的双列点接触轴承，如果每列的基本额定动载荷为 C_1，而轴承的基本额定动载荷为 C，由式(11.93)可得

$$C = 2C_1 (1+1)^{-0.3} = 2^{0.7}C_1 = 1.625C_1$$

由此可知，由于疲劳失效的统计特性，双列轴承的额定动载荷并不等于单列轴承的两倍。

一般而言，对于具有 i 列滚动体的点接触轴承，

$$C = i^{0.7}C_{k} \tag{11.94}$$

式中，C_k 是每列的基本定额动载荷。现在，可以把式(11.85)和式(11.86)改写为

$$C_{\mu} = Q_{c\mu}i^{0.7}Z\cos\alpha\frac{J_r}{J_1} \tag{11.95}$$

或

$$C_{\mu} = 0.407Q_{c\mu}i^{0.7}Z\cos\alpha\frac{J_r}{J_1} \quad \varepsilon = 0.5 \tag{11.96}$$

$$C_{\nu} = Q_{c\nu}i^{0.7}Z\cos\alpha\frac{J_r}{J_1} \tag{11.97}$$

$$C_{\nu} = 0.389Q_{c\nu}i^{0.7}Z\cos\alpha\frac{J_r}{J_1} \quad \varepsilon = 0.5 \tag{11.98}$$

将式(11.58)的 Q_c 代入式(11.95)，可给出旋转套圈基本额定动载荷的下列表达式：

$$C_{\mu} = 98.1\left(\frac{2R}{D}\frac{r}{r-R}\right)^{0.41}\frac{(1\mp\gamma)^{1.39}}{(1\pm\gamma)^{\frac{1}{3}}}\gamma^{0.3}(i\cos\alpha)^{0.7}Z^{\frac{2}{3}}D^{1.8}\frac{J_r}{J_1} \tag{11.99}$$

$$C_{\mu} = 39.9\left(\frac{2R}{D}\frac{r}{r-R}\right)^{0.41}\frac{(1\mp\gamma)^{1.39}}{(1\pm\gamma)^{\frac{1}{3}}}\gamma^{0.3}(i\cos\alpha)^{0.7}Z^{\frac{2}{3}}D^{1.8} \quad (\varepsilon = 0.5) \tag{11.100}$$

对于非旋转套圈，

$$C_{\nu} = 98.1\left(\frac{2R}{D}\frac{r}{r-R}\right)^{0.41}\frac{(1\mp\gamma)^{1.39}}{(1\pm\gamma)^{\frac{1}{3}}}\gamma^{0.3}(i\cos\alpha)^{0.7}Z^{\frac{2}{3}}D^{1.8}\frac{J_r}{J_1} \tag{11.101}$$

$$C_{\nu} = 38.2\left(\frac{2R}{D}\frac{r}{r-R}\right)^{0.41}\frac{(1\mp\gamma)^{1.39}}{(1\pm\gamma)^{\frac{1}{3}}}\gamma^{0.3}(i\cos\alpha)^{0.7}Z^{\frac{2}{3}}D^{1.8} \quad (\varepsilon = 0.5) \tag{11.102}$$

由式(11.93)，在 $\varepsilon = 0.5$ 时，轴承的基本额定动载荷为

$$C = f_c (i\cos\alpha)^{0.7}Z^{\frac{2}{3}}D^{1.8} \tag{11.103}$$

式中

$$f_c = 39.9\left\{1+\left[1.04\left(\frac{1\mp\gamma}{1\pm\gamma}\right)^{1.72}\left(\frac{r_{\varpi}}{r_{\nu}}\times\frac{r_o-D}{r_i-D}\right)^{0.41}\right]^{\frac{10}{3}}\right\}^{-0.3}\times\frac{\gamma^{0.3}(1\mp\gamma)^{1.39}}{(1\pm\gamma)^{\frac{1}{3}}}\left(\frac{2r_{\mu}}{2r_{\mu}-D}\right)^{0.41} \tag{11.104}$$

通常是内圈相对于载荷旋转，因此

$$f_c=39.9\left\{1+\left[1.04\left(\frac{1-\gamma}{1+\gamma}\right)^{1.72}\left(\frac{r_i}{r_o}\times\frac{r_o-D}{r_i-D}\right)^{0.41}\right]^{\frac{10}{3}}\right\}^{-0.3}\times\frac{\gamma^{0.3}(1-\gamma)^{1.39}}{(1+\gamma)^{\frac{1}{3}}}\left(\frac{2r_i}{2r_i-D}\right)^{0.41} \tag{11.105}$$

对于球轴承，式(11.105)变为：

$$f_c=39.9^{㊀}\left\{1+\left[1.04\left(\frac{1-\gamma}{1+\gamma}\right)^{1.72}\left(\frac{f_i}{f_o}\times\frac{2f_o-1}{2f_i-1}\right)^{0.41}\right]^{\frac{10}{3}}\right\}^{-0.3}\times\frac{\gamma^{0.3}(1-\gamma)^{1.39}}{(1+\gamma)^{\frac{1}{3}}}\left(\frac{2f_i}{2f_i-1}\right)^{0.41} \tag{11.106}$$

对于套圈和钢球均用 AISI 52100 钢制造并且淬火硬度不低于 58HRC 的球轴承，式(11.103)和式(11.106)通常都是有效的。如果轴承钢的硬度低于 58HRC，那么可按下式计算硬度降低后的基本额定动载荷：

$$C'=C\left(\frac{RC}{58}\right)^{3.6} \tag{11.107}$$

式中，RC 为洛氏硬度。由式(11.103)和式(11.106)，可以计算承受径向载荷的轴承的基本额定动载荷㊁。相应的疲劳寿命 L_{10}的公式为

$$L=\left(\frac{C}{F_e}\right)^3 \tag{11.108}$$

式中，F_e 为当量径向载荷，在此载荷作用下的 L_1。寿命与实际载荷作用下的 L_{10}寿命相同。

由式(7.66)可以看出

$$Q_{max}=\frac{F_r}{Z\cos\alpha J_r} \tag{7.66}$$

式中，F_r 为径向载荷，Q_{max}为最大滚动体载荷。对于旋转套圈，由式(11.22) $Q_{e\mu}=Q_{max}J_1$，因此

$$Q_{e\mu}=\frac{F}{Z\cos\alpha}\times\frac{J_1}{J_r} \tag{11.109}$$

式中，$Q_{e\mu}$为联合载荷作用下由 J_r 所定义的滚动体平均当量载荷。当 $\varepsilon=0.5$ 时(见第 7 章和式(11.82)、式(11.84))，载荷为理想纯径向载荷，故有

$$Q_{e\mu}=\frac{F_{e\mu}}{Z\cos\alpha}\times\frac{J_1(0.5)}{J_r(0.5)} \tag{11.110}$$

式中，$F_{e\mu}$为当量径向载荷。同样，对于非旋转套圈：

$$Q_{e\nu}=\frac{F_{e\mu}}{Z\cos\alpha}\times\frac{J_2(0.5)}{J_r(0.5)} \tag{11.111}$$

由式(11.20)和式(11.89)~式(11.91)，旋转套圈的疲劳寿命可描述为

㊀ 根据 Pulmgren[19] 推荐，考虑到加工误差，对于单列球轴承此系数可降至 37.9，对于双列深沟球轴承，可降至 35.9。

㊁ 基本额定动载荷术语为 Lundberg 和 Palmgren[1] 首先提出，ANSI[21,22] 所用术语为 Basic load rating，ISO[23] 所用术语为 Basic dynamic load rating，所有这些术语都可通用。本书统一译成基本“额定动载荷”

$$\ln\frac{1}{S_{\mu}}=\left(\frac{F_{e\mu}}{C_{\mu}}\right)^{3.33}L_{\mu}^{1.11}\ln\frac{1}{0.9} \tag{11.112}$$

同样，对于非旋转套圈：

$$\ln\frac{1}{S_{\nu}}=\left(\frac{F_{e\nu}}{C_{\nu}}\right)^{3.33}L_{\nu}^{1.11}\ln\frac{1}{0.9} \tag{11.113}$$

对于整体轴承：

$$\ln\frac{1}{S}=\left(\frac{F_{e}}{C}\right)^{3.33}L^{1.11}\ln\frac{1}{0.9} \tag{11.114}$$

合并式(11.112)~式(11.114)得

$$\left(\frac{F_{e}}{C}\right)^{3.33}=\left(\frac{F_{e\mu}}{C_{\mu}}\right)^{3.33}+\left(\frac{F_{e\nu}}{C_{\nu}}\right)^{3.33} \tag{11.115}$$

由式(11.109)和式(11.110)可得

$$F_{e\mu}=\frac{J_{r}(0.5)J_{1}}{J_{1}(0.5)J_{r}} \tag{11.116}$$

同样，

$$F_{e\nu}=\frac{J_{r}(0.5)J_{2}}{J_{2}(0.5)J_{r}} \tag{11.117}$$

将 $F_{e\mu}$ 和 $F_{e\nu}$ 代入式(11.115)，可得到当量径向载荷的下列表达式：

$$F_{e}=\left[\left(\frac{C}{C_{\mu}}\times\frac{J_{r}(0.5)}{J_{1}(0.5)}\times\frac{J_{1}}{J_{r}}\right)^{3.33}+\left(\frac{C}{C_{\nu}}\times\frac{J_{r}(0.5)}{J_{2}(0.5)}\times\frac{J_{2}}{J_{r}}\right)^{3.33}\right]^{0.3}F_{r} \tag{11.118}$$

对于轴向载荷 F_a 作用下的向心轴承(参见第7章 J_a 的计算)：

$$Q_{max}=\frac{F_{a}}{Z\sin\alpha J_{a}} \tag{11.119}$$

与推导径向载荷 F_r 的同样方法，有

$$Q_{e\mu}=\frac{F_{a}}{Z\sin\alpha}\times\frac{J_{1}}{J_{a}} \tag{11.120}$$

$$Q_{e\nu}=\frac{F_{a}}{Z\sin\alpha}\times\frac{J_{2}}{J_{a}} \tag{11.121}$$

合并式(11.110)和式(11.120)，可得

$$F_{e\mu}=\left[\frac{J_{r}(0.5)}{J_{1}(0.5)}\times\frac{J_{1}}{J_{a}}\cot\alpha\right]F_{a} \tag{11.122}$$

同样，由式(11.111)和式(11.121)，可得

$$F_{e\nu}=\left[\frac{J_{r}(0.5)}{J_{2}(0.5)}\times\frac{J_{2}}{J_{a}}\mathrm{ctg}\alpha\right]F_{a} \tag{11.123}$$

将式(11.122)和式(11.123)分别代入式(11.115)，可给出

$$F_{e}=\left\{\left[\frac{C}{C_{\mu}}\times\frac{J_{1}}{J_{1}(0.5)}\right]^{3.33}+\left[\frac{C}{C_{\nu}}\times\frac{J_{2}}{J_{2}(0.5)}\right]^{3.33}\right\}^{0.3}\frac{J_{r}(0.5)}{J_{a}\mathrm{tg}\alpha}F_{a} \tag{11.124}$$

在式(11.118)和式(11.124)中，对内圈旋转亦即外圈相对于载荷静止时，$C_{\mu}=C_{i}$ 和 $C_{\nu}=$

C_o。对于轴承套圈的纯径向位移($\varepsilon=0.5$)，有

$$F_e=\left[\left(\frac{C}{C_i}\right)^{3.33}+\left(\frac{C}{C_o}\right)^{3.33}\right]^{0.3}F_r \tag{11.125}$$

对于外圈旋转，亦即内圈相对于载荷静止时，$C_\mu=\nu C_o$ 和 $C_\nu=C_i/\nu$，式中 $\nu=J_2(0.5)/J_1(0.5)$。在纯径向载荷情况下，

$$F_e=VF_r \tag{11.126}$$

式中

$$V=\left[\left(\frac{C}{\nu C_o}\right)^{3.33}+\left(\frac{\nu C}{C_i}\right)^{3.33}\right]^{0.3} \tag{11.127}$$

系数 V 为转速系数，可写成如下形式：

$$V=\nu\left[\frac{1+\left(\frac{C_i}{\nu^2 C_o}\right)^{3.33}}{1+\left(\frac{C_i}{C_o}\right)^{3.33}}\right]^{0.3} \tag{11.128}$$

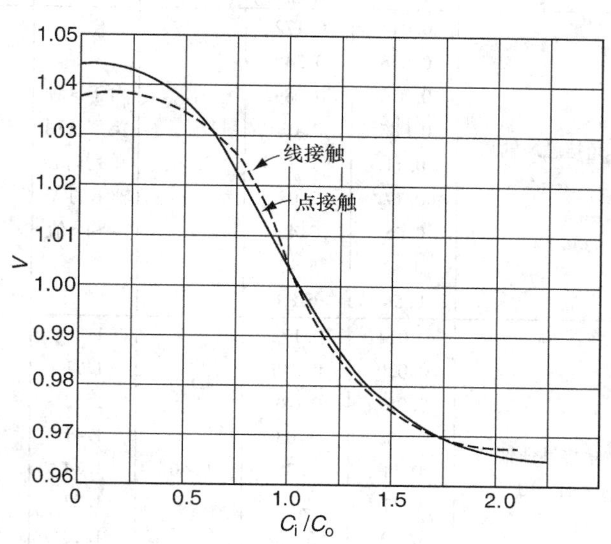

图 11.14　转速系数 V 与 C_i/C_o 的关系

对于点接触，当 C_i/C_o 趋于零时，则 $V=\nu=1.04$；另一种极限情况，当 C_i/C_o 趋于无穷大时，$V=1/\nu=0.962$。图 11.14 给出了外圈旋转时，V 随 C_i/C_o 变化情况。对于大多数应用场合，取 $V=1$ 已足够精确。

ANSI[21] 和 ISO[23] 都忽略了转动系数，而是推荐下列简化公式来计算当量径向载荷：

$$F_e=XF_r+YF_a \tag{11.129}$$

对于深沟球轴承，X 和 Y 值由表 11.2 给出。

表 11.2　深沟球轴承的 X 和 Y 值

轴承类型	$\frac{F_a}{C_o}$	$\frac{F_a}{izD^2}$	单列轴承 $\frac{F_a}{F_r}>e$		双列轴承				
					$\frac{F_a}{F_r}<e$		$\frac{F_a}{F_r}>e$		e
		单位/(N/mm²)	X	Y	X	Y	X	Y	
深沟球轴承	0.014	0.172	0.56	2.30	1	0	0.56	2.30	0.19
	0.028	0.345		1.99				1.99	0.22
	0.056	0.689		1.71				1.71	0.26
	0.084	1.03		1.56				1.55	0.28
	0.11	1.38		1.45				1.45	0.30
	0.17	2.07		1.31				1.31	0.34
	0.28	3.45		1.15				1.15	0.38
	0.42	5.17		1.04				1.04	0.42
	0.56	6.89		1.00				1.00	0.44

(续)

轴承类型	$\frac{F_a}{C_o}$	$\frac{F_a}{izD^2}$ 单位/(N/mm^2)	单列轴承 $\frac{F_a}{F_r}>e$ X	单列轴承 $\frac{F_a}{F_r}>e$ Y	双列轴承 $\frac{F_a}{F_r}<e$ X	双列轴承 $\frac{F_a}{F_r}<e$ Y	双列轴承 $\frac{F_a}{F_r}>e$ X	双列轴承 $\frac{F_a}{F_r}>e$ Y	e
角接触球轴承 $\alpha=5°$	0.014	0.172				2.78		3.74	0.23
	0.028	0.345				0.26		2.23	0.26
	0.056	0.689				2.07		2.78	0.30
	0.085	1.03			3.23	1.87		2.52	0.34
	0.11	1.38	2.40	对于这种类型选用单列向心轴承的X、Y和e值		1.75	0.78	2.36	0.36
	0.17	2.07			1	1.58		2.13	0.40
	0.28	3.45				1.39		1.87	0.45
	0.42	5.17				1.26		1.69	0.50
	0.56	6.89				1.21		1.63	0.52
角接触球轴承 $\alpha=10°$	0.014	0.172		1.88		2.18		3.06	0.29
	0.029	0.345		1.71		1.98		2.78	0.32
	0.057	0.689		1.52		1.76		2.47	0.36
	0.086	1.03		1.41		1.63		2.20	0.38
	0.11	1.38	0.46	1.34	1	1.55	0.75	2.18	0.40
	0.17	2.07		1.23		1.42		2.00	0.44
	0.29	3.45		1.10		1.27		1.79	0.49
	0.43	5.17		1.01		1.17		1.64	0.54
	0.57	6.89		1.00		1.16		1.63	0.54
角接触球轴承 $\alpha=15°$	0.015	0.172		1.47		1.65		2.39	0.38
	0.029	0.345		1.40		1.57		2.28	0.40
	0.058	0.689		1.30		1.46		2.11	0.43
	0.087	1.03		1.23		1.38		2.00	0.46
	0.12	1.38	0.44	1.19	1	1.34	0.72	1.93	0.47
	0.17	2.07		1.12		1.26		1.82	0.50
	0.29	3.45		1.02		1.14		1.66	0.55
	0.44	5.17		1.00		1.12		1.63	0.56
	0.58	6.89		1.00		1.12		1.63	0.56
角接触球轴承									
$\alpha=20°$			0.43	1.00	1	1.09	0.70	1.63	0.57
$\alpha=25°$			0.41	0.87	1	0.92	0.67	1.41	0.68
$\alpha=30°$			0.39	0.76	1	0.78	0.63	1.24	0.80
$\alpha=35°$			0.37	0.66	1	0.65	0.60	1.07	0.95
$\alpha=40°$			0.35	0.57	1	0.55	0.57	0.98	1.14
调心球轴承			0.40	$0.4\cot\alpha$	1	$0.42\cot\alpha$	0.65	$0.65\cot\alpha$	$1.5\tan\alpha$

注：1. 相同的成对安装角接触球轴承可看成为双列角接触球轴承。

2. 对于其他接触角和载荷，计算 X、Y 和 e 值时采用线性插值法。

3. 对于带装球缺口轴承，当在载荷作用下，如果钢球与滚道接触区进入装球缺口，则不能使用表列 X、Y 和 e 值。

4. 对于单列轴承，当 $F_a/F_r \leqslant e$ 时，取 $X=1$，$Y=0$。

11.6.2 点接触推力轴承

对于纯推力载荷作用的轴承，滚动体载荷都相等，即

$$Q=\frac{F_{a}}{Z\sin\alpha} \tag{7.26}$$

无论对于旋转或静止滚道，滚动体的平均当量载荷可简化为 Q，并由式(7.26)定义。令 $F_{a}=C_{a}$，因此

$$C_{a\mu}=Q_{c\mu}Z\sin\alpha \tag{11.130}$$

$$C_{a\nu}=Q_{c\nu}Z\sin\alpha \tag{11.131}$$

于是由式(11.58)：

$$C_{a\mu}=98.1\left(\frac{2R}{D}\frac{r_{\mu}}{r_{\mu}-R}\right)^{0.41}\frac{(1\mp\gamma)^{1.39}}{(1\pm\gamma)^{0.33}}\gamma^{0.3}(\cos\alpha)^{0.7}Z^{0.67}\tan\alpha D^{1.8} \tag{11.132}$$

$$C_{a\nu}=98.1\left(\frac{2R}{D}\frac{r_{\nu}}{r_{\nu}-R}\right)^{0.41}\frac{(1\mp\gamma)^{1.39}}{(1\pm\gamma)^{0.33}}\gamma^{0.3}(\cos\alpha)^{0.7}Z^{0.67}\tan\alpha D^{1.8} \tag{11.133}$$

在式(11.132)和式(11.133)中，上符号用于内圈滚道，下符号用于外圈滚道。推力轴承的额定动载荷由下式给出：

$$C_{a}=98.1\left\{1+\left[\left(\frac{1\mp\gamma}{1\pm\gamma}\right)^{1.72}\left(\frac{r_{\mu}}{r_{\nu}}\times\frac{2r_{\nu}-D}{2r_{\mu}-D}\right)^{0.41}\right]^{+0.33}\right\}^{-0.3}\times$$
$$\left(\frac{2r_{\mu}}{2r_{\mu}-D}\right)^{0.41}\frac{\gamma^{0.3}(1\mp\gamma)^{1.39}}{(1\pm\gamma)^{0.33}}(\cos\alpha)^{0.7}\tan\alpha Z^{0.67}D^{1.8} \tag{11.134}$$

对于内圈旋转的球轴承，式(11.134)变为

$$C_{a}=98.1\left\{1+\left[\left(\frac{1-\gamma}{1+\gamma}\right)^{1.72}\left(\frac{f_{i}}{f_{o}}\times\frac{2f_{o}-1}{2f_{i}-1}\right)^{0.41}\right]^{+0.33}\right\}^{-0.3}\times$$
$$\left(\frac{2f_{i}}{2f_{i}-1}\right)^{0.41}\frac{\gamma^{0.3}(1-\gamma)^{1.39}}{(1+\gamma)^{0.33}}(\cos\alpha)^{0.7}\tan\alpha Z^{0.67}D^{1.8} \tag{11.135}$$

Lundberg 和 Palmgren[1] 考虑到制造误差使轴承内部载荷分布不均，从而建议减小材料常量。因此式(11.135)变为

$$C_{a}=88.2^{㊀}(1-0.33\sin\alpha)\times\left\{1+\left[\left(\frac{1-\gamma}{1+\gamma}\right)^{1.72}\left(\frac{f_{i}}{f_{o}}\times\frac{2f_{o}-1}{2f_{i}-1}\right)^{0.41}\right]^{+0.33}\right\}^{-0.3}\times$$
$$\left(\frac{2f_{i}}{2f_{i}-1}\right)^{0.41}\frac{\gamma^{0.3}(1-\gamma)^{1.39}}{(1+\gamma)^{0.33}}(\cos\alpha)^{0.7}\tan\alpha Z^{0.67}D^{1.8} \tag{11.136}$$

在式(11.136)中，Palmgren[19] 建议用因子项 $(1-0.33\sin\alpha)$ 来说明由自旋产生的附加摩擦力会导致 C_{a} 减小。给出轴向基本额定动载荷的公式为

$$C_{a}=f_{c}\,(i\cos\alpha)^{0.7}\tan\alpha Z^{\frac{2}{3}}D^{1.8㊁} \tag{11.137}$$

㊀ 对于推力载荷作用的角接触球轴承，此值可提高至93.2。

㊁ ANSI[21] 推荐，对于钢球直径大于25.4mm 的轴承，D 的指数取为1.4。

显然f_c近似为

$$f_c = 88.2(1-0.33\sin\alpha)\left\{1+\left[\left(\frac{1-\gamma}{1+\gamma}\right)^{1.72}\left(\frac{f_i}{f_o}\times\frac{2f_o-1}{2f_i-1}\right)^{0.41}\right]^{3.33}\right\}^{-0.3}\times \frac{\gamma^{0.3}(1-\gamma)^{1.39}}{(1+\gamma)^{0.33}}\left(\frac{2f_i}{2f_i-1}\right)^{0.41} \tag{11.138}$$

对于接触角为90°的推力轴承，有

$$C_a = f_c Z^{\frac{2}{3}} D^{1.8} \tag{11.139}$$

式中f_c近似为

$$f_c = 59.1\left[1+\left(\frac{f_i}{f_o}\times\frac{2f_o-1}{2f_i-1}\right)^{1.36}\right]^{-0.3}\gamma^{0.3}\left(\frac{2f_i}{2f_i-1}\right)^{0.41} \tag{11.140}$$

对于具有i列钢球的推力轴承，Z_k为每列滚动体的数目，C_{ak}为每列的基本额定动载荷，则轴承基本额定动载荷可按下式计算：

$$C_a = \sum_{k=1}^{k=i} Z_k\left[\sum_{k=1}^{k=i}\left(\frac{Z_k}{C_{ak}}\right)^{3.33}\right]^{-0.3} \tag{11.141}$$

和向心轴承一样，推力轴承的L_{10}寿命为

$$L = \left(\frac{C_a}{F_{ea}}\right)^3 \tag{11.142}$$

式中，F_{ea}是当量轴向载荷

表11.3 推力球轴承的X和Y系数

轴承类型	单向轴承		双向轴承①				e
	$F_a/F_r>e$		$F_a/F_r>e$		$F_a/F_r>e$		
	X	Y	X	Y	X	Y	
推力角接触轴承②							
$\alpha=45°$	0.66	1	1.18	0.59	0.66	1	1.25
$\alpha=60°$	0.92	1	1.90	0.54	0.92	1	2.17
$\alpha=75°$	1.66	1	3.89	0.52	1.66	1	4.67

① 双向轴承假设是对称的。

② 对于$\alpha=90°$，取$F_r=0$，$Y=1$。

$$F_{ea} = XF_r + YF_a$$

表11.3给出了ANSI推荐的X和Y值。

参见例11.5。

11.6.3 线接触向心轴承

在法向载荷Q作用下，滚子与滚道线接触的L_{10}寿命可按下式计算：

$$L = \left(\frac{Q_c}{Q}\right)^4 \tag{11.65}$$

式中，L以10^6转为单位，且有

$$Q_c = 552 \frac{(1 \mp \gamma)^{\frac{29}{27}}}{(1 \pm \gamma)^{\frac{1}{4}}} \left(\frac{\gamma}{\cos\alpha}\right)^{\frac{2}{9}} D^{\frac{29}{27}} l^{\frac{7}{9}} Z^{\frac{-1}{4}} \tag{11.64}$$

式中，上面符号用于内滚道接触，下面符号用于外滚道接触。

考虑到滚子边缘受载以及偏心载荷所引起应力集中现象，Lundberg 和 Palmgren[18] 引入系数 λ，亦即

$$Q_c = 552\lambda \frac{(1 \mp \gamma)^{\frac{29}{27}}}{(1 \pm \gamma)^{\frac{1}{4}}} \left(\frac{\gamma}{\cos\alpha}\right)^{\frac{2}{9}} D^{\frac{29}{27}} l^{\frac{7}{9}} Z^{\frac{-1}{4}} \tag{11.143}$$

表 11.4 给出了根据他们的试验而得到的 λ_i 和 λ_o 值。对于线接触，λ 随滚子引导方式而变化。例如，某些轴承的滚子靠套圈上的挡边引导，而另一些轴承则由保持架引导。

表 11.4　λ_i 和 λ_o 的值

接　触	内 滚 道	外 滚 道
线接触	0.41 ~ 0.56	0.38 ~ 0.6
修正线接触	0.6 ~ 0.8	0.6 ~ 0.8

对于线接触滚道，用四次方平均滚子载荷代替三次方平均滚子载荷，即

$$Q_{e\mu} = \left(\frac{1}{Z}\sum_{j=1}^{j=Z} Q_j^4\right)^{\frac{1}{4}} = \left(\frac{1}{2\pi}\int_0^{2\pi} Q_\psi^4 \mathrm{d}\psi\right)^{\frac{1}{4}} \tag{11.144}$$

三次方平均载荷和四次方平均载荷之间的差异可以忽略不计。旋转滚道的疲劳寿命为

$$L_\mu = \left(\frac{Q_{c\mu}}{Q_{e\mu}}\right)^4 \tag{11.145}$$

与点接触轴承一样，非旋转滚道的当量载荷可以由下式给出：

$$Q_{e\nu} = \left(\frac{1}{Z}\sum_{j=1}^{j=Z} Q_j^4\right)^{\frac{1}{4e}} = \left(\frac{1}{2\pi}\int_0^{2\pi} Q_\psi^{4.5} \mathrm{d}\psi\right)^{\frac{1}{4.5}} \tag{11.146}$$

非旋转滚道的寿命为

$$L_\nu = \left(\frac{Q_{c\nu}}{Q_{e\nu}}\right)^4 \tag{11.147}$$

与点接触轴承一样，线接触滚子轴承的寿命由下式计算：

$$L = (L_\mu^{\frac{-9}{8}} + L_\nu^{\frac{-9}{8}})^{\frac{-8}{9}} \tag{11.148}$$

因此，假如按第 7 章的方法已计算出滚子载荷，则轴承的疲劳寿命可用式(11.144)和式(11.148)进行计算。

参见例 11.6。

为了简化上述严格的轴承寿命计算方法，Lundberg 和 Palmgren[1,18] 对刚性套圈中等转速的滚子轴承，提出了一个近似公式。按与点接触轴承相似的方式，有

$$Q_{e\mu} = Q_{\max} J_1 \tag{11.149}$$

$$J_1 = \left\{\frac{1}{2\pi}\int_{-\psi_1}^{\psi_1}\left[1 - \frac{1}{2\varepsilon}(1-\cos\psi)\right]^{4.4} \mathrm{d}\psi\right\}^{\frac{1}{4}} \tag{11.150}$$

$$Q_{ev} = Q_{max} J_2 \tag{11.151}$$

$$J_2 = \left\{\frac{1}{2\pi}\int_{-\psi_1}^{\psi_1}\left[1 - \frac{1}{2\varepsilon}(1 - \cos\psi)\right]^{4.95} d\psi\right\}^{\frac{2}{9}} \tag{11.152}$$

表 11.5 给出了作为 ε 函数的 J_1 和 J_2 值。

表 11.5　线接触的 J_1 和 J_2

单列			双列			
ε	J_1	J_2	ε_{I}	ε_{II}	J_1	J_2
0	0	0				
0.1	0.5287	0.5633	0.5	0.5	0.7577	0.7867
0.2	0.5772	0.6073	0.6	0.4	0.6807	0.7044
0.3	0.6079	0.6359	0.7	0.3	0.6806	0.7032
0.4	0.6309	0.6571	0.8	0.2	0.6907	0.7127
0.5	0.6495	0.6744	0.9	0.1	0.7028	0.7229
0.6	0.6653	0.6888				
0.7	0.6792	0.7015				
0.8	0.6906	0.7127				
0.9	0.7028	0.7229				
1	0.7132	0.7323				
1.25	0.7366	0.7532				
1.67	0.7705	0.7832				
2.5	0.8216	0.8301				
5	0.8989	0.9014				
∞	1	1				

同点接触轴承一样，式(7.66)、式(11.85)和式(11.86)对线接触向心滚子轴承同样有效，因而，在 $\varepsilon = 0.5$ 时，

$$C_\mu = 0.377 i^{\frac{7}{9}} Q_\mu Z\cos\alpha \tag{11.153}$$

$$C_\nu = 0.363 i^{\frac{7}{9}} Q_\nu Z\cos\alpha \tag{11.154}$$

根据概率乘积定律，

$$C = C_\mu\left[1 + \left(\frac{C_\mu}{C_\nu}\right)^{\frac{9}{2}}\right]^{\frac{2}{9}} = g_c C_\mu \tag{11.155}$$

考虑边缘载荷影响的系数 λ 可以用于整体轴承。对于一个滚道为点接触另一个滚道为线接触的轴承，如果沿滚子长度的压力分布与图 6.23b 所示的对称分布相似，则 $\lambda = 0.54$。图 11.15(摘自文献 18)给出了当 $\lambda = 0.54$ 时的试验数据拟合曲线。表 11.6 为整

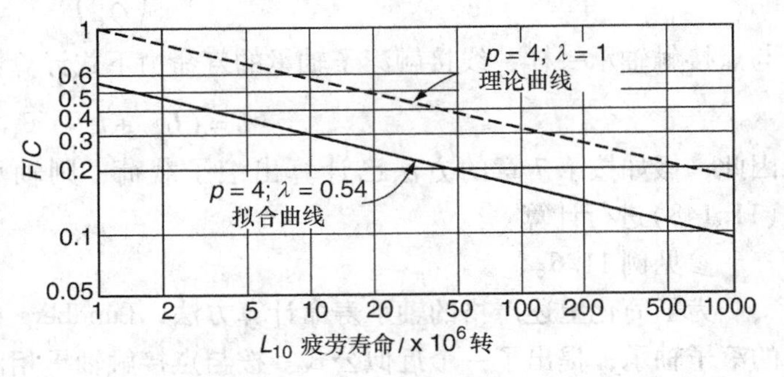

图 11.15　滚子轴承的 L_{10} 与 F/C 的关系曲线

(试验轴承为 SKF21309 调心滚子轴承)

(引自 Lundberg, G. 和 A., 滚动轴承的额定动载荷, ActaPolytech. Mech. Eng., Ser. 2, No. 4, 96, Royal Swedish Acad. Eng., 1952)

体轴承的 λ 值。

表 11.6　系数 λ

接触状态	λ 范围
两个滚道均为线接触	0.4～0.5
一个滚道为线接触，另一滚道为点接触	0.5～0.6
修正线接触	0.6～0.8

利用降低系数 λ，向心滚子轴承基本额定动载荷表达式为

$$C = 207\lambda\left\{1 + \left[1.04\left(\frac{1 \mp \gamma}{1 \pm \gamma}\right)^{\frac{143}{108}}\right]^{\frac{9}{2}}\right\}^{-\frac{2}{9}} \frac{\gamma^{\frac{2}{9}}(1 \mp \gamma)^{\frac{29}{27}}}{(1 \pm \gamma)^{\frac{1}{4}}}(il\cos\alpha)^{\frac{7}{9}} Z^{\frac{3}{4}} D^{\frac{29}{27}} \tag{11.156}$$

在大多数轴承应用中都为内圈滚道旋转，故有

$$C = 207\lambda\left\{1 + \left[1.04\left(\frac{1 - \gamma}{1 + \gamma}\right)^{\frac{143}{108}}\right]^{\frac{9}{2}}\right\}^{-\frac{2}{9}} \frac{\gamma^{\frac{2}{9}}(1 - \gamma)^{\frac{29}{27}}}{(1 + \gamma)^{\frac{1}{4}}}(il\cos\alpha)^{\frac{7}{9}} Z^{\frac{3}{4}} D^{\frac{29}{27}} \tag{11.157}$$

与点接触轴承一样，当量径向载荷可以确定为：

$$F_e = \left\{\left[\frac{C}{C_i} \times \frac{J_r(0.5)J_1}{J_1(0.5)J_r}\right]^{\frac{9}{2}} + \left[\frac{C}{C_o} \times \frac{J_r(0.5)J_2}{J_2(0.5)J_r}\right]^{\frac{9}{2}}\right\}^{\frac{2}{9}} F_r + \left\{\left[\frac{CJ_1}{C_iJ_1(0.5)}\right]^{\frac{9}{2}} + \left[\frac{CJ_2}{C_oJ_2(0.5)}\right]^{\frac{9}{2}}\right\}^{\frac{2}{9}} \frac{J_r(0.5)}{J_a\tan\alpha} F_a \tag{11.158}$$

转速系数 V 由下式给出：

$$V = \nu\left[\frac{1 + \left(\frac{C_i}{\nu^2 C_o}\right)^{\frac{9}{2}}}{1 + \left(\frac{C_i}{C_o}\right)^{\frac{9}{2}}}\right]^{\frac{2}{9}} \tag{11.159}$$

式中，$\nu = J_2(0.5)/J_1(0.5)$。对于点接触和线接触，图 11.14 给出了 V 和 C_i/C_o 的关系。

对于向心滚子轴承，ANSI[22] 给出了与深沟球轴承相同的当量径向载荷公式(转速系数亦予忽略)。

$$F_e = XF_r + YF_a \tag{11.129}$$

调心滚子轴承和圆锥滚子轴承的 X 和 Y 值列于表 11.7。

表 11.7　调心滚子轴承和圆锥滚子轴承的 X 和 Y 值

	$F_a/F_r \leq 1.5\tan\alpha$		$F_a/F_r > 1.5\tan\alpha$	
	X	Y	X	Y
单列轴承	1	0	0.4	$0.4\cot\alpha$
双列轴承	1	$0.45\cot\alpha$	0.67	$0.67\cot\alpha$

线接触滚子轴承的寿命由下式给出：

$$L=\left(\frac{C}{F_{\mathrm{c}}}\right)^{4} \tag{11.160}$$

11.6.4 线接触推力轴承

对于推力轴承，除了系数 λ 外，Lundberg 和 Palmgren[18] 还引入了一个降低系数 η，以考虑沟道尺寸变化而造成滚子载荷分配不均匀的影响。滚子的理论平均载荷为

$$Q=\frac{F_{\mathrm{a}}}{Z\sin\alpha} \tag{7.26}$$

按照文献[18]，对于推力滚子轴承，

$$\eta=1-0.15\sin\alpha \tag{11.161}$$

对于线接触推力滚子轴承，考虑 λ 和 η 引起额定载荷下降，当 $\alpha\neq 90°$时，可以采用下列方程：

$$C_{\mathrm{ak}}=552\lambda\eta\gamma^{\frac{2}{9}}\frac{(1\mp\gamma)^{\frac{29}{27}}}{(1\pm\gamma)^{\frac{1}{4}}}(l\cos\alpha)^{\frac{7}{9}}\tan\alpha Z^{\frac{3}{4}}D^{\frac{29}{27}} \tag{11.162}$$

在式(11.162)中，上面符号用于内滚道，即 k = i；下面符号用于外滚道，即 k = o。
对于 $\alpha=90°$的推力滚子轴承，

$$C_{\mathrm{ai}}=C_{\mathrm{ao}}=469\lambda\gamma^{\frac{2}{9}}l^{\frac{7}{9}}D^{\frac{29}{27}}Z^{\frac{3}{4}} \tag{11.163}$$

将式(11.162)和式(11.163)代入式(11.155)，可得出推力载荷作用下单列轴承的额定动载荷。在推力载荷作用下，每列滚子数为 Z_i 的 i 列推力滚子轴承的基本额定动载荷为

$$C_{\mathrm{a}}=\sum_{k=1}^{k=i}Z_k\left[\sum_{k=1}^{k=i}\left(\frac{Z_k}{C_{\mathrm{ak}}}\right)^{\frac{9}{2}}\right]^{\frac{-2}{9}} \tag{11.164}$$

推力滚子轴承的疲劳寿命可按下式计算：

$$L=\left(\frac{C_{\mathrm{a}}}{F_{\mathrm{ca}}}\right)^{4} \tag{11.165}$$

根据 ANSI[22]，当量推力载荷可确定为

$$F_{\mathrm{ea}}=XF_{\mathrm{r}}+YF_{\mathrm{a}} \tag{11.166}$$

表 11.8 给出了 X 和 Y 值。

表 11.8 推力滚子轴承的 X 和 Y

轴承类型	接触角	载荷	X	Y
单向	$\alpha<90°$	$F_{\mathrm{a}}/F_{\mathrm{r}}\leqslant 1.5\tan\alpha$	0	1
	$\alpha=90°$	$F_{\mathrm{r}}=0$	0	1
	$\alpha<90°$	$F_{\mathrm{a}}/F_{\mathrm{r}}>1.5\tan\alpha$	$\tan\alpha$	1
双向	$\alpha<90°$	$F_{\mathrm{a}}/F_{\mathrm{r}}\leqslant 1.5\tan\alpha$	$1.5\tan\alpha$	0.67
	$\alpha<90°$	$F_{\mathrm{a}}/F_{\mathrm{r}}>1.5\tan\alpha$	$\tan\alpha$	1

11.6.5 点、线混合型接触的向心滚子轴承

如果滚子轴承的滚子和滚道都为直线轮廓，其接触均为线接触，因此，前面两节所述的

各个公式都有效。但是，如果滚子为曲线轮廓(带有凸度,见图1.38)，且曲线轮廓半径小于一个或两个吻合滚道的轮廓半径；或者，一个或两滚道具有凸形轮廓，而滚子为直线轮廓，则由于每个滚子的角位置和载荷不同，将出现表11.9中所列状态之一的接触状态。

在表11.9所列的各种接触状态中，对任何特定应用场合，当承载最大的滚子处于修正线接触时，一般可以取得最佳滚子轴承设计。正如第6章所述，修正线接触状态将使应力沿滚子轮廓最接近均匀分布，并可防止出现边缘载荷。第6章还指出，具有对数曲线轮廓的滚子可以在更宽的载荷范围内得到更好的载荷分布，但这种滚子的轮廓形状是很特别的。更一般的轮廓形状是滚子的一部分带有凸度。很显然，为获得修正线接触，只有已知轴承的作用载荷才能够计算出最佳凸度半径或吻合度。然而，系列轴承往往是在估计载荷下获得滚子的凸度半径和吻合度并完成优化设计，例如估计载荷可以是$0.5C$或$0.25C$(C为基本额定动载荷)。根据载荷的大小，该系列轴承中，最大受载滚子可以在点接触和线接触之间变动。

表11.9　滚子与滚道的接触

状　态	内 滚 道	a_i^a	外 滚 道	a_o^b	载　荷
1	线接触	$2a_i>1.5l$	线接触	$2a_o>1.5l$	重
2	线接触	$2a_i>1.5l$	点接触	$2a_o<l$	中
3	点接触	$2a_i<l$	线接触	$2a_o>1.5l$	中
4	修正线接触	$l\leqslant 2a_i\leqslant 1.5l$	修正线接触	$l\leqslant 2a_o\leqslant 1.5l$	中
5	点接触	$2a_i<l$	点接触	$2a_o<l$	轻

a_i^a 为内滚道接触椭圆的长半轴；a_o^b 为外滚道接触椭圆的长半轴。

对于给定的滚子轴承希望使用一种标准的计算方法，而在任何给定的滚子轴承应用中有可能同时存在点接触和线接触，因此，Lundberg 和 Palmgren[18] 提出疲劳寿命可以由下式计算：

$$L=\left(\frac{C}{F_e}\right)^{\frac{10}{3}} \tag{11.167}$$

注意到$3<10/3<4$，且

$$C=\nu C_1 \tag{11.168}$$

式中C_1是由式(11.157)或式(11.163)计算的线接触基本额定动载荷。

假如内、外圈都为线接触，且考虑边缘载荷及非均匀应力分布的影响，取$\lambda=0.45$，图11.16中的曲线1为式(11.160)所得的寿命与载荷的4次方关系。假设$\nu=1.36$，由式(11.167)得到曲线2，它与曲线1非常接近。图中的阴影部分即为采用近似公式所产生的误差。图11.16上的A点误差为5%。

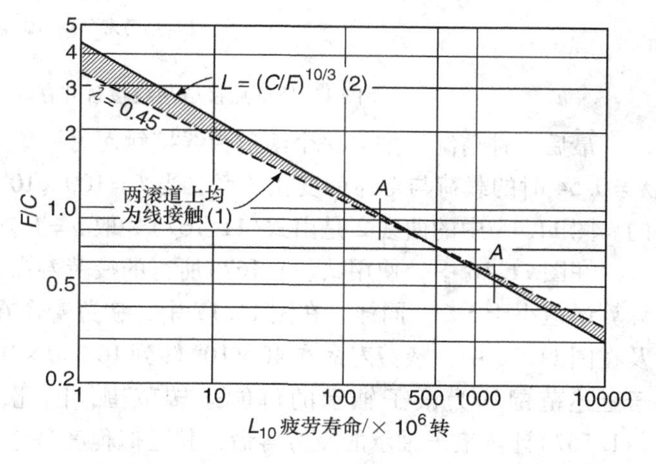

图11.16　滚道均为线接触的L_{10}与F/C的关系

对于小于0.21C的任意载荷($L=100\times10^6$转)，如果内、外滚道的接触均为点接触，则当$\lambda=0.65$时，图11.17中的曲线1给出了轴承的载荷—寿命的变化。注意，该曲线在$L=100\times10^6$转处斜率递减，由4变成了3。图11.17中曲线2为由式(11.167)并取$\nu=1.20$时得到的。

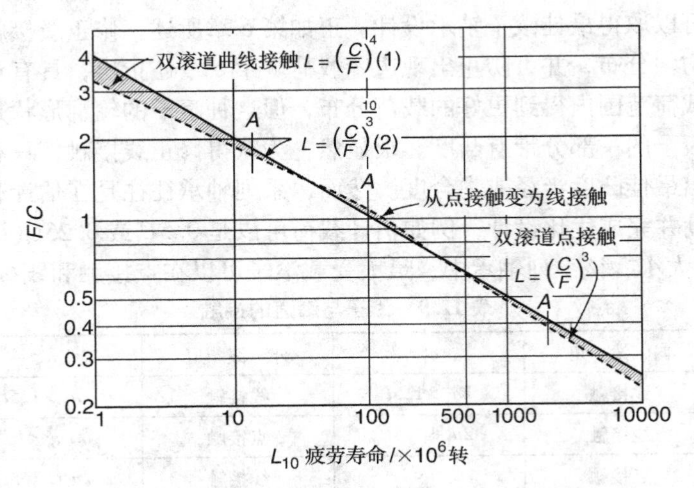

图11.17 两个滚道为点接触或线接触的L_{10}与F/C的关系

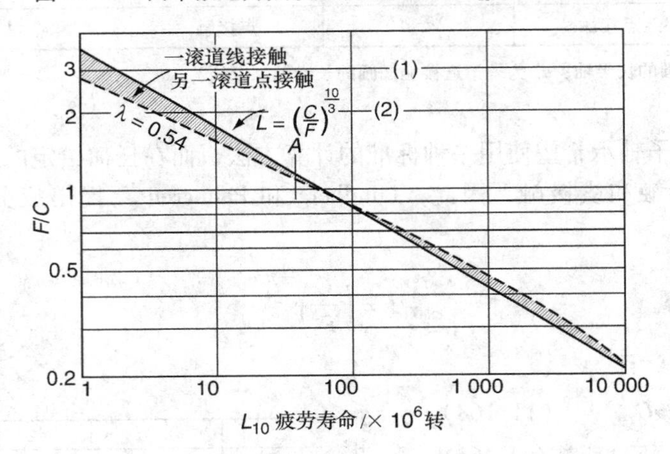

图11.18 点接触与线接触并存时L_{10}与F/C的关系

最后一种情况，如果一个滚道为线接触而另一滚道为点接触，图11.18中的曲线1代表$\lambda=0.54$时的载荷与寿命的变化关系。当$L=100\times10^6$转时点接触转变为线接触是随意假设的。图11.18中的曲线2是由式(11.167)并取$\nu=1.26$时得到的。

在图11.16中，使用式(11.167)所得的疲劳寿命，在150×10^6转到$1\,500\times10^6$转之间，计算误差小于5%。同样，在图11.17中，疲劳寿命在15×10^6转到$2\,000\times10^6$转之间，以及在图11.18中，疲劳寿命在40×10^6转到$10\,000\times10^6$转之间，其计算误差均小于5%。由于上述范围均为滚子轴承的可能运转范围，因此，Lundberg 和 Palmgren[18]认为，用式(11.167)计算滚子轴承的疲劳寿命，其近似程度是令人满意的。

由此提出了表11.10所列的修正数据，同时式(11.156)变成

$$C=207\lambda\nu\left\{1+\left[1.04\left(\frac{1\mp\gamma}{1\pm\gamma}\right)^{\frac{143}{108}}\right]^{\frac{9}{2}}\right\}^{\frac{-2}{9}}\frac{\gamma^{\frac{2}{9}}(1\mp\gamma)^{\frac{29}{27}}}{(1\pm\gamma)^{\frac{1}{4}}}(il\cos\alpha)^{\frac{7}{9}}Z^{\frac{3}{4}}D^{\frac{29}{27}} \tag{11.169}$$

表 11.10　滚子轴承的 ν 和 λ 值

条　件	ν	λ	$\lambda\nu$	条　件	ν	λ	$\lambda\nu$
圆柱滚子轴承的修正线接触	0.61	1.36	0.83	内、外滚道同时并存线接触和点接触	0.54	1.26	0.68
调心和圆锥滚子轴承的修正线接触	0.57	1.36	0.78	线接触	0.45	1.36	0.61

11.6.6　点、线混合型接触的推力滚子轴承

对于运转过程中滚道上同时存在点、线接触的推力滚子轴承，式(11.162)和式(11.163)变为

$$C_{ak}=552\lambda\eta\nu\gamma^{\frac{2}{9}}\frac{(1\mp\gamma)^{\frac{29}{27}}}{(1\pm\gamma)^{\frac{1}{4}}}(l\cos\alpha)^{\frac{7}{9}}\tan\alpha Z^{\frac{3}{4}}D^{\frac{29}{27}}\quad \alpha\neq 90° \tag{11.170}$$

$$C_{ai}=C_{ao}=469\lambda\nu\gamma^{\frac{2}{9}}l^{\frac{7}{9}}Z^{\frac{3}{4}}D^{\frac{29}{27}}\quad \alpha=90° \tag{11.171}$$

11.7　额定载荷标准

为了给轴承用户提供一种比较世界上不同轴承制造商生产或销售的球或滚子轴承的方法，根据轴承承载能力制订出了额定载荷标准。该标准是以 Lundberg 和 Palmgren[1,18] 的工作为基础的。如本章前几节所述，这些参考文献中的经验公式对于用 AISI 52100 淬透钢制造并且淬火硬度不低于 58HRC 的轴承是非常有效的。而且，推导这些公式所用的 52100 钢是 Lundberg 和 Palmgren 做耐久性试验的那个时代生产的钢。考虑到采用真空冶炼方法改善了钢材的均匀性，而且影响疲劳寿命的杂质已大为减少，用这种更清洁、更均匀的 52100 钢制造的滚动轴承具有更强的抗滚动接触疲劳的能力。此外，滚动轴承接触表面的成形和加工方法的改进也提高了抗疲劳的能力。因此，ANSI 和 ISO 的额定载荷标准[21-23] 中都直接在径向基本额定动载荷和轴向基本额定动载荷的计算公式中采用了 b_m 系数来反映这些改进。例如，对于深沟球轴承，式(11.103)变为

$$C=b_m f_c\ (i\cos\alpha)^{0.7}Z^{\frac{2}{3}}D^{1.8}\ominus \tag{11.172}$$

对于各种球和滚子轴承，ISO[23] 给出了基本额定动载荷计算公式中的 b_m 系数值。表 11.11 列出了这些 b_m 值。

⊖　当球径 $D>25.4$mm 时，ANSI[18,10] 推荐球径 D 的幂指数取 1.4 而不取 1.8。$b_m f_c=f_{cm}$ 额定载荷采用公制单位时，f_{cm} 值须乘以 3.647，即 $3.647\times f_{cm}$。

表 11.11 现代轴承材料额定动载荷计算公式中的 b_m 系数

轴承类型	b_m	轴承类型	b_m
深沟球轴承(有装球缺口和调心球轴承除外)	1.3	实心套圈向心滚针轴承	1.1
角接触球轴承	1.3	冲压滚针轴承	1.0
带装球缺口球轴承	1.1	推力圆锥滚子轴承	1.1
推力球轴承	1.1	推力调心滚子轴承	1.15
深沟球面滚子轴承	1.15	推力圆柱滚子轴承	1.0
向心圆柱滚子轴承	1.1	推力滚针轴承	1.0
向心圆锥滚子轴承	1.1		

球和滚子轴承也可以用52100钢之外的淬透钢来制造，例如，M50工具钢和440C不锈钢等。特别是，圆锥滚子轴承或其他滚子轴承用表面淬火钢来制造，比如SAE8620和9310及其它一些钢材。严格地说，本章介绍的基本额定载荷标准是不适用于这些轴承的。为了适应和评价这些轴承，对基本额定载荷标准进行了修正。

ANSI的基本额定载荷标准[10,12]已将系数 b_m 并入系数 f_{cm} 中，即 $f_{cm}=b_m\times f_c$。对于深沟球轴承，表CD11.1、CD11.2给出了基本额定动载荷式(11.173)中的 f_{cm} 值。

$$C=f_{cm}(i\cos\alpha)^{0.7}Z^{\frac{2}{3}}D^{1.8}\text{㊀} \tag{11.173}$$

同样，对于推力球轴承，表CD11.3和CD11.4给出了基本额定动载荷公式(11.174)和式(11.175)中的 f_{cm} 值。

$$C_a=f_{cm}(\cos\alpha)^{0.7}Z^{\frac{2}{3}}D^{1.8}\text{㊀}\quad \alpha\neq 90° \tag{11.174}$$

$$C_a=f_{cm}Z^{\frac{2}{3}}D^{1.8}\text{㊀}\quad \alpha=90° \tag{11.175}$$

对于向心滚子轴承，表CD11.5和CD11.6给出了基本额定动载荷公式(11.176)中的 f_{cm} 值。

$$C=f_{cm}(il\cos\alpha)^{\frac{7}{9}}Z^{\frac{3}{4}}D^{\frac{29}{27}} \tag{11.176}$$

对于各种类型的推力滚子轴承，表CD11.7和CD11.8给出了基本额定动载荷公式(11.177)和式(11.178)中的 f_{cm} 值。

$$C_a=f_{cm}(l\cos\alpha)^{\frac{7}{9}}\tan\alpha Z^{\frac{3}{4}}D^{\frac{29}{27}}\quad \alpha\neq 90° \tag{11.177}$$

$$C_a=f_{cm}l^{\frac{7}{9}}Z^{\frac{3}{4}}D^{\frac{29}{27}}\quad \alpha=90° \tag{11.178}$$

采用标准额定载荷公式和表值 f_{cm}、X 和 Y 系数来计算滚动轴承疲劳寿命时，应注意下列的限制条件：

1）额定载荷仅适用于由优质淬火钢制造的轴承。

2）额定寿命的计算假定轴承的内、外圈为刚性支承。

3）额定寿命的计算假定轴承的内、外圈轴线是良好对中的。

4）额定寿命的计算假定运转过程中的轴承具有正常游隙值。

5）球轴承沟道半径应在 $0.52\leqslant f\leqslant 0.53$ 之间（f=沟道半径/D）。

6）对滚子轴承而言，额定载荷仅适用于具有最佳接触状态的轴承。这里包括滚子由挡

㊀ ANSI[21]当球径 $D>25.4$mm 时，ANSI[18.10]推荐球径 D 的幂指数取1.4而不取1.8。额定载荷采用米制单位时，f_{cm} 值须乘以3.647，即 $3.647\times f_{cm}$。

边和保持架很好地引导以及滚子和滚道具有最佳轮廓形状。

7）不论球轴承还是滚子轴承，在载荷作用下不会出现应力集中。在球轴承中这种应力集中现象是指如果推力载荷过大将使球的接触区超过沟道边缘。

参见例11.7～例11.9。

11.8　变载荷对疲劳寿命的影响

在许多应用中，轴承承受某种确定的随时间变化的循环载荷，而不是固定载荷。为了分析这种情况，应使用由式(11.179)定义的Palmgren-Miner法则：

$$\sum_{i=1}^{i=n} \frac{N_i}{L_i} = 1 \tag{11.179}$$

该式包括轴承的一组运转条件n，每一种独立的条件i有着可能的疲劳寿命L_i转，此条件下轴承仅运转了N_i转，$N_i < L_i$。

为了确定时变载荷作用下滚动轴承的疲劳寿命，必须首先确定轴承的平均有效载荷，因为

$$L = \left(\frac{C}{F_m}\right)^p \tag{11.180}$$

式中，对于点接触轴承$p=3$，对于线接触轴承$p=4$。实际上，$p=3$计算所得的F_m与$p=4$计算与得的F_m，两者几乎没有差别。所以，对于滚子轴承，经常采用三次方平均有效载荷，其误差很小。

考虑轴承在作用载荷为F_1时运转了N_1转，在作用载荷为F_2时运转了N_2转，则对应于这些载荷的计算疲劳寿命为

$$L_1 = \left(\frac{C}{F_1}\right)^p \tag{11.181}$$

$$L_2 = \left(\frac{C}{F_2}\right)^p \tag{11.182}$$

将式(11.181)和式(11.182)代入式(11.179)，得

$$\frac{F_1^p N_1}{C^p} + \frac{F_2^p N_2}{C^p} = 1 \tag{11.183}$$

上式除以总的轴承疲劳寿命L，并将式(11.180)的L代入，得

$$\frac{F_1^p N_1}{L} + \frac{F_2^p N_2}{L} = F_m^p \tag{11.184}$$

因此，

$$F_m = \left(\frac{F_1^p N_1 + F_2^p N_2}{L}\right)^{\frac{1}{p}} \tag{11.185}$$

显而易见，$L = N_1 + N_2$。因此，对于k个载荷，每个载荷的作用时间为N_k转的一般情况，平均有效载荷可由下式给出

$$F_m = \left(\frac{\sum F_k^p N_k}{N}\right)^{\frac{1}{p}} \tag{11.186}$$

式中，N 为载荷作用下的总转数。用积分形式表示时，式(11.186)变成

$$F_m = \left(\frac{1}{N}\int_0^N F^p \mathrm{d}N\right)^{\frac{1}{p}} \tag{11.187}$$

对于周期为 τ 的循环载荷，

$$F_m = \left(\frac{1}{\tau}\int_0^\tau F_t^p \mathrm{d}t\right)^{\frac{1}{p}} \tag{11.188}$$

式中，F_t 为时间的函数。

参见例11.10。

目前，某些特殊情况下的可变载荷可以被定义。Palmgren[19]表明了一种轴承载荷，如图11.19所示，它在 F_{min} 和 F_{max} 之间近似于线性变化，可用下列近似公式计算：

$$F_m = \frac{1}{3}F_{min} + \frac{2}{3}F_{max} \tag{11.189}$$

如果载荷变化是线性的，则

$$F_m = F_{min} + \left(\frac{F_{max} - F_{min}}{\tau}\right) \times t \tag{11.190}$$

且

$$F_m = F_{min}\left\{\int_0^1 \left[1 + \left(\frac{F_{max}}{F_{min}} - 1\right)z\right]^p \mathrm{d}z\right\}^{\frac{1}{p}} \tag{11.191}$$

式中，z 为虚拟变量。

若轴承载荷是由一个稳定载荷 F_1 和一个幅值为 F_3 的正弦载荷相叠加组成，如图11.20所示，则在此情况下，

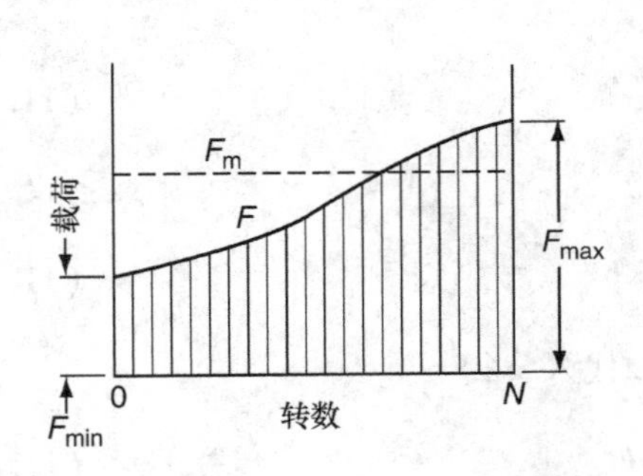

图11.19　近似于线性的载荷与时间的关系

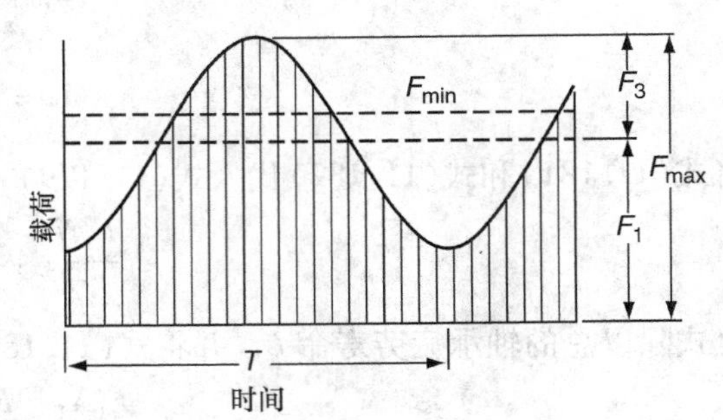

图11.20　固定载荷 F_1 上叠加正弦载荷 F_3

$$F = F_1 + F_3\cos\omega t \tag{11.192}$$

式中，ω 为以每秒弧度为单位的圆频率。因而有

$$F_m = F_1\left[\frac{1}{\tau}\int_0^\tau \left(1 + \frac{F_3}{F_1\cos\omega t}\right)^p \mathrm{d}t\right]^{\frac{1}{p}} \tag{11.193}$$

更一般的载荷情况是，一个稳定载荷 F_1，一个旋转载荷 F_2，以及一个幅度为 F_3 的正弦载荷（相位与 F_1 相同）同时作用于滚动轴承，如图11.21所示。当 F_1、F_2 和 F_3 作用线重合时，

轴承载荷最大。稳定载荷 F_1 是由轴上的机械零件的重力，以及齿轮或传动带的传动力等所引起的。旋转载荷 F_2 是由旋转机构中希望或不希望的不平衡所引起的。正弦载荷 F_3 则是由往复机构的惯性力所引起的。对于这种一般载荷情况，可以简单表示为

$$F_m = \Phi_m(F_1 + F_2 + F_3) \tag{11.194}$$

式中

$$\Phi_m = \frac{\left\{\frac{1}{2\pi}\int_0^{2\pi}\{[F_1 + (F_2 + F_3)\cos\psi]^2 + (F_2\sin\psi)^2\}^{\frac{p}{2}}d\psi\right\}^{\frac{1}{p}}}{F_1 + F_2 + F_3} \tag{11.195}$$

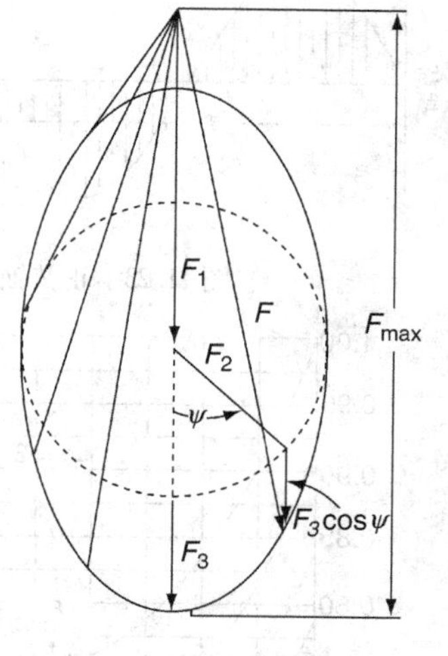

图 11.21　一般性轴承受力的载荷向量图

（合力由固定载荷 F_1、旋转载荷 F_2 及与 F_1 同相的正弦载荷 F_3 组成）

SKF 按照 F_1、F_2 和 F_3 的相对数值，已经给出了一系列曲线来描述这种关系。图 11.22a 适用于点接触，即 $p=3$；图 11.22b 适用于线接触，即 $p=4$。注意，当 $F_2=0$ 时，就会出现如图 11.23 所示的载荷。图 11.22 中最下面的曲线就是指这种载荷状态。如果 F_1 和 F_2 分别不存在，则对应于图 11.23 所示的正弦轴承载荷，由图 11.22 可知，对于点接触 $\Phi_m=0.75$，对于线接触 $\Phi_m=0.79$。

图 11.24 所示为正弦载荷 F_3 与稳定载荷 F_1 成 90°相位差的轴承载荷情况。图 11.25a 和图 11.25b 分别给出了在点接触和线接触时的 Φ_m 值。若没有稳定载荷 F_1 且最大的 F_3 载荷与 F_2 成 90°相位差，则图 11.26 给出了这种轴承载荷随时间变化的情况。而图 11.27 给出了点接触与线接触的 Φ_m 值。

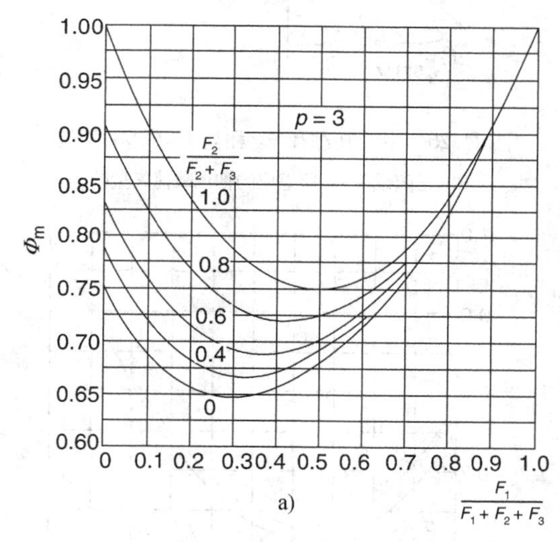

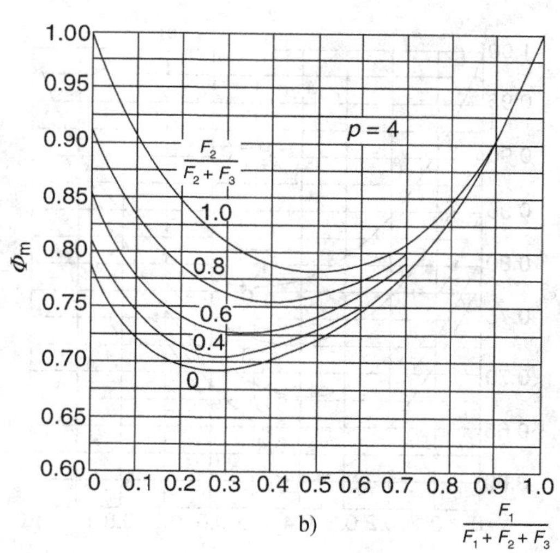

图 11.22　一般载荷情况下 Φ_m 与 $F_1/(F_1+F_2+F_3)$ 的关系

a）点接触　b）线接触

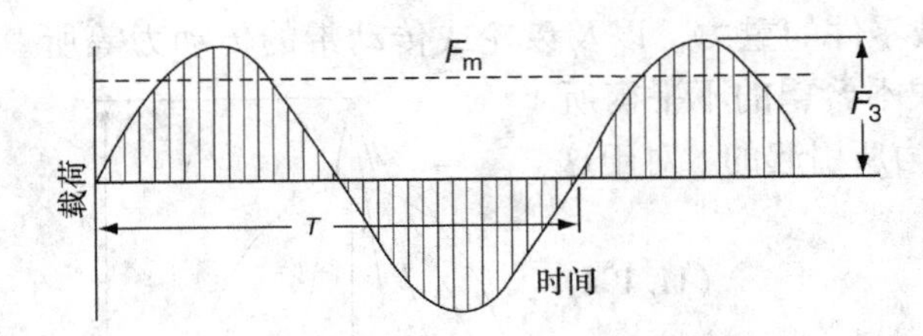

图 11.23 正弦轴承载荷

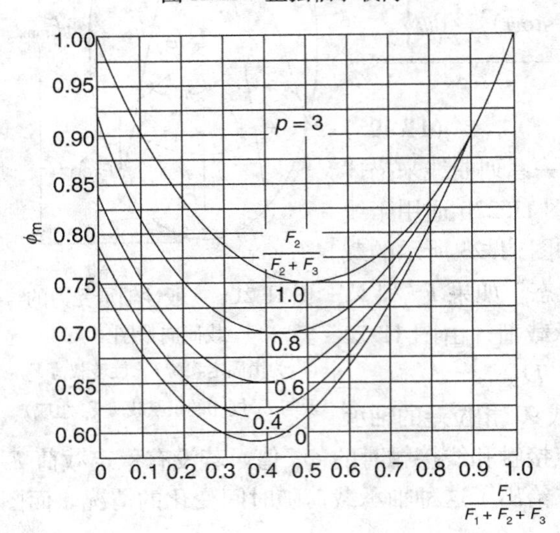

a)

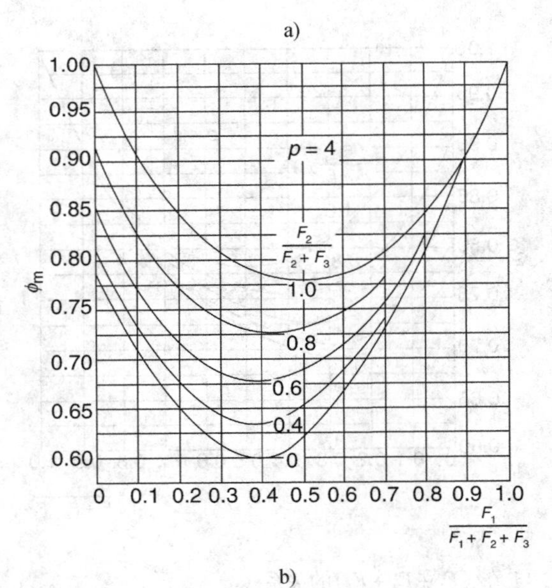

b)

图 11.25 一般载荷情况时 Φ_m 与 $F_1/(F_1+F_2+F_3)$ 的关系

a）点接触 b）线接触

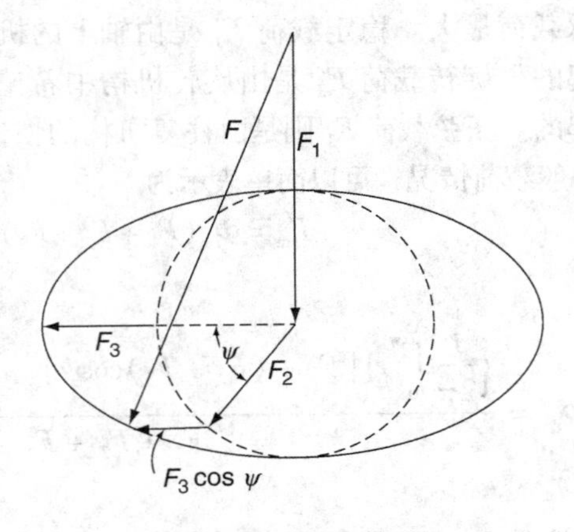

图 11.24 一般轴承载荷矢量图

（合力由固定载荷 F_1、旋转载荷 F_2 和与 F_1 成90°相位差的正弦载荷 F_3 所组成）

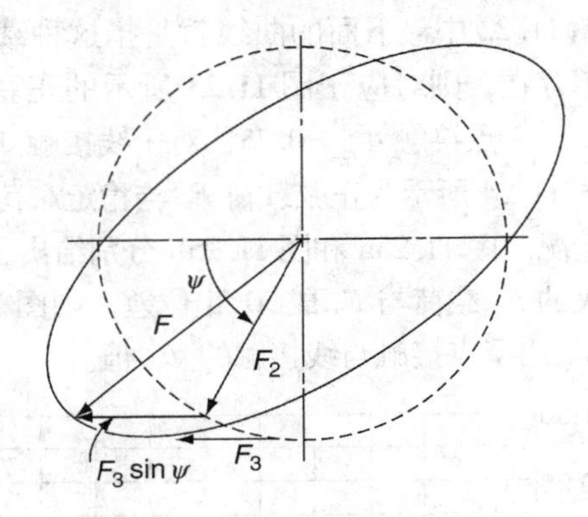

图 11.26 由旋转载荷 F_2 和与 F_2 成90°相位差的正弦载荷 F_3 所组成的轴承载荷矢量图

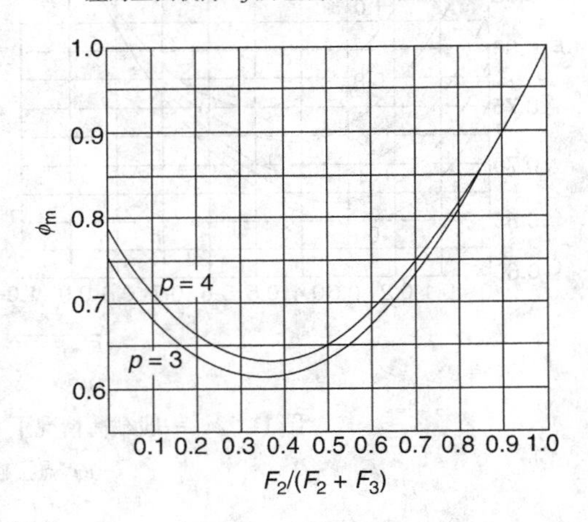

图 11.27 由图 11.26 所示的载荷情况下 Φ_m 与 $F_2/(F_2+F_3)$ 的关系

11.9　摆动轴承的疲劳寿命

摆动轴承只在部分圆周上运动，如果摆动频率为每分钟 n 次，则以频率 n 摆动的轴承的疲劳寿命要比在相同载荷下以转速 n(r/min)旋转的同样轴承长一些。这是因为摆动运动中每个滚动体的平均当量载荷比较小。一次摆动是指轴承从一个极限位置运转到另一个极限位置，依次往复。从0°位置开始，到摆幅 ϕ 为止所经历的时间是四分之一次循环，或 $\tau/4$。这里 τ 是摆动周期。

为了确定摆动轴承的疲劳寿命，必须把作用载荷换算成旋转运动时轴承的当量载荷，因此需考虑所降低的应力循环次数。对于给定疲劳寿命的特定轴承设计，式(11.31)给出了点接触时的下述关系：

$$Q^{\frac{c-h+2}{3}}u^{e}=\vartheta \tag{11.196}$$

式中，ϑ 为常量，u 为每转应力循环次数，e 为 Weibull 斜率。式(11.37)和式(11.38)已经表明

$$\frac{c-h+2}{3e}=3=p \tag{11.197}$$

因此，

$$Q^{p}u=\vartheta \tag{11.198}$$

用下标 RE 表示等效旋转轴承，osc 表示摆动轴承，R 表示旋转轴承，由式(11.198)，得

$$Q_{\mathrm{RE}}=\left(\frac{u_{\mathrm{osc}}}{u_{\mathrm{R}}}\right)^{\frac{1}{p}}Q_{\mathrm{osc}} \tag{11.199}$$

旋转轴承转动一周的弧长为2πr，其中 r 为滚道半径。摆动轴承一个循环的应力作用弧度长为 $4\phi r$，其中 ϕ 为摆幅，单位为弧度。显然可得

$$\frac{u_{\mathrm{R}}}{u_{\mathrm{osc}}}=\frac{\pi}{2\phi} \tag{11.200}$$

因此，

$$Q_{\mathrm{RE}}=\left(\frac{2\phi}{\pi}\right)^{\frac{1}{p}}Q_{\mathrm{osc}} \tag{11.201}$$

这里，Q 对应于疲劳寿命为 $L\times10^{6}$ 转的接触载荷。因此，对于承受载荷 F 的摆动轴承：

$$L=\left(\frac{C}{F_{\mathrm{RE}}}\right)^{p} \tag{11.202}$$

式中，

$$F_{\mathrm{RE}}=\left(\frac{2\phi}{\pi}\right)^{\frac{1}{p}}F\ 或\ F_{\mathrm{RE}}=\left(\frac{\phi}{90}\right)^{\frac{1}{p}}F \tag{11.203}$$

以上两式分别用于以弧度或度表示的摆幅角。

Houpert[24]完善了在径向和轴向载荷(F_{r} 和 F_{a})联合作用下的计算方法，载荷作用区域由下式给出

$$\varepsilon = \frac{1}{2}\left(1 + \frac{\delta_a \tan\alpha}{\delta_r}\right) \tag{7.61}$$

同时，对于给定的应用，作为$(F_r\tan\alpha)/F_a$的函数的ε值由表7.4可以直接查得。Houpert应用Palmgren-Miner法则来修正滚道的疲劳寿命，更精确地考虑了每一部分经受的应力循环次数。因而提出了如下的摆动寿命系数A_{osc}：

$$L = A_{osc}\left(\frac{C}{F}\right)^p \tag{11.204}$$

图11.28和图11.29给出了各种摆角下的A_{osc}与载荷作用区的关系曲线。

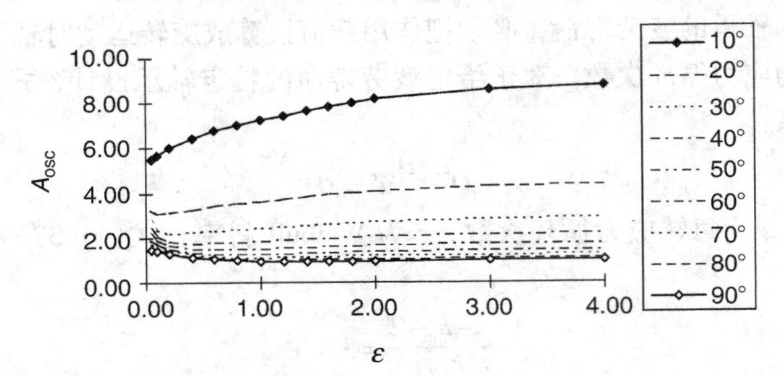

图11.28　A_{osc}与载荷区域和10°~90°摆角的关系

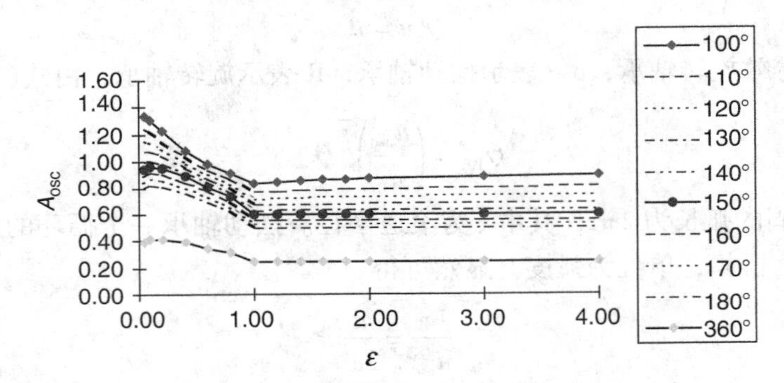

图11.29　A_{osc}与载荷区域和100°~360°摆角的关系

Houpert[24]方法比由式(11.202)和式(11.203)描述的简化方法能够得到更精确的结果。然而，当载荷区域达到$\varepsilon>1$时，简化方法通常能够得到足够精确的结果。

当$\phi/90<1/Z$时(Z是每列滚动体的数目)，滚道中极有可能产生压痕。在这种情况下，会引起振动，因此，表面疲劳可能不再是轴承失效的有效判据。进一步，还可能引发润滑不当造成表面磨损和过热。

11.10　可靠性和疲劳寿命

Tallian[16]根据对2 500多套轴承耐久性试验数据的分析，证实Weibull分布在最常见的累积失效概率范围内，即$0.07\leqslant\mathscr{F}\leqslant0.60$，与试验数据相当吻合。若超出此范围，疲劳寿命将大于Weibull分布期望寿命。

通常，轴承用户并不关心大于中值寿命 L_{50} 以后的疲劳寿命。因此，对于超出失效概率上限的情况可以不予关注。而轴承用户对 $0 \leqslant \mathscr{F} \leqslant 0.10$ 之间的失效范围却非常感兴趣。实际上，可靠度高于99%属于特殊要求。目前，一些汽车制造商提出包括轴承在内的动力传输零件。要有十年(167 000km)的保证期，因而要求轴承有更高的可靠性。考虑到采用优质轴承钢生产的轴承具有更高的寿命，因此，在特定的滚动轴承的应用中，有必要采用 L_1、L_5 等代替 L_{10} 来描述疲劳寿命。

图11.30(摘自文献[16])表明了小于10%的失效概率 $\mathscr{F}$ 与 Weibull 分布的偏差。注意，当轴承标准化寿命低于0.004，即小于 $y_e = (L/L_{50})^e \ln 2 = 0.004$ 时，表明疲劳寿命几乎没有降低。图11.31 更为直观地给出了 Tallian 研究的意义，它与 Harris[25] 给出的半对数座标上的图形颇为相似。很显然，对应于可靠度为100%（$S = 1.0, \mathscr{F} = 0$）的所谓“无失效”疲劳寿命是可以预估的。根据 Tallian 的研究结果[16]，“无失效”疲劳寿命可由下式近似计算：

$$L_{NF} \cong 0.05 L_{10} \qquad (11.205)$$

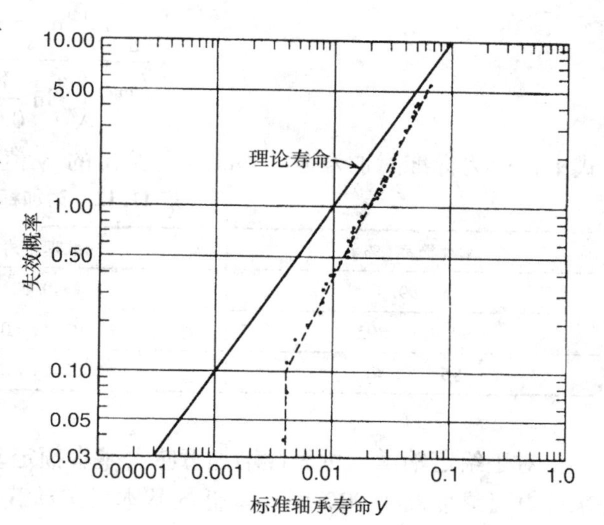

图11.30　早期失效范围内的寿命分布

(引自 Tallian, T., 滚动接触疲劳寿命的 Weibull 分布及其偏差, ASLE Trans., 5(1), 1962, 4.)

Tallian[16] 认为，可以把轴承疲劳寿命分成两个独立的阶段：

1）轴承从开始转动到表层下出现裂纹的时间，即 L_a。

2）裂纹扩展至表面所需要的时间，即 L_b。

因此，所测定的疲劳寿命等于这两段时间之和：

$$L = L_a + L_b \qquad (11.206)$$

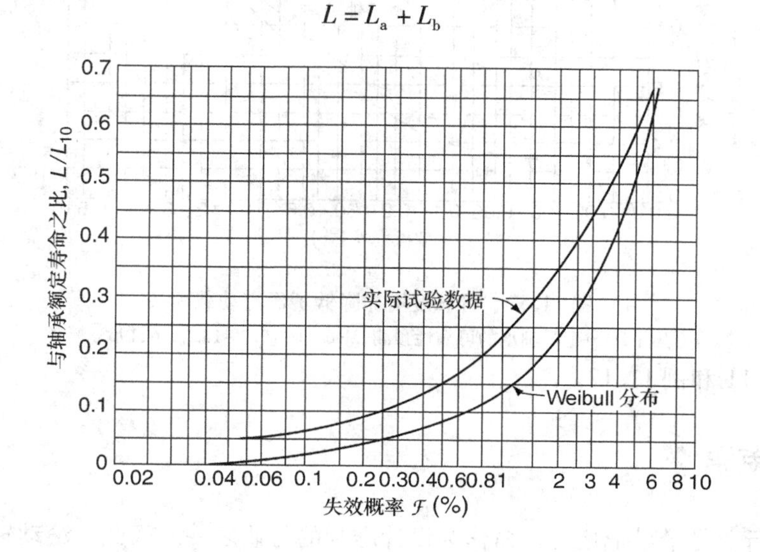

图11.31　L 寿命比与失效概率的关系

L_a 是由 Weibull 理论所预测的疲劳寿命，因而可以把 L_b 称之为附加寿命。假如在转动初期就出现了裂纹，L_b 就会远远大于 L_a，因而 L 不再是 Weibull 寿命的一个有效度量。假如裂纹是旋转了相当长时间后才出现，L_b 则就比 L_a 小得多，此时，L 就是对 Weibull 寿命的一个合理准确的估计。这样就可以解释早期失效与 Weibull 分布的偏差。对于可靠度不是 $S=0.9$ 的疲劳寿命，可以采用下列公式计算：

$$\frac{L}{L_{10}}=\left(\frac{\ln\frac{1}{s}+\gamma_e}{\ln\frac{1}{0.9}}\right)^{\frac{1}{e}} \tag{11.207}$$

式中，γ_e 为标准附加寿命。Tallian[16] 给出的 γ_e 值列于表 11.12。

表 11.12　附加标准寿命 γ_e

幸存概率(%)	标准理论寿命	标 准 寿 命
$S\geqslant 99.9$	$\gamma\leqslant 0.001$	$\gamma+\gamma_e=0.004$
$99.9\geqslant S\geqslant 95$	$0.001<\gamma<0.05$	$\ln(\gamma+\gamma_e)=0.690\ln(0.328\gamma)$
$95>S>40$	$0.05<\gamma<0.6$	$\gamma_e=0.013$

对于给定轴承，可靠性增加意味着基本额定动载荷减小，Harris[25] 给出的图 11.32 可用来计算可靠度高于 90% 时，降低的基本额定动载荷。

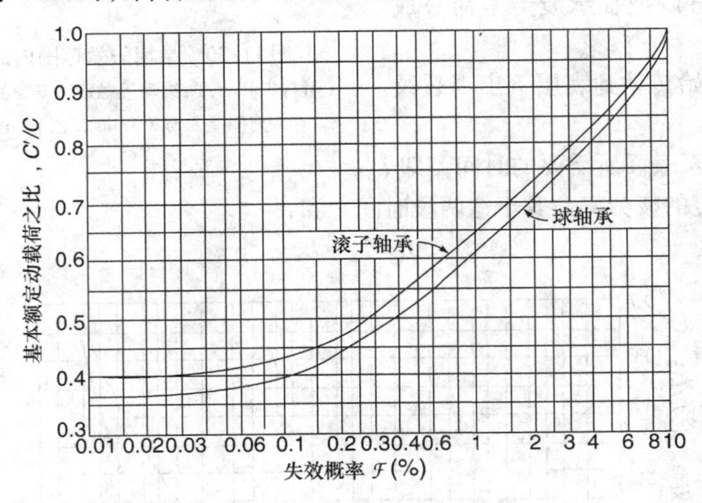

图 11.32　可靠度增加降低了额定动载荷

(引自 Harris, T., 轴承的可靠性预测, Mach. Des., 129-132, 1, 6, 1963.)

参见例 11.11 和例 11.12。

11.11　结束语

滚动轴承行业是最早把疲劳寿命作为设计准则的行业之一。因此，滚动轴承制造商及其用户，对当代的术语——可靠度，亦即幸存概率，非常熟悉。额定寿命 L_{10} 和中值寿命 L_{50} 的概念一直被用作轴承性能好坏的表征。利用国家标准（ANSI、DIN、JIS 等）和国际标准（ISO）的额定载荷标准，轴承行业已经提出了相对简单的额定寿命计算方法。对于大多数工程应用而言，这些标准可用于对比不同厂家所制造的各类轴承的适应性。

额定载荷标准可用于评价大多数工程应用中的轴承性能。此时应满足下列条件：

- 相对低的工作速度，在这种速度下，球和滚子的惯性力比外载荷小得多。
- 轴承的内圈精确地安装在刚性轴上；轴承外圈精确地安装在刚性轴承座内。
- 润滑充分，能防止过热。
- 轴承承受简单的径向或轴向载荷，或适当的径向和轴向联合载荷。

这些标准适用于用 52100 淬透钢制造并且淬火硬度不低于 58HRC 的轴承。尽管如此，额定寿命和载荷标准也常用于表面硬化钢制造的轴承。

本章总结的材料可以认为是对轴承样本数据和信息的扩充。这为了解现行轴承样本的材料，以及本书后面的相关内容奠定了基础。这些内容涉及到复杂的应用条件。例如：

- 轴承运转速度所产生的球和滚子的离心力和陀螺力矩足以影响轴承内部的载荷分布。
- 摩擦力或摩擦力矩影响到滚动体的载荷和零件的耐久性。
- 内部温度对轴承内部的载荷分布、摩擦力、润滑剂性能和轴承耐久性的影响必须考虑。
- 轴承套圈的倾斜对轴承耐久性的影响。
- 安装在柔性支承上轴承套圈对轴承内部载荷分布的影响。
- 对于用 52100 钢之外的材料制造的轴承套圈和滚动体，由于材料的热处理和加工方法导致的耐久强度和残余应力的增加可能对轴承耐久性有显著影响。

本书第 2 卷将介绍对这些特殊条件下应用的轴承进行性能分析的方法。

例题

例 11.1　深沟球轴承的疲劳寿命和可靠度

问题：一个 209 深沟球轴承在 90% 可靠度时其疲劳寿命为 100×10^6 转，问在可靠度为 95% 时疲劳寿命为多少？

解：由式(11.21)

$$\ln\frac{1}{S}=\ln\frac{1}{0.95}=0.1053\left(\frac{L_S}{L_{10}}\right)^e=0.1053\left(\frac{L_5}{10^8}\right)^{\frac{10}{9}}$$

$L_5=52.2\times10^6$ 转

例 11.2　深沟球轴承的剩余疲劳寿命

问题：一批 100 套球轴承中，其中有 30 套因疲劳而失效，估计其余轴承的 L_{10} 预期疲劳寿命。

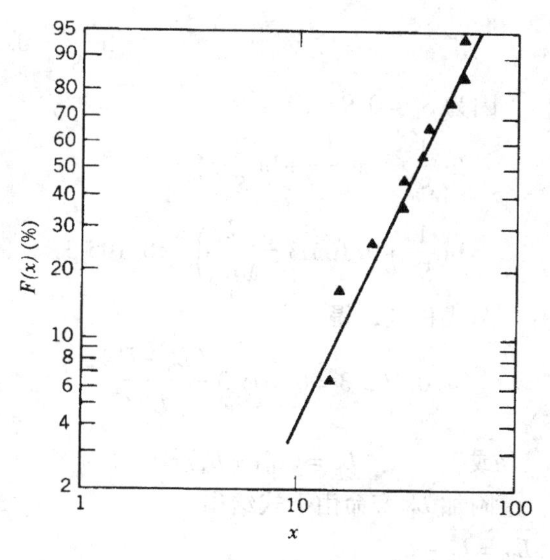

解：$S_a = \dfrac{70}{100} = 0.70$

由式(11.21)

$$\ln\frac{1}{S_a} = \ln\frac{1}{0.70} = 0.1053\left(\frac{L_a}{L_{10}}\right)^e = 0.1053\left(\frac{L_a}{L_{10}}\right)^{\frac{10}{9}}$$

$$L_a = 3.00L_{10}$$

幸存的70套轴承在达到附加L_{10}寿命之后，还幸存的轴承数目为$0.9\times70=63$套，即幸存轴承的附加的相对数量比为0.63。相应总的剩余寿命可按下式计算：

由式(11.21)

$$\ln\frac{1}{S_b} = \ln\frac{1}{0.63} = 0.1053\left(\frac{L_b}{L_{10}}\right)^e = 0.1053\left(\frac{L_b}{L_{10}}\right)^{\frac{10}{9}}$$

$$L_b = 3.79L_{10}$$

$$L_{10} = L_b - L_a = 3.79L_{10} - 3.00L_{10} = 0.79L_{10}$$

例11.3　深沟球轴承的剩余轴承的附加疲劳寿命

问题：一批深沟球轴承具有5 000h的L_{10}寿命，这批轴承已运转了10 000h，部分已失效，计算剩余轴承的附加疲劳寿命。

解：达到或超过寿命L_a的轴承的相对数量为S_a。

由式(11.21)

$$\ln\frac{1}{S_a} = 0.1053\left(\frac{L_a}{L_{10}}\right)^e$$

达到附加L_{10}寿命之后，剩余轴承的相对数量为S_b，对应寿命L_b。

由式(11.21)

$$\ln\frac{1}{S_b} = 0.1053\left(\frac{L_b}{L_{10}}\right)^e$$

因为$S_b = 0.9S_a$，

$$\ln\frac{1}{S_b} = \ln\frac{1}{0.9} + \ln\frac{1}{S_a}$$

$$\ln\frac{1}{S_a} + 0.1053 = \left(\frac{L_b}{L_{10}}\right)^e \times 0.1053$$

两式相减，得

$$0.1053 = 0.1053\,\frac{(L_b^e - L_a^e)}{L_{10}^e}$$

或　　$$L_b = (L_{10}^e + L_a^e)^{\frac{1}{e}}$$

附加L_{10}寿命由下式给出

$$L_{10} = L_b - L_a$$

$$L_{10} = (L_{10}^e - L_a^e)^{\frac{1}{e}} - L_a$$

$$L_{10} = \{5\,000^{\frac{10}{9}} + 10\,000^{\frac{10}{9}}\}^{0.9} - 10\,000 = 4\,100\text{h}$$

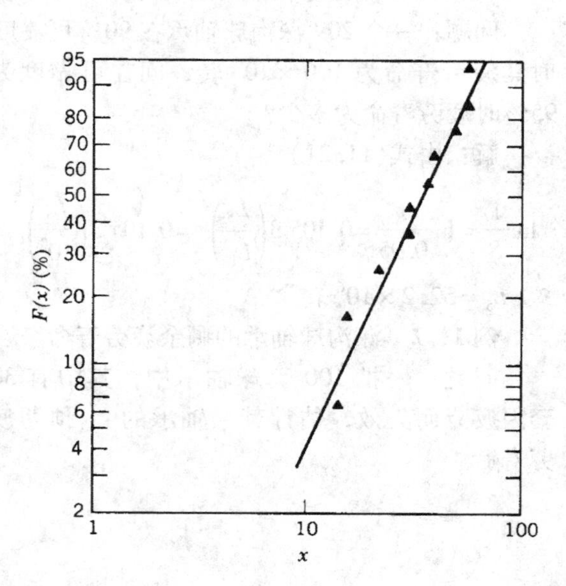

例 11.4　深沟球轴承的疲劳寿命

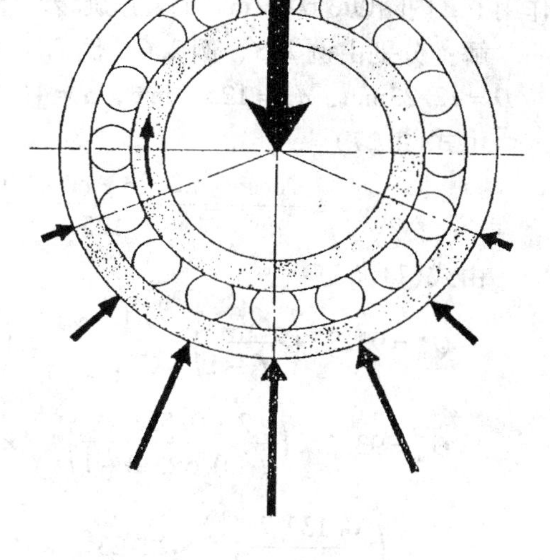

问题：考虑例 7.1 的 209 深沟球轴承，其内圈以1 800r/min 的转速旋转，计算该轴承的 L_{10} 寿命。

解：由式(11.67)

$$Q_{ci}=93.2\left(\frac{2f_i}{2f_i-1}\right)^{0.41}\frac{(1-\gamma)^{1.39}}{(1+\gamma)^{\frac{1}{3}}}\gamma^{0.3}D^{1.8}Z^{-\frac{1}{3}}$$

$$Q_{ci}=93.2\left(\frac{2\times0.52}{2\times0.52-1}\right)^{0.41}\times\frac{(1-0.195\,4)^{1.39}}{(1+0.195\,4)^{\frac{1}{3}}}\times$$

$$0.195\,4^{0.3}\times12.7^{1.8}\times9^{-\frac{1}{3}}=7\,058\text{N}$$

$$Q_{co}=93.2\left(\frac{2f_o}{2f_o-1}\right)^{0.41}\frac{(1+\gamma)^{1.39}}{(1-\gamma)^{\frac{1}{3}}}\gamma^{0.3}D^{1.8}Z^{-\frac{1}{3}}$$

$$Q_{co}=93.2\left(\frac{2\times0.52}{2\times0.52-1}\right)^{0.41}\times\frac{(1+0.195\,4)^{1.39}}{(1-0.195\,4)^{\frac{1}{3}}}\times$$

$$0.195\,4^{0.3}\times12.7^{1.8}\times9^{-\frac{1}{3}}=13\,970\text{N}$$

由例 7.1

ψ	Q_ψ/N	ψ	Q_ψ/N	ψ	Q_ψ/N	ψ	Q_ψ/N	ψ	Q_ψ/N
0°	4 536	±40°	2 842	±80°	58	±120°	0	±160°	0

由式(11.68)

$$Q_{ei}=\left(\frac{1}{Z}\sum_{j=1}^{j=Z}Q_j^3\right)^{\frac{1}{3}}$$

$$Q_{ei}=\left\{\frac{1}{9}[4\,536^3+2\times2\,846^3+61^3+2.0+2.0]\right\}^{\frac{1}{3}}=2\,475\text{N}$$

由式(11.70)

$$L_i=\left(\frac{Q_{ci}}{Q_{ei}}\right)^3=\left(\frac{7\,058}{2\,475}\right)^3=23.2\times10^6\text{ 转}$$

由式(11.74)

$$Q_{eo}=\left(\frac{1}{Z}\sum_{j=1}^{j=Z}Q_j^{\frac{10}{3}}\right)^{0.3}$$

$$Q_{eo}=\left\{\frac{1}{9}[4\,536^{\frac{10}{3}}+2\times2\,846^{\frac{10}{3}}+61^{\frac{10}{3}}+2.0+2.0]\right\}^{0.3}=2\,605\text{N}$$

由式(11.75)

$$L_o=\left(\frac{Q_{co}}{Q_{eo}}\right)^3=\left(\frac{13\,970}{2\,605}\right)^3=154.4\times10^6\text{ 转}$$

由式(11.79)

$$L=(L_i^{-\frac{10}{9}}+L_o^{-\frac{10}{9}})^{-0.9}=(23.2^{-1.11}+154.4^{-1.11})^{-0.9}\times10^6=20.9\times10^6\text{ 转}$$

$$L=\frac{20.9\times10^6}{60\times1\,800}=194\text{h}$$

例 11.5 角接触球轴承的疲劳寿命

问题：考虑例7.5中的218角接触球轴承，在17 800N的推力载荷作用下，内圈以3 600r/min的转速旋转，计算轴承的L_{10}疲劳寿命。

解：分别由例2.3、例2.6、例7.4和例7.5，得知

$D=22.23\text{mm}$，$d_m=125.3\text{mm}$，$\alpha=41.6°$，$Z=16$，$Q=1\ 676\text{N}$

由式(2.27)

$$\gamma=\frac{D\cos\alpha}{d_m}=\frac{22.23\cdot\cos 41.6°}{125.3}=0.132\ 7$$

由式(11.67)

$$Q_{ci}=93.2^{⊖}\left(\frac{2f_i}{2f_i-1}\right)^{0.41}\frac{(1-\gamma)^{1.39}}{(1+\gamma)^{\frac{1}{3}}}\left(\frac{\gamma}{\cos\alpha}\right)^{0.3}D^{1.8}Z^{-\frac{1}{3}}$$

$$Q_{ci}=93.2\times\left(\frac{2\cdot 0.523\ 2}{2\cdot 0.523\ 2-1}\right)^{0.41}\times\frac{(1-0.132\ 7)^{1.39}}{(1+0.132\ 7)^{\frac{1}{3}}}\times\left(\frac{0.132\ 7}{\cos 41.6°}\right)^{0.3}\times 22.23^{1.8}\times 16^{-\frac{1}{3}}$$

$$Q_{ci}=16\ 520\text{N}$$

考虑到由非零接触角引起的自旋的影响，内沟道的额定动载荷应乘以$(1-0.33\sin\alpha)$的系数。

$$Q'_{ci}=Q_{ci}(1-0.33\sin\alpha)=16\ 520\times(1-0.33\sin 41.6°)=12\ 900\text{N}$$

由式(11.70)

$$L_i=\left(\frac{Q_{ei}}{Q_{ei}}\right)^3=\left(\frac{12\ 900}{1\ 676}\right)^3=456\times 10^6\text{ 转}$$

由式(11.67)

$$Q_{co}=93.2\left(\frac{2f_o}{2f_o-1}\right)^{0.41}\frac{(1+\gamma)^{1.39}}{(1-\gamma)^{\frac{1}{3}}}\left(\frac{\gamma}{\cos\alpha}\right)^{0.3}D^{1.8}Z^{-\frac{1}{3}}$$

$$Q_{co}=93.2\times\left(\frac{2\times 0.523\ 2}{2\times 0.523\ 2-1}\right)^{0.41}\times\frac{(1+0.132\ 7)^{1.39}}{(1-0.132\ 7)^{\frac{1}{3}}}\times\left(\frac{0.132\ 7}{\cos 41.6°}\right)^{0.3}\times 22.23^{1.8}\times 16^{-\frac{1}{3}}$$

$$Q_{co}=26\ 180\text{N}$$

$$Q'_{co}=Q_{co}(1-0.33\sin\alpha)=26\ 180(1-0.33\sin 41.6°)=20\ 440\text{N}$$

由式(11.75)

$$L_o=\left(\frac{Q_{co}}{Q_{eo}}\right)^3=\left(\frac{20\ 440}{1\ 676}\right)^3=1\ 814\times 10^6\text{ 转}$$

由式(11.149)

$$L=(L_i^{-\frac{10}{9}}+L_o^{-\frac{10}{9}})^{-\frac{9}{10}}=(456^{-\frac{10}{9}}+1\ 814^{-\frac{10}{9}})^{-\frac{9}{10}}=382.3\times 10^6\text{ 转}$$

$$L=\frac{382.3\times 10^6}{60\times 3\ 600}=1\ 770\text{h}$$

⊖ 严格地讲，$\alpha<40°$的角接触球轴承称之为向心轴承，应改为$f_m=93.2\text{N}\cdot\text{mm}$。

例 11.6　圆柱滚子轴承的疲劳寿命

问题：假设例 7.3 中的 209 圆柱滚子轴承为修正线接触且内滚道旋转，计算轴承的 L_{10} 疲劳寿命。

解：由例 2.7 得知

$D=10\text{mm}$，$d_m=65.3\text{mm}$，$l=9.6\text{mm}$，$Z=14$

由例 7.3

ψ	Q_ψ/N	ψ	Q_ψ/N
0°	1 926	……	0
±25.71°	1 355	180°	0

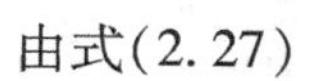
由式(2.27)

$$\gamma=\frac{D\cos\alpha}{d_m}=\frac{10\cos 0°}{65}=0.153\,8$$

由式(11.143)

$$Q_{ci}=552\lambda_i\frac{(1-\gamma)^{\frac{29}{27}}}{(1+\gamma)^{\frac{1}{4}}}\gamma^{\frac{2}{9}}D^{\frac{29}{27}}l^{\frac{7}{9}}Z^{-\frac{1}{4}}$$

由表 18.4，取 $\lambda_i=\lambda_o=0.61$

$$Q_{ci}=552\lambda_i\frac{(1-\gamma)^{\frac{29}{27}}}{(1+\gamma)^{\frac{1}{4}}}\gamma^{\frac{2}{9}}D^{\frac{29}{27}}l^{\frac{7}{9}}Z^{-\frac{1}{4}}$$

$$=552\times 0.61\times\frac{(1-0.153\,8)^{\frac{29}{27}}}{(1+0.153\,8)^{\frac{1}{4}}}\times 0.153\,8^{\frac{2}{9}}\times 10^{\frac{29}{27}}\times 9.6^{\frac{7}{9}}\times 14^{-\frac{1}{4}}=6\,381\text{N}$$

由式(11.144)

$$Q_{e\mu}=\left(\frac{1}{Z}\sum_{j=1}^{j=Z}Q_j^4\right)^{\frac{1}{4}}$$

$$Q_{ei}=\left\{\frac{1}{14}[1\,926^4+2\times 1\,355^4+\cdots 0]\right\}^{\frac{1}{4}}=1\,100\text{N}$$

由式(11.145)

$$L_i=\left(\frac{Q_{ci}}{Q_{ei}}\right)^4=\left(\frac{6\,381}{1\,100}\right)^4=1\,132\times 10^6\text{ 转}$$

由式(11.143)

$$Q_{co}=552\lambda_o\frac{(1+\gamma)^{\frac{29}{27}}}{(1-\gamma)^{\frac{1}{4}}}\gamma^{\frac{2}{9}}D^{\frac{29}{27}}l^{\frac{7}{9}}Z^{-\frac{1}{4}}$$

$$Q_{co}=552\times 0.61\times\frac{(1+0.153\,8)^{\frac{29}{27}}}{(1-0.153\,8)^{\frac{1}{4}}}\times 0.153\,8^{\frac{2}{9}}\times 10^{\frac{29}{27}}\times 9.6^{\frac{7}{9}}\times 14^{-\frac{1}{4}}=9\,621\text{N}$$

由式(11.146)

$$Q_{ei} = \left(\frac{1}{Z}\sum_{j=1}^{j=Z} Q_j^{4.5}\right)^{\frac{1}{4.5}}$$

$$Q_{eo} = \left\{\frac{1}{14}\left[1\ 926^{\frac{9}{2}} + 2\times 1\ 355^{\frac{9}{2}} + \cdots 0\right]\right\}^{\frac{2}{9}} = 1\ 148\text{N}$$

由式(11.147)

$$L_o = \left(\frac{Q_{co}}{Q_{eo}}\right)^4 = \left(\frac{9\ 621}{1\ 148}\right)^4 = 4\ 937\times 10^6 \text{ 转}$$

由式(11.149)

$$L = (L_i^{-\frac{9}{8}} + L_o^{-\frac{9}{8}})^{-\frac{8}{9}} = 1\ 155^{-\frac{9}{8}} + 4\ 937^{-\frac{9}{8}})^{-\frac{8}{9}} \times 10^6 = 9.85\times 10^6 \text{ 转}$$

例 11.7 深沟球轴承的额定疲劳寿命

问题：用 ANSI 的标准方法计算例 7.1 中的 209 深沟球轴承的 L_{10} 寿命。设轴承的转速为 1 800r/min。

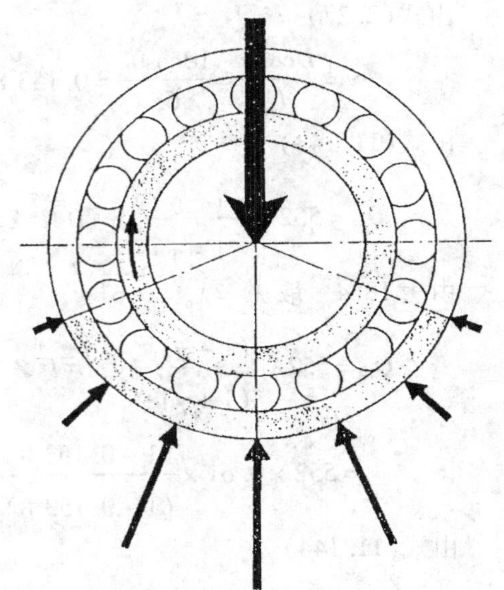

解：由例 2.1 和例 2.5 得知

$D=12.7\text{mm}$，$Z=9$，$\gamma=0.195\ 4$

查表 11.12，当 $\gamma=0.195\ 4$ 时，$f_{cm}=77.93$。

由式(11.173)

$$C = f_{cm}(i\cos\alpha)^{0.7}Z^{\frac{2}{3}}D^{1.8}$$

$$C = 77.93\times(1\times\cos 0°)^{0.7}\times 9^{\frac{2}{3}}\times 12.7^{1.8} = 32\ 710\text{N}$$

$$F_e = F_r = 8\ 900\text{N}$$

由式(11.108)

$$L = \left(\frac{C}{F_e}\right)^3 = \left(\frac{32\ 710}{8\ 900}\right)^3 = 49.64\times 10^6 \text{ 转}$$

$$L = \frac{49.64\times 10^6}{60\times 1\ 800} = 459.6\text{h}$$

将该例的结果同例 11.4 的结果相比较，可见例 11.4 的结果须乘上 b_m^3。由表 11.11，$b_m=1.3$，因此与例 11.4 的可比 L_{10} 寿命为 $2.197\times 194=426.2$h。ANSI 的计算寿命精度显然低于例 11.4 的计算结果，但对于这个特殊场合来说，误差很小。

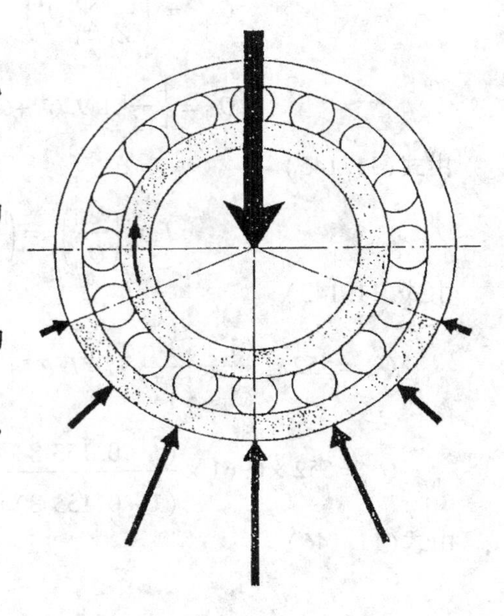

例 11.8 深沟球轴承的额定疲劳寿命

问题：用 ANSI 的标准方法计算例 7.3 中的 209 圆柱滚子轴承的 L_{10} 寿命。径向载荷为 4 450N。

解：由例 2.1，$D=10\text{mm}$，$l=9.6\text{mm}$，$Z=14$，$i=1$ 为单列滚子。

由例 2.1，$\gamma=0.153\ 8$。

查表 11.16，当 $\gamma=0.153\ 84$ 时，$f_{cm}=97.15$。

由式(11.176)

$$C=f_{cm}(il\cos\alpha)^{\frac{7}{9}}Z^{\frac{3}{4}}D^{\frac{29}{27}}$$

$$C=97.15\times(1\times9.6\times\cos0°)^{\frac{7}{9}}\times14^{\frac{3}{4}}\times10^{\frac{29}{27}}=48\ 430\text{N}$$

$$F_e=F_r=4\ 450\text{N}$$

由式(11.167)

$$L=\left(\frac{C}{F_e}\right)^{\frac{10}{3}}=\left(\frac{48\ 430}{4\ 450}\right)^{\frac{10}{3}}=2\ 856\times10^6\text{ 转}$$

按ANSI方法计算的结果同例11.6的结果相比较，可见例11.6的结果须引入b_m系数。由表11.11，对于圆柱滚子轴承，$b_m=1.1$，因此，例11.6的L_{10}寿命应为$1.1^4\times985\times10^6$转。ANSI方法并未考虑精确的载荷分布，只是给出了一个近似寿命估算方法。显然这样可能对轴承疲劳寿命估计过高。

例11.9 调心滚子轴承的额定疲劳寿命

问题：用ANSI的标准方法计算例7.8中的22317双列调心滚子轴承的L_{10}寿命。轴承外圈转速为900r/min。

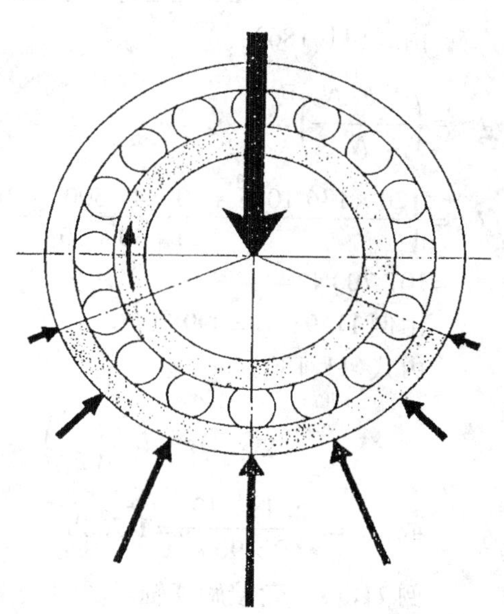

解：由例2.7，$D=25\text{mm}$，$l=20.76\text{mm}$，$\alpha=12°$，$Z=14$，$i=2$为双列滚子。

由例2.9，$\gamma=0.181\ 0$。

查表11.16，当$\gamma=0.181\ 0$时，$f_{cm}=97.68$。

由式(11.176)

$$C=f_{cm}(il\cos\alpha)^{\frac{7}{9}}Z^{\frac{3}{4}}D^{\frac{29}{27}}$$

$$C=97.68\times(2\times20.71\times\cos12°)^{\frac{7}{9}}\times14^{\frac{3}{4}}\times25^{\frac{29}{27}}=399\ 300\text{N}$$

$$\frac{F_a}{F_r}=\frac{22\ 250}{89\ 000}=0.25$$

$$1.5\tan\alpha=1.5\tan12°=0.318\ 9$$

因为$F_a/F_r<1.5\tan\alpha$，由表11.7得$X=1$，$Y=0.45\cot\alpha=0.45\cot12°=2.117$

$$F_e=XF_r+YF_a=1\times89\ 000+2.117\times22\ 250=136\ 100\text{N}$$

$$L=\left(\frac{C}{F_e}\right)^{\frac{10}{3}}=\left(\frac{399\ 300}{136\ 100}\right)^{\frac{10}{3}}=36.15\times10^6\text{ 转}$$

或 $$L=\frac{36.15\times10^6}{60\times900}=669.5\text{h}$$

例11.10 承受变载时调心滚子轴承的疲劳寿命

问题：已知例11.9中的22317双列调心滚子轴承承受如下的载荷循环：

状态	时间/min	F_r/N	F_r/lb	F_a/N	F_a/lb
1	20	89 000	(20 000)	22 250	5 000
2	30	44 500	(10 000)	0	—
3	10	22 250	(5 000)	22 250	5 000

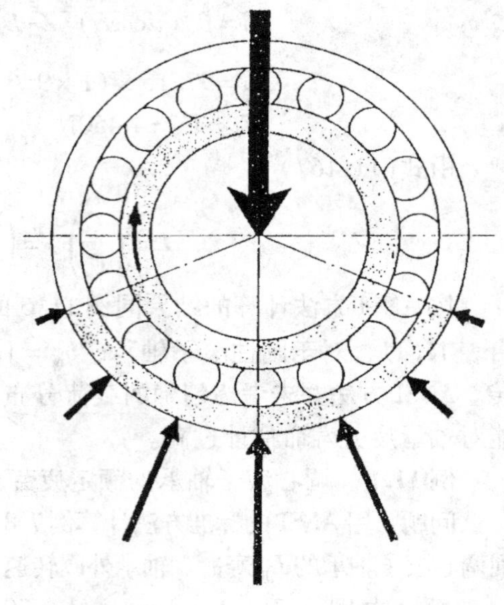

若轴的转速为900r/min，如ANSI标准方法计算其L_{10}疲劳寿命。

解： 由例11.9

$$F_{e1}=136\ 100\text{N},\ F_{e2}=44\ 500\text{N},$$
$$1.5\tan\alpha=0.318\ 9,\ F_r/F_a>1.5\tan\alpha$$

由表11.7，$X=0.67$，$Y=0.67\cot\alpha$

由例2.7，$\alpha=12°$，

$$Y=0.67\cot\alpha=0.67\cot12°=3.152\gamma$$

由式(11.166)

$$F_{e3}=XF_r+XF_a=0.67\times22\ 250+3.152\times22\ 250=85\ 040\text{N}$$

由式(11.186)

$$F_m=\left(\frac{\sum F_k^{\frac{10}{3}}N_k}{N}\right)^{\frac{3}{10}}$$

$$F_m=\left\{\frac{20\times136\ 100^{\frac{10}{3}}+30\times44\ 500^{\frac{10}{3}}+10\times85\ 040^{\frac{10}{3}}}{20+30+10}\right\}^{\frac{3}{10}}$$

$$=101\ 700\text{N}$$

由例11.9，$C=399\ 300\text{N}$

由式(11.180)

$$L=\left(\frac{C}{F_m}\right)^{\frac{10}{3}}=\left(\frac{399\ 300}{101\ 700}\right)^{\frac{10}{3}}=95.48\times10^6\ \text{转}$$

或 $L=\dfrac{95.48\times10^6}{60\times900}=1\ 768\text{h}$

例11.11 角接触球轴承99%可靠度的疲劳寿命

问题：考虑例11.5中的218角接触球轴承，在17 800N的推力载荷作用下，内圈以3 600r/min的转速旋转，计算99%可靠度的疲劳寿命。

解： 由例11.5，$L_{10}=1\ 770\text{h}$，

失效概率 $\mathscr{F}=(100-99)\%=1\%$

查表11.11，$b_m=1.3$

$$Q'_c=b_mQ_c=1.3Q_c$$

由式(11.70)和式(11.75)

$$L_{10}=\left(\frac{Q'_c}{Q_e}\right)^3=\left(\frac{1.3Q_c}{Q_e}\right)^3=2.20L_{10}$$

由图11.31，在$\mathscr{F}=1\%$处，$L/L_{10}=0.23$

因此，

$$L_1=0.23\times2.20\times1\ 770=895.6\text{h}$$

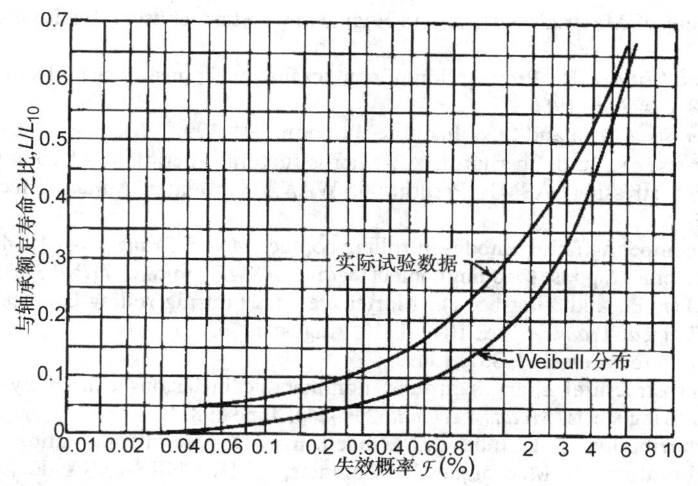

例 11.12 深沟球轴承 95% 可靠度的疲劳寿命

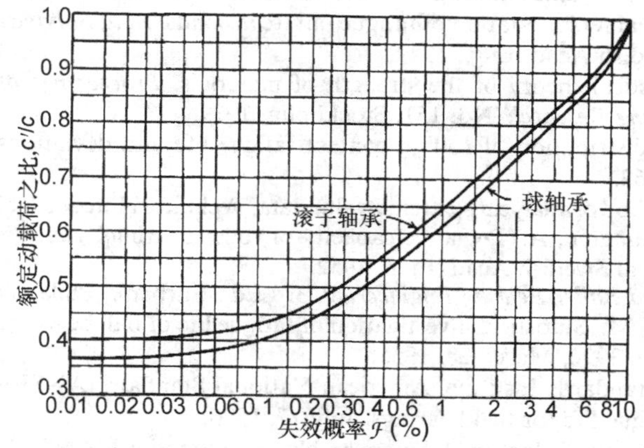

问题：在例 11.7 中的 209 深沟球轴承的预测 L_{10} 寿命为 459.6h，轴承采用现代材料和先进加工工艺制造，该轴承的额定动载荷 $C=32\ 710\text{N}$。若要求轴承在 95% 可靠度时达到相同的寿命，轴承所要求的额定动载荷为多少？

解：失效概率 $\mathscr{F}=(100-95)\%=5\%$

由图 11.32，在 $\mathscr{F}=5\%$ 处，$C'/C=0.845$

因此，

$$C'=\frac{32\ 710}{0.845}=38\ 710\text{N}$$

参 考 文 献

[1] Lundberg, G. and Palmgren, A., Dynamic capacity of rolling bearings, *Acta Polytech. Mech. Eng.*, Ser. 1, No. 3, 7, Royal Swedish Acad. Eng., 1947.

[2] Van den Sanden, J., Martensite morphology of low alloy commercial steels, *Pract. Metallogr.*, 17, 238–248, 1980.

[3] Rescalvo, J., Fracture and fatigue crack growth in 52100, M50 and 18-4-1 bearing steels, Ph.D.

thesis, Department of Materials Science and Engineering, Massachusetts Institute of Technology, June 1979.
[4] Littmann, W. and Widner, R., Propagation of contact fatigue from surface and subsurface origins, *J. Basic Eng*., 88, 624–636, 1966.
[5] Uhrus, L., *Clean Steel*, Iron and Steel Institute, London, 104–109, 1963.
[6] Martin, T., Borgese, S., and Eberhardt, A., Microstructural alterations of rolling bearing steel undergoing cyclic stressing, ASME Preprint 65-WA/CF-4, Winter Annual Meeting, Chicago, November 1965.
[7] Tallian, T., On competing failure modes in rolling contact, *ASLE Trans*., 10, 418–439, 1967.
[8] Voskamp, A., Material response to rolling contact loading, *ASME Trans., J. Tribol*., 107, 359–366, 1985.
[9] Swahn, H., Becker, P., and Vingsbo, O., Martensite decay during rolling contact fatigue in ball bearings, *Metallurgical Trans. A*, 7A, 1099–1110, August 1976.
[10] Lund, T., *Jernkontorets Ann*, 153, 337, 1969.
[11] Becker, P., Microstructural changes around non-metallic inclusions caused by rolling-contact fatigue of ball bearing steels, *Metals Technol*., 234–243, June 1981.
[12] Nélias, D., Contribution a L'etude des Roulements, Dossier d'Habilitation a Diriger des Recherches, Laboratoire de Mécanique des Contacts, UMR-CNRS-INSA de Lyon No. 5514, December 16, 1999.
[13] Hoel, P., *Introduction to Mathematical Statistics*, 2nd Ed., Wiley, New York, 1954.
[14] Weibull, W., A tatistical representation of fatigue failure in solids, *Acta Polytech. Mech. Eng*., Ser. 1, No. 9, 49, Royal Swedish Acad. Eng., 1949.
[15] Weibull, W., A statistical theory of the strength of materials, *Proceedings of the Royal Swedish Institute for Engineering Research*, No. 151, Stockholm, 1939.
[16] Tallian, T., Weibull distribution of rolling contact fatigue life and deviations there from, *ASLE Trans*., 5(1), April 1962.
[17] Lieblein, J., A new method of analyzing extreme-value data, Technical Note 3053, NACA, January 1954.
[18] Lundberg, G. and Palmgren, A., Dynamic capacity of roller bearings, *Acta Polytech. Mech. Eng*., Ser. 2, No. 4, 96, Royal Swedish Acad. Eng., 1952.
[19] Palmgren, A., *Ball and Roller Bearing Engineering*, 3rd Ed., Burbank, Philadelphia, 1959.
[20] Lieblein, J. and Zelen, M., Statistical investigation of fatigue life of ball bearings, *National Bureau of Standards*, Report No. 3996, March 28, 1955.
[21] American National Standards Institute, American National Standard (ANSI/ABMA) Std. 9-1990, Load ratings and fatigue life for ball bearings, July 17, 1990.
[22] American National Standards Institute, American National Standard (ANSI/ABMA) Std. 11-1990, Load ratings and fatigue life for roller bearings, July 17, 1990.
[23] International Organization for Standards, International Standard ISO 281Amendment 2, Rolling bearings-dynamic load ratings and rating life, February 15, 2000.
[24] Houpert, L., Bearing life calculation in oscillatory applications, *Tribol. Trans*., 1(42), 136–143, 1999.
[25] Harris, T., Predicting bearing reliability, *Mach. Des*., 129–132, January 3, 1963.

第 12 章　润滑剂和润滑技术

12.1　概述

润滑剂的主要作用是润滑轴承的滚动和滑动接触面，通过防止磨损来提高轴承性能。这可以由多种润滑机理如流体动压润滑、弹性流体动压润滑(EHL)和边界润滑来实现。此外，润滑剂还有很多其他重要作用，例如：

- 减少轴承的摩擦能耗；
- 作为传热介质带走轴承的热量，使轴承内部的热量重新分布从而减少热膨胀差异；
- 防止轴承零件的精密表面发生锈蚀；
- 清除滚道表面上的磨粒；
- 阻止外部尖埃进入滚道；
- 对保持架的动态运动提供一种阻尼介质。

轴承工作条件十分复杂，从低温到超高温，从很低的转速到超高速，从良好的到恶劣的工作环境，没有任何一种或任何一类润滑剂能满足所有这些工作条件。对于大多数工程应用来说，需要兼顾考虑润滑性能和经济性。经济性不仅包括润滑剂和润滑方法的成本，也包括机械系统的服务周期成本。

成本和性能的取舍往往比较复杂，因为机械系统的其他许多零件也需要润滑和冷却，而这可能会对选择产生决定性影响。例如，汽车变速箱就包括齿轮、同步齿环和工作在不同载荷和转速下的各类滚动轴承以及滑动轴承、离合器、花键等。

12.2　润滑剂的种类

12.2.1　润滑剂的选择

对于某种使用情况下的轴承，选用哪种类型的润滑剂，主要考虑下列因素：

- 工作温度；
- 工作环境；
- 力学性能；
- 化学性能；
- 运载特性；
- 在轴承内的保存期限；
- 易于周期维护；
- 价格。

为了对给定使用情况下的轴承提供必需的润滑，润滑剂可以以液体、脂或固体形式提供。

12.2.2 液体润滑剂

液体润滑剂通常为矿物油，是从基础石油原料中提炼出的液体。化学上，它们的分子结构和分子链的长度变化范围较宽，因而流动性能和化学性能变化很大。通过加入添加剂可使其机械和化学性能得到改善。通常，矿物油能够以相对低的成本实现良好的性能。

合成碳氢化合物润滑油是用石油材料制造的。它通过严格而特殊的分子合成方法得到，因而能够对不同的应用提供满意的润滑性能。但是有些具有独特性能的合成油是用非石油基油生产的，它们包括聚乙二醇、磷酸酯、二元酸脂、聚硅酮、聚硅酯、氟化聚醚等。

12.2.3 脂

润滑脂主要有两种成分，即基础油和能通过毛细作用保持油相的稠化剂。稠化剂通常由分子结构很长并相互扭曲嵌合的物质构成。这种分子结构具有很大的表面面积可把油储存住，能以一定的速率析出润滑油以满足轴承的润滑要求。

12.2.4 聚合物润滑剂

聚合物润滑剂和润滑脂类似，也由油相和填充基体组成。二者最主要的不同在于，前者的填充物是海绵状物，它在轴承中保持其物理形状和位置，润滑作用是通过油从多孔状填充物中析出实现的。聚合物类润滑剂中油的含量可以比润滑脂的更高，并可将更多的油储存于轴承内部的空隙里。油的含量越大，在油因氧化、蒸发、泄漏而消耗完之前，轴承可获得的寿命就越长。

12.2.5 固体润滑剂

固体润滑剂用于极端环境，如高温、高压和高真空等不能使用液体润滑剂或脂的场合。与形成流体动压润滑的液体润滑剂和脂相比，固体润滑剂形成边界润滑膜，该润滑膜的剪切强度比轴承材料低。使用固体润滑剂时，若不能适当补充则可能在轴承内部造成高摩擦、高温和磨损。

12.3 液体润滑剂

12.3.1 液体润滑剂种类

12.3.1.1 矿物油

矿物油泛指从石油中提取出的液体。这些液体的化学成分含有高分子的烷烃族、环烷族、芳香烃族等。石油的元素含量基本上是一定的，即 w_C 为 83%~87%，w_H 为 11%~14%，其余为硫、氮、氧等。这种液体分子结构十分复杂并且和其来源有关。原油由汽油、轻质溶剂和重质的沥青组成。现代蒸馏、精炼、合成技术可以从原油中生产出各种类型的石油产品。而某些原油更适合于做润滑剂。

矿物油润滑剂通常是烷烃基油，按美国石油研究所(API)的分级方法分为三种牌号。牌号分类基于①把所期望的润滑剂分子从原油中分离出来，尽量减少其他分子数量的生产加工能力；②得到的润滑剂的粘度指数(VI)。按照牌号从Ⅰ到Ⅲ，润滑剂的品质依次增加，加工后不期望的分子数量依次减少。为避免引起更大的随温度的变化，不使用更低或更高相对分子量的烷烃基油以增加粘度指数。API-I 和 API-Ⅱ号油的 VI 值为 80～119，API-API Ⅲ号润滑油的 VI 值大于 120。

API Ⅲ号润滑油虽然也是石油基的润滑油，但它是用分子合成的方法加工的，通常与合成碳氢化合物归为一类。它们的粘度指数(VI)的范围与碳氢化合物相似(聚 α-烯烃或 API Ⅳ号)。

12.3.1.2　合成油

对于不同的应用场合有多种不同种类的合成润滑剂。由于它们是合成产品，能够以特定化合物的形式同时满足严格的限制和特殊配方要求。这样就能得到性能更加优良的润滑剂而用于润滑。然而，它们的加工成本通常比矿物油昂贵。

最通用的合成油是合成碳氢化合物，包括聚 α-烯烃。然而，有几种其他类型的合成润滑剂，如酯、硅、苯基醚、全氟醚等。表 12.1 列出了几种合成润滑剂的典型特性及常用范围。相比之下非碳氢化合物合成润滑剂在非常特殊的使用场合才具有优势。例如，军用的高温润滑剂比商用的低温条件下使用的同类润滑剂具有更短的使用寿命。而磷酸酯是阻燃的，且具有很低的粘度指数(VI)和水解稳定性。

表 12.1　润滑剂基础原料的典型性能①

	密度/(g/cm³)	粘度(40℃)/cst	粘度指数	闪点/℃	倾点/℃	挥发性	抗氧化性	油性	热稳定性	应用范围
矿物油						5	5	5	5	标准润滑剂，既可作为润滑油，又可作为酯的基油
烷烃	0.881	95	100	210	-7					
环烷	0.894	70	65	180	-18					
混合基	0.884	80	99	218	-12					
VT 改进	0.831	33	242	127	-40					
多元 α 烯烃	0.853	32	135	227	-54	4	4	5	4	
酯						3～5	3～7	3～6	4～7	航空润滑剂、液压油、热传导产品；作为低挥发性、低粘度酯的基油；磷酸酯具有防火性
二元醇	0.945	14	152	232	<-60	3	5	5	5	
多元醇	0.971	60	132	275	-54					
三甲酚磷酸酯	1.160	37	-65	150	-23	3	3	3	7	
聚甘醇	0.984	36	150	210	-46	3～5	7	4	5	
硅酸酯	0.909	6.5	150	188	<-60	3	7	6	4	
硅酮						1	1	7	1～5	在高温、低挥发应用场合，用作润滑油或酯的基油；轻载轴承热稳定性好
乙烷	0.968	100	400	>300	<-60					
苯基甲烷	0.990	75	350	260	<-60					
氯代苯基	1.050	55	160	288	<-60					
含氟甲烷	1.230	44	158	>300	<-60					
苯基醚						1	1～3	5～7	1	
低粘度	1.180	75	-20	263	9.5					
高粘度	1.210	355	-74	343	4.4					
含氟多烷基	1.910	320	138	—	-32	3～7	1	5～7	1～3	极端温度润滑剂，用于极低挥发性场合

① 对挥发性、抗氧化性、油性和热稳定性，“5”是精炼矿物油的典型性能指标；数值小于 5，润滑性能比矿物油优良；数值大于 5，润滑性能比矿物油较差。

12.3.1.3 环保型润滑油

对于环境的关注促进了环保型润滑剂的发展。当前，对润滑剂的生物降解能力和低生态毒性要求，使得许多国家提出了要在润滑剂上注明是否为环境友好型的特殊要求。最初，用于游艇和抹地的两冲程发动机要求使用生物可降解润滑剂，现在已扩展到包括液压机、一般发动机所用的油和脂等。

润滑剂的生物降解能力和低生态毒性取决于基础油。生物可降解液包括植物油、合成脂、聚烷撑二醇和某些聚 α-烯烃。一种物质对微生物降解的敏感性是衡量其生物降解性的量度。生物降解能力可以是部分的，导致某些特定过程的损失，如分裂成酯联接(初级的生物降解)；也可以是完全的，导致物质整个分解成简单化合物，如二氧化碳和水(彻底的生物降解)。目前还没有一种公认的评定环保型润滑剂的标准方法，但有几种方法正在广泛使用。

12.3.2 基础油润滑剂

典型的液体润滑剂由大约90%~99%的基础油润滑剂组成，剩余的是添加剂。由于基础油润滑剂占了润滑剂的绝大部分，故它们的选择就特别重要。选择的依据是使轴承在工作条件下润滑剂具有最佳的性能。

12.3.3 基础液体润滑剂的性能

12.3.3.1 粘度

润滑剂的粘度是对切应力作用下液体流动阻力的一种度量。运动粘度是按照美国试验与材料协会(ASTM)的规范 D-455 测定的。由于它对形成完全润滑油膜起到决定作用，故粘度在润滑剂的选择时可能是最重要的。粘度随着压力呈指数性增大，如图 12.1 所示；而随着温度呈指数性下降，如图 12.2 所示。由此可见，考虑系统的所有工作条件是重要的。由于对油膜厚度的计算将在本书第 2 卷第 4 章中作广泛的介绍，这里就不再详细讨论。然而图

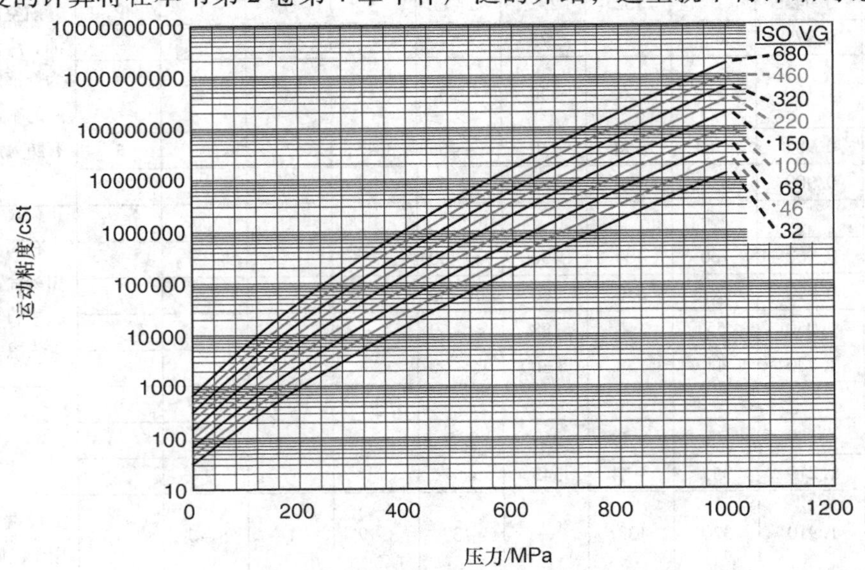

图 12.1 各种矿物油润滑剂粘度随压力变化的关系

12.3（摘自文献[1]）有助于对优质滚动轴承形成所需油膜的最小粘度作出快速估算。

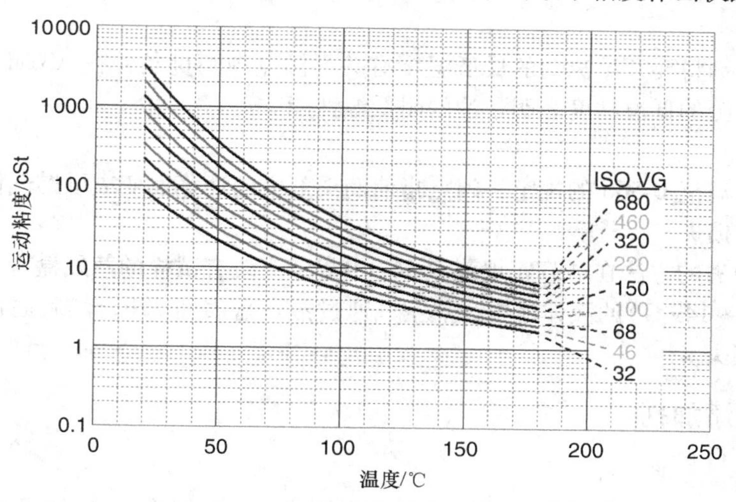

图12.2 各种矿物油润滑剂粘度随温度变化的关系（在常压下）

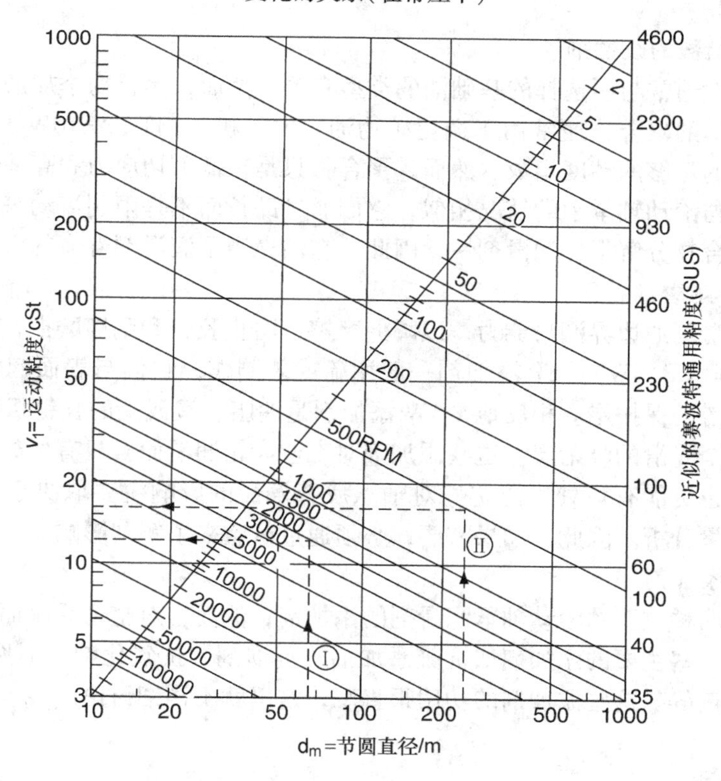

图12.3 所需最小运动粘度（v_1）与轴承节圆直径（d_m）和转速的关系

12.3.3.2 粘度指数

粘度指数（VI）是表述温度对流体运动粘度影响的独立系数。油的粘度指数越高，粘度随温度的变化越小。根据粘度测量值计算粘度指数的方法在ASTM标准规范D-456中已有规定。

12.3.3.3 倾点

倾点与润滑剂将要开始流动的最低温度有关。倾点的测量条件在ASTM规范D-97中规定。倾点以及所测的低温粘度表明了油的耐低温性能。

12.3.3.4 闪点

根据ASTM规范D-566的规定，闪点指使润滑剂中的油蒸发变成可燃气体的最低温度。

12.3.3.5 蒸发损失

测定蒸发损失的方法在ASTM规范D-567中规定。装有试样的蒸发盒置入保持一定测试温度(通常为99~149℃)的液体池中，热空气通过蒸发盒表面22h，然后通过测量试样质量损失计算蒸发损失。

12.3.4 润滑添加剂

12.3.4.1 目的

液体润滑剂的基油提供了润滑剂粘度和密度等特性，它们将直接影响到润滑剂的流体动压性能，而化学添加剂经常用于增加润滑剂和轴承的工作寿命。特别在极端温度、压力和环境条件下更是如此。

12.3.4.2 粘度指数的改性剂

粘度指数特性通常与所选择的基础油的类型有关，然而，聚合物添加剂可以用来增加粘度指数。这些长链的聚合物通常用于稠化矿物油、发动机油(即SAE10W-30号)以获得高、低温工况下使用的足够的粘度指数。然而，聚合物只是在低剪切应力和高剪切应力条件下增加粘度指数，这与滚动轴承中的情况相似，它们通过助长而不是限制流动来增加粘度。在高剪切条件下，聚合物分解得比润滑剂快，因此，它们充当了润滑剂寿命的极限系数。

12.3.4.3 极压/耐磨剂

为了增加润滑剂的边界润滑能力，以降低摩擦，防止胶合和刮擦磨损，通常在润滑剂中添加极压/耐磨剂(EP/AW)。EP添加剂一般用硫或磷制作，它们与表面起化学反应，在表面上产生一个光滑的保护层。相反地，AW添加剂是油脂、酸或酯的长链极性分子，它们在表面上产生了一个光滑的吸附层。这些添加剂对工业齿轮润滑而言只有好处；然而，对轴承润滑可能有好处也可能有坏处[2]。它们对轴承疲劳寿命的影响主要取决于其化学构成，现在还不能作出定量分析。因此，如果需要，必须通过试验来了解其影响。

12.3.4.4 其他添加剂

以上列出了两种重要的滚动轴承润滑剂的添加剂；然而，对整个系统而言，还有许多重要的添加剂。另一些主要的添加剂如抗凝添加剂、消泡剂、抗氧化剂、耐腐蚀剂、去垢剂、分散剂和反乳化剂等。这些添加剂的功用很直观，这里就不详细讨论。

12.4 润滑脂

12.4.1 润滑脂的功用

润滑脂是通过析出润滑油起作用的，即当轴承运转零件与脂接触时，一小部分稠化油析出并粘附在轴承工作表面。润滑油不断氧化分解，或因蒸发、离心力等而损失，最终轴承中润滑脂内的润滑油将消耗殆尽。

关于脂润滑机理现有几种不同观点。到目前，只是将润滑脂看作工作面附近的一种含油的海绵状物质。当接触部位的油因蒸发和氧化而消耗，只要脂中还有油，新的油便补充上来，达到平衡。应用光干涉弹流和微流润滑评估技术的研究表明，稠化剂在表面间的油膜形成和补给流动中起着相当复杂的作用。现在我们还不明白润滑脂为什么能控制油的析出，如何重新吸附接触表面甩出的油和怎样起到收集磨粒的作用。脂的润滑机理还处于不稳定状态，只能通过一系列可以确定的事件表征。

12.4.2　脂润滑的优点

与油润滑相比，脂润滑有以下优点：

- 由于不需要维持油面高度，减少了维护，润滑脂不需频繁地更换。
- 轴承座内能保留适量的润滑脂，因此可以简化密封的设计。
- 由于润滑剂不泄漏，因此避免了对食品、纺织和化学工业产品的污染。
- 迷宫式密封的效果提高了，一般来讲轴承的密封效果更好了。
- 轴承摩擦力矩和温升一般比较合适。

12.4.3　润滑脂的类型

12.4.3.1　概述

润滑脂稠化剂的成分对润滑脂的性能特别是温度特性、抗水性、析油性有重要影响。稠化剂分为两大类：皂基类和非皂基类。皂基指脂肪酸与金属化合物。皂基用的普通金属包括铝、钡、钙、锂、纳。绝大多数商用润滑脂是皂基类的，其中锂基脂使用得最广泛。

12.4.3.2　锂基脂

锂基分为两类，即12-羟基硬脂酸锂和复合皂基脂，后者来自有机酸组分，它的高温性能好。锂基脂的工作温度上限约为110℃，而复合皂基脂的工作温度上限增加到140℃，二者的最低温度极限分别为－30℃和－20℃。这两种高质量锂基脂性能良好，已广泛应用于密封的全寿命润滑轴承。锂基脂已被用作多用途润滑脂，除极端温度和载荷的情况外，它均可满足使用要求。

12.4.3.3　钙基脂

钙基脂作为最早的一种金属皂基脂经历了几次最重要的技术改进。在早期的产品中需要加入0.5%～1.5%的水以稳定产品结构，失水会破坏脂的稠度。因此这种脂的最高工作温度极限仅为60℃，相应地，其低温极限仅为－10℃。不管温度如何，水总是在蒸发，这就需要较频繁地更换润滑脂，然而，钙基脂能容纳水，在某种程度上说，也是其一个优点。通常，它广泛应用于食品加工、水泵、潮湿环境等。今天这种脂已被具有更好的温度特性的新型产品所代替。

钙基稠化剂润滑脂的最新产品是复合钙基脂，这种脂是在皂基中加入醋酸纤维素得到的完全不同的产品。其工作温度上下限分别为130℃和－20℃。这种脂应用在滚动轴承中，其性能有时不尽理想。尽管它表现出较好的高温性能和极压性能，但是在使用时存在一些稠化过度的问题，最终造成轴承的润滑失效。

12.4.3.4 纳基脂

纳基脂是在改善早期钙基脂温度性能的基础上发展起来的，其稠化剂的一个固有问题在于它的耐水冲洗性较差，然而加少量水进行乳化有助于保护金属表面不锈蚀。这种脂的工作温度上限为80℃，下限为-30℃。纳基脂中防水性能好的产品已用于电机和前轮轮毂轴承等场合。后来研制的复合纳基脂的工作温度适用范围为-20℃~140℃。

12.4.3.5 复合铝基脂

硬脂酸铝润滑脂很少用于滚动轴承，但复合铝基脂正在获得较多的应用。这种复合皂基脂在防水试验中表现良好；然而其工作温度上限比其他优质脂差，约为110℃，其温度下限还比较令人满意，为-30℃。这种脂用于轧钢厂和食品加工厂。

12.4.3.6 非皂基润滑脂

有机物稠化剂(包括尿素、酰胺类、染料类)的高温性能比金属皂基稠化剂的好。其氧化稳定性比起金属皂基来也得到改进，因为它不会对基油的氧化产生催化作用。滴点一般在260℃以上，而低温性能也很好。通常用的稠化剂是聚脲，广泛用于电机工业中高温球轴承润滑脂，聚脲基脂推荐的工作温度上限为140℃，下限为-30℃。

12.4.3.7 非有机稠化剂

非有机稠化剂包括膨润土等各类粘土，粘土基脂没有熔点，所以脂的工作温度取决于基油的耐氧化和抗热性能。这种脂用于高温(例如高于170℃)，短时的特殊的军用和航天应用场合，然而，连续工作时这种脂的推荐温度上限仅为130℃，下限为-30℃。

12.4.3.8 脂的相容性

把稠化剂和/或基油不同的脂混合在一起可造成脂的不相容和轴承润滑失效，最终引起轴承失效。把各种不同的稠化剂，即皂基和非皂基或不同类型的皂基混合在一起，会造成稠度发生较大变化，使得润滑脂不是太稠不宜于作润滑剂，就是太稀而不能保持在轴承内部。把不同基油的脂(如石油和硅油)混合在一起就会造成两相流体而影响连续润滑，从而造成过早失效。最好的做法是避免混合不同种类的润滑剂，要把轴承内原有的润滑剂完全清除，再填入新的润滑剂。

12.4.4 润滑脂的性能

12.4.4.1 润滑脂中油的性能

润滑脂中所含的油具备液体润滑剂的所有性能，特别是它们的性能与基础原油润滑剂更为一致。此外，润滑脂还具备下列性能。

12.4.4.2 滴点

滴点指脂变为液体的温度，有时叫熔点。测试按ASTM规范D-566进行。

12.4.4.3 低温摩擦力矩

低温摩擦力矩指低温润滑脂在负温度下对低速球轴承转动的阻尼。

12.4.4.4 分油

分油指润滑脂在普通的碗状容器中储存时分离出油的能力。分油测试按ASTM规范D-1742进行，试样放置于74μm网眼的滤网上，加0.001 7MPa的空气压力，时间为24h，温度为25℃，然后对渗进容器中的油进行称量。

12.4.4.5 针入度

针入度的测量方法为，在25℃下，从针入度测量仪中取出一个锥状体，将其置入脂中5s，测试其渗透深度。针入度值越高，脂就越软。工作针入度是在标准润滑工作机上对润滑脂样品进行60次重复测试之后立即测得的针入度，而持久针入度是100 000次重复测试之后测得的结果。脂的针入度等级在美国国家润滑脂学会(NLGI)标准中有规定，见表12.2。滚动轴承常用润滑脂针入度等级为NLGI 1级、2级或3级。

表12.2 NLGI针入度等级

NLGL 等级	针入度(60冲程)	NLGL 等级	针入度(60冲程)
000	445～475	3	220～250
00	400～430	4	175～205
0	355～385	5	130～160
1	310～340	6	85～115
2	265～295		

12.5 固体润滑剂

固体润滑剂能用于大大高于润滑油分解温度的高温场合，也可用于易于发生化学反应的环境。其缺点是：

- 摩擦系数高；
- 不能作为冷却剂；
- 有限的磨损寿命；
- 难于更换；
- 控制滚动体和保持架振动的阻尼作用小。

许多常见的固体润滑剂如石墨和二硫化钼(MoS_2)具有层状复合晶格结构，在界面上易发生剪切作用。MoS_2中硫原子键间范德华力较弱，因此摩擦系数相对较低。MoS_2在温度接近399℃时在空气中发生氧化，氧化物具有磨粒特性。

石墨的低摩擦性取决于其夹带的气体、液体或其他物质。例如，石墨中吸收水分对其润滑性能有好处。因此，纯石墨作为润滑剂并不理想，除非它用于含气体或水蒸汽等杂质的场合。如果加入合适的添加剂，石墨的工作温度可达649℃。

二硫化钨(WS_2)和MoS_2类似，也是具有层状复合晶格结构的固体润滑剂，但它不需要吸收蒸汽就可以获得低抗剪强度的特性。

其它的固体润滑材料在轴承的整体温度下是固体，但在接触部位由于摩擦发热而熔化，从而形成低抗剪强度膜。这种熔化是非常局部和短暂的。有些软氧化物如氧化铅相对来说是非磨粒的，且摩擦系数相对较低，特别是在高温的时候，材料的抗剪强度有所下降。在这种温度下材料发生塑性流动而不是脆性断裂。熔化的氧化物会在表面形成涂层，这种涂层可能会增加或降低摩擦系数，这取决于接触区涂层的粘度。稳定的氟化物如氟化锂(LiF_2)、氟化钙(CaF_2)和氟化钡(BaF_2)等在高温时也有很好的润滑性能，且工作范围比氧化铅的广。

12.6 润滑剂供给系统

12.6.1 油池

在选择润滑剂的同时必须考虑如何把润滑剂供给轴承，以维持润滑剂和轴承处于良好的工作状态。对于水平、倾斜和竖直布置的轴系，可以用油箱来提供一个小的油池，以维持油与轴承接触，如图12.4所示。

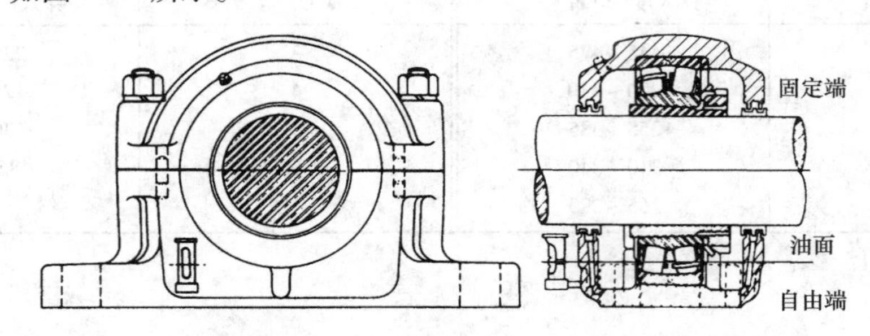

图12.4 带油池的轴承座

在静止状态下油面应控制在刚好浸住轴承最下部滚动体。经验表明，油面过高会增大油的搅拌从而造成过高的温升。这种搅拌同时会引起油的过早氧化而降低轴承寿命。油面过低会造成工作时缺油，此时空气阻力会使油重新分布并使油离开工作表面。因此维持合适的油面十分重要，建议使用玻璃视孔观察油面。

油浴润滑系统适用于低中速，且由于以下原因不宜采用润滑脂的场合，如需要频繁更新润滑脂，高温环境或清除脂可能引起问题的场合。由于油的循环流动，油浴润滑散热性能比脂润滑要好，因而在接触摩擦损失比润滑剂搅拌损失大的重载条件下，能够改善轴承的性能。有时使用冷却管来扩大油浴润滑的适用温度范围，这通常采用循环水管路，有些场合，也采用安装散热管的方法。

采用吸油芯或油环把油从油箱提升到轴承中的方法一般不用于滚动轴承，但有时利用轴的转动驱动粘性泵以提高油位，这样可减少系统对油位的敏感性。也可以利用浸入油箱的抛油环把油从轴承座上的沟槽带上来，再用刮油板或挡板把油引到通往轴承内部的小通道中。油池润滑最大的缺点在于缺少过滤或捕集微粒的装置。安装一个磁性出油塞来控制铁类颗粒会有助于克服这个缺点，否则，油池润滑系统只适用于清洁环境。

12.6.2 循环供油系统

随着轴承的速度和载荷的提高，对周密的冷却方法的需要也随之增加。简单地用油箱和油泵使润滑油流动能有效地增强散热能力；压力供油使得应用换热装置变得可能，这样做不仅可以带走多余的热量，而且还能利用热量保证在极端的冷起动情况下油的流动性。一些系统还装有恒温控制阀，保证油的粘度处于最佳范围。

同样重要的是，循环供油系统可以安装过滤系统以排除不可避免的磨粒和外界杂质。关于磨粒磨损的机理和微观压痕对弹流润滑(EHL)过程的影响以及由此引起的疲劳寿命的降低将在本书第2卷中讨论。现有的循环供油系统中引入了精细过滤，其效果很好。但由此带来的油压损失及空间、重量、成本的增加以及系统的可靠性等因素也需考虑。

循环供油系统专门用于高性能的场合，航空发动机主轴轴承就是一个主要例子。在接近极限转速和轴向重载荷条件下，角接触球轴承会产生大量摩擦热。这些热量以及毗邻的发动机零件传到轴承内部的热量都需要有效地排除。

以中等速度运转的重载轴承可采用喷油润滑，喷油嘴指向滚动体. 当速度更高时，轴承旋转产生的气流会使喷射出的润滑油改变方向，润滑和冷却变得更难。这个问题可以采用所谓的环下润滑系统来解决。射向轴上集油板的润滑油借助离心力由内圈滚道下的小孔流向内圈，如图12.5所示。大部分润滑油流过内圈滚道下的轴向油孔并带走热量，只有少部分油通过两半内圈间的沟槽定量供给滚动接触部位。可以使用单独的小孔给保持架供油。

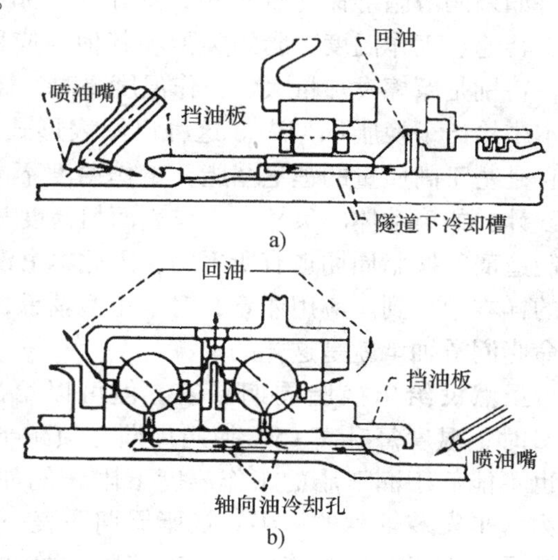

图12.5 航空喷气发动机主轴轴承滚道下润滑系统
a）圆柱滚子轴承 b）球轴承

轴承两边必须留有足够的空间安装排油装置。由于空间十分有限，所以导流板系统同时起到把润滑油与气流隔开使油能够排出而不受严重搅拌的作用。当油泵和主机同时起动时，这些导流板起到蓄油隔板的作用，能在轴承底部存储一些润滑油为起动提供润滑，直到建立稳定的循环油流动。

在温度达274℃的条件下，循环供油系统中使用的碳氢基润滑油性能仍然很好，碳氢化合物在室温时已开始氧化，而在175℃以上氧化常常成为一个严重的问题。热分解起始于约300℃，到了449℃热分解就变得十分严重。使用惰性保护气体防止氧化可以把工作温度范围扩大到449℃。当温度高于449℃时，可以使用碳氟基润滑油，这种润滑油性能远不如碳氢基润滑油，但其氧化稳定性好。现阶段它还达不到航空发动机轴承所用工具钢的温度极限。

12.6.3 油气/油雾润滑

在中高速、低载荷条件下工作的轴承，当散热不成问题而要求摩擦最小时，可采用一种独立的润滑装置。润滑油以油气或油雾的形式供给轴承，其油量仅仅能够维持接触区形成必需的油膜厚度，这样避免了油的搅拌。由于油量很小，所以在一次穿过轴承后就能很快排出，也省去了排油、冷却和储油装置。由于润滑油只受一次高切应力和高温作用，因此在某种程度上降低了对耐氧化性和稳定性的要求；为了使工作场所有一个满意的空气质量，要求对排放的油雾进行重新分类并在丢弃前收集润滑油。研究表明，油雾不需要连续供给，间断式(间隔可达一小时)，微量喷射润滑油，足以保证精密主轴部件在低摩擦力矩下运转，而其他任何润滑方法达不到这样的效果。

12.6.4 脂润滑

在多数轴承应用场合可以使用脂润滑，可以把润滑脂看作一个润滑剂供给系统。然而，由于散热能力比油差，脂润滑通常仅用于速度较低的场合。因此轴承样本中，脂润滑轴承的极限速度比油润滑的低。另外轴承内部填脂量十分重要，填脂太多，轴承温升高，可能会造成轴承卡死。轴承填脂量一般为轴承内部空间的30%~50%。速度很低时，为尽可能防止锈蚀，也可以填满整个空间。

如果润滑脂寿命比轴承短，则在润滑脂失效前要更换。换脂周期取决于轴承类型、尺寸、转速、工作温度、脂的类型和其他与应用有关的环境条件。当轴承工作条件非常恶劣时，特别是摩擦发热量大、工作温度高时，需要较频繁地更换润滑脂。一些轴承生产厂家在样本中给出了换脂周期[1]。这种以图表形式给出的数据和厂家的轴承内部设计条件有关，并且是基于高质量的锂皂基脂，工作温度不高于70℃的条件。由于换脂周期取决于轴承内部设计，如滚动体的尺寸、工作表面粗糙度、保持架结构等，因此，即使外形尺寸一样，每个制造商的换脂周期也有所不同，因此本书没有给出这样的换脂周期图表，读者可以在制造商的样本中查到。应用注意，对于小型轴承，换脂周期比轴承疲劳寿命长。一些带密封圈全寿命脂润滑轴承就是这样的。

虽然没给出换脂周期图表，但可以给出一些常用的与润滑脂有关的因素。当高于70℃时，温度每升高15℃换脂周期必须减半；温度低于70℃时，换脂周期可以长些。然而也不能低于润滑脂的工作温度下限，例如锂基脂为-30℃。垂直安装轴承的换脂周期应为水平安装轴承的一半。换脂周期图表一般是对后者而言。如果换脂周期大于六个月，则轴承内部所剩润滑脂应该全部清除并换以新脂；如果换脂周期小于六个月，则可参考轴承生产厂家的推荐值，加入一定量的润滑脂，这里，六个月只不过是一个粗略的界限。最后，如果轴承内部明显有被污染的危险，则所推荐的换脂周期应当减小，在潮湿应用场合也是如此。

12.6.5　聚合物润滑

与润滑脂相似，也可以把聚合物润滑剂看成为一个润滑剂供给系统。润滑作用是通过油从多孔材料中析出的。超高分子材料聚乙烯具有良好的工作性能，但只限用于约100℃的温度。因此妨碍了它在许多工况下在滚动轴承中的应用。有些好的高温材料如聚甲基丙烷可形成极好的多孔结构，但其价格相对较贵，并会产生过量的收缩。

图12.6给出了一些填充有聚合物润滑剂的滚动轴承。这些轴承已经成功地应用于高加速度场合，比如行星齿轮传动中。尽管轴承绕其自身轴线的转速可能不大、轴承也有密封措施，但行星运动造成的离心力足以把普通润滑脂从轴承内部抛出，而改用聚合物润滑轴承，寿命提高两个数量级也不成问题。类似情况还包括电缆制造、轮胎帘布卷缠、纺织机械等场合。

图12.6　聚合物润滑滚动轴承

聚合物润滑剂另一重要应用场合是食品加工。食品机械必须经常清洗，常常是一天一次地用蒸汽、腐蚀剂或氨基磺酸溶液进行清洁处理。这些具有脱脂作用的流体会把润滑剂从轴承中带出，因此标准的做法是严格遵循清洗步骤，对轴承重新润滑。聚合物润滑剂被证明具有很强的耐冲刷能力，因此，减少了润滑脂的重新填充次数。在正常情况下，采用循环油润滑的轴承应用场合中有可能出现润滑油暂时不能供到关键润滑部位的情况，此时聚合物润滑剂的储油功能便在一定程度上发挥作用。在供油系统一旦失效的情况下，这种功能即可起到备用润滑的作用。

聚合物占用较大的轴承内部空间限制了轴承的散热，但也减少了因内部湿气凝结造成的腐蚀。由于所有黑色金属表面都与聚合物很贴合，因此采用气相腐蚀控制添加剂可达到最佳效果。

虽然聚合物润滑剂具有以上的种种优点，但它存在一些明显的缺点。例如，聚合物表面易于与轴承运动表面产生大量接触，因此增大了轴承摩擦力矩和发热。又由于聚合物材料的隔热性和耐高温性差，因此限制了轴承的速度。另外，固体聚合物不像润滑脂那样易于截留磨粒和尘埃颗粒。

12.7　密封

12.7.1　密封的作用

当轴承的润滑方法确定以后，常常要考虑如何选择适当的密封方法。密封具有两个基本作用，一是保持润滑剂，二是防止杂质进入轴承内部。密封作用必须在相对运动表面（通常为轴或轴承内圈与轴承座）之间实现。密封不仅要适应旋转运动，而且要考虑由跳动、游隙、偏斜、变形引起的偏心。密封件结构的选择取决于润滑剂的类型（脂、油或固体），另外还要考虑必须予以排除的杂质的数量和性质。密封件结构的最终选择，取决于转速、摩擦、磨损、便于更换、经济性等因素。轴承的工作条件变化很大，因此需要确定哪种密封形式最适合于某一特定的工作条件。

12.7.2　密封的类型

12.7.2.1　迷宫式密封

迷宫式密封，如图12.7所示，包含一系列狭窄的通道使杂物不能通过。这种结构适用于轴座或其他外部结构静止并可分离的组件中。迷宫式密封的旋转件可在轴上浮动以保证与其固定件间的相对位置。密封机理比较复杂，与湍流流体力学有关。只要在组件两边不存在连续的静态压力，迷宫式密封对液体、脂和气体的密封是相当有效的。

在应用中通常往迷宫曲路内加入润滑脂，以获得用机加工所不能得到的（由于机加工中的误差累积）更小的间隙。尘埃即使不被脂吸收也不能穿过迷宫。这种结构的另一优点是可重新注脂，用过的脏脂很容易从迷宫曲路清除。

由于相对运动零件间的间隙很小，因此，如果没有大的颗粒进入，这种密封实际上没有磨损，同样摩擦损失也极低。迷宫曲路的数量随阻止杂物要求的严格程度而增加。为防止湿汽或纤维状脏物进入或损坏迷宫密封，可在密封外侧再加上单独的抛油环和脏物防护板或档片。图12.8所示为带组合式迷宫密封和外部抛油环的轴承。

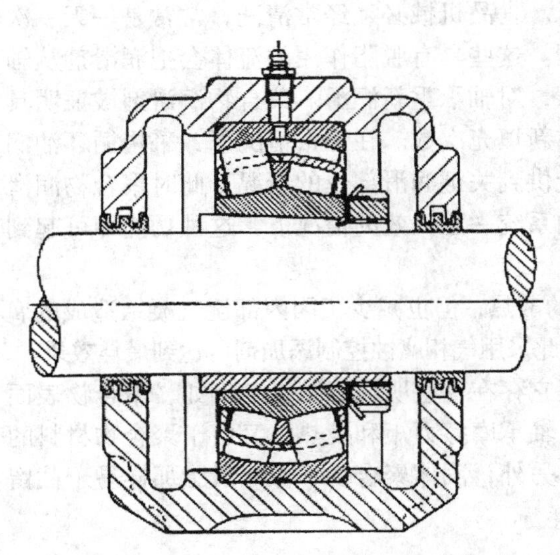
图 12.7　带迷宫式密封的轴承座

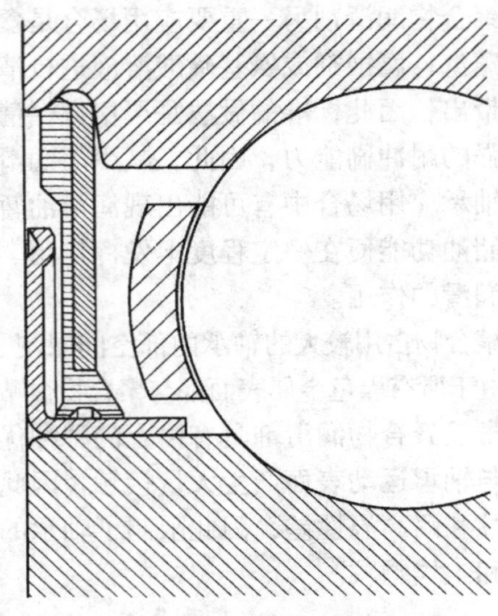
图 12.8　带组合式迷宫密封和外部抛油环的深沟球轴承

12.7.2.2　防尘盖

如图 12.9 所示，防尘盖所占的轴向空间很小，适用于安装在标准外形尺寸轴承上。防尘盖内径与内圈挡边有一很小间隙，在效果上相当于单级迷宫密封。它可以防止除最稀润滑脂以外的所有润滑脂从轴承中泄漏，能够有效阻止尘埃的进入，适用于绝大多数工况条件。在较为恶劣的场合，必须另外安装防护板。当在竖轴上使用带防尘盖的轴承时，有必要使用特殊的脂或容许一定程度的脂泄漏，润滑脂寿命也应降低。由于没有接触摩擦，轴承可以在允许的最高转速下应用。

12.7.2.3　橡胶唇式密封

使用精心设计的合成橡胶密封唇(对于一般应用场合使用丁腈橡胶)，可以消除防尘盖与内圈密封沟槽或倒角间的间隙。图 12.10 给出了典型结构。这种柔性材料与内圈摩擦接触

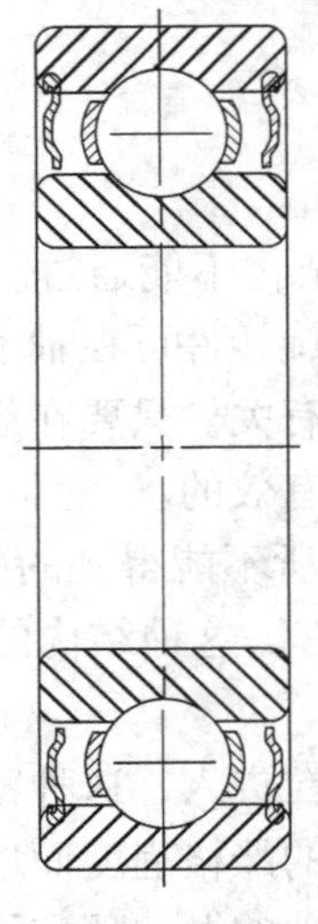
图 12.9　带双防尘盖的深沟球轴承

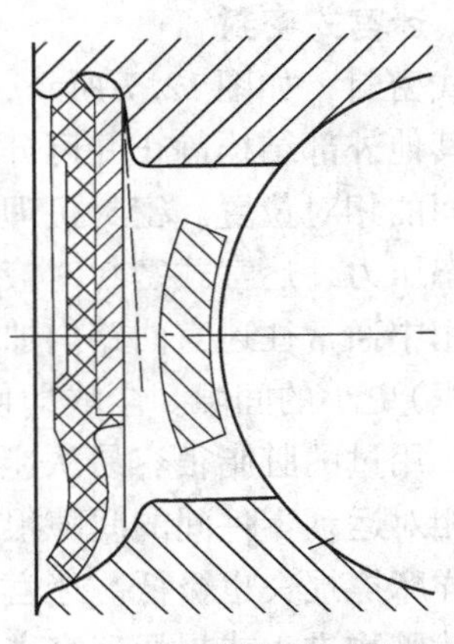
图 12.10　带单唇密封圈的深沟球轴承

以阻止润滑剂外流和外部脏物进入。轴承运动时，橡胶密封唇在金属表面上滑动从而产生摩擦力，即使密封圈设计得很好，其摩擦力矩也比轴承自身的摩擦力矩大。最重要的是密封圈的起动摩擦力矩，它可能是运转摩擦力矩的几倍。为了在密封效率、密封唇和套圈的磨损以及摩擦力矩之间达到适当的平衡，已对橡胶材料和密封设计进行了富有成效的研究。

密封唇需要足够的压力压在轴承套圈上，并像前面提到的一样跟随表面相对运动。这个压力是通过较小的过盈配合使弹性密封圈发生变形而产生的。密封唇的回弹率决定了轴承的转速，在这种转速下，唇口能适应旋转误差而不产生流体能够通过的间隙。

初一看，由于轴对称，即使存在润滑剂，密封唇也不会因流体动压而升起。近期的理论和实验研究表明，在大多数工作条件下都可以形成很薄的、稳定的动压油膜。密封的机理很复杂，它涉及到弹性密封唇、作用面、润滑脂或至少润滑脂内的基础油等因素。这样一来，唇式密封要求必须有润滑，因为如果在干摩擦条件下运转，则会加速密封磨损和失效。装配时填入轴承内部的脂必须能浸润密封圈。在多数场合下，润滑脂的填充量必须足以保证轴承第一次运转时有一定的运转时间，随后，通过脂的流动，脂在密封圈内表面上形成堆积，轴承得以继续运转。

单唇密封的主要作用是保持润滑脂。它能把一般室内和工厂大气环境中中等程度的灰尘颗粒阻隔在轴承之外，有着广泛的应用。有些杂质如木料抛光机或纺织机械上的纤维屑聚集在轴承上会从密封唇处的油膜中把大量的润滑油吸走从而降低轴承寿命。在这种条件下，或在严重暴露于灰尘，特别是在带水脏物（如在机动车中）的应用条件下，需要同时使用防水密封唇和抛油环这种防护措施。图12.11是一个双唇密封的例子。

12.7.2.4　箍簧密封

箍簧密封在许多方面与唇式密封相似。它采用环形弹簧或箍簧对密封唇施加一基本上恒定的向内的压力，如图12.12所示。这种密封占用的轴向空间比标准外形尺寸轴承所能提供的大，因此必须使用加宽的轴承内圈或将密封圈进行独立整体安装。

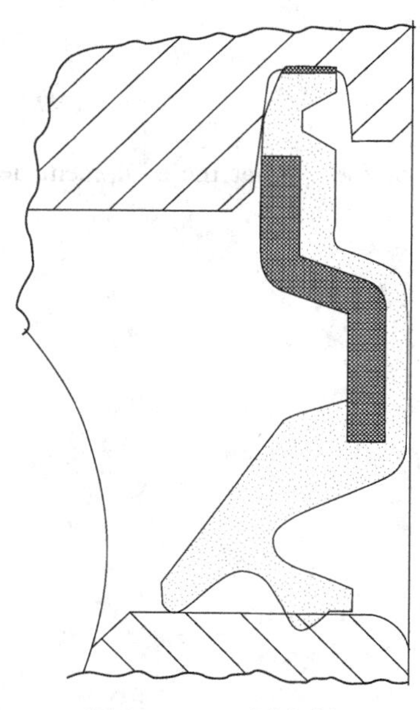

图12.11　双唇密封

内唇密封润滑剂，外唇防止杂物进入

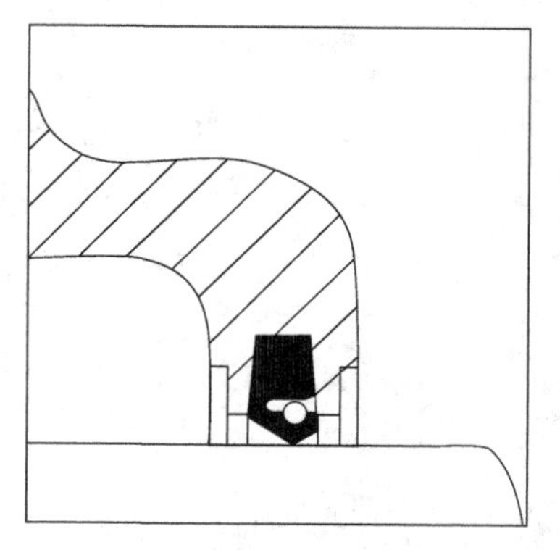

图12.12　箍簧密封截面示意图

弹簧产生的压力使得这种密封性能可靠，并且它只用于密封润滑油而不适应于润滑脂。其原因有两个：润滑油被运转轴承以很大的速度甩起来，足以从密封唇处产生一些泄漏；而密封唇本身也需要连续供油以润滑工作表面，并带走摩擦热。由于橡胶密封圈对封闭力的要求不高，其截面可设计成铰接的形式以适应较大辐度的轴的偏心误差 。弹簧力只能沿径向分布，要求只能使用圆柱表面，这样同时也容许轴的轴向浮动。

这种结构形式使密封圈适于模制，并且可容易地在橡胶密封圈中形成人造微凸起和其他油膜生成装置。图12.13所示为密封圈上的螺旋形凸纹，它不仅能提高油膜厚度，还能像螺旋泵一样起减少泄漏作用。

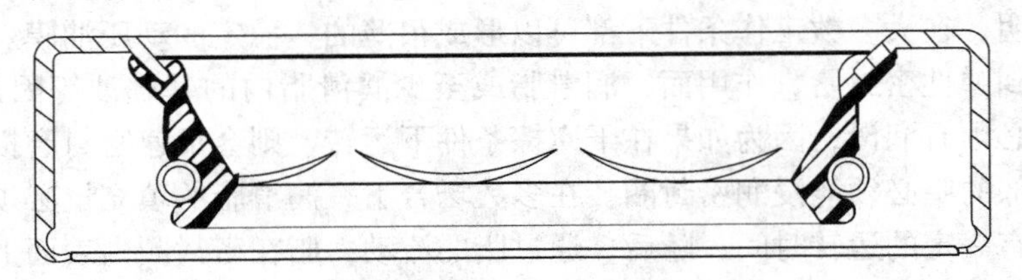

图12.13　径向密封圈密封唇上模压出“弦月”状凸纹，在工作时有助于形成流体动压润滑膜

12.8　结束语

滚动轴承在设计和制造之后，如何在工作中建立和维护轴承内部的良好环境，这个技术是关系到轴承性能和寿命的一个最为重要的问题。这种环境的产生与润滑剂的选择、润滑剂应用方法以及密封方式密切相关。在这一章，针对这些重要方面进行了简要介绍。但没有对润滑剂类型、润滑方法和密封方式作深入的探讨。针对各自应用条件的要求，对这些专题的深入研究还待读者自己去完成。

参考文献

[1] SKF, *General Catalog 4000US*, 2nd Ed., 1997–2001.
[2] Nixon, H. and Zantopulos, H., Lubricant additives—friend or foe...what the equipment design engineer needs to know, *Lub. Eng.*, 51(10), 815, 1995.

第 13 章　轴承结构材料

13.1　概述

即使轴承的尺寸精确、内部几何关系及表面理想、安装正确、工作条件良好，其功能和耐久性也将受到材料特性的显著影响。为保证满意的轴承性能，所要考虑的主要准则包括材料的选用和加工，以获得所要求的综合物理特性。本章将简要介绍各种轴承钢的组织成分、冶炼技术、生产工艺以及这些因素对涉及轴承工作性能的物理与冶金特性的影响。本章还将讨论用于摩擦学镀层、保持架、密封圈和防尘盖的有关金属和非金属材料。

13.2　滚动轴承钢

13.2.1　滚动轴承零件用钢的种类

滚动轴承钢是基于淬透性、疲劳强度、耐磨性和韧性来选择的。美国钢铁协会(AISI)的52 100 钢，是一种退火状态下具有良好切削加工性、热处理后具有很高硬度的合金钢，大约在1 900 年就开始采用，目前仍是球轴承和大多数滚子轴承最常用的钢材。对于大型轴承而言，特别是横截面较厚的情况，会在轴承钢的基本成分中加入 Si、Mn 和 Mo 以改进性能。随着圆锥滚子轴承的出现，开始使用渗碳钢。多年来，产品对材料的要求日益提高，为满足高温工况和耐蚀性要求，开始采用高速钢和不锈钢。

13.2.2　淬硬钢

当前生产的轴承钢，绝大部分属于淬透钢范畴。表 13.1 列出了该类合金钢的常用钢号及其化学成分。

表 13.1　淬透轴承钢的化学成分

钢号①		化学成分(%,质量分数)				
		C	Mn	Si	Cr	Mo
ASTM②-A295(52100)	min.	0.98	0.25	0.15	1.30	—
ISO③Grade 1, 683/XVII	max.	1.10	0.45	0.35	1.60	0.10
ASTM-A295(51100)	min.	0.98	0.25	0.15	0.90	—
DIN④105 Cr4	max.	1.10	0.45	0.35	1.15	0.10
ASTM-A295(50100)	min.	0.98	0.25	0.15	0.40	—
DIN 105 Cr2	max.	1.10	0.45	0.35	0.60	0.10
ASTM-A295(5195)	min.	0.90	0.75	0.15	0.70	—
	max.	1.03	1.00	0.35	0.90	0.10

（续）

		化学成分（%，质量分数）				
ASTM-A295（K19526）	min.	0.89	0.50	0.15	0.40	—
	max.	1.01	0.80	0.35	0.60	0.10
ASTM-A295（1570）	min.	0.65	0.80	0.15	—	—
	max.	0.75	1.10	0.35	—	0.10
ASTM-A295（1560）	min.	0.56	0.75	0.15	0.70	—
	max.	0.64	1.00	0.35	0.90	0.10
ASTM-A485 grade 1	min.	0.95	0.95	0.45	0.90	—
ISO Grade 2，683/XVII	max.	1.05	1.25	0.75	1.20	0.10
ASTM-A485 grade 2	min.	0.85	1.40	0.50	1.40	—
	max.	1.00	1.70	0.80	1.80	0.10
ASTM-A485 grade 3	min.	0.95	0.65	0.15	1.10	0.20
	max.	1.10	0.90	0.35	1.50	0.30
ASTM-A485 grade 4	min.	0.95	1.05	0.15	1.10	0.45
	max.	1.10	1.35	0.35	1.50	0.60
DIN 100 CrMo6	min.	0.92	0.25	0.25	1.65	0.30
ISO Grade 4，683/XVII	max.	1.02	0.40	0.40	1.95	0.40

① 各种钢的磷和硫含量最大极限皆为0.025%。

② 美国材料试验学会[1]。

③ 国际标准化组织。

④ 德国标准组织。

当含碳量大于 w_C 0.8%，合金元素总含量基本上小于5%（质量分数）时，淬透钢归为过共晶型钢。如果钢材来源不存在问题，那么轴承制造商则会根据轴承大小、几何形状、尺寸特点、特殊的产品性能要求、制造方法以及有关的成本来选择合适钢号。

13.2.3　表面淬硬钢

这些钢归为亚共晶钢，一般 $w_C<0.80\%$。渗碳钢加有合金元素Ni、Cr、Mo和Mn，以提高淬透性。对于要求套圈零件横截面较厚的应用场合，采用淬透性较好的钢经渗碳热处理后，碳渗入到机加工零件的表面层，其 w_C 可达到0.65%~1.10%，从而使表面硬度达到相当于淬透钢所能获得的硬度。

表13.2列出了常用渗碳钢的钢号和化学成分。

表13.2　渗碳钢的化学成分

钢号①		化学成分（%，质量分数）					
		C	Mn	Si	Ni	Cr	Mo
SAE②4118	min.	0.18	0.70	0.15	—	0.40	0.08
	max.	0.23	0.90	0.35	—	0.60	0.15
SAE8620，ISO 12	min.	0.18	0.70	0.15	0.40	0.40	0.15
DIN 20 NiCrMo2	max.	0.23	0.90	0.35	0.70	0.60	0.25

（续）

		化学成分(%,质量分数)					
SAE5120 AFNOR③18C3	min.	0.17	0.70	0.15	—	0.70	—
	max.	0.22	0.90	0.35	—	0.90	—
SAE4720，ISO 13	min.	0.17	0.50	0.15	0.90	0.35	0.15
	max.	0.22	0.70	0.35	1.20	0.55	0.25
SAE4620	min.	0.17	0.45	0.15	1.65	—	0.20
	max.	0.22	0.65	0.35	2.00	—	0.30
SAE4320，ISO 14	min.	0.17	0.45	0.15	1.65	0.40	0.20
	max.	0.22	0.65	0.35	2.00	0.60	0.30
SAE E9310	min.	0.08	0.45	0.15	3.00	1.00	0.08
	max.	0.13	0.65	0.35	3.50	1.40	0.15
SAE E3310	min.	0.08	0.45	0.15	3.25	1.40	—
	max.	0.13	0.60	0.35	3.75	1.75	—
KRUPP	min.	0.10	0.45	0.15	3.75	1.35	—
	max.	0.15	0.65	0.35	4.25	1.75	—

① 钢号列于ASTM-A534[2]中；各种钢的磷和硫含量最大极限皆为0.025%。

② 美国汽车工程师学会。

③ 法国标准。

13.2.4　特种轴承钢

对特殊工况下运转的轴承始终要求具有良好的性能，特别是航天工业，要求轴承能在更高温度、更高速度和更大载荷下运转。其他特殊应用包括轴承在腐蚀气氛、低温场合和高真空中运转。在这些特殊的应用场合，为降低非金属夹杂物对滚动接触疲劳寿命的不利影响，要求改变钢的冶炼工艺。所研制的VLM-VAR（真空感应加热炉冶炼—真空电弧炉重熔）合金，如M50和BG42，具有所需要的抗疲劳的高可靠性。研制出的M50-NiL[2~4]钢用于高温场合，渗碳钢对于极高速转动下的轴承内圈具有抗裂纹能力。Cronidur 30是一种含有Ni和Cr的优质合金钢，同时具有高可靠的抗疲劳性能和低温耐腐蚀性能，成功应用于高温场合，但其高温耐腐蚀性较差。还有在许多飞机动力传动系中，为了减小质量和空间，轴承内圈与齿轮轴做成一体。因此，所用的钢材必须同时满足齿轮、轴和轴承的疲劳寿命要求；pyrowear合金675（渗碳钢）常常用于这种场合。表13.3列出了这些特种轴承钢的化学成分。

表13.3　特种轴承钢的化学成分

	典型成分(%,质量分数)								
钢号	C	Mn	Si	Cr	Ni	V	Mo	W	N
M50	0.80	0.25	0.25	4.00	0.10	1.00	4.25	—	—
BG-42	1.15	0.50	0.30	14.50	—	1.20	4.00	—	—
440-C	1.10	1.00	1.00	17.00	—	—	0.75	—	—
CBS-600	0.20	0.60	1.00	1.45	—	—	1.00	—	—

(续)

	典型成分(%,质量分数)								
CBS-1000	0.15	3.00	0.50	1.05	3.00	0.35	4.50	—	—
VASCO X-2	0.22	0.30	0.90	5.00	—	0.45	1.40	—	—
M50-NiL	0.15	0.15	0.18	4.00	3.50	1.00	4.00	1.35	—
Pyrowear675	0.07	0.65	0.40	13.00	2.60	0.60	1.80	—	—
EX-53	0.10	0.37	0.98	1.05	—	0.12	0.94	2.13	—
Cronidur 30	0.31	—	0.55	15.20	—	—	1.02	—	0.38

注：M50-NiL 和 Pyrowear 675 是表面淬火钢。

13.3 轴承钢的生产

13.3.1 冶炼方法

自上世纪六十年代起，优质轴承钢就一直采用电弧炉冶炼工艺，在炉内氧化期间，去除钢中如磷和硫这样的杂质，进一步精炼则去除了钢中可能会对钢的性能产生不利影响的溶解氧化物和其他杂质。不幸的是，这种电弧炉冶炼技术本身不能去除钢在熔化和凝固期间所吸附的有害气体。尽管真空钢包脱气法早在1943年就获得专利[7]，但是，直到20世纪六十年代和七十年代，具有经济价值的真空脱气冶炼设备才被用来去除氧气和氢气，从而进一步改善了材料的质量。按这些工艺生产的轴承钢具有良好的机加工性、淬透性和均匀性，这些都是物美价廉轴承产品所需的。

高性能的飞机燃气蜗轮发动机的出现以及对优质轴承钢的相应要求，促使开发了先进的感应加热真空冶炼和自耗电极真空冶炼技术。在开发这两种真空冶炼技术的同时，也开发了电渣重溶冶炼技术。这些特殊冶炼技术对用于高温和耐蚀轴承的高合金工具钢的发展产生了巨大影响。

13.3.2 原材料

钢铁工业为提供更优质的合金钢，在碱性电弧炉中采用冷料装炉工艺。碱性电弧炉允许高合金钢碎料、低合金钢碎料与普通碳素钢碎料混合，适当挑选这些碎料并控制它们的用量搭配，从而生产出经济且质量又很好的钢材。准确了解炉料的化学组成和性质，可以节省昂贵的合金添加剂并将其中的有害合金元素降至最低限度。曾经无意地发现，在AISI 52100钢中出现某些金属元素对球轴承的疲劳寿命有着不利影响[8]。

13.3.3 碱性电炉冶炼工艺

碱性电弧炉呈圆形，炉膛内衬以耐火砖，有三个电极位于可移动的炉顶，见图13.1。炉料进行混合以便有效熔化，电极降下，电弧开始形成。复合渣层生成，覆盖在钢水的表面，并吸收钢中的杂质。在杂质氧化期间，形成碳化物气体，即液槽产生气体挥发。然后“还原”渣代替这种“复合”渣，以降低氧含量。

由于重熔期间钢液的活性比氧化期间的差，所以应该在炉中装备感应搅拌器。这些搅拌器产生的磁场，使熔液槽熔液产生循环运动，改善了温度控制及化学成分均匀性。当钢液的化学成分调整到指定范围，并达到合适的浇注温度时，就可以从炉子中出钢了，这种不经真空处理的材料便可注入钢锭模内。

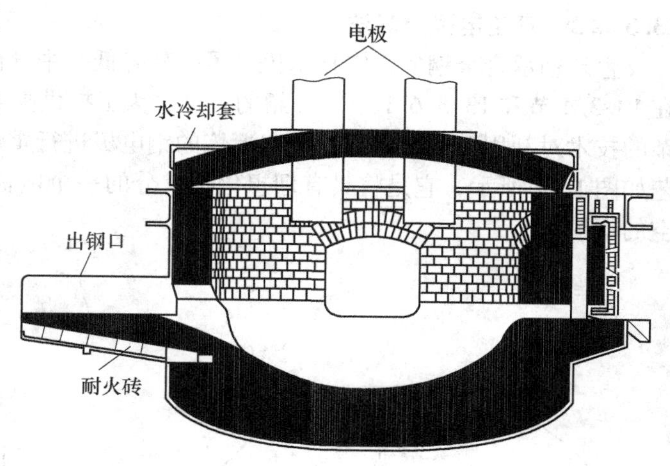

图13.1　碱性电弧炉

13.3.4　钢的真空脱气

可以通过各种真空脱气方法来改善碱性电弧炉生产出的钢材的质量，包括真空钢包脱气法[10]、真空雾化脱气法[11]、D—H(Dormund-Horder)法和R—H(Ruhrstahl-Heraeus)法[12]。惰性气体屏蔽与上述精炼技术结合，既可以适用下注法也可以适用上注法。这些方法有效地减少了有害气体成分和去除了钢液中非金属夹杂物。

13.3.5　钢包炉

钢的冶炼是在钢包炉中进行的，这种炉子克服了最初电弧熔化炉的通常限制。它装备有独立的控制钢液温度的电极，并装备有使钢液循环的电磁搅拌器。因此，没必要像前面描述的各种标准钢包脱气工艺那样需要使电弧炉中钢液过热，以补偿其后的温度下降。

喷枪可以使粉末状合金进入钢包内部。使用氩气作为这些粉末合金的气体载体，生成的气泡有助于合金粉末均匀地分布于钢包。喷枪和添加金属丝结合起来可以控制夹杂物形状，降低硫含量和改善流动性、化学均匀性以及整体的微观清洁度。

钢包炉技术能使电弧炉中的废钢料迅速熔化，改善其后钢包炉作业的精炼能力。该装置在提高炼钢经济效益的同时，也改善了钢材的质量。

13.3.6　生产高纯度钢的方法

13.3.6.1　真空感应加热冶炼法

20世纪60年代期间采用了更为复杂的炼钢工艺来生产超高纯度钢。超高纯度钢也称为“纯净”钢，它基本不含有害的非金属夹杂物。

在真空感应加热冶炼时，挑选基本不含杂质、化学成分与冶炼合金等级相当的废钢送入小型感应加热炉中，这种炉子(图13.2)[13]置于大型真空室内，真空室内包括一个密封料斗以添加所需合金。

早在快速溶化和精炼期间就开始钢液的脱气，冶炼完成后，让炉子倾斜并将钢液注入钢锭模。在真空密封室内钢锭模自动进入和退出浇注位置。这种真空感应加热冶炼炉工艺是用来制造优质航空轴承钢的最早真空冶炼方法之一。今天，它的主要作用之一是提供用于生产超高纯度真空电弧重熔钢的电极。

13.3.6.2　真空电弧重溶法

生产轴承合金钢的真空技术提供了一种降低钢中气体含量和非金属夹杂物的方法，正如在13.3.4节和13.3.6.1节中介绍的一样。为了提供高可靠性轴承所用材料，可以采用更复杂的技术对利用真空技术在炉子中冶炼的钢电极进行重熔，例如自耗电极真空重熔。这种工艺如图13.3所示，它是将具有理想化学成分的一个电极置入一个周围用水冷却、内部为真空的铜模中。

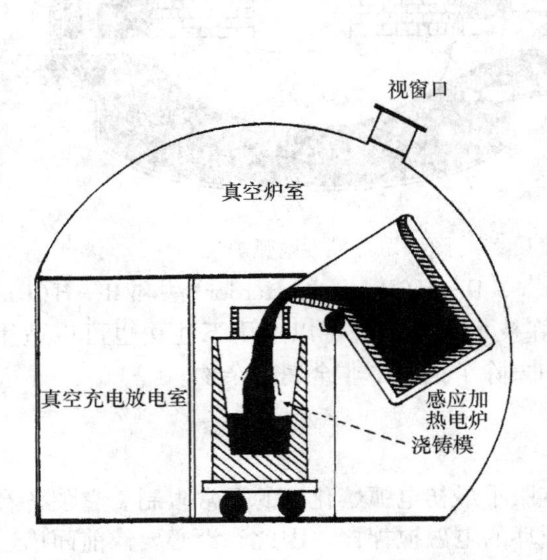

图13.2　真空感应加热冶炼炉示意图

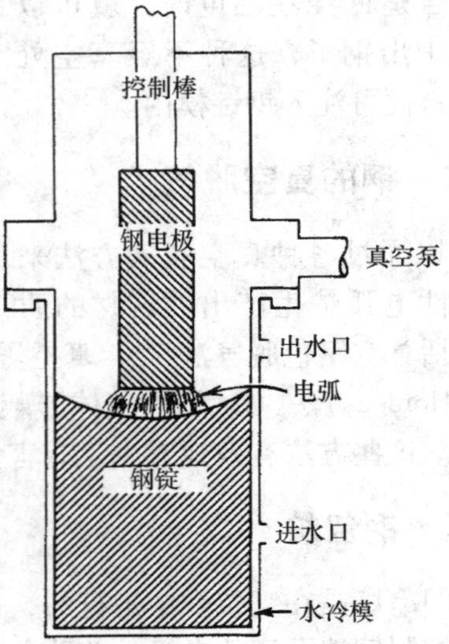

图13.3　真空电弧重溶炉

电弧产生于电极底面和同样合金成分的基极之间。在极高真空度下当电极损耗时，它会自动下降，并且控制电压以维持恒定的冶炼参数。因为对凝固方式进行了控制，所以重熔钢基本上无中心气孔和铸锭偏析。重熔钢改善了力学性能，特别是横向的力学性能。现在，关键应用场合如飞机的轴承材料，其技术条件中指定使用VIM—VAR炼钢技术。

13.3.6.3　电渣重溶法

电渣重溶工艺(ESR)除了位于电极底部的渣液池形成熔化所需的电阻外，非常类似于自耗电极真空冶炼工艺。既可以将熔化状态的渣池送入炉膛，也可以提供粉末渣，在底板和电极之间触发电弧时粉末渣快速熔化。当钢液滴通过渣池时，钢液实现了精炼。通过控制渣的成分可以脱去硫、氧和其他有害的杂质。最后形成的钢锭凝固方式减少了孔隙，将偏析降至最低限度，并改善了钢锭横向和纵向的物理性能。

13.3.7　轴承钢产品

套圈零件的横截面形状及所用的材料牌号各不相同，因此，滚动轴承采用的钢材尺寸规格非常广泛。球或滚子具有不同的尺寸和形状以适应与之相配的套圈零件。一般来说，这些零件由锻件、管料、棒料或线材制成。轴承制造商向钢厂订购最适合于既定加工方法并能满足轴承性能和轴承用户要求的不同类型及状态的原材料。

不管采用何种冶炼方法，总要将钢锭从模子中取出，在均热炉中对钢锭进行均热处理，并轧成钢坯或方坯，然后去除表面缺陷。对方坯重新加热并热加工成棒料、管料、锻件或轧制成钢环。另外，用冷加工将热轧管料和棒料变成冷拉管料和冷拔线材。钢锭在轧钢机上的轧辊之间来回通过，破坏并细化了它的铸造组织。继续进行热加工，拉长和破坏了非金属夹杂物和合金偏析。热加工也可以使材料产生塑性变形，得到所希望的形状或结构。随后材料的冷加工导致应力产生并改善了机加工性。冷加工也可以改变材料的力学性能，改善表面精度和提高尺寸公差等级。冷加工管料的尺寸公差和同心度要比热轧管材精确得多。

大多数轧制产品于最后精整之前或以后，在轧钢厂需要热处理，以便能进行各类产品的切削加工或成形加工。热处理，可以包括退火、正火或消除应力回火。然后对产品进行校直，如果必要的话，还需要进行检查，最后作好运输准备。

13.3.8　钢的冶金学特性

13.3.8.1　纯净度

钢的质量及非金属夹杂物取决于原材料、冶炼炉的类型、工艺以及整个过程的控制，包括浇注方法和钢锭模的调整。外来夹杂物起因于炉衬耐火材料的腐蚀或破碎，或者是浇注期间由外部进入钢液的尘埃所造成的。固有夹杂物是钢液熔化过程中产生的氧化物。通常把长度小于0.5mm的夹杂物认为是微观夹杂物，较大的认为是宏观夹杂物。非金属夹杂物依据它们的成分和形态划分为硫化物、铝酸盐和氧化物，偶尔，也包括氮化物。

非金属夹杂物对滚动轴承的接触疲劳寿命是有害的。依据夹杂物的大小、形状和分布情况，硬脆型夹杂物比软的、易变形的（如硫化物）夹杂物更有害。由于硫化物分布在较硬的非金属夹杂物周围，在它们周围形成了保护层，这样在循环载荷作用下，这些非金属夹杂物不能成为应力集中源，因此，硫化物起到了有益的作用。由于硫化物可起润滑剂的作用，所以它也能改善可加工性。因为铝酸盐和硅酸盐具有尖锐的棱角，也非常脆，所以它们会成为应力集中源而引起早期疲劳失效。球形氧化物是由像钙这样的元素形成的夹杂物，它们非常硬且脆，所以对加工性和滚动接触疲劳寿命最有害。

自大约1960年以来，人们一直致力于改善轴承钢的质量，特别是钢的纯净度。在20世纪60年代到70年代，轴承钢具有高含氧量是司空见惯的，例如，具有35×10^{-6}的含氧量和大量的宏观夹杂物。70年代采用的酸性平炉改善了纯净度，氧化物形式的氧含量减少到了20×10^{-6}，宏观夹杂物几乎彻底消除。到了1982年，采用了真空脱气技术使氧含量减少到了10×10^{-6}，宏观夹杂物维持在一个极低的水平。如图13.4所示，氧含量从35×10^{-6}减少到10×10^{-6}，使轴承疲劳寿命至少提高了十倍。然而，如图13.5所示，当氧含量减少到20×10^{-6}以下时，再进一步降低氧含量，对钢的疲劳寿命的影响就不太显著且更离散。在20世纪80年代到90年代，超声技术[14]用于研究微观夹杂物的数量、形状和尺寸对轴承疲劳寿命的影响（见图13.6），从而允许进一步改进加工技术及其控制方法，如浇涛温度、下注、上盖和钢包内搅拌等，以进一步消除微观夹杂物及其对疲劳寿命的影响。

现在已有很多检测或定量确定非金属夹杂物的方法[16]。最通用的一种方法是从规定的钢锭部位处取下尺寸预先确定的样品，抛光后在100倍的放大倍数下进行显微镜观察，将最差区域与等级评价系统的标准照片相比较[12]。工业标准也引用产品的验收检验方法，如断口检验，磁通量减少（AMS 2300/AMS2301）法，在切削棒表面用肉眼观察评估等方法，根据非金属夹杂物含量确定材料质量。

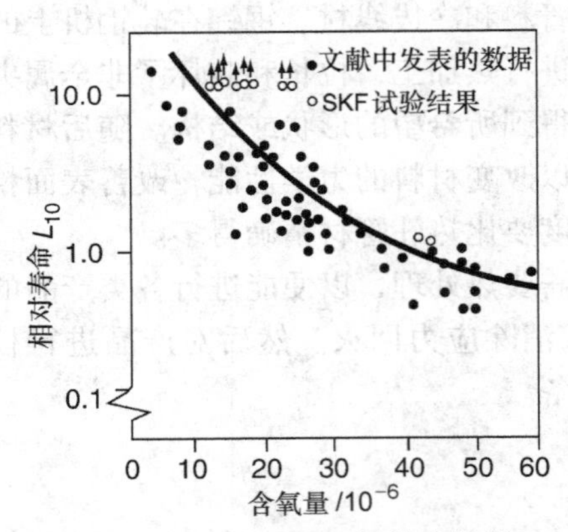

图 13.4　AISI 52100 钢的球轴承疲劳寿命与氧含量间的关系

(引自 Akesso,J 和 Lund,T.,SKF 滚动轴承钢—性能与加工,球轴承[J].,217,32-44,1983. 经授权)

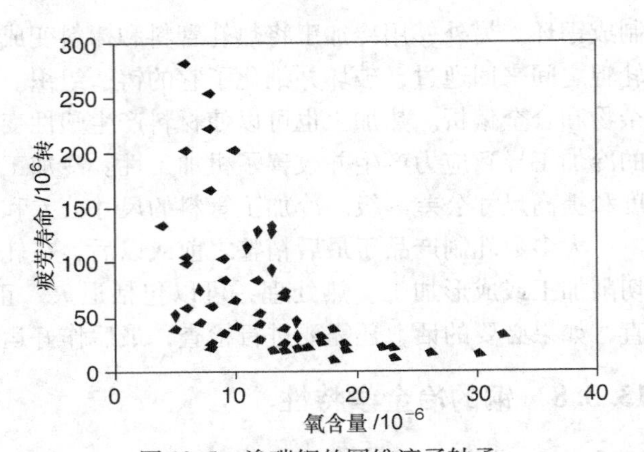

图 13.5　渗碳钢的圆锥滚子轴承疲劳寿命与氧含量间的关系

(引自 Eckel,J. 等,纯净工程钢——在20世纪末的进展,内部纯净度改良钢的生产与应用[J]. Mahoney (ED.),ASTM STP 1361,1999,经授权)

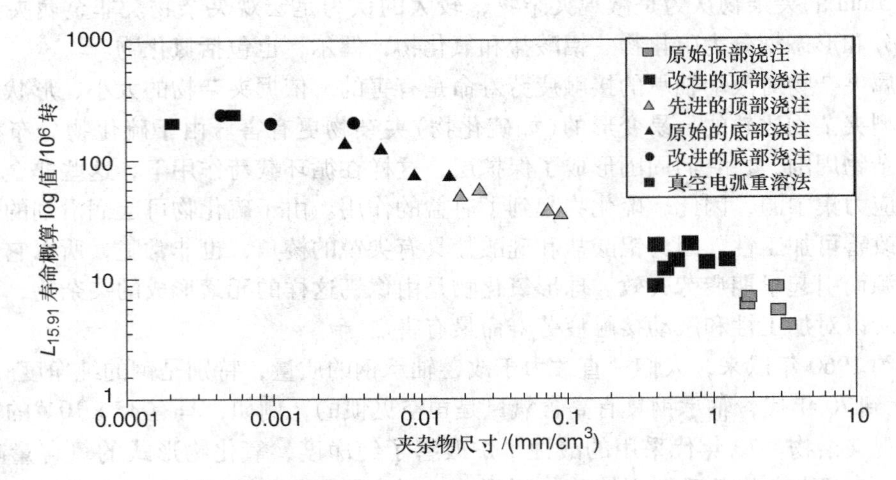

图 13.6　渗碳钢的圆锥滚子轴承疲劳寿命与超声微观夹杂物尺寸间的关系

(引自 Eckel,J. 等,纯净工程钢——在20世纪末的进展,内部纯净度改良钢的生产与应用[J]. Mahoney(ED.),ASTM STP 1361,1999,经授权)

优质航空轴承钢对非金属夹杂物的检测采用涡流和超声波探伤的测试方法，对钢棒进行100%的自动检查。

13.3.8.2　偏析

钢水在钢锭模中的不均匀的凝固速率会导致合金成分的偏析。由于钢锭模和钢锭交界面具有很快的冷却速率，钢锭最外层部分或外壳会首先凝固而形成柱状晶粒。在钢锭的中心部分，冷却速度非常缓慢而形成等轴晶粒。由于凝固在整个钢锭内并不一致，所以最后冷却的钢液会含有更多的合金元素，如锰、磷、硫，这是因为这些元素的熔点较低。

热处理和热加工只能对偏析有轻微改善。在冶炼和浇注过程中，必须采取预防措施，例如采用专用钢锭模，以控制凝固速度进而防止偏析或将偏析降到最低程度。

钢坯或钢棒切片经过适当制备，采用稀释的热盐酸溶液对其进行宏观浸蚀，酸液侵蚀合金成分，这样就可看出材料的偏析。

13.3.8.3　组织结构

宏观和微观检验方法都用于评价钢的组织结构。宏观检验时，按照工业标准对钢棒或钢坯端部切割下样品进行制备，经酸蚀后用肉眼或在不超过10倍的放大镜下进行检查。尽管可采用的腐蚀试剂很多，但一般推荐和采用的是稀释的热盐酸溶液。

微观组织检查除了检查材料合金偏析外，还可评价材料的其他不良特征，诸如缩孔、疏松、气孔、脱硫、过量夹杂物、裂纹和带状组织。航空工业利用热酸蚀法和锻件检验，以保证钢的晶粒流线分布和原先定型试验产品的一致性。

钢材的显微检验涉及更详细的组织结构的研究，这些工作通常在100倍和1000倍之间的放大倍数下进行。许多试剂都可用来帮助鉴别和评定特殊的显微成分，钢厂的生产工艺包括热循环工艺，将影响轧制产品的显微组织。因为显微组织反映了钢材的物理性能，所以显微组织的评价包括在技术条件或定货单的要求之中。在单轴或多轴自动车床上车削成套圈零件的棒材或管材必须是处于低硬度的退火状态。碳化物应该是大小均匀，并均匀分布在整个铁素体母体上。当球形碳化物的尺寸增大时，刀具寿命会提高。反之，片状碳化物的存在对材料的可加工性和刀具寿命将产生不良影响。

当选择低碳钢(如渗碳钢)的最佳显微组织以使其达到最佳加工性时，应该选择铁素体和珠光体的“块状”显微组织。像AISI 8620这样的低碳钢，低硬度退火组织适合于冷成形加工，但这些钢被认为具有粘性，其加工性不令人满意。每一种轧制成形的钢材，必须具有适当的显微组织和硬度，以便它能够经济地转变成特定的形状结构。

13.4　加工方法对钢零件的影响

成品轴承零件的许多力学性能与其制造方法有关而制造方法又取决于原材料的类型和状态。通常，钢材不是采用热加工工艺就是采用冷加工工艺生产，并以管材、棒材、线材和锻件供应。生产AISI 52100钢的棒材、管材、球和滚子冷加工工艺会降低淬火期间的奥氏体相变温度和冷却期间的马氏体相变起始(MS)温度[17]。冷轧管料制造的套圈，其断口的晶粒要比热轧退火管料制造的相同套圈的细小。尽管热轧和冷轧零件的体积变化相同，但在热处理之后冷轧管料制造的套圈直径变化较小。

棒材和管料制造期间被拔长，所以其力学性能具有方向性，即纵向和横向的力学性能存在差别。由棒料锻造的套圈是趋于各向同性。套圈辗扩提供了和滚动接触表面一致的有益晶粒流线。轴承耐久试验证明，流线断裂处的晶粒对滚动接触疲劳寿命是有害的[18]。

热处理前进行机加工的原材料应该保持在易切削状态。材料应具有足够的机加工余量使加工后的零件没有增碳层、脱碳层和其他表面缺陷。

13.5　钢材的热处理

13.5.1　基本原理

轴承钢零件的热处理应该在控制气氛下加热和冷却，以获得所期望的材料特性和性能，诸如高硬度、表面的高碳渗层、高断裂韧性或伸长率、高抗拉强度、良好的加工性、合适的晶粒尺寸或低应力状态等。形成这些材料特性的特殊热循环称为退火、正火、淬火、渗碳、回火、消除应力处理。不同的热处理方法得到不同的显微组织，如贝氏体、马氏体、奥氏体、铁素体和珠光体。

轴承钢的基本成分为铁和碳，同时还会有一定量的锰、硅或其他如铬、镍、钼、钒或钨这样的合金元素。轴承钢的 $w_C \geqslant 0.08\%$（AISI 3310），$\leqslant 1.10\%$（AISI 52100）。轴承钢从钢锭凝固开始，就呈现晶体结构。晶体由占据单位晶胞内固定位置的原子组成。温度不变时晶面间距固定。尽管晶体组织有十四种原子点阵类型，轴承钢冶金学家主要讨论的只有三种：体心立方(bcc)、面心立方(fcc)、体心四方(bct)，如图13.7所示。

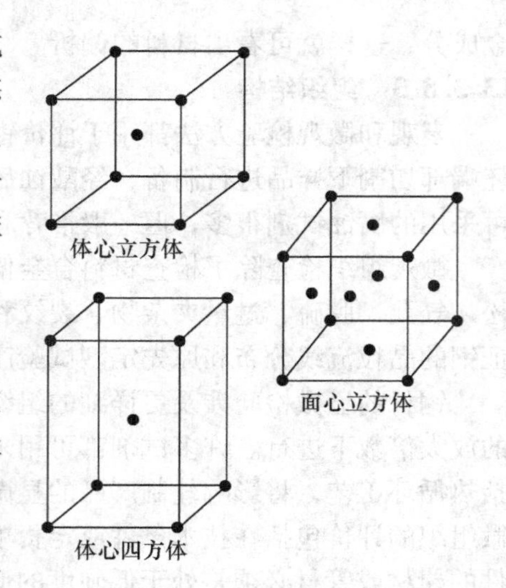

图13.7　钢的晶体组织

由于原子间距不同，这些三维晶胞的物理和化学性能各异；它们对其他合金原子也具有不同的溶解度，在高碳轴承钢中的一个或多个合金元素的原子可以替换一个铁原子。原子半径非常小的元素，例如碳，原子半径只有铁的1/8，可以位于铁的晶格间隙中。

体心立方体纯铁，在室温时是体心立方结构(bcc)，而在一定的高温区间是面心立方(fcc)结构。在加热或冷却时，原子从一种单位晶胞类型转变成另一种，转变时的温度叫做相变温度。在铁的时间—温度冷却曲线上可以观察到这些变化。

纯铁在912℃(1637 ℉)以下是体心立方，而在该温度以上是面心立方。当铁中加入碳时，相变温度降低，相变温度范围扩大。由于轴承钢的 $w_C < 1.1\%$，所以它们的热处理温度也不超过1302℃(2375℉)［对于T-1（w_C 0.70%，w_{Cr}4%，w_W1%，w_V 18%）而言］，因此，图13.8中只讨论一部分铁—碳相图。

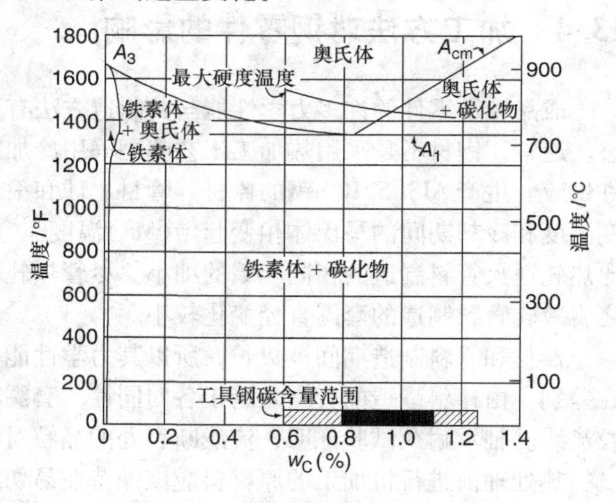

图13.8　部分铁—碳相图

碳可以溶于铁水，正是这种发生在固体溶液中的作用，使得钢的机械性能发生改变。钢厂供应的高碳铬轴承钢，通常处于适合切削加工的低硬度退火状态。显微组织由铁素体结构中的球状碳化物组成。这种存在于室温的铁素体和碳化物的混合物在大约727℃(1340℉)的温度时相变为奥氏体。奥氏体能溶解的碳的数量比铁素体所含碳量大得多。通过改变奥氏体化温度的冷却速率，可以改变铁素体和碳化物的分布情况，于是可得到很宽的材料性能变化范围。

根据碳含量的不同，钢可分成三种：共析、亚共析和过共析钢。共析钢的含碳量为0.8%，加热到727℃以上时，转变为100%的奥氏体。这种成分的钢从奥氏体化温度范围冷却到约727℃时，同时形成铁素体和碳素体，这种相变产物称为珠光体。如果把它再次加热到稍高于727℃时，它将恢复为奥氏体。

亚共析钢是$w_C<0.8\%$的钢。铁—碳相图表明，对w_C为0.4%的钢而言，要将全部碳溶入奥氏体中，需要约843℃的温度。在缓冷条件下，在温度达到727℃之前铁素体一直从奥氏体中析出，在温度达到727℃时，w_C为0.8%的残留奥氏体转变为珠光体，最后所得到的显微结构为珠光体和铁素体混合物。再次加热至大约727℃，珠光体溶入固溶体，温度在727℃以上时，铁素体将溶入奥氏体。

铁—碳相图所表示的是在极为缓慢的加热和冷却条件下得到的相图。

13.5.2　时间-温度转变曲线

时间-温度转变图是一等温转变图(TTT)，当钢从淬火温度快速冷却至低于奥氏体稳定的最低温度时，便发生相变。不同钢材在特定的淬火温度下的转变曲线已经给出，从而给出在所研究的恒定温度下，奥氏体开始相变所需要的时间。图13.9[19]给出典型高碳钢(AISI 52100)的等温转变图(TTT)。曲线的形状和位置随合金元素含量、奥氏体的晶粒大小和奥氏体化温度的改变而变化。图13.10[20]所示为典型合金钢(AISI 4337)的等温转变图。

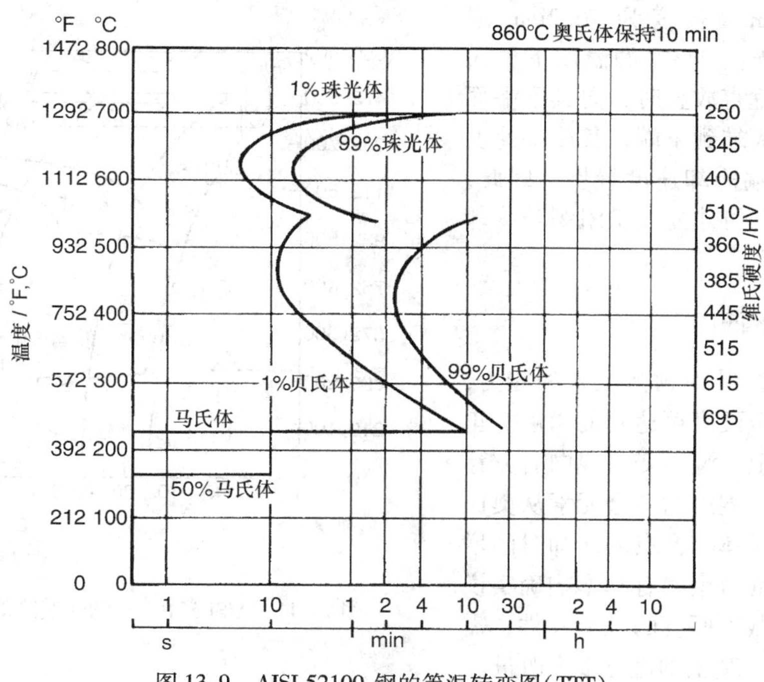

图13.9　AISI 52100钢的等温转变图(TTT)
(摘自SKF钢,黑皮书,Vol. 194,1984,经授权)

13.5.3　连续冷却转变图

共析钢缓冷到727℃时，转变为珠光体。如果同类钢试样在正好低于727℃的液体介质中淬火，则生成粗晶珠光体组织。然而当保温介质的温度降低时，碳原子的扩散速度变慢，而且铁素体和碳素体的晶面间距变小，于是形成珠光体显微组织。这些显微组织表明珠光体的形成是一个形核与生长的过程。在更低温度下，碳原子的运动更加缓慢，最终相变产物为贝氏体，它由针状铁素体和细密地扩散在铁素体中的碳素体组成。更进一步冷却时，形成马氏体，它由非常细的针状组织组成。马氏体以无热方式形成，与显微组织的切变方式有关，它不是等温转变的产物。必须在控制的温度下非常快地淬入冷却介质，像熔盐或油液，以防止奥氏体转变成像珠光体之类较软的相变产物。

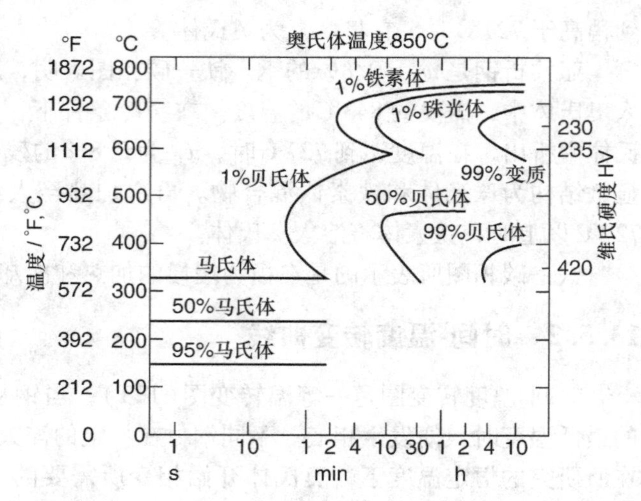

图 13.10　AISI 4337 钢的等温转变图

（摘自 SKF 钢，黑皮书，Vol. 194，1984，经授权）

TTT 图给出了在单一恒定温度下形成的显微组织，但是热处理采用快速冷却，相变是在一定的温度范围内发生的。已经研究绘制了连续冷却转变(CCT)图，以对最终相变进行解释。图 13.11 为 AISI 52100钢的连续冷却转变图。

可以使用 AISI 52100 钢的 Jominy 试棒来说明连续冷却转变图的值，试棒直径为 25.4mm，长度为 76.2mm 或 101.6mm。试棒在 843℃ 的温度下奥氏体化，同时，垂直放置时，向其下端面处喷水，从淬火端到末端，其冷却速度逐渐变小，末端冷却速度最慢。因此，沿试棒长度方向可建立显微组织与冷却速度之间的关系。

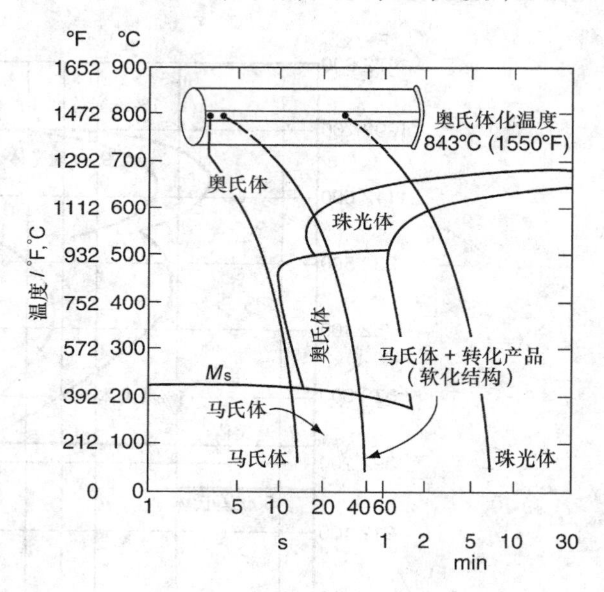

图 13.11　AISI 52100 钢的连续冷却转变图

13.5.4　淬透性

硬度是抵抗其他物体压入的能力，淬透性是指合金硬度可达到的深度。正如等温转变图上等温转变曲线向右方移动所示的那样，钢中的合金元素从奥氏体化温度到马氏体相变点的冷却时间增加。合金添加剂对钢的有利影响确实说明了对于不同截面厚度的轴承零件，需要对 AISI 52100 基型钢进行多方改进。

晶粒大小和热加工程度也影响到淬透性。粗晶粒钢的淬透性比细晶粒钢要好得多，将钢锭热加工成尺寸较小的棒料会相应减小淬透性，这是因为凝固期间形成的碳和其他合金元素的偏析之程度也相应减小了。提高奥氏体化温度和增加晶粒粗化温度下的保温时间，使更多的碳溶进固溶体从而提高淬透性。

因为淬透性是指理想热处理参数下硬度所达到的深度的度量，所以，通过对不同直径的棒料进行淬火并测量其横截面上的最终硬度分布模型可确定淬透性。Grossman[21] 把采用这种方法处理的棒料理想临界尺寸定义为：在“理想的淬火”条件下，心部形成 50% 的马氏体、表面形成 100% 的马氏体时的尺寸即为理想的临界尺寸。所谓理想淬火就是加热试棒的表面立即达到淬火介质温度的冷却方法，而同样的试棒在冷却能力较差的介质中淬火会降低硬化的程度。在这些条件下，Grossman 把这种心部淬火达到50%马氏体的较小棒料直径定义为“实际临界直径”。这种变化导致与理想临界直径和实际临界直径两者有关的急冷程度淬火曲线(*H* 值)的提出。

Jominy 末端淬火法淬透性试验[22]，其试样几何尺寸、试验装置、水温和流速都是标准化的，从而所有的试验结果都可以进行对比评价。每隔 1.6mm 测定的硬度值相对于试样的长度画出曲线，该曲线给出合金钢的淬透性。末端淬火法的淬透性数据通常包含在规定的热处理参数下所期望的最大和最小淬透性极限值[23]。

13.5.5　淬火方法

轴承零件的淬火方法有淬透淬火和表面淬火。马氏体钢的淬透淬火热处理基本上包括加热(至奥氏体化温度)、淬火、清洗、和回火等过程。对于各种淬透轴承合金钢，主要根据零件的质量和截面厚度，确定热处理的时间——温度参量。

套圈零件，特别是大尺寸薄壁零件，操作时须十分小心，以减小物理损伤。在炉中放置零件时，要谨慎设计，避免大量装炉和超载，否则会在加热和淬火期间对零件的几何形状造成不利的影响。

热处理炉一般用天然气或电作为设备的热源，为了减小热处理过程高碳铬钢零件的渗碳和脱碳，通常采用保护气氛淬火。对于各种渗碳钢热处理，除了需要控制气氛以提供碳势对钢进行渗碳处理外，也可选用结构与处理能力相似的热处理炉。

为了保证工艺循环的重复性，必须保持和控制准确和均匀的炉温。对于盐水、油、水或合成冷却介质应配有适当的淬火设备。为了减轻热处理零件的变形，可以独立或联合采用炉温调节、搅拌和淬火夹具这些措施。

感应加热(通常使用合成淬火介质)可以用于特殊轴承零件的自动化热处理。这可作为一种选择性的热处理方法，仅用于对滚动接触表面淬火。

淬火以后，必须对零件清洗，去除所有的残留冷却介质后，再进行回火处理。回火炉一般采用电加热。零件既可以成批装炉，也可自动送进回火炉。

用于轴承零件热处理的炉子有许多种，例如，辊底式、回转筒式、转底式、振底式、间歇式或井式、输送带或铸链式、推盘式等。另外，也可使用可编程控制的吊式自动化盐浴热处理线，用于奥氏体化温度为 802～1302℃钢的热处理。

13.5.6　高碳铬轴承钢淬火

13.5.6.1　普通热处理

为了实现淬透轴承钢所需要的高硬度和高强度，首先在足以使碳溶解的高温下奥氏体化，然后为了避免不希望产生的低硬度组织而迅速冷却到贝氏体或马氏体温度范围。这种钢的热处理过程通常为加热到约 802～871℃的温度，并均匀保温，然后放入温度控制在 27～230℃之间的盐水、水或合成油等冷却介质中淬火。马氏体淬火零件，最终硬度范围通常为 63～67HRC，贝氏体淬火零件为 57～62HRC。贝氏体淬火的零件不需要后续热处理，但马氏体淬火零件要进行回火。

13.5.6.2 马氏体

马氏体相变(M_S)温度随着奥氏体化温度和奥氏体化时间的增加而降低，从而使更多的碳进入固溶体。相应地，在马氏体相变期间存在保留更多奥氏体的趋势。最终马氏体组织形态也取决于溶解碳含量；高的溶解碳含量形成片状马氏体，而低的溶解碳含量趋于形成条状马氏体。

高的奥氏体化温度也趋向于使材料的晶粒变大。这种情况凭借肉眼或低倍放大镜观察断口表面就可得到证实。热处理适当的高碳铬轴承钢在断面上呈现出纹理细密的形貌。

淬火后，零件经过清洗，然后进行回火处理以消除应力，改善韧性。在等于或略高于马氏体相变温度下进行回火也会使残留奥氏体转变成贝氏体。在更高温度下进行回火造成的不利后果是降低硬度，从而对轴承零件的承载能力和耐久性产生不良影响。零件硬度越低加工越易，但与硬度高的配合件相比，更易出现工作表面破坏。

13.5.6.3 分级淬火

在低温(49~82℃)中淬火可以产生热冲击和非均匀相变应力，截面不均匀和(或)具有锐棱角的零件会变形或断裂。将零件放入温度控制在177~218℃之间(马氏体相变温度区间的上限)的热油或热盐水中淬火，可以减小相变应力。如果零件整个横截面上温度相等，随后在空气中冷却到室温期间便形成均匀相变。虽然淬火硬度通常为63~65HRC，但分级淬火的回火过程同直接马氏体淬火过程的回火相似。

13.5.6.4 贝氏体

贝氏体淬火是一种“等温淬火”型热处理，此法是将零件从奥氏体温度淬冷至略高于M_S的温度(即下贝氏体极变区)。220~230℃之间的盐浴槽通常用于这种热处理。在盐浴槽中添加水可以取得临界淬火温度从而避免形成不利的低硬度组织。可以根据零件的横截面尺寸来选择各种贝氏体淬火钢，淬透性越高，零件的横截面或厚度的允许值越大。随着合金含量的增加，相变曲线的“鼻尖”和“膝部”进一步向右移动，使发生贝氏体相变的时间延长。

这些合金钢通常需要4h或更长的时间方能完成贝氏体相变。用该方法处理的零件硬度可达到57~63HRC，且不必进行回火处理。在盐浴中淬火并在这种温度下保温可以明显降低由热冲击和相变引起的应力。

贝氏体淬火使零件产生很小的表面压应力，而马氏体淬火则使零件淬火表层产生很小的拉应力，和直接马氏体淬火形成的组织相比，贝氏体的显微组织较粗，呈羽毛针状。

13.5.7 表面淬火

13.5.7.1 方法

表面淬火靠改变基体材料的化学成分来实现，例如渗碳或碳氮共渗，或对给定高碳轴承钢零件的表层局部热处理。感应加热淬火或火焰淬火已用于轴承制造。采用激光束和电子束来进行热处理也是可行的，但取决于所需要的淬火深度。

轴承钢的表面淬火可以形成一定的深度、高硬度、高耐磨性的表层。表层产生的高残余压应力能提高耐滚动疲劳和弯曲疲劳的能力。表层下的心部较软，且韧性好，可阻止裂纹的扩展。

13.5.7.2 渗碳

渗碳剂或渗碳介质(气体、液体或固体)提供钢所吸收的扩散的碳。和淬火炉的操作一样，在渗碳过程中要遵循同样的预防措施，以减少操作损伤，减小零件变形和提高工艺的经济性。正常的渗碳温度范围是899～982℃，碳的扩散速率随温度的增加而提高。因此，在较低的渗碳温度下，更易控制硬化层深度范围。

根据所处理的合金钢，渗碳时间、温度和气氛成分决定了渗碳后的碳浓度梯度。最终碳含量和碳的分布影响渗碳层的硬度、残留奥氏体的含量、渗碳层的显微组织、渗碳层的硬度分布和压应力场。

尽管可直接用渗碳炉对轴承零件进行淬火热处理，但一般情况下需对渗碳后的零件重新进行淬火以改善渗碳层和心部的性能，同时使用淬火夹具以减少零件变形。

必须根据渗碳的钢种，调整炉内气氛的碳势，保证不至于形成大颗粒和(或)网状碳化物。像铬这样的合金元素，降低了其析碳含量，最有可能形成球状碳化物。如果钢在淬火前缓慢冷却，则碳可能进一步沉淀到晶界上。这些晶界碳化物和(或)网状碳化物降低了零件的机械性能。

挑选轴承材料不仅要考虑适当的表面硬度和显微组织，而且一定要兼顾心部性能以防止表层压碎。一般靠提高次表层的强度来提高抗压碎能力。因此，所选材料的横截面厚度和其淬透性应能保证心部硬度达到35～45HRC。渗碳的钢种应该是细晶粒钢，以使高温渗碳时，对晶粒长大的敏感性降至最低限度。

从渗碳炉出炉后直接淬火有个优点，即当采用低合金钢时可以获得很硬的表面显微组织而不像含贝氏体这样的较软组织。这种热处理工艺比渗碳后重新加热、淬火(尤其是淬火前温度降到816～843℃时)所造成的零件变形要小。不利的是，这种工艺可能使零件在重载下产生塑性变形，而显微裂纹则成为疲劳的起始点。使渗碳零件的含碳量保持在共析点以下，可以减小显微裂纹。在较低的奥氏体化温度下重新加热和淬火也可减少显微裂纹。

气体渗碳是滚子轴承常用的工艺，这是因为渗碳气体的流速和气氛碳势可以精确控制。炉内气氛包括二氧化碳、一氧化碳、水蒸汽、甲烷、氮气和氢气。

在预定的温度下渗碳一段时间，即可达到特点的渗碳层深度。这种有效渗碳层深度(ECD)通常定义为从表面到硬度降为50HRC的最远一点的垂直距离。对于轴承零件而言，有效渗碳层深度通常为0.5～5mm，表层w_C在0.75%～1.00%之间。

为了增加渗碳零件的韧性，它们在淬火后要进行回火处理。采用冷处理工艺可以使残留奥氏体转变为马氏体，然后还需要进行附加回火处理。

13.5.7.3　碳氮共渗

碳氮共渗法是一种改进的气体渗碳工艺。由于在处理氰化盐时对健康有危害和造成生态学问题，所以优先采用空气。为在高温时，产生的气氛具有一定的碳势，添加有氨水。氮和碳扩散到钢中，形成很硬的耐磨层。因为这些高硬度的碳氮共渗层事实上很浅，炉温为788～843℃范围内形成的硬化层深度约为0.07～0.75mm，所以碳氮共渗层和心部的界面很容易区分开。当零件需要很深的碳渗层时，也可获得浅碳氮共渗层的有利特性。在这种情况下，零件通常渗碳达到很深的层深，然后在碳氮共渗气氛中重新加热。

添加到渗碳气氛中的氨水分解，在工件表面形成新生氮。碳和氮不断被吸入钢的表层，从而降低钢的临界冷却速度。即氮明显提高了钢的淬透性。这种特性可以使AISI 1010和AISI 1020这类廉价的材料，用油淬火达到所希望的高硬度，从而将热处理期间的零件变形降至最低限度。

如果所有参数都恒定的话，碳氮共渗零件的渗层深度比渗碳零件的更均匀。因为氮降低了相变温度，所以碳氮共渗零件的残留奥氏体多于同样含碳量的渗碳零件。通过提高碳氮共渗的温度，把表面碳含量控制在 w_C 0.70%~0.85%，在处理期间将氨气含量保持在最低限度，以及淬火前进行扩散，可以降低残留奥氏体的高含量。

碳氮共渗层的氮也可以增强抗回火性。为了提高韧性并保证58HRC以上的硬度，碳氮共渗零件在190~205℃范围内回火。

13.5.7.4 感应加热表面淬火

感应加热表面淬火是将高碳低合金轴承钢零件表面快速加热到奥氏体温度范围，并由该温度直接淬火而生成马氏体的一种方法。交流电通过感应线圈或感应器，然后在线圈内部产生集中磁场。这个磁场又使置于线圈中间的零件产生感应电势。因为零件相当于一个闭合线路，所以零件中的感应电势产生电流，于是材料对感应电流的电阻起作用，结果使零件加热。

可根据频率需要来选择电源装置。过去一直采用电动发电设备提供1~10kHz中频电源来淬火，使表面形成较厚的淬火层。目前这种发电设备已被可控硅整流(SCR)变频器所替代。高频加热装置的频率范围为100~500kHz，可满足很浅表面硬化层的需要。

影响感应表面淬火加热的主要因素是频率选择、功率大小、加热时间和耦合距离。

- 频率选择——根据零件的尺寸和所需加热的深度决定频率大小。
- 功率大小——感应器表面每平方毫米可达到的瓦特数影响零件表面淬火深度。
- 加热时间——将零件加热到所需温度的加热时间，对于过热和淬火深度是至关重要的因素。
- 耦合距离——定义为线圈和零件表面之间的距离。

感应淬火零件通常靠喷射或浸入的方法进行冷却。喷射淬火是将带压的淬火剂通过感应器上的许多小孔或单独的淬火环喷射到零件上，浸入法是将零件从感应器中落入搅动的冷却槽中。用合成淬火剂代替水或油，就可使高碳铬轴承钢获得所需要的物理和冶金学性能。可以调整淬火剂的浓度以达到最佳淬硬性，同时将产生裂纹的可能性降至最低限度。

所有表面淬火零件淬火后都要回火处理。尽管淬硬层深度可能类似于渗碳零件，但是淬硬层和心部之间的过渡区内，硬度梯度较大。

AISI 52100钢轴承零件经适当的感应淬火，其硬度通常可达到65~67HRC。如果零件热处理前处于退火状态，则淬火表层区域的显微组织由细小球状碳化物和未回火的马氏体基体组成，进行断口检查时，可看到细小晶粒。

13.5.7.5 火焰加热表面淬火

火焰淬火主要用在处理直径大于1m的高碳低合金钢大型套圈零件。可燃气体同氧气混合，点燃一组喷嘴，对零件的一定部位加热，同时套圈零件以固定的速度旋转通过燃烧的火焰。加热层的深度取决于零件在热源处停留的时间。旋转零件达到合适的奥氏体温度时，便用水冷却淬火。未热的心部材料仍然处于退火状态。接着必须进行回火处理，以消除应力，提高淬火零件的韧性。

从设备的角度来看，火焰淬火是花钱不多的工艺方法。它灵活简便，可有选择性地进行淬火。对于各种截面形状、壁厚的套圈，不论其如何变化，这种方法都很适用。

不断改变局部加热区意味着零件旋转360°后，会出现重复加热。重复加热区造成的过度回火效应将导致软点。所以必须采取预防措施，减小重复加热区的热应力和相变应力，以防止裂纹产生。

13.5.8　结构稳定性热处理

了解热处理过程中滚动轴承零件尺寸与形状变化，对后续机加工及零件功能是至关重要的。体心立方结构的高碳低合金钢，加热到约727℃时，由于热膨胀而造成尺寸迅速增加(图13.12)；正如前面所述，该临界温度下，材料发生相变而变成面心立方结构(即奥氏体)，导致零件收缩。奥氏体的质量体积小于铁素体。如果将材料加热至奥氏体范围内更高的温度，那么，由于热膨胀之故体积继续增加。反之，快速冷却时，在达到马氏体相变温度之前，材料一直收缩。冷却到室温时，零件继续收缩，形成体心正方结构马氏体。由于在很低的温度下发生相变。所造成的体积增加使材料产生应力。由于对大批零件进行热处理时，奥氏体(面心立方结构)，实际上不可能完全转变为未回火的马氏体(体心正方结构)，所以显微组织中残留一定量的奥氏体(其量取决于淬火程度)。零件还必须进行热稳定，以减少残余应力和获得所希望的结构稳定性。

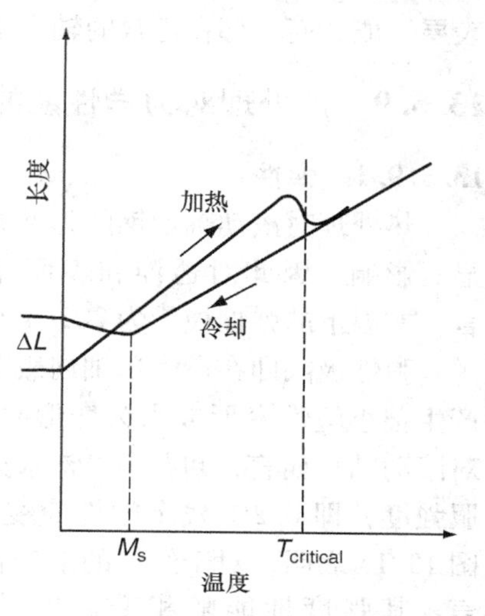

图13.12　高碳轴承钢在加热和淬火期间的体积变化

轴承钢发生尺寸变化主要与细小碳化物从马氏体内析出和残留奥氏体的分解或相变有关。由于温度或应力等外界因素的缘故，轴承运转期间也会发生尺寸变化，所以制造者必须选择适当的热处理以保证所希望的尺寸稳定性。通常在66~260℃的温度范围内对高碳铬钢进行回火处理。在此温度范围内，细小碳化物被析出，马氏体主要是体心正方结构，体积略有减小。在205~288℃温度范围内回火，导致与时间、温度有关的残留奥氏体分解成贝氏体并使体积增加，残留奥氏体的分解与时间、温度有关。260℃以下的回火工艺可避免高温回火的硬度降低。

高速钢退火显微组织具有最好的加工性，它含有大量的硬质金属碳化物，例如钨、钼、钒或铬的碳化物，这些碳化物镶嵌在软质铁素体基体中。和高碳铬钢不同，为了溶解所需数量的这些硬质碳化物粒子，热处理温度必须远远高于临界温度。通过把钢从奥氏体化温度快速冷却到马氏体相变温度范围内，可以避免碳化物的析出。进一步冷却到室温以后，组织中通常含有20%~30%体积的残留奥氏体。加热到高碳铬钢回火所需之温度时，仅仅产生轻微的马氏体回火。在427~593℃之间产生“二次硬化”，也就是说，奥氏体组织发生变化，在随后冷却到马氏体相变温度范围时转变成马氏体。在这些高温区进行多次回火是必要的，以便使奥氏体完全转变成马氏体和析出极细小的合金碳化物——这是造成二次硬化现象的原因，从而使高速钢具有热硬性。

初次淬火后或回火周期之间间歇地使用冷处理，以便在冷却时使奥氏体完全转变成马氏体。然而，因为冷处理使淬火零件中产生很高的内应力，所以通常建议只在第一次回火处理以后进行冷处理。

耐腐蚀钢，例如AISI 44C和BG42(AMS 5749)，由奥氏体化温度快速冷却后，一般立即进行深冷处理。AISI 440C钢还要在大约149℃或316℃的温度下进行多次回火，这视零件硬度要求而定。因BG42钢的合金成分之故，它的热处理工艺和高速钢的标准工艺一样，即在524℃的温度下多次回火，并进行冷处理。

渗碳钢表层显微组织中的残留奥氏体，组织比较软可以承受夹杂物、加工损伤和表面粗糙度引起的一定程度的应力集中。在135～196℃之间对轴承零件进行回火，能保证良好的表层性能，而心部在正常的轴承工作温度下是稳定的。

13.5.9 热处理对力学性能的影响

13.5.9.1 弹性

热处理对滚动轴承钢的弹性并不产生显著影响，因此对透淬和表面淬火钢而言，常温下的弹性模量为202GPa。

弹性极限即在最大单轴向载荷作用下产生很小塑性变形或永久变形时的应力，对滚动轴承而言，可用0.2%永久变形屈服强度，即0.2%残余塑性应变来确定。图13.13表明，对于给定的滚动轴承钢而言，其强度性能随相变温度的增加而下降。

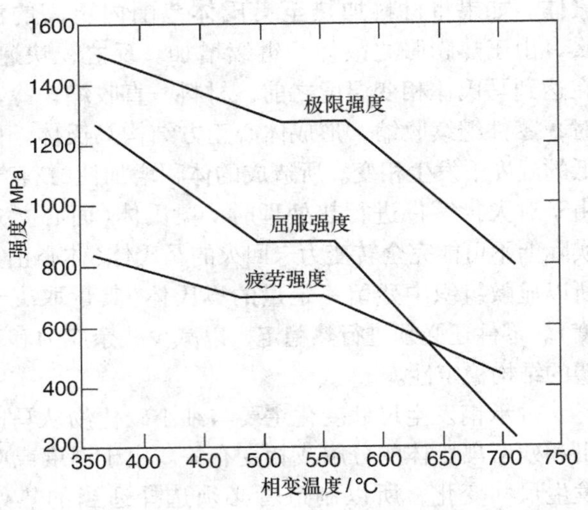

图13.13 w_C 0.8% C的钢其性能和相变温度的关系

13.5.9.2 极限强度

在前文所述的单轴向加载试验中试样断裂时的应力，定义为极限强度。热处理对极限强度有明显影响。对淬透钢AISI 52100而言，马氏体组织的极限强度一般在2 900～3 500N/mm^{2}之间。对于最好的表面淬火轴承钢而言，例如AISI 8620，其极限强度大约是2 600N/mm^2。

13.5.9.3 疲劳强度

在拉-压循环试验或反复弯曲试验中，累积循环次数达到10^7以前不出现疲劳破坏的最大应力定义为疲劳强度。这些数据主要取决于热处理工艺、表面粗糙度和表面处理方法、试验条件等。因此，难以概括总结出疲劳强度和热处理之间的关系，这里无法给出数据。最好是对单个钢种进行试验。

13.5.9.4 韧性

有两种试验方法测定轴承钢的韧性：断裂韧性试验和冲击试验。在断裂韧性试验中，应力值K_{IC}是以N/mm^2·m$^{1/2}$为单位测定的。该应力值与缺陷尺寸有关，此缺陷为许可的，不致引起早期结构失效。对马氏体的AISI 52100钢而言，K_{IC}值大小取决于热处理，其值在15和22之间。温度提高时，K_{IC}值稍有增加。表面淬火钢的断裂韧性高于透淬钢。K_{IC}达到60并不罕见。

冲击试验即用具有给定能量的摆锤冲击试样，测定试样断裂时所吸收的能量。对于AISI 52100马氏体淬火钢，该值只有4.5J，而退火软化材料该值则达到172J。

13.5.9.5 硬度

碳在钢中的分布状态决定钢的最终硬度和力学性能。尽管碳对硬度具有最大的影响，但增加合金含量也提高硬度。

硬度反映材料阻止压入的能力，因此，硬度也反映了材料阻止磨损的能力。可用静态或动态的方法测量硬度。静态测量就是利用具有规定几何形状的压头施加载荷，根据所使用的硬度测试仪的类型，测量压头压痕深度或大小从而得知材料的硬度值，见图 13. 14。

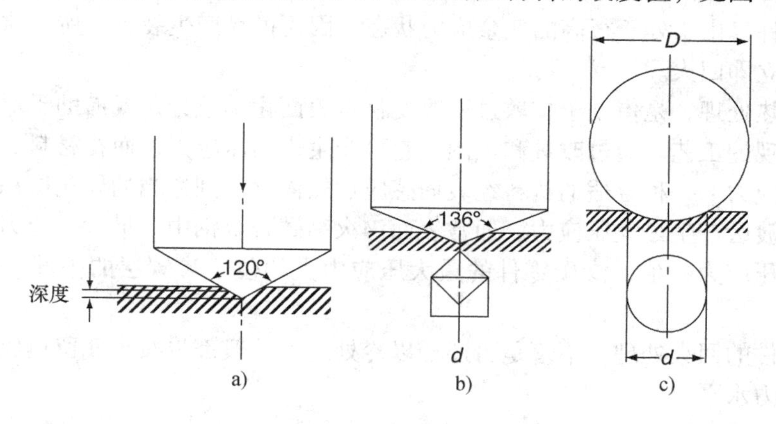

图 13. 14　硬度测量

a）洛氏硬度 HRC；压头为金钢石锥体；载荷为 150kg（包括 10kg 的预载荷）；硬度 63HRC 对应的压痕深度为 74μm。硬度测量范围：20 ~ 67HRC

b）维氏硬度：压头为正四棱锥体金钢石 136°，硬度 782HV 对应的压痕深度为 22μm。硬度测量范围：≤2000HV

c）布氏硬度：压头为淬火钢球（D）或硬质金属钢球（*D*）；压痕深度为 *d*/5，硬度测量范围：400HBW（约 HRC42. 5）~600HBW（约 57HRC）

动态测量法是让带金刚石尖头的锤子从一定高度落至试样表面，锤子反弹的高度反映了材料的硬度。肖式硬度计就是根据动态测量原理制造的。

13. 5. 9. 6　残余应力

零件制造过程和热处理过程中产生的应力可以在均匀加热和奥氏体温度区保温时全部消除。零件的淬火可以再次产生很大的内应力。马氏体高碳钢的淬透淬火在零件表面产生拉应力，这种拉应力可以使零件变形甚至产生裂纹。表面淬火热处理，包括渗碳、碳氮共渗、感应淬火或火焰淬火在内，通常都使零件呈表面压应力。不管为奥氏体化选用何种加热方法，不论后续热处理工艺是否带有冷处理，都可以显著地改变淬火零件中所产生的应力。

零件淬透淬火过程中所产生的应力主要是温度变化和不均匀相变造成的结果。轴承套圈基本上是横截面厚度不同的薄环，其尺寸和形状都易于改变。为了保持零件机加工后的尺寸特征而在淬火时使用夹具，会妨碍淬火介质的流动而在零件中引起附加的非均匀应力分布。这是由于机械约束限制了尺寸和形状的变化。车削加工的退刀槽，以及滚道、装球缺口、油孔和凸缘等存在锐角和切口，成为附加的应力集中源。

高碳铬轴承钢在推荐的奥氏体化温度下，马氏体相变温度范围大约是 204 ~ 232℃。增加这种钢的碳含量和合金元素含量将降低马氏体相变温度。粗晶粒材料的马氏体相变温度也低于相同化学成分的细晶粒材料。因此，在非常高的温度下奥氏体化将会使马氏体相变温度降低到材料几乎不能塑性调整的范围。奥氏体化温度越高，淬火期间零件产生的温度梯度越大，促使奥氏体进一步转变成马氏体的冷处理可能产生高应力，使零件产生裂纹。贝氏体热处理或马氏体等温淬火会显著地减少淬火过程中的相变应力。

滚动轴承行业典型的工艺是：将马氏体淬火零件从淬火槽中取出，冷却到室温，清洗后再进行回火。从减小零件残余应力的观点来看，低温长时间回火等效于高温短时间回火。此工艺过程中也可以在清洗工序后加入冷处理工艺，以便使奥氏体全部转变成马氏体。用这种方法处理的零件，由于处于很高的残余应力状态，因而极易产生裂纹。所以这些零件一达到室温时就必须立即回火。

表面淬火热处理，是借助于扩散过程改变材料表面化学成分，或借助于对均质材料局部快速加热而实现的工艺。通过改进和控制，它可产生表面压应力，而在材料心部形成与这完全相平衡的拉应力。一种合适的材料经表面感应加热淬火达到适当的硬化层深度时，在硬化层和心部的过渡区产生最大压应力。通常表面淬火高碳合金钢中的最大压应力幅值小于渗碳零件中的最大压应力幅值，渗碳零件的最大压应力大约位于渗碳层的中部，这一点对应的 w_C 约为0.50%。

对淬火零件的回火处理，不管是否还辅以冷处理，一般都将减小残留奥氏体含量，并适度地改变压应力水平。

13.6 特殊轴承材料

对大多数滚动轴承应用场合而言，淬透钢 AISI 52100 和表13.2中所列的表面淬火钢，足以提供优良的性能，如疲劳强度、耐磨性，以及适当的断裂韧度和始终可靠的力学性能。然而航空发动机的出现对材料提出了工作温度高、寿命长的高要求，只有用工具钢 M1、M2、M10 和 T1 才能满足这些需求。20世纪50年代，为了满足航空蜗轮发动机轴承的需要，不再用这类钢而采用真空熔炼 M50 钢。在许多应用场合，特别是仪表球轴承，耐腐蚀性变得非常重要，只有采用 AISI 440C 和 BG42 不锈钢才能满足这个要求。与 AISI 52100 钢制造的轴承相比，通常是靠牺牲疲劳寿命来满足耐蚀性要求的。然而，在这些应用场合，由于外加载荷很小，所以疲劳寿命不是主要考虑因素。表13.3列出一些上述钢种的化学成分。

太空探索的需要和航空蜗轮发动机的不断发展仍然要求研制新的稀有材料，例如兰宝石球、沉淀硬化不锈钢、镍基优质合金钢。另外，核工业需要钴合金，如 L-605、钨铬钴合金-3 和钨铬钴合金-6。现在粉末冶金成型技术使制造不同性能的钢成为可能，例如：表面硬度极高且耐腐蚀，但基体同时具备高韧性和高强度的钢。

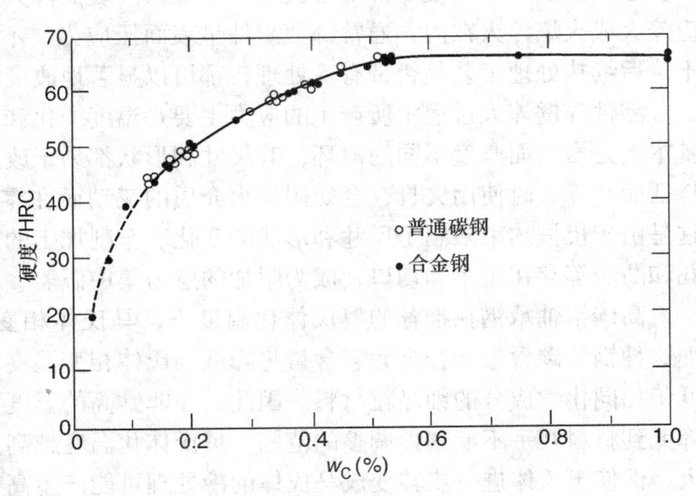

图13.15 最大硬度与含碳量的关系

航空涡轮机要求所使用的球轴承和滚子轴承在更高转速下工

作，这促使开发能承受更高温度和具有更好断裂韧度的钢材。由于高速运转状态下，套圈离心力、滚动体离心力使轴承套圈产生圆周应力，在这种状态下的疲劳剥落可以导致淬透钢（如 M50）套圈断裂。因此，航空蜗轮发动机的转速受 dN 值[轴承内径(mm)×转速(r/min)，大约在2.4×10^6dN 范围以内]限制。随着 M5-NiL 钢的研制成功（M50 的变型，一种表面淬火钢，其化学成分如表 13.3 所示），这种限制被突破。

为了使轴承能在超高温下运转，已成功地研制出烧结碳化物和陶瓷材料作为滚动轴承的材料。对这些材料包括碳化钨、碳化钛、碳化硅、硅化铝，尤其是氮化硅，一直在进行着研究。温度升高时，这些材料仍具有高硬度、耐腐蚀性，并具备一些独特特性，其中有些特性是非常有利的，如氮化硅的密度低。相反地，这些材料的其他特性，如氮化硅与钢相比，其弹性模量很高，热膨胀系数很低，对轴承设计提出了重要问题。要把这些材料成功地应用于滚动轴承零件，特别是套圈，这些问题必须加以解决。如图13.16所示，像氮化硅等陶瓷材料，初始态的粉末经一系列工艺，其中关键工艺为热等静压成型，制成优质的轴承零件。

图 13.16　氮化硅粉末经一系列工艺制成优质轴承零件（SKF 照片）

Pallini[24]给出的表 13.4 列出了上述几种材料的重要力学性能和允许的工作温度。与钢相比，热等静压烧结（HIP）氮化硅（Si_3N_4）具有更低的密度和更高的弹性模量。本书第 2 卷中的图 3.15—图 3.17 对用钢球和 HIP，氮化硅球的 218 角接触球轴承的性能参数进行了比较。可以看出，在高速条件下，在减小球载荷和增加 Hertz 接触应力之间要做出选择。图 13.17[24]给出了不同润滑条件下（液体润滑和干润滑）HIP 氮化硅的摩擦特性。显然，要维持使用 HIP 氮化硅球的轴承的低摩擦特性需要油润滑。通常标准球轴承的滚道曲率半径为$(0.52\sim0.53)D$，D 是球的直径。如果使用 HIP 氮化硅球，可以将一个滚道或内、外圈滚道的曲率半径同时减少，从而减小赫兹应力。然而，这会引起接触摩擦力增加。因此，对于使用 HIP 氮化硅球的轴承可以对减小赫兹应力（即增加疲劳寿命）和减小摩擦力进行优化。考虑到圆柱滚子轴承和圆锥滚子轴承的滚道形状为直线，故不存在这种权衡。

表 13.4　特殊轴承材料的性能

材　料	硬度(室温)/HRC	最高使用温度/℃	密度/(g/cm³)	弹性模量 ×10³MPa	泊松比	热膨胀系数/(×10⁻⁶/℃)
440C 不锈钢	62	260	7.8	200	0.28	10.1(100℃)
M50 工具钢	64	320	7.6	190	0.28	12.3(300℃)
M2 工具钢	66	480	7.6	190	0.28	12.3(300℃)
T5 工具钢	65	560	8.8	190	0.28	11.3
T15 工具钢	67	590	8.2	190	0.28	11.9
碳化钛陶瓷	67	800	6.3	390	0.23	10.47
碳化钨	78	815	14.0	533	0.24	5.9
氮化硅	78	1200	3.2	310	0.26	2.9
碳化硅	90	1200	3.2	410	0.25	5.0
硅化铝 201	78	1300	3.3	288	0.23	3.0

图 13.17 给出了不同润滑条件下(液体润滑和干润滑)氮化硅的摩擦特性。这种材料的摩擦系数主要取决于运转温度和运转环境。图中还表明，在中断润滑的情况发生时，使用 HIP 氮化硅球与使用钢球的钢制轴承相比，继续运行而不发生咬死的时间会更长些。

另外还要注意，尽管氮化硅的抗压强度很高，但其抗拉强度仅仅是 M50 钢的 30%。其断裂韧度与 M50 相比也很小，与 M50-NiL 的相比就更小了。还有，虽然在重载滚动接触条件下，氮化硅材料甚至比钢具有更长的疲劳寿命，但它也会因表面疲劳而失效。特别是连续运转时，表面上的任何缺陷都会使表面迅速破碎。因此，在寿命要求严格的应用场合，失效监测方法是必须认真考虑的。

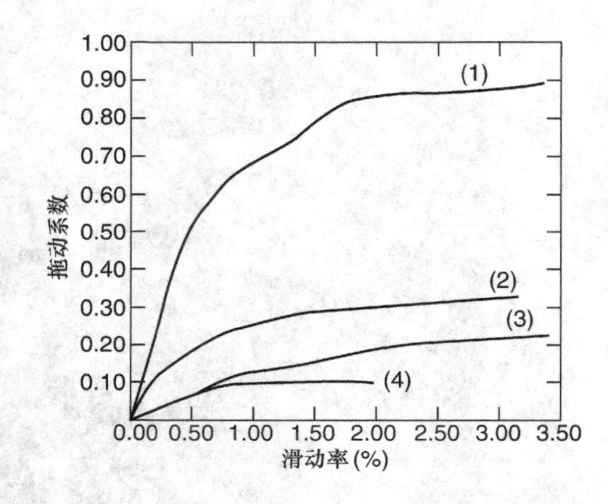

图 13.17　两个热压氮化硅试样接触状态下拖动系数与接触区上滑动比之间的函数关系曲线

(引自 Pallini, R.,在超高温条件下的蜗轮发动机轴承, Ball Bearing., SKF, 234, 12-15, July 1989. 经许可)接触应力为 2068MPa，名义速度为 3800mm/s。运转条件：(1) 25℃—干接触；(2) 370℃—石墨润滑；(3) 538℃—石墨润滑；(4) 25℃—油润滑

13.7　保持架材料

13.7.1　材料类型

一般认为，为了组装的目的，滚动轴承保持架的功能是使滚动体之间保持适当的间隔。有人认为轴承正常运转时，保持架并非必需。亦即认为，保持架受到的应力不大，不需要有套圈零件那样的强度，但事实并非如此。例如，航空蜗轮发动机主轴轴承和辅助轴承要求保

持架材料为 AISI 4340 钢（AMS 6414 或 AMS 6415），硬度范围为 28～35HRC。为了使保持架具有一定的耐腐蚀性能和附加的润滑能力，保持架表面常会镀银（AMS 2410 或 AMS 2412）。在许多轴承应用场合，不仅保持架兜孔与滚动体接触，而且保持架也与内外圈引导挡边接触。

尽管保持架可以由许多种材料制造，包括铝、S-镍钢合金、石墨、尼龙和铸铁，但主要采用的是黄铜或钢。球轴承或某些滚子轴承中，开始采用塑料保持架。

13.7.2　低碳钢

在浪型或爪型保持架的大批量生产中，通常采用适于冷成形加工的普通低碳钢板（w_C 为 0.1%～0.23%）。用机械式锁口、铆接或焊接方法使两片保持架成为一体。这种材料的抗拉强度为 300～400MPa。前面提及的用于航空场合的 AISI 4340 钢车制保持架的 $w_C=4\%$，目的是提高强度。另外，在需要特殊润滑或更高材料强度的轴承应用场合，也可使用钢管或锻件制造保持架。为了改善耐磨损性能，对许多钢制保持架进行表面淬火或磷化处理。

13.7.3　黄铜

黄铜保持架一般是由连铸棒料、离心浇铸圆柱体、砂型铸件或薄板材制造而成。α 相的抗拉强度很高（300～380MPa），因此可加工性较差，但易于拉拔（$w_{Zn}>38\%$ 时，延伸性增加），所以常采用冷成形加工成整体保持架。当含锌量 w_{Zn} 从 38% 增至 46% 时，产生 α 相和 β 相的混合相。含锌量越高，最终的强度越大。添加磷和（或）铝形成的合金可用于离心浇铸，易于车、钻、拉削等机械加工。其他有色黄铜合金也可以进行离心浇铸，但必须采用镦锻或辊轧的方法进行热加工，以满足特殊轴承产品的需要。挤压离心浇铸也可用来制造保持架毛坯。

13.7.4　青铜

当球或滚子轴承保持架工作温度高达 316℃ 时，推荐使用硅-铁-青铜（w_{Cu} 91.5%，w_{Zn} 3.5%，w_{Si} 3.25%，w_{Mn} 1%，w_{Fe} 1.20%）。必须对铸坯进行热加工和挤压成形，以获得最佳材料性能。

13.7.5　聚合物材料

13.7.5.1　优点和缺点

在许多滚动轴承应用场合，已广泛采用聚合物特别是尼龙（聚酰胺）66 作为保持架材料，聚合物保持架与金属保持架相比在制造和使用方面具有下列优点：

1）聚合物材料的加工工艺可以一次加工出结构复杂的保持架，因此，省去了制造类似金属保持架所必须的机加工，节约了资金。

2）制造塑料保持架过程中不会存在金属保持架制造中存在碎屑这一问题，从而使清洁度提高，降低了轴承噪声。

3）聚合物比金属柔软，有利于保持架装配，在某些恶劣载荷条件下对轴承的运转非常有利。

4）在许多应用场合，聚合物材料良好的物理性能使保持架具有优良的工作特性，例如，低密度（减少保持架质量），良好的化学稳定性，低摩擦和良好的阻尼性，从而降低轴承运转时的转矩和噪声。

使用聚合物的主要缺点是，由于温度、润滑剂和运转环境的影响，材料的原始性能会劣化。聚合物劣化造成强度和柔性降低，而强度和柔性在轴承运行期间对保持架的作用是非常重要的。轴承旋转引起的离心力作用于保持架上，使保持架产生径向变形。轴承运转过程中，内、外套圈的偏斜可能使保持架承受很高的应力，因此保持架强度降低可导致失效。所以，在极高工作温度、不利的润滑及其他环境因素影响条件下，必须对所用聚合物材料的劣化速率和程度进行判定。

13.7.5.2 聚合物保持架

几种聚合物保持架结构如图 13.18 所示。

图 13.18 聚合物保持架结构

a）用于球轴承的压装式保持架(尼龙 66) b）用于圆柱滚子轴承的保持架(尼龙 66)
c）用于大接触角轴承的保持架(尼龙 66) d）精密球轴承用酚醛保持架

保持架用聚合物材料的特性是：

- 低热膨胀系数。
- 在整个运转温度范围内，能保持良好的物理特性，特别是强度和柔性。
- 能适应各种润滑剂和环境因素。
- 正确的保持架设计能减小摩擦和保证润滑。

这些都是聚合物与金属保持架材料之间的根本差别。对于金属保持架而言，润滑剂几乎不会成为影响因素，在轴承运转温度范围内，材料物理特性也不会发生变化。保持架设计与所采用的材料有关，对于这一点而言，聚合物比钢或黄铜更明显。

酚醛树脂的低密度（约是钢的15%）使保持架的质量小，因此作用在这种保持架上的离心力仅仅是作用在钢保持架上的15%。在高速运转状态下，离心力使保持架径向胀大，因此低密度保持架具有更好的尺寸稳定性。然而，使用酚醛树脂局限于连续工作温度不超过100℃的应用条件。使用酚醛树脂的另一个缺点是需要进行机械加工，但下面要讨论的其他树脂，可以直接注塑成型，因此降低了加工成本。这类树脂，特别是尼龙66已经在许多滚动轴承应用场合取代酚醛树脂。

对轴承保持架而言，尼龙66（聚酰胺66）是使用最普遍的一种塑料。它的价格低廉，具有理想的物理特性，加工成本低。这种聚合物的相对分子质量是25 000～40 000。尼龙66是由已二胺和已二酸人工合成的，二者的分子都具有六个碳原子，所以用符号66表示。

$$H_2N(CH_2)_6NH_2 + HOOC(CH_2)_4COOH \xrightarrow{加热} -[NH(CH_2)_6NHOC(CH_2)_4CO]_x^- + H_2O$$

此材料呈半透明，具有热塑性，用它制造保持架具有许多理想的性能：强度、韧性、耐磨料磨损、耐化学作用和耐冲击。这种树脂具有一定的吸湿性（达3%），吸收的水分会引起成型尺寸改变，在设计保持架时一定要考虑到这一点。

在尼龙66中加入不同添加剂可以得到许多变型产品。这些变型产品的物理特性、环境惰性和加工特性都有不同程度的改善。因为它具有热塑性，所以它是一种可注塑成型的树脂，可以直接制成形状复杂的保持架，具有明显的经济效益。一般来说，树脂同润滑剂的相容性是非常好的。这种树脂制造的保持架具有很好的柔韧性，使得装配方便，并可在内外套圈存在偏斜的情况下运转。这种树脂中常常添加25%（质量分数）的玻璃纤维，它可以在高温下更好地保持强度和韧性，但却损失了柔性。

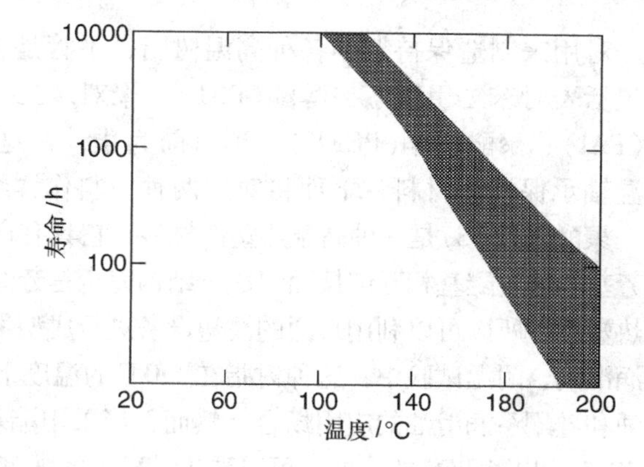

图13.19 添加25%（质量分数）玻璃纤维的尼龙66的概率寿命与运转温度的关系
（引自Lankamp，H.，滚动轴承的塑料保持架材料，Ball BearingJ.，SKF，227，14-18，August 1986. 经许可）

从制造商产品目录中选择的滚动轴承可以用于许多不同的应用场合，因此，对于使用尼龙66保持架的轴承系列而言，只有玻璃纤维增强尼龙66才能提供保持架所需的强度或韧性。图13.19（摘自文献[25]）表明，添加25%（质量分数）玻璃纤维的尼龙66的耐久能力与运转温度有关。图13.19中的阴影部分表明用不同润滑剂所测定的寿命范围。阴影下缘适用于侵蚀性润滑剂，如齿轮油(加有极压添加剂)。而阴影上缘适用于软性润滑剂，如全损耗系统用油和普通润滑脂。表13.5(摘自文献[25])列出干燥和吸湿状态下这种材料的强度、热特性、化学特性和结构特性。比较图13.19和表13.5，可以看出，在120℃的允许运转温度下，耐久性取决于润滑剂类型，大约为5 000 ~ 10 000h，这是指在120℃时连续运转；在较低的温度下运转，将提高保持架的耐久性能。

表13.5 保持架用玻璃纤维增强①热塑性聚合物性能

性能	PA②66（干燥状态）	PA66（吸湿状态）③	PES	PEEK
拉伸强度④/MPa	160	110	150	130
屈服应力④	4	5	2.3	4.4
弯曲强度④	270	230	210	240
冲击强度/(kJ/m^2)	30	50	30	30
热膨胀系数/($\times 10^{-5}$/℃)	2 ~ 3	2 ~ 3	2 ~ 6	2 ~ 3
密度/(g/cm^3)	1.3	1.3	1.51	1.44
最高工作温度/℃	120	120	170	250
最低工作温度/℃	-60	-60	-100	-70
耐脂性	好	很好	满意	很好
耐油性	很好	很好	好	很好

注：引自Lankamp，H.，滚动轴承的塑料保持架材料，Ball BearingJ.，SKF，227，14-18，August 1986。

① PA66添加25%(质量分数)的玻璃纤维。PES和PEEK添加20%(质量分数)。

② 尼龙是一种聚酰胺(PA)。

③ 吸湿状态指由于吸收少量水而导致柔性增加。

④ 强度性能是在20℃(68℉)下测定的。

13.7.6 高温聚合物

对用来制造保持架的各种高温树脂，不管是否添加玻璃纤维，都已进行了评价。这些材料包括聚对苯二甲酸丁二醇酯(PBT)、聚对苯二甲酸乙醇酯(PET)、聚醚砜(PES)、聚酰亚胺(PAI)、聚醚醚酮(PEEK)。到目前为止，在这些材料中，只有PES和PEEK可以用作为高温轴承保持架材料，下面将对这两种材料作详细讨论。

聚醚砜(PES)是一种高温热塑性材料，它具有良好的强度、韧性和耐冲击性能。这种树脂由二芳基砜通过醚基相互链接而组成，结构完全是芳烃型的，从而具有优良的高温性能。因为它具有热塑性，所以可以利用普通的注塑设备进行成型加工，即随后不需进行机加工和光饰工艺。在耐润滑剂、耐温试验中，这种树脂在170℃的温度下也具有良好性能。它还适用于采用石油系润滑油和硅酮系润滑油的应用场合。然而，当采用酯基润滑油和润滑脂时，聚合物出现劣化问题。表13.5给出了PES的性能，可以看出，PES的强度不如尼龙66。这种材料的整体保持架如采用压入法装配球或滚子时，由于其强度较低，在轴承装配时可能导致保持架产生裂纹。

聚醚-醚酮(PEEK)　聚醚醚酮结构完全是芳烃型的，耐温可达250℃。由于它耐磨粒磨损、疲劳强度高和韧性好，因此特别适用于制造保持架。它是一种透明材料，可以直接注塑成型。润滑剂相容性试验表明，温度达到200℃以上时，仍具有优良的性能。试验还表明它的耐磨性相当或优于尼龙66。表13.5将PEEK的性能同PES和尼龙66的性能作了比较。将PEEK用于轴承保持架材料的唯一缺点是成本问题，从而限制了当前它在具体场合中的应用（见参考文献[26]）。

13.8　密封材料

13.8.1　功能描述和说明

为了防止润滑剂泄漏和杂质进入，生产厂家可提供密封轴承。密封的效果对轴承寿命具有重要的影响。选择轴承密封类型时，必须考虑密封表面的旋转速度和摩擦、温升、润滑剂类型、有效空间体积、环境污染、偏斜和成本。

轴承可以采用密封圈密封。密封圈由橡胶和金属骨架组成，橡胶密封圈与内圈槽边形成滑动（见图12.10）。轴承也可采用冲压防尘盖来密封。由低碳钢制成的防尘盖压入外圈挡边槽中，与内圈挡边有一定的间隙量（见图12.9）。

防尘盖成本低，且不增加轴承转矩。这种设计对于防止粗粒杂质（150μm）侵入是有用的。它常常用于脂润滑轴承，也用于润滑油润滑的轴承。因结构和材料之故，密封圈的费用比较高。不同的密封唇结构设计，使轴承摩擦力矩不同程度地有所增加。当必须阻止水分和所有污染杂质进入时，才在脂润滑轴承中采用密封圈。为了减少油脂更换次数，也可选用密封圈密封。

13.8.2　橡胶密封圈材料

由于许多滚动轴承必须采用密封圈，所以已经研制出多种密封圈材料，以满足不同应用的要求。橡胶密封圈材料的重要性能，有润滑剂相容性、高低温性能、耐磨性和摩擦特性。表13.6列出了各种密封橡胶材料的物理性能，表13.7列出了它们的一般应用原则。

在以下橡胶材料的讨论中，需要重点注意的是，橡胶成分的变化可使橡胶具有完全不同的性能。通常加入橡胶中的材料成分为：

- 弹性体——基本的聚合物，它决定了最终产品特性范围。
- 硫化剂，活化剂，催化剂——决定弹性体硫化的程度和速率。
- 增塑剂——改善柔韧特性，从而有利于加工。
- 抗氧化剂——改善产品的抗疲劳和抗氧化性能。

对轴承密封圈而言，丁腈橡胶是使用最广泛的一种橡胶材料。这种材料，由丁二烯和丙烯腈的聚合物组成，也叫腈基丁二烯橡胶。改变丁二烯和丙烯腈的比例对成品性能有重要的影响。普通聚合物反应可以表示为

$$\underset{\text{丁二烯}}{CH_2 = CH - CH = CH_2} + \underset{\text{丙烯腈}}{CH_2 = \underset{\substack{| \\ CN}}{CH}} \rightarrow$$

$$\underset{\text{共聚物}}{-[CH_2 - CH = CH_2 - CH_2 - CH_2 - \underset{\substack{| \\ CN}}{CH}]-}$$

表 13.6 密封橡胶材料的物理性能

橡胶材料	氟橡胶			丁腈橡胶			聚丙烯酸酯橡胶	硅橡胶
	普通型	过氧化物型	氟硅橡胶	普通型	耐热型	氢化型		
材料代号(ASTM D1418)	FKM	FKM	FVMQ	NBR	NBR		ACM	VMQ，PVMQ
材料代号(ASTM D-2 000/SAE J-200)	HK	HK	HK	BF，BG，BK，CH	CH，CK	DH，DK	DF，DH	FC、FE、GE
力学性能								
硬度(钢轨硬度计)	60~95	60~95	60~80	40~90	40~90	40~95	40~80	40~85
拉伸强度	B	B	C	A	A	A	C	C
回弹(73℉①)	C	C	C	B	B	B	C	C-A
撕裂强度	C	C	D	B	B	A	D	D
耐磨粒磨损性	B	B	D	A	A	A	C	D
脆化点/℉①	-40	-40	-85	-40	-40	-30	-40	-90~-180
对金属的粘着性	C	C	D	A	A	A	BC	C
导电性能	B	B	A	C	C	C	C	A
耐透气性	A	A	D	B	B	B	B	B
耐臭氧性	A	A	A	D	D	A	A	A
耐老化	A	A	A	D	D	A	A	A
耐水性	A	A	A	A	A	A	D	B
耐蒸汽性	B	A	C	C	C	B	NR	C
耐合成润滑剂性(二元酸酯)	A	A	A	B	B	B	D	NR
耐润滑油性	A	A	A	A	A	A	A	C
耐链烃性	A	A	A	A	A	A	B	NR
耐芳香烃性	A	A	A	B	B	B	D	NR
耐酸性	A	A	B	B	B	B	D	C
耐碱性	A	A	B	B	B	B	D	A

注：1. A—优秀，B—良好，C—好，D—慎重使用，NR—不推荐使用。

2. 来源：Delta 橡胶公司，橡胶件选用指南。经许可。

① $1℉ = \frac{5}{9}K$。

表 13.7 密封橡胶材料应用原则

橡胶材料	氟橡胶			丁腈橡胶			聚丙烯酸酯橡胶	硅橡胶
	普通型	过氧化物型	氟硅橡胶	普通型	耐热型	氢化型		
材料代号（ASTM D1418）	FKM	FKM	FVMQ	NBR	NBR		ACM	VMQ，PVMQ
材料代号（ASTM D-2 000/SAE J-200）	HK	HK	HK	BF，BG，BK，CH	CH，CK	DH，DK	DF、DH	FC，FE，GE
温度范围/°F	-40～450	-40～450	-80～400	-40～25	-40～250	-40～300	-40～325	-80～450
优点	耐热性优秀	耐热性优秀	良好的低温柔性	成本低	耐热性较好	耐热性良好	耐热性中等	耐热性优秀
	耐油和耐添加剂性优秀	耐油和耐添加剂性优秀	耐油性较好	强度良好	强度良好	强度良好	耐油性较好	低温柔性中等
		耐蒸汽性优秀	耐热性良好	耐油性良好	耐油性良好	耐油性良好	耐极压添加剂	
					耐极压油能力良好			
缺点	高成本，热强度差	高成本	热强度差	耐热性有限	耐热性有限	高成本	强度差	不耐油
	不耐磨粒磨损	不耐磨粒磨损	加工困难	不耐极压油	不耐极压油		不耐磨粒磨损	强度差
	耐水、蒸汽和氨性差		难于粘接				耐水性耐蒸汽性差	

注：引自 Delta 橡胶公司，橡胶件选用指南。经许可。

丙烯腈含量为20%~50%(质量分数)，并含有各种抗氧化剂的丁腈橡胶已经成为商品，在市场上可以买到。特殊聚合物的选用将取决于润滑剂的低温要求和所需的耐热性。

许多通用轴承使用丁腈橡胶。与其他橡胶材料相比，它的成本较低，可以一次加工出形状复杂的密封唇。丙烯腈含量较高的腈橡胶与石油基润滑剂的相容性较好。这种弹性材料适宜在不高于100℃的温度下使用，不能应用于高温场合。

滚动轴承中也已采用聚丙烯橡胶材料。聚丙烯酸酯橡胶一般是以乙基丙烯酸和/或丁基丙烯酸为基础，通常含有丙烯腈共聚体。正如丁腈橡胶的情况一样，丙烯腈含量越高，则耐润滑剂性越好，但低温性能变劣。

这些材料能够承受高达150℃的运转温度，如果配方适当，它们具有非常好的耐矿物油的能力和耐极压润滑油的能力。

对大多数密封应用来说，上面这些材料的缺点是防水性差、强度低、耐磨性差及成本高。尽管这种材料不再使用在高温场合，但是，当要求密封摩擦力较低时，仍然采用它。

在某些高温应用场合及食品机械中，采用硅橡胶作密封材料。硅橡胶由硅-氧键构成脊骨形结构，从而具有优良的耐热性。典型的聚合物结构为：

$$
\begin{array}{cccccccccccc}
 & & R & & & R & & & R & & & R \\
 & & | & & & | & & & | & & & | \\
-O & - & Si & - & O - & Si & - & O - & Si & - & O - & Si - \\
 & & | & & & | & & & | & & & | \\
 & & R & & & R & & & R & & & R
\end{array}
$$

改变侧基R的种类及数量就可以得到硅聚合物的不同变型。可替代侧基R的典型有机物质有甲基、苯基和乙烯基。如果R=CH_3，那么聚合物就是二甲基聚硅氧烷。

硅橡胶密封圈的优点是使用温度范围广(-60~180℃)，材料呈惰性且无毒，因此广泛应用于食品业、饮料业和医药业。在反复的高温作用下，其性能稳定。优良的低温柔性使得这种密封材料也可用于需要密封的低温应用场合。

与丁腈橡胶相比，硅橡胶十分昂贵。对大多数密封应用而言，它的耐润滑剂能力和力学性能较差。总的说来，硅橡胶的使用受到限制。

由于氟橡胶良好的高温特性及与润滑剂的良好相容性，氟橡胶作为密封材料应用日益普及。这类材料中典型的聚合物是亚乙烯氟和六氟丙烯的聚合物，可表示为

$$
\begin{array}{l}
\qquad\qquad\qquad\qquad\qquad\qquad\quad CF_3 \\
\qquad\qquad\qquad\qquad\qquad\qquad\quad\;\; | \\
-CH_2-CF_2-CH_2-CF_2-CH_2-CF
\end{array}
$$

这种材料通常使用在130℃以上的高温密封应用场合。对用于轴承密封而言，氟橡胶具有良好的耐磨损能力和良好的耐水性。正像所预料的，与丁腈橡校相比，其成本也非常高。

13.9 轴承零件的表面处理

13.9.1 表面涂层概述

涂层可以改善轴承或轴承零件的表面特性，而不影响轴承材料的整体性能。在通用轴承

应用范围内，涂层用于改善耐磨性、轴承运转起始状态润滑特性、滑动特性和表面外观。另外，表面特殊处理的轴承适用于在温度高、磨损大或腐蚀性强的使用条件下运转。

13.9.2 表面沉积工艺

13.9.2.1 概述

滚动轴承表面沉积工艺主要有气相沉积和液相沉积两种。气相沉积包括化学气相沉积(CVD)、物理气相沉积(PVD)和离子注入。液相沉积包括化学液体沉积和电化学沉积。熔覆、半熔覆工艺，如激光熔覆和热喷涂较少用于轴承表面处理，而多用于修复轴承内孔或为轴承提供绝缘层。Holmberg 和 Mattthewa[28]对表面沉积工艺做了一个很好的综述。然而，以下内容可以帮助我们快速了解最常用的滚动轴承表面沉积工艺。

13.9.2.2 化学转化膜

将轴承零件浸入含某种制剂的溶液中，通过化学反应使轴承表面生成化学转化膜，形成所期望的零件。最常见的轴承表面化学转化膜工艺是磷化和发黑。

零件浸入一定温度金属磷酸盐的酸性溶液中，轴承表面生成一整体磷酸锌或磷酸锰涂层。涂层为非金属材料且不导电。磷酸锌生成较薄的涂层，主要用于装饰，而磷酸锰形成较厚的涂层，通常优先用于耐磨损和保存润滑剂，并充当磨合期间的润滑剂。

发黑是在钢的表面形成一层氧化铁混合物的专业术语。它的优点是处理后零件尺寸不发生变化，因此可以保持原来的公差。获得这种涂层的常用方法是在高温氧化槽中对零件进行处理。由于化学反应使钢表面上的铁发生分解，为了防止发生表面破坏，必须对反应过程进行严格的控制。表面发黑是由于表面存在 Fe_3O_4。对轴承及其附件进行发黑处理，还可以使零件具有均匀的装饰性外观，磨合期间起润滑作用；在长期储存时可以防锈。

13.9.2.3 电镀和无电解沉积

镀层工艺是指在电解液中，元素(通常为金属元素)沉积在的期望的轴承零件表面的工艺；电镀是指在典型的水基电解液中，将轴承零件充当电极，通过电解加工，将金属元素沉积到零件表面的工艺。滚动轴承上最常用的镀层是铬(Cr)、镍锌合金(Zn-Ni)、银(Ag)、金(Au)和铅(Pb)等。

镀铬和镍锌合金的轴承常用于具有化学腐蚀的环境，以提高耐腐蚀能力。例如，TDC镀层常用于需每天清洗的食品工业设备。由 Phoads 等[29]和 Johnson 等[30]完成的 TDC 滚动接触轴承试验表明，TCD 涂层轴承改善了耐腐蚀能力，但并没有改善轴承的疲劳寿命和耐磨性能。由 Smitek 等[31]完成的 Zn-Ni 钢滚动试验表明，Zn-Ni 合金比 TCD 表面更软、磨损更快，因此，对轴承的全寿命周期而言并不利。

13.9.2.4 化学气相沉积

在化学气相沉积(CVD)过程中，含有涂层元素的挥发性化合物被引入反应室，凝结于轴承零件表面，形成涂层。化学气相沉积的典型温度为850~1050℃。尽管这种温度有利于涂层在基体表面沉积扩散，但是它们超出了轴承钢的回火温度，涂层完成后需进行热处理。涂层完成后的热处理可能引起零件尺寸变化，因此限制了该工艺在轴承零件中的应用范围。

最常用的 CVD 轴承涂层材料是碳化钛(TiC)。TiC 的化学气相沉积，是在高温氢气和甲烷气氛中，四氧化钛被气化，并同基体金属发生反应。

13.9.2.5 物理气相沉积

在物理气相沉积(PVD)过程中，涂层材料从固态被雾化或汽化，然后沉积于轴承零件表面。这个过程是典型的喷涂过程，即通过涂层材料的原子轰击被涂敷在表面上，产生一个伪扩散层，成为涂层原子进入轴承钢基体的动力。通过离子撞击基体表面可以使PVD涂层与基体形成很高的结合强度。由于涂层是通过将涂层材料从固态气化或雾化，进而沉积于轴承零件表面，PVD可以多层涂敷，并可通过不同的涂层厚度得到不同的涂层性能。PVD与CVD相比，另一个主要优点是，基体材料温度低于550℃。因此，涂层完成后不需进行热处理。

传统的轴承表面PVD涂层使用传统的摩擦学材料，如金(Au)、银(Ag)、铅(Pb)、二硫化钼(MoS^2)和二硫化钨(WS_2)。而新近使用纳米晶粒(nc)金属碳化物(MC)渗入无组织的烃基(/aC:H)中的新材料，也称为类金钢石涂层(DLC)。在这些DLC材料中，在轴承上最常用的MC材料是碳化钛(TiC)和碳化钨(WC)。

13.9.3 减轻恶劣工作环境下损伤机制的表面处理技术

13.9.3.1 概述

当滚动轴承工作在下列恶劣工作条件下时，如润滑不良、内部存在磨粒、轴承座存在高频振动等，其工作寿命会显著低于标准预期寿命。对于这些损坏机理，采用表面强化技术可以有效地延长滚动轴承的使用寿命。本节对已经和正在使用的滚动轴承表面强化技术做一个综述。所提及的损坏机理将在本书第2卷第10章作详细论述。

13.9.3.2 轴承润滑中断或缺失

对于不能连续润滑或缺乏润滑的场合，使用镀金、银、铅、二硫化钼或二硫化钨的滚动体、滚道或保持架(见文献[32])。在这些极端条件下，由于配合表面不能被润滑剂分开，摩擦力增加，表面间相互磨损或热不均衡，导致滚动轴承过早损坏。

例如，液态银通常镀于飞机燃气蜗轮发动机主轴承保持架和滚子表面[33]，在这些装置上的轴承必须在没有润滑油的作用下维持运转一段时间，以便在紧急情况下，飞机能够安全着陆。镀银的保持架不仅能够用作保持架和滚动体之间的减磨层，而且也能够充当球或滚子之间的固体润滑剂。但这种方式有的时候也会出现问题。在某些情况下陶瓷和金属微粒被嵌入镀银层内，从轴承的角度来看，保持架就变成了一个高速砂轮。如果足够多的材料从轴承保持架的导引面上被磨掉，保持架就会不平衡，从而产生大量的摩擦热。这可能导致热不平衡失效，并可能造成蜗轮发动机轴承卡死的灾难性后果。为了解决这个问题，Fisher等[34]研制出用物理气相沉积法把氮化钛(TiN)渗入轴承保持架引导表面。

其他边界润滑的应用场合，如用于生物医学和科学研究的靠滚动轴承旋转的阳极X射线管，在这些应用中，用物理气相沉积法做出的金、银或铅表面涂层必须具有固体润滑剂功能，而其他润滑方式不可能具备这样的功能。

13.9.3.3 微动磨损

微动磨损是一种粘着磨损机理。当一个不转动的轴承承受外部振动时，滚动体和滚道之间会发生微动磨损。由于轴承不旋转，在滚动体和滚道之间不能形成保护油膜，导致金属与金属的直接接触。在这种条件下，这种零件表面之间的微小运动会造成磨损，从而在滚道上形成沟槽。微动磨损尤其容易发生在运输过程(通常是卡车或火车运输)或在振动环境中存放过程，或是由于机械设计不合理所致。

在20世纪80年代初期，Boving 等人[35]通过化学气相沉积技术把碳化钛涂敷于440C的钢球上，使得陀螺仪轴承能够避免微动磨损。碳化钛涂层通过消除金属间的接触，具有可靠地防止由于粘着磨损而产生微动磨损的作用。如今，这种技术已经被淘汰，金属球被氮化硅陶瓷球所代替。

由于从经济性考虑，不可能在所有轴承上都采用陶瓷滚动体，因此，目前 WC/aC:H 物理气相沉积涂层已用于多种滚动体以避免金属之间的接触，从而减少粘着磨损和微动磨损。图13.20显示了 WC/aC:H PVD 涂层实验室微动磨损试验结果，结果表明，WC/aC:H PVD 涂层可以使沟槽磨损深度从1.85μm 减少到0.68μm。但是应当注意，使用了涂层滚子后，沟槽的磨损并没有完全消失，原因在于磨损机理已从粘着型变为滚道微动研磨。但是，这种方式还是有效地延长了轴承的使用寿命，常常使得他它损坏机理成为最终决定轴承寿命的因素。如今，WC/aC:H 涂层滚子通常用于非高速公路卡车运输、拖拉机、轧钢机和风力蜗轮机等应用场合，以减轻微动磨损。

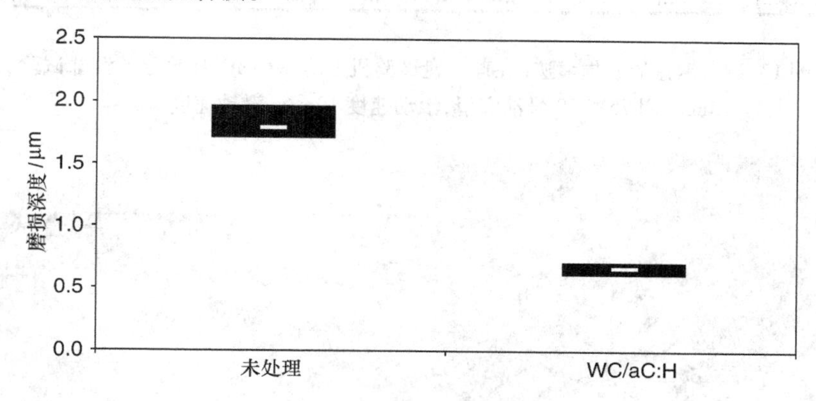

图13.20　圆锥滚子轴承的微动磨损试验

注：黑色条纹为未加处理的钢制滚子(左)与 WC/Ac:H 涂层滚子对沟槽磨损深度的标准偏差的平均值。试验条件为用 GL-4 齿轮油润滑，在18 700N 的轴向载荷下往复摆动500 000次，每一试样进行25次试验

13.9.3.4　硬性颗粒污染造成的压痕

很多情况下，轴承会受到来自其他零件(例如齿轮)磨粒的污染，它们是由于密封件磨损或失效而进入系统中的。根据磨粒的大小、类型和数量，轴承的使用寿命会受到不同程度的影响。这些问题在本书下册第八章中有论述。硬颗粒污染会造成滚道的塑性变形，同时也引起凹痕边缘的金属的隆起。大多数由硬颗粒污染造成的疲劳都来源于这个凹痕边缘金属隆起处形成的应力集中。

为了减少应力集中，由于 WC/aC:H 涂层有较好的耐磨性，被用于发生微动研磨的配对表面，正如 Kotzalas[36]在球—盘试验机钢盘上对 WC/aC:H 涂层的钢球进行的试验结果(见图13.21)那样。具体来说，通过事先剔除因为增大的接触压力而产生的凹痕边缘突起金属，WC/aC:H 的耐磨性能使得滚子上的涂层保持完整，在图13.22中(摘自参考文献[36])，显示了磨粒凹陷的外观，圆锥滚子轴承在使用有涂层和无涂层滚子情况下经试验产生的微动研磨。Doll 等人[37]经过轴承疲劳寿命试验发现，当轴承滚子涂上 WC/aC:H 后，与用25～53μm 的硬钢粒压出凹痕的标准轴承比较，渗碳圆锥滚子轴承的疲劳寿命会增加4.46倍。

同样地，在Kotzalas[36]的实验中，用一些比较大的颗粒(90～110μm)做试验时，发现淬透钢AISI 52100的调心滚子轴承的寿命会提高1.41倍。这并没有达到Doll等人[37]研究的结果。这其中的性能差别原因很可能是：颗粒越大，造成污染损伤越严重，在调心滚子轴承的滚子与滚道间的摩擦就越大，以及在淬透轴承钢中缺乏残余压缩应力等。

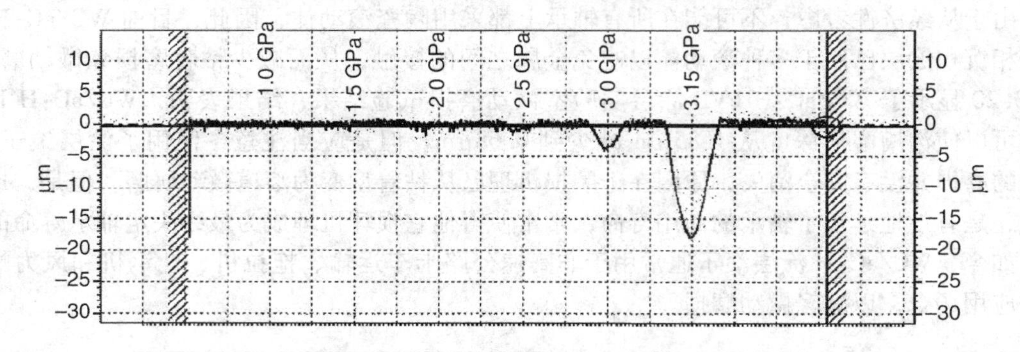

图13.21　钢盘的磨损痕迹(在球—盘试验机上对WC/aC:H涂层的钢球试验15min,用75W-90号油润滑,滚动速度10m/s,滑动速度5m/s)

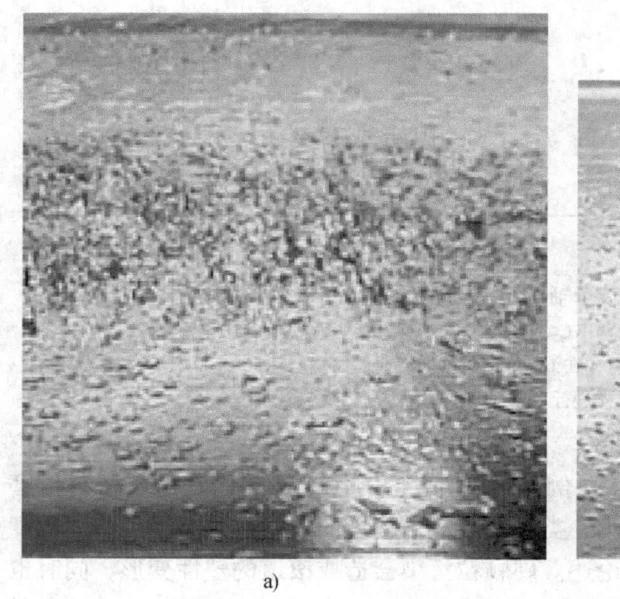

a)

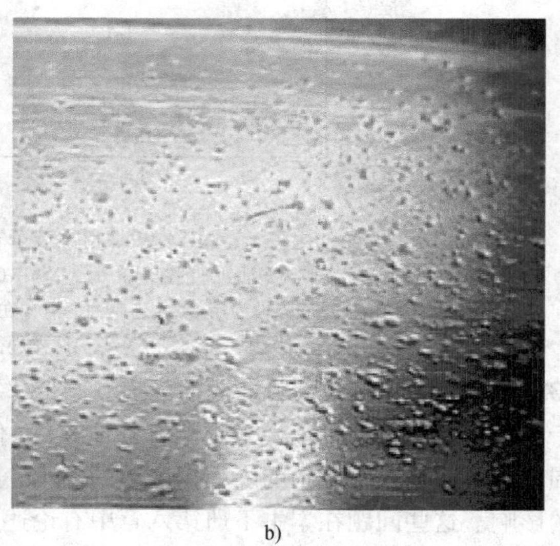

b)

图13.22　淬透钢AISI 52100调心滚子轴承在90～110μm硬钢磨粒作用下压痕外观

a）未经处理的钢制滚子　b）有WC/aC:H涂层的滚子

注：试验条件：施加38.9%的额定动定载荷，润滑条件：37.8℃的ISO VG 68矿物油。轴承滚道与下列滚子接触

(引自Kotzalas,M.,磨粒压痕分析SM和增强轴承耐磨性的工程表面,Proc. BMPTA Brg. Seminar,Fatigue or Murder? 滚动轴承失效及其预防,Leicester,England,10,2004.)

如今，在非高速公路车辆的变速器和向下钻孔的动力头上装有WC/aC:H涂层滚子的轴承，用来减轻侵入的磨粒的破坏。在这些应用场合，外部污染很难控制。

13.9.3.5　严重磨损(擦伤或胶合)

滚子轴承的胶合通常在没有足够润滑的条件下产生，此时强摩擦引起的局部高温会产生接触面粘着和材料转移的现象。在圆锥滚子轴承内，这种现象通常发生在高速、重载和润滑不良的滚子端部和挡边之间。Evans等人[38]发现在推力载荷下，物理气相沉积的TiC/aC:H涂层延长了圆锥滚子轴承滚子端部胶合发生的时间。为了确保最小润滑条件，将轴承浸入含有80%的已烷和20%的GL-5型齿轮油的溶液，在试验开始之前，允许已烷蒸发。在垂直推力试验台上以3000r/min的转速施加4450N轴向载荷条件下，完成25套轴承试验。每套轴承试验到其端部和挡边处发生胶合。用Weibull分布确定出标准滚子端部和TiC/aC:H涂层滚子端部胶合损坏发生的平均时间(L_{50})(将在本书《滚动轴承分析》第2卷第10章讨论)，如图13.23所示。从图中可以看出，在最小润滑条件下，与标准滚子相比，加TiC/aC:H涂层将滚子端部胶合发生的时间延长了7倍。调心滚子轴承也有类似的结果[39]。

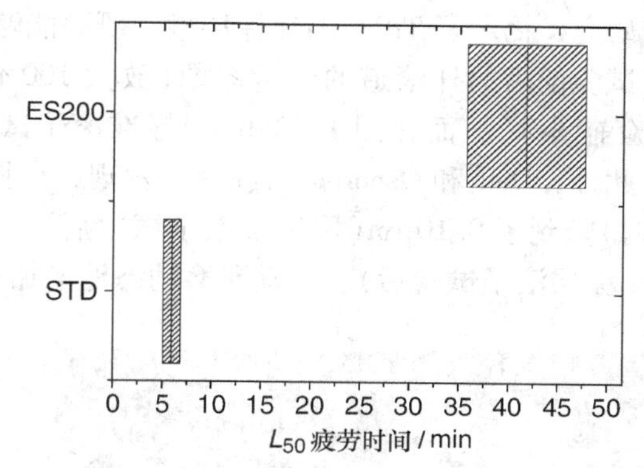

图13.23 比较标准滚子和TiC/aC:H涂层(ES200)滚子大端面与挡边处胶合的试验结果(90%的置信带)
(引自Evans, R. ,等,纳米抗摩涂层的滚动轴承, Mat. Res. Soc. Symp. Proc. ,750,407-417,2003,经许可)

由于使用TiC/aC:H涂层可大大减少胶合破坏，在胶合破坏限制轴承寿命的使用场合，如飞机着陆轮、轧钢机、主动齿轮轴承、轮毂轴承和造纸机械轴承等均采用该表面处理技术。

13.9.3.6 表面初始疲劳

表面初始疲劳通常是因轴承零件表面的高压超过了疲劳极限从而引发裂纹产生。归功于Doll[41]、Anderson和Lev[42]，发现在齿轮上MC/aC:H涂层的微动研磨作用，TiC/aC:H PVD涂层被应用于薄润滑膜的轴承滚子。Doll和Osborne[43]在SAE 10号油中用未经处理的和有TiC/aC:H涂层的滚子进行圆锥滚子轴承的耐久性试验。润滑油输入温度按照油膜参数(Λ)(在本书第2卷第8章中定义)，即油膜厚度与表面粗糙度之比近似等于0.6时计算。图13.24显示了TiC/aC:H涂层滚子轴承比未经处理的滚子轴承寿命长一倍。对试验轴承的进

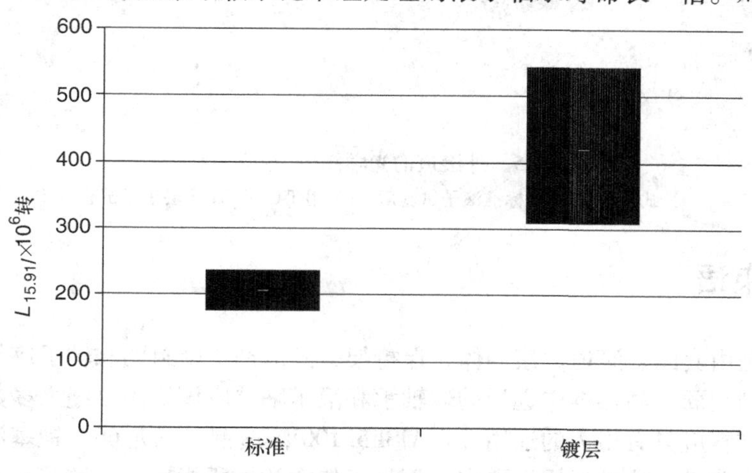

图13.24 圆锥滚子轴承在薄润滑膜条件下比较标准滚子和TiC/aC:H涂层滚子的试验结果(65%的置信带)

一步研究，揭示了 TiC/aC:H 涂层微动研磨能够增加表面疲劳寿命的作用机理。图 13.25 显示了试验前后的外滚道的光学图像(放大 100 倍)。在图 13.25a 中滚道的磨削特征很明显(试验前图像)，而在图 13.25b(用标准滚子试验后的图像)中这些特征中的大部分已不明显。此外，Doll 和 Osborne[43]进一步发现，外圈滚道表面粗糙度的均方根(rms)从 0.11μm(新时)降到了 0.10μm(用标准滚子试验后)；或从 0.11μm(新时)降到了 0.07μm(用 TiC/aC:H 涂层滚子试验后)。微动研磨动态地增加了 Λ 值，进而增加了疲劳寿命。

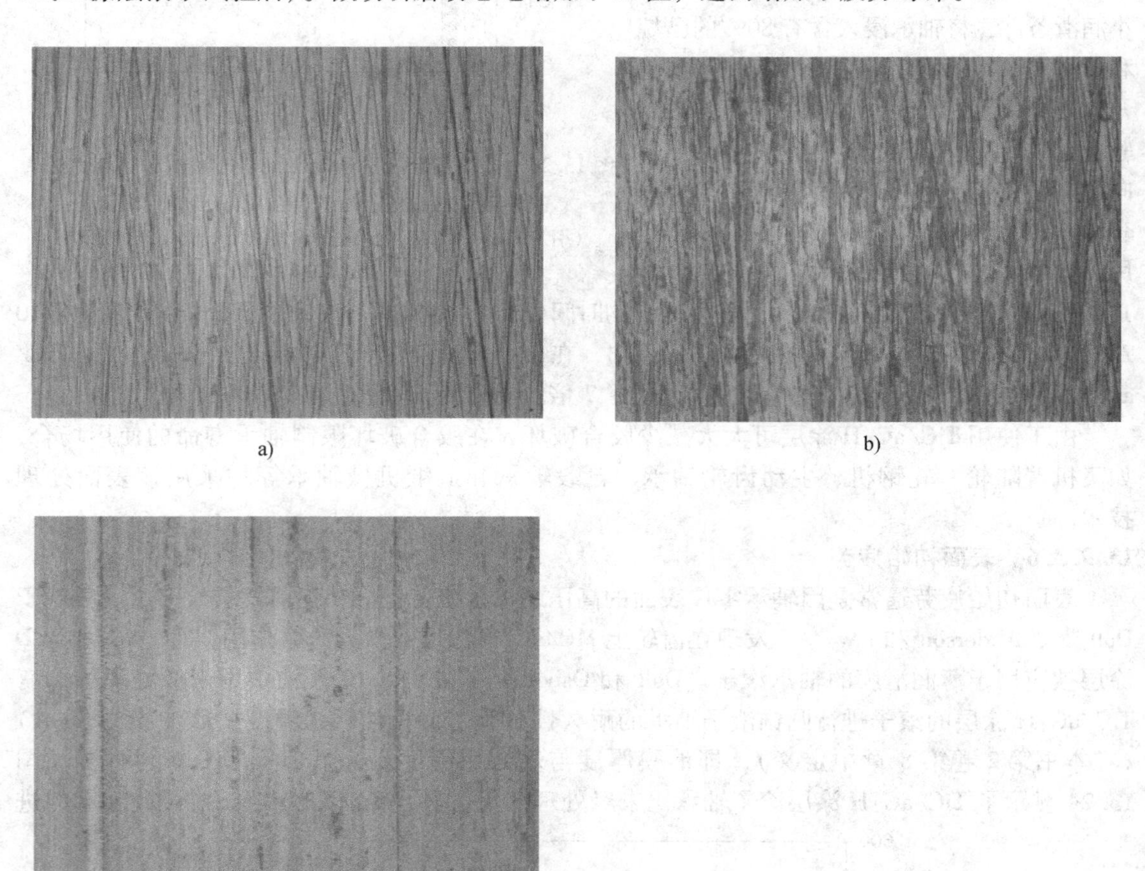

图 13.25　外滚道的光学图像(放大 100 倍)
a) 试验前　b) 用标准滚子试验后　c) 用 TiC/aC:H 涂层滚子试验后

13.10　结束语

滚动轴承是由套圈、滚道、滚动体、保持架、润滑剂、密封圈和轴承座等组成的一个系统。通常，从制造商产品样本中选择的球轴承和滚子轴承应该能满足绝大多数应用要求。相应地，它们的材料应具有很大的通用性。AISI 52100 淬透钢、尼龙 66、锂基润滑脂等许多材料，多年来一直能满足这种通用性要求。而且正如本章中所指出的，这些材料特别在过去几十年中，已经得到了重大改进。

对于重载、高速、高温、低温、恶劣环境或兼而有之等特殊应用场合，所选择的轴承材料必须相互匹配，以达到所期望的运转寿命。例如，航空蜗轮发动机主轴轴承，在发动机运转温度和速度下，仅 M50 或 M50-Nil 轴承套圈达到长寿命是不够的，而轴承保持架和润滑剂也必须达到同样的运转寿命。因此，在这种应用场合，保持架通常采用韧性钢，并表面镀银。由于高温影响，且同时也可能由于与润滑剂的相容性问题，而不采用尼龙保持架。轴承工作温度的上限是由润滑剂确定的，在大多数情况下，这种润滑剂为人工合成油，符合美国军用技术条件 MIL-L-23699 或 MIL-L-7808。

航天飞机主发动机的液态氧(LOX)蜗轮泵是工作条件极端恶劣的一个例子。这种应用场合中，轴承转速极高(30 000r/min)，且由液态氧润滑。液态氧在轴承内气化，轴承趋于“燃烧”、磨损，虽然液态氧的初始低温为 -150℃。为了保证足够的寿命，轴承保持架采用一种叫玻璃纤维增强聚四氟乙烯(PTFE)材料[44]，通过将保持架兜孔的聚四氟乙烯薄膜转移到钢球上而进行润滑。轴承套圈采用真空冶炼 AISI 440C 不锈钢制造。轴承运转寿命仅几个小时。

参考文献

[1] American Society for Testing and Materials, Std A295-84, High Carbon Ball and Roller Bearing Steels; Std A485-79, “High Hardenability Bearing Steels.”

[2] American Society for Testing and Materials, Std A534-79, “Carburizing Steels for Anti-Friction Bearings.”

[3] Braza, J., Pearson, P., and Hannigan, C., The performance of 52100, M50 and M50-NiL steels in radial bearings, *SAE Technical Paper 932470*, September 1993.

[4] Zaretsky, E., Bearing and gear steels for aerospace applications, *NASA Technical Memorandum 102529*, March 1990.

[5] Trojahn, W., et al., Progress in bearing performance of advanced nitrogen alloyed stainless steel, in *Bearing Steels into the 21st Century*, J. Hoo (Ed.), ASTM STP 1327, 1997.

[6] Böhmer, H.-J., Hirsch, T., and Streit, E., Rolling contact fatigue behavior of heat resistant bearing steels at high operational temperatures, in *Bearing Steels into the 21st Century*, J. Hoo (Ed.), ASTM STP 1327, 1997.

[7] Finkl, C., Degassing—then and now, *Iron and Steelmaker*, 26–32, December 1981.

[8] Morrison, T., et al., The effect of material variables on the fatigue life of AISI 52100 steel ball bearings, *ASLE Trans.*, 5, 347–364, 1962.

[9] United States Steel Corp., *Making, Shaping, and Treating of Steel*, 9th Ed., 1971, p. 551.

[10] United States Steel Corp., *Making, Shaping, and Treating of Steel*, 9th Ed., 1971, pp. 596–597.

[11] United States Steel Corp., *Making, Shaping, and Treating of Steel*, 9th Ed., 1971, p. 594.

[12] United States Steel Corp., *Making, Shaping, and Treating of Steel*, 9th Ed., 1971, p. 598.

[13] United States Steel Corp., *Making, Shaping, and Treating of Steel*, 9th Ed., 1971, p. 580.

[14] Eckel, J., et al., Clean engineered steels—progress at the end of the twentieth century, in *Advances in the Production and Use of Steel with Improved Internal Cleanliness*, J. Mahoney (Ed.), ASTM STP 1361, 1999.

[15] Åkesson, J. and Lund, T., SKF rolling bearing steels—properties and processes, *Ball Bearing J.*, 217, 32–44, 1983.

[16] American Society for Testing and Materials, Std E45-81, “Standard Practice for Determining the Inclusion Content of Steel.”

[17] Beswick, J., Effects of prior cold work on the martensite transformation in SAE 52100, *Metall. Trans. A*, 15A, 299–305, 1984.
[18] Butler, R., Bear, H., and Carter, T., Effect of fiber orientation on ball failures under rolling contact, NASA TN 3933, 1975.
[19] SKF Steel, *The Black Book*, Vol. 194, 1984.
[20] SKF Steel, *The Black Book*, Vol. 151, 1984.
[21] Grossman, M., *Principles of Heat Treatment*, American Society for Metals, 1962.
[22] American Society for Testing and Materials, Std A255-67, "End-Quench Test for Hardenability of Steel" (1979).
[23] American Society for Metals, *Atlas of Isothermal Transformation and Cooling Transformation Diagrams*, 1977.
[24] Pallini, R., Turbine engine bearings for ultra-high temperatures, *Ball Bearing J.*, SKF, 234, 12–15, July 1989.
[25] Lankamp, H., Materials for plastic cages in rolling bearings, *Ball Bearing J.*, SKF, 227, 14–18, August 1986.
[26] Oleschewski, A., High temperature cage plastics, *Ball Bearing J.*, SKF, 228, 13–16, November 1986.
[27] Delta Rubber Company, *Elastomer Selection Guide*.
[28] Holmberg, K. and Matthews, A., *Coatings Tribology: Properties, Techniques, and Applications in Surface Engineering*, Elsevier, Amsterdam, 1994.
[29] Rhoads, M., Shucktis, B., and Johnson. M., Thin dense chrome bearing insertion program, Report NTIS, AD-A330 677 (microfiche), GE Aircraft Engine, 1997.
[30] Johnson, M., Laritz, J., and Rhoads, M., Thin dense chrome insertion program—Pyrowear 675 and Cronidur wear testing, Report NTIS AD-A361 451 (microfiche), GE Aircraft Engine, 1998.
[31] Smitek, J., et al., Corrosion-resistant antifriction bearings, *AISI Steel Tech.*, 76, 12, 19–23, 1999.
[32] Bhushan, B. and Gupta, B., *Handbook of Tribology: Materials, Coatings, and Surface Treatments*, McGraw-Hill, New York, 1991.
[33] Brown, P., Bearing retainer material for modern jet engines, *ASLE Trans.*, 13(3), 225–239, 1970.
[34] Fisher, K., et al., Rolling element bearing having wear resistant race land regions, US Pat. No. 5,165,804, 1992.
[35] Boving, H., Hinterman, H., and Stehle, G., TiC-coated cemented carbide balls in gyro application ball bearings, *Lub. Eng.*, 39(4), 209–215, 1983.
[36] Kotzalas, M., Debris signature analysis^{SM} and engineered surfaces for increasing bearing debris resistance, *Proc. BMPTA Brg. Seminar, Fatigue or Murder? Rolling Bearing Failures and How to Prevent Them*, Leicester, England, October 2004.
[37] Doll, G., Ribaudo, C., and Evans, R., Engineered surfaces for steel rolling element bearings and gears, Materials Science and Technology, MS and T 2004; volume 2: AIST/TMS Proceedings, 367–374, 2004.
[38] Evans, R., et al., Nanocomposite tribological coatings for rolling element bearings, *Mat. Res. Soc. Symp. Proc.*, 750, 407–417, 2003.
[39] Anon, Eliminating smearing in soft calender bearings, *Pulp Paper Canada*, 103(11), 10, 2002.
[40] SKF Brochure, *NoWear^{TM}, Less Than You Can Imagine*, Publ. No. 5047E, 2000.
[41] Doll, G., Engineering gear surfaces, Presented at Balzers *Prec. Comp. Seminar*, Amherst, NY, October 21, 1999.
[42] Anderson, N. and Lev, L., Coatings for automotive planetary gear sets, Presented at *ASME Des. Eng. Tech. Conf.*, Chicago, IL, September 2, 2003.
[43] Doll, G. and Osborn, B., Engineering surfaces of precision steel components, Presented at *44th Soc. of Vac. Coaters Tech. Conf.*, Philadelphia, PA, April 21–26, 2001.
[44] Maurer, R. and Wedeven, L., Material selection for space shuttle fuel pumps, *Ball Bearing J.*, SKF, 226, 2–9, April 1986.

第14章　振动、噪声与工况监测

符号表

符　号	定　义	单　位
A	峰值位移幅值	mm
D	滚动体直径	mm
dB	分贝值、相对对数幅值	
dm	节圆直径	mm
FB	轴承的反作用力	N
F	频率	r/min，Hz
g	重力加速度	mm/s^2
M	质量	kg
n	速度	r/min
r	径向偏差	mm
t	时间	s
Z	球或滚子数	
ω	角速度	rad/s
	角　标	
c	保持架	
i	内圈，轴或内滚道	
o	外圈或外滚道	
r	滚动体	

14.1　概述

本章简要介绍轴承振动，相关的也涉及噪声。噪声有时候是由于过大的轴承振动而产生的。还要介绍几个常见的振动和噪声显得很重要的轴承应用场合。

不管机器的振动或噪声是否强烈，轴承都会以下列三种方式影响它们：其一，作为一个结构元件，部分地决定机器刚度；其二，轴承内部载荷分布的周期变化，使得轴承成为一个振源；其三，由制造、安装或连续使用后磨损和损伤引起的几何缺陷，使得轴承成为一个振源。

用振动仪检测机器运转中轴承的损坏过程已有很长一段时间，近年来这种方法已经变得更为经济和可靠。本章将介绍这种机器监测的某些方面。

14.2　对振动或噪声敏感的应用场合

14.2.1　振动和噪声的意义

在许多场合，通过空气传播的有害机器噪声来源于机器零件的可测振动，参考文献[1,2]中已经给出了有关轴承噪声测值和机器振动测值之间的关系。因此，就滚动轴承而言，术语“噪声”和“振动”常常表示类似的和相关的现象。在一个特定应用场合，不管哪一个参数似乎更重要，噪声和振动两个都可能成为判断新机器中轴承、机器零件质量或装配方法问题的指标，亦可作为轴承运转较长时间后，是否需要修理或更换的首选指标。

14.2.2　对噪声敏感的应用场合

人们一直追求降低中小型电动机(其中使用深沟球轴承)的噪声。图14.1给出了这样的应用。电动机左端轴承受到弹簧产生的推力作用，以消除轴承内的轴向间隙。此轴承的外圈可在轴向自由游动，这样，轴和电动机组件的热膨胀便不会引起预载荷损失，同时又防止产生过大的轴承载荷或引起电动机零件变形。

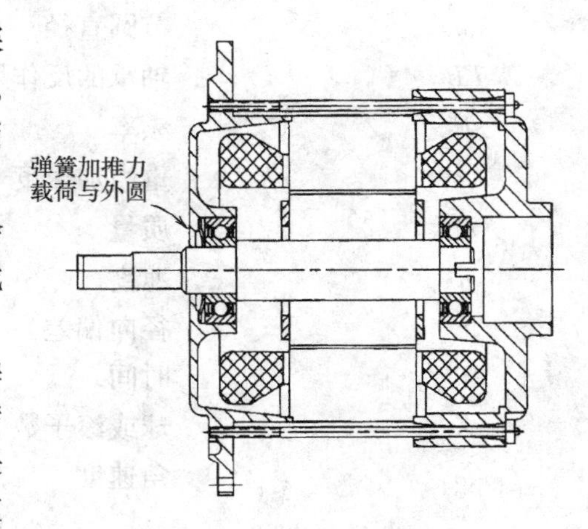

图14.1　电动机示意图

对于办公室和家用电器这样的应用场合，噪声会令人不适，因此要求电动机具有低噪声运转性能。建筑物暖气系统和空调系统中，噪声也是一个严重问题。在这些场合，电动机或电扇的支撑轴承噪声会通过管道或气流加以传递和放大。还有像电梯的驱动系统，有一个使用深沟球轴承的大电动机，在托轴台上装有圆柱滚子轴承和球面滚子轴承以便支撑缆绳与滑轮。在这种应用场合，过大的噪声除了令人不适外，还可能会引起乘客的不安。在汽车中，包括发电机(使用深沟球轴承和滚针轴承)、变速器、差速器(使用圆锥滚子轴承)和风扇等部位也需要低噪声运转性能。

令人不悦的噪声可以用强度、声级、声调或频率来表征。来自机器的声音，如果某一特殊频率占主要成分，可能更具刺激性。更令人心烦的可能是以规则或不规则间隔和变化的强度和频率发生的间断的或瞬间的声音。这种影响可能更容易听到而不是被检测到，因为普通测量方法需要有一段时间的数据，而这段时间比瞬态噪声或振动的时间要长。另外，当机器转速达到平稳状态时，瞬态噪声或振动有时就更为重要。在真空吸尘器或洗碗机中，有时就能听到这种效果。

美国海军对轴承制造商已经就降低轴承推动和噪声以及外形尺寸和旋转精度公差提出了广泛的要求[3]，部分原因来自要求潜水艇不能因为声音在水中传播而被监听到。同时，这还可提高可靠性和减少维修费用。美国海军一直资助着有关轴承振动的广泛研究工作[4]。

14.2.3 对振动敏感的应用场合

轴承和机器的振动比噪声更重要的应用场合可以归纳为两类：一是机器必须能够保证高的运转和定位精度以便正常地发挥功能；其次主要关心的是安全性和经济性，振动不能引起灾难性的失效，也不能由于振动缩短了零件寿命，降低机器利用率，维修成本增加。

在这两类应用场合，噪声本质上没有振动重要，而且它也不能反映重要的问题。当占主导地位的高幅值振动频率超过听觉范围时，便会出现这种情况。例如，一台以1 800r/min (30Hz)旋转的机器中出现不平衡旋转时即如此。此外，由于机器运转场合的环境噪声和机器运转过程的正常噪声的干扰，异常噪声可能是检测不出来的。

轴承振动可能影响机器精度的场合包括机床。磨削主轴常常要求能够加工出尺寸精度、圆度误差小于1μm的零件。图14.2所示为一个磨床主轴，为了获得高的径向和轴向刚度，它使用了精密双列圆柱滚子轴承和双向角接触推力球轴承。圆柱滚子轴承内径孔带有锥度是为了能精确控制预载荷。配对的精密角接触球轴承也广泛地应用在主轴中。

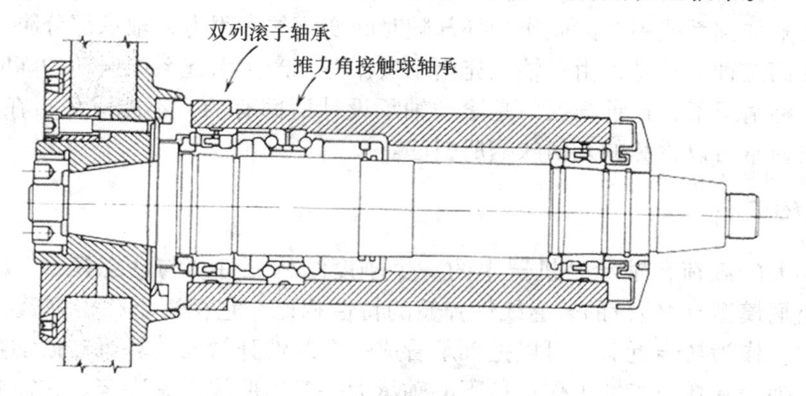

图14.2 磨床主轴

除控制尺寸和圆度外，精密主轴必须能够加工出更高的几何精度，如小于1μm的表面粗糙度和周向波纹度。振动可以产生过大的表面粗糙度或波纹度，也能产生振纹，它是一种可能引起淬火钢零件破坏的严重缺陷。

其他机器包括用来生产薄钢板、纸张、化学薄膜等的各类轧机，振动可能妨碍其产品的期望精度。计算机磁盘驱动器也是一个例子，它要求主轴和磁头组件轴承的不重复跳动精度不大于0.25～0.50μm。同样，陀螺轴承除了要求极低的摩擦力矩外，还要求良好的动态旋转精度。

在许多情况下，旋转精度没有安全性和机器可靠性重要，这常见于产生和传递高功率，有大的旋转零件以及相对于设备的尺寸而言其转速很高的各种机器。在这些应用场合，偏心质量会产生大的潜在的破坏力。这样的机器可能以高于共振频率的速度运转。因此，机器加速过程中，可能出现大幅值振动。这些例子包括有压缩机、水泵和汽轮机。

在上述这些应用场合，在机器设计阶段，就要利用经典的振动理论[5-7]和转子动力学技术对整个旋转系统相关的动力学特性进行分析[8-12]。典型地，转子动力分析可以计算作为轴承刚度函数的系统临界速度、同步响应曲线和模态等。应用第8章的方法，可以根据轴承类型、接触角、作用载荷和实际径向游隙(包括预载荷)计算出轴承刚度。在本书第2卷第3

章，详细介绍了高速下产生的离心力和陀螺力矩对实际接触角、球或滚子与滚道的接触载荷和轴承刚度的影响。利用这些结果作为输入，就可模拟一个转子系统的动力学响应。由于在许多教材中对这些方法都有详细描述，这里就不再赘述。

本章中所讨论的实例都是机器噪声或振动具有重要影响的应用场合。有更多要求的应用场合还在不断涌现，比如更高的精度、更高的转速和载荷以及更高的可靠性。因此，轴承制造商要不断开发更先进的用于加工和检测的装备和方法，并着重改善关系到噪声和振动的轴承质量。

14.3 轴承在机器振动中的作用

14.3.1 轴承对机器振动的影响

滚动轴承对机器振动有三种影响。第一种影响是，作为结构元件，它起着弹簧的作用，并且其质量又附加到系统中，因此作为外部随时间变化的作用力，轴承部分决定系统的振动响应。第二和第三种影响是，由于轴承充当了激振源，产生引起系统振动的随时间变化的激振力。在第一种情况下，这种激振力是滚动轴承设计所固有的，不能避免；在其他情况下，这些激振力由通常可以避免的几何缺陷所引起。

14.3.2 结构元件

对于足够大的载荷，轴承是机器中的一个刚度结构元件。与动态模型(如单自由度弹簧—质量—阻尼模型)中假设的普通线性弹簧的特性相比，它相当于一个弹簧，其变形随力呈非线性变化。作为初步近似，可以把轴承看成一个线性弹簧而估算机器振动响应。在这种情况下，轴承弹簧常数由正常工作载荷下的轴承力—变形曲线斜率决定。在需要精确知道瞬态振动响应，特别是接近机器共振频率的情况下，这种近似方法是不合适的。在这种情况下，需要进行广泛而深入的数学建模和实验模态分析，但这两种方法都超出了本章的内容范围。如果在一组特定运转条件下把轴承刚度看成常量是合适的，那么由第8章中的方程可以推导出近似解。

轴承刚度随载荷增加而增加，这一特性被认为是一个“硬”弹簧。当承受某一动态变载荷时，正常工作载荷或内部预载荷越大，产生的轴承动态变形越小。同样，因为共振频率正比于(原文“反比于”有误)刚度的平方根值，所以增加轴承刚度会提高与该弹簧有关的共振频率。此外，径向刚度随接触角的增加而减小，而轴向刚度正好相反，因此，相对于决定接触角的名义载荷而言，动态载荷的方向显著地决定了对动态载荷的响应。

因为轴承“弹簧”是非线性的，很显然，名义载荷的正弦偏量不会引起轴承正弦变形。当载荷处于最大值时，轴承名义变形的增加量小于载荷处于最小时轴承名义变形的减少量。如果载荷出现大的动态波动，例如在径向受载轴承中，载荷区可能交替地从外圈滚道的底部到顶部。如果轴承存在径向游隙，完全有可能在极短的瞬间，外圈滚道上根本没有载荷。由于外部载荷或轴承内部条件的影响，可能会出现这样的状态。

14.3.3　可变弹性柔度

轴承对机器振动的第二种影响是因为承受轴承载荷的各个滚动体角位置相对载荷作用线随时间而不断变化。即使轴承几何形状是理想的，这种仅仅由于位置的变化也会导致内、外滚道发生周期性的相对运动。文献[4]给出了对这种运动的分析。

图14.3所示为一套带有8个钢球的轴承于两个不同时刻的示意图。图14.3a中，钢球1位于载荷的正下方，钢球1、2、8承受载荷。图14.3b中，钢球1、8对称分布在载荷两边，钢球1、2、7、8承受载荷。显然，每种状态下的径向变形各不相同。假设这是一套带有8个直径为7.938mm钢球的204深沟球轴承，轴承承受4450N的径向载荷。第一种状态下径向变形计算值是0.042 32mm。第二种状态下径向变形计算值近似为0.043 53mm。图14.3a所示的钢球排列位置给出瞬间较大的轴承刚度。如果钢球在外圈滚道上转动半个球距，变成图14.3b的钢球排列位置，在此期间，轴和内圈滚道较接近外圈滚道，当钢球1转动到载荷作用线正下方，轴将回到它的初始位置。因此，其振动频率等于钢球数乘以保持架的旋转频率，即这个振动的频率等于钢球通过外圈滚道的频率。

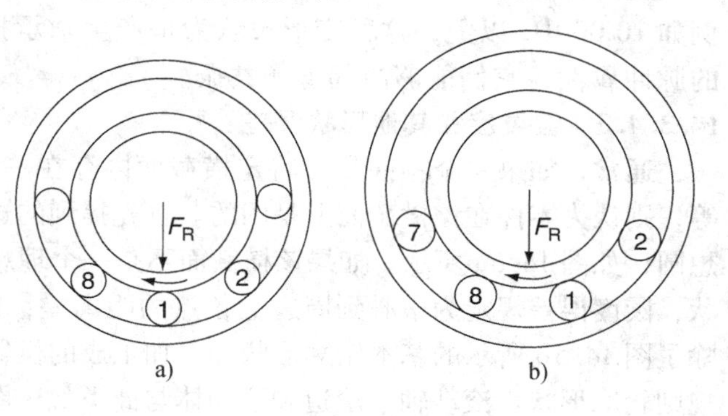

图14.3　钢球组的角位置

a）时间=0时　b）时间=0.5(1/Z)时(Z为保持架旋转频率)

同样，也存在着相同振动频率的水平振动，这是因为假设钢球排列角位置并非对称于载荷作用线。由于非线性变形特性，垂直和水平振动的幅值都是非正弦的。即使几何形状理想的轴承，也存在这种类型的振动，所以检测轴承破坏最好监测除轴承基频之外的其他频率。

参见例14.1。

14.3.4　几何缺陷

14.3.4.1　概述

轴承对机器振动的第三种影响是几何缺陷引起的，在成品零件中总是不同程度地存在这些缺陷。Sayles和Poon[13]讨论了轴承这些缺陷产生振动的三种机理：第一种，波纹度(图14.4)和其他引起滚道径向或轴向振动的形状误差；第二种，微观滑动及伴随微凸体碰撞和夹杂物使润滑油膜破裂；第三种，局部弹性变形产生的冲击，这种弹性变形是由不破坏润滑油膜的波峰引起的。可以看出，在这三种情况中，第一种情况发生在大于赫兹接触区的尺寸范围，滚动体沿这些形状误差形成的轮廓运动；然而在后两种情况中，几何缺陷等于或小于赫兹接触区尺寸，会对轴承组件的振动特性产生不同程度的影响。

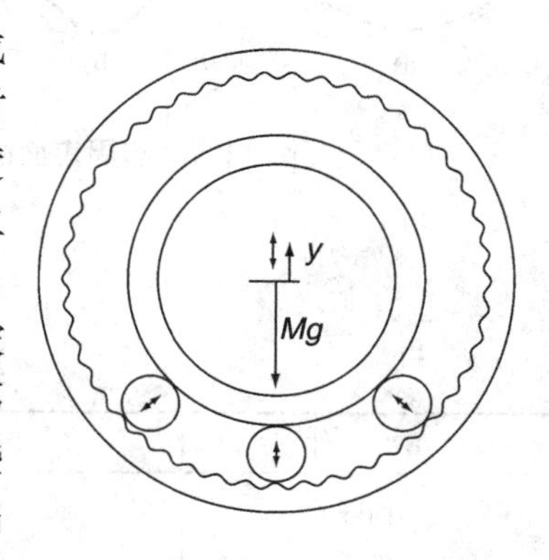

图14.4　滚道波纹产生的振动

控制波纹及由制造和安装过程中引起的变形或破坏引起的其他类型误差是要优先考虑

的，这样的形状误差能显著地影响机器的振动或噪声。

14.3.4.2　微尺度

在这种情况下，局部弹性接触区近似等于或小于赫兹接触面积。在任何瞬间，在赫兹变形区可能仅有几个这样的波峰，这取决于轴承零件采用的精加工工艺，如珩磨和研磨。这种弹性变形产生极为迅速，使两次接触间隔的时间极短。对于较高频率的振动，例如10 000Hz以上，这种变形被认为是产生轴承振动的一个主要原因。然而，由于它们的脉冲属性，它们能够激起低频共振。

14.3.4.3　波纹度和其他形状误差

通常，如果一个零件在一特定横截面内存在一点，使得周边上所有点到该点的距离相等，则认为零件在该横截面上是圆的。首先提到的这个点是圆的圆心，而该横截面是一个理想圆，如图14.5a所示。如果该横截面不是一个理想圆，如图14.5b所示，则认为是非圆形状，圆度误差规定为中心到周边上各点的距离差，因此，图14.5b中的圆度误差是r_1-r_2。除了图14.5b所示的基本轮廓形状外，加工成的机器零件常常存在类似于图14.5c所示的不规则轮廓形状。滚动轴承滚道和滚动体与此类似。图14.5c所示的不规则表面对轴承摩擦性能和疲劳是非常重要的，这将在本书第2卷第5章和第8章中讨论。由于图14.5b所示的瓣形表面是引起轴承振动的一个原因，因此，它也是重要的。这个重要的特征被称为波纹，即圆周上的波瓣数。

对于安装在SKF VKL振动测试仪上的一套圆锥滚子轴承，如图14.6所示，Yhland[14]考察了波纹度和振动频谱之间的关系。对于一套有Z个滚动体的轴承，如果p和g分别是等于或大于1和0的整数，那么对于在外圈外径上一点测量的径向振动，振动角频率分别是内圈、外圈和滚子波纹度的函数，见表14.1。

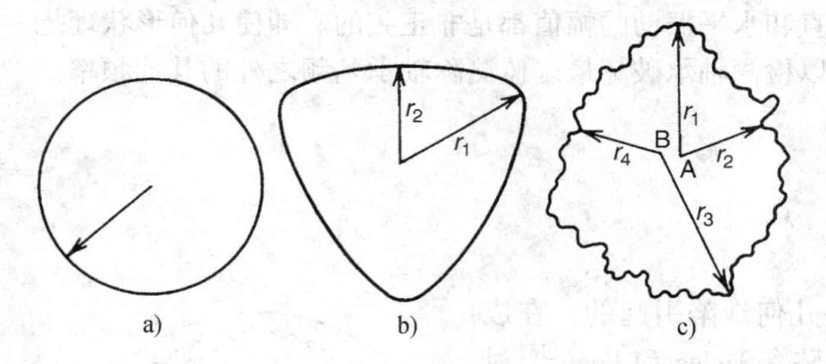

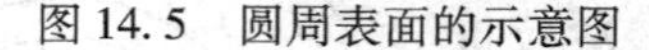

图14.5　圆周表面的示意图

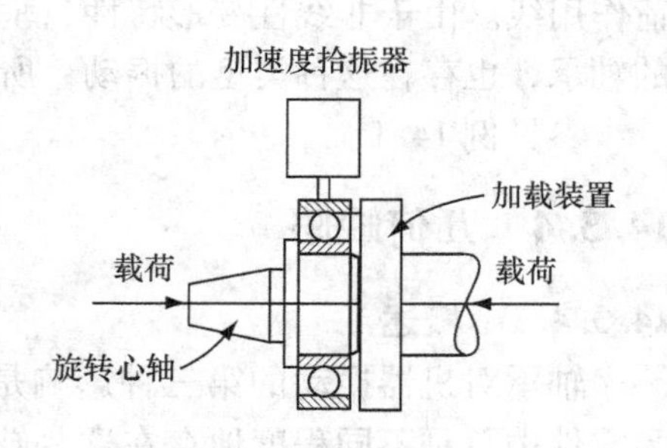

图14.6　VKL振动测试仪示意图

(引自Yhland, E.，波纹度测量——一种在滚动轴承行业中质量控制的仪器，Proc. Inst. Mech. Eng.，182，Pt. 3K，438-445，1968—1968)

表14.1　振动频率与波纹度的关系

零　件	跳动序次	引起的振动角频率
内圈	$k=qZ\pm p$	$qZ(\omega_i-\omega_c)\pm p\omega_i$
外圈	$k=qZ\pm p$	$qZ\omega_c$
滚子	k(偶数)	$k\omega_r\pm P\omega_c$

表14.1中，ω_i、ω_c和ω_r分别是内圈、保持架和滚子的角速度。$p=1$时表示刚性体振动，即轴承外圈作刚性体运动。对于$p>1$，当p等于外圈非圆形状的圆周波瓣数时，是柔性体的振动。对于加大了内圈波纹度的轴承，在其内圈以900r/min转速运转时测得频谱，及Yhland[14]在1 800r/min转速下得到振动频谱如图14.7所示。图14.7中也给出了内圈圆周轨迹，试验的圆锥滚子轴承具有非常光滑的滚子和外圈。

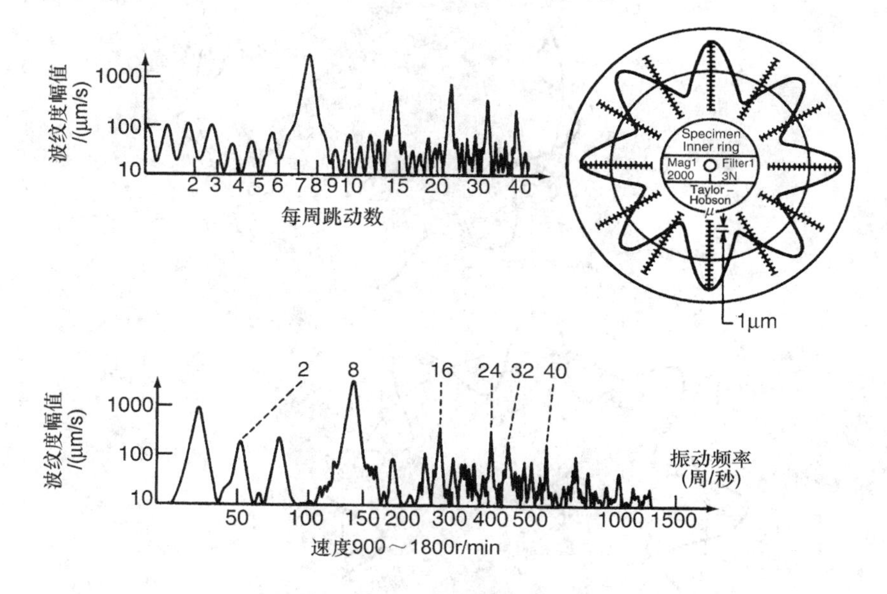

图14.7　加大了波纹度的内圈的波纹度和振动频谱

（引自Yhland,E.,波纹度测量——一种在滚动轴承行业中质量控制的仪器,Proc. Inst. Mech. Eng.,182,Pt. 3K,438-445,1968—1968）

参见例14.2。

加工过程可以产生波纹，棒形或环形零件在三爪自定心或五爪单动自定心卡盘接触点上受压卡紧，因而在零件中产生应力，接着，零件被车削或磨削成几何圆形，然而，当零件从卡盘上取下后，应力随即释放，零件变成瓣形。在初始棒料不规则的情况下，无心磨削也引起波纹的产生，而这种不规则也许是由上道加工工序引起的。

波纹度通常是一种更均匀的形状误差。图14.8为两个调心滚子轴承内圈滚道的圆周轨迹。一个滚道的峰-谷幅值约为4μm，另一个约为9μm，每个滚道圆周都有9个波。此外也可能出现其他类型的非均匀缺陷。机器故障可能会引起这种缺陷，例如，滚子在砂轮退出之前先脱离磨削位置，结果滚子圆周的5%被磨成一个局部平台，其最大深度为18μm。

另外会出现一些更微小的缺陷，它们的特点是偏离理想几何形状的偏差量极小，用二点、三点或四点直径法测量不易发现这些缺陷，要求更仔细的零件检查才能发现，如变倍波纹度测试或成品轴承振动测试。图14.9为一个圆柱滚子的这类缺陷的例子，它比前一例子具有更低的幅值、更高频率的波纹度。该滚子有100个以上的波，其峰—谷幅值小于0.5μm。这个圆柱滚子轴承安装在一台大电动机中，该电动机在低速运行时发出一周期性噪声。借助于秒表可知，噪声的重复频率与保持架转速有关。随后在试验机上进行的试验研究发现噪声与这种特殊滚子有关。

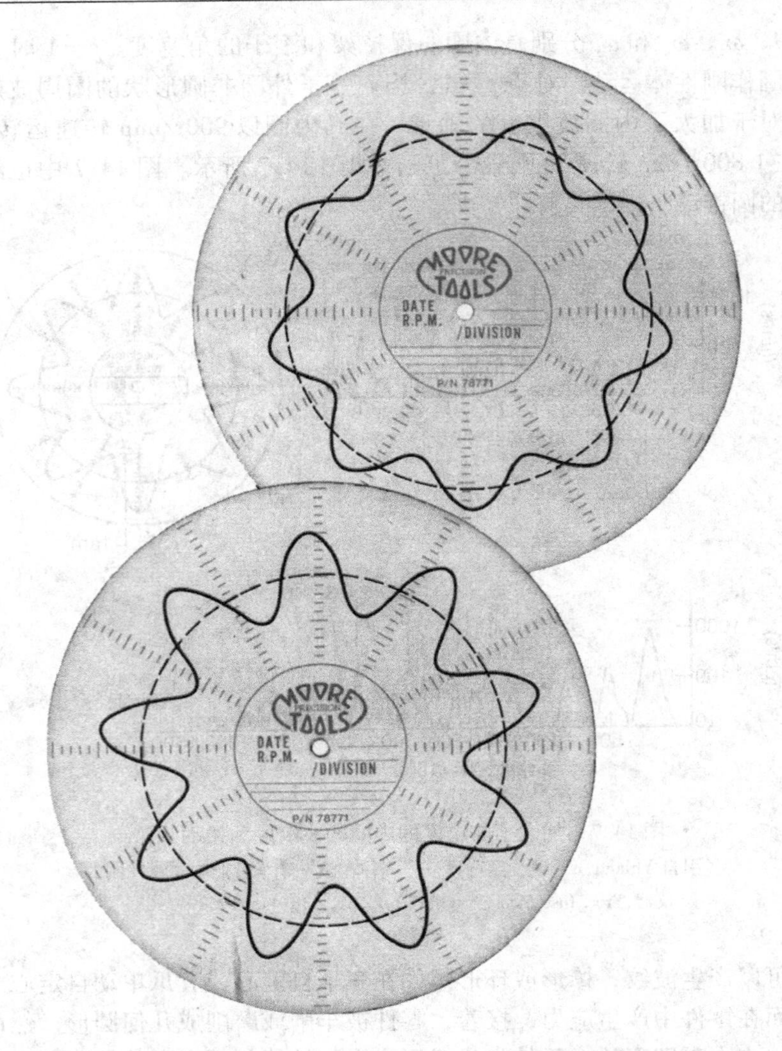

图 14.8　因机器调整误差引起调心滚子轴承内圈波纹(径向每格等于 1μm)

参见例 14.3 ~ 例 14.5。

14.3.5　波纹度模型

图 14.4 代表了外圈滚道带有波纹的轴承。假设轴承支承一质量块，且外圈由轴承座刚性支承。如果轴承滚道表面没有波纹，垂直方向的力平衡方程是

$$F_B - M_g = 0 \tag{14.1}$$

如果存在波纹，近似地假设质量块作刚体上下运动。在轴承内存在由质量块加速度产生的反作用力。在这种状态下力的平衡方程是

$$F_B + \Delta F_B - M_g = M\ddot{y} \tag{14.2}$$

对于可以近似看作正弦波的波纹，其方程为

$$y = A\sin(2\pi ft) \tag{14.3}$$

且

$$\ddot{y} = -A(2\pi f)^2\sin(2\pi ft) \tag{14.4}$$

频率 f 是钢球通过一个完整波纹周期的速率，质量块只有垂直运动的假设，包含两个条件：①跳动的波峰总是与钢球同相，②载荷区内钢球排列角位置的变化对运动方向没有影响。为了说明问题，这些简化假设将足以证明相当小的形状误差的重要性。

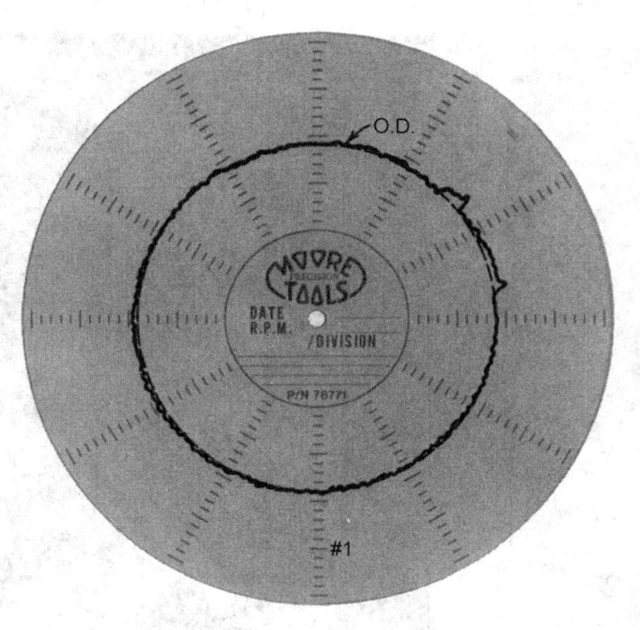

图 14.9　低幅值、高频率波纹度

将式(14.4)代入式(14.2)，并整理得：

$$F_B + \Delta F_B = M_g - MA(2\pi f)^2 \sin(2\pi ft) \tag{14.5}$$

对于足够大的波纹幅值和通过频率，上面方程的右边项可以为零，这时轴承力(方程的左边项)消失；或轴承力变成负值，这时轴承产生阻止质量块运动的反向力。在这种状态下，载荷区可以从外圈滚道的底部到顶部交替出现。如果轴承存在游隙，在某一瞬间在任一方向上轴承可以处于无载荷状态。例 14.6 给出了可能产生这种状态的波纹度幅值的估计。然而，这种幅值和频率的轴承滚道已超出了可接受的水平。虽然这类的波纹零件很少出现，但由于不恰当的操作程序或加工机床故障也会出现。

参见例 14.6。

14.4　圆度和振动测试

14.4.1　波纹度测试

零件波纹度检查已采用多年，文献[14,15]对其作了描述。这种检查是用来评估圆周上径向偏离理想圆的程度，它是通过在流体动压主轴上旋转零件及在垂直于零件表面的方向上安装接触式传感器来测量的，如图 14.10 所示。这种传感器有一个触针跟随径向变动，产生与触针径向位移或触针瞬间径向位移变化速率成正比的电压输出，即来自传感器的信号(触针速度)正比于电压。这种比例关系在较宽的频带上(例如 10 000Hz)成立，这就允许采用合适的高试验转速。

将来自传感器的输出电压信号放大，并将模拟信号转换成数字信号，连同触针对应位移变化速率的主轴转速一同输入到计算机中。在计算机中，为了确定在给定波长范围(如每转峰—谷变化在 2～25 个波之内)内的形状误差，或进行频谱分析以确定在给定频率范围内(如每转有 3 个波的波幅)相关的波幅值，通常要对信号进行带通滤波。把它们同技术要求相比较，以确定所检查的零件是否合格，并为制造工艺采取修正措施提供信息。

零件表面上某些类型的缺陷就其性质而言是非常局部性的，利用波纹测试可能检查不出这些缺陷，因为波纹测试仅仅在测试零件表面上一两个圆周上获取数据，而钢球的旋转轴可以有

图 14.10 轴承零件波纹度检测仪

很多，因此，零件的外观检查和成品轴承的振动测试就为轴承最终质量提供了更权威的保证。

参见例 14.7。

14.4.2 振动测试

成品轴承的振动测试除了检测在波纹度测试中没有发现的缺陷外，还可以检查装配过程中引起的破坏，如过紧或过松的保持架、滚道的压痕破坏或钢球划痕，以及注入润滑脂后把密封圈或防尘盖不正确地压入轴承引起的滚道变形。

振动测试也可检测出一些特定类型的几何缺陷。这些缺陷包括滚动体尺寸过大、滚道沟形不合格。或滚道相对端面的跳动超差。另外，振动测试还可发现由脏物或劣质脂引起的杂质污染。

图 14.11 所示为一台手工操作的振动测试仪，该仪器适用于相对较小的轴承，例如外径小于 100mm。类似的适用于大直径轴承的测振仪器也在使用，自动型产品已装备到生产线上。振动测试仪的主要部件是测试台和振动信号分析仪器。测试台由流体动压主轴、给测试轴承施加载荷的气缸和用于速度传感器定位的可调整滑块组成。主轴由安装在测试台下面的电动机传动带驱动，系统的测试原理如图 14.12 所示。

轴承的内圈安装在与主轴相连的精密心轴上，主轴的转速是 1 800r/min。在静止的外圈端面施加规定的推力载荷，速度传感器的触针由弹簧轻压在外圈外径上。加载装置(未表明)由薄壁钢环模压在氯丁橡胶圆环中组成。橡胶环与外圈端面接触，加载装置受载后有足够的柔性。当钢球在滚道波纹表面或缺陷上滚动时，允许外圈径向运动。传感器的电压信号经放大器放大后，转换成数字信号输入到计算机，经带通滤波，然后显示每个频段的均方根速度值。三频段分别为50～300Hz、300～1 800Hz和1 800～10 000Hz。大轴承的测试转速较低(700r/min)，相应地，滤波器频段较低，分别是20～120Hz、120～700Hz和700～4 000Hz。也可以采用其他分析方法，如不同步历程的峰值检测，该历程通常被过滤掉或使它们对时域平均结果影响最小。

多年来，轴承制造商和用户已成功使用这种基本的振动测试技术。在这期间，已作了许多改进，而且振动测试领域的研究开发工作仍在继续。这方面的工作包括：各种传感器设计和系统校正方法的研究；轴承测试不同加载方法的研究；数理统计方法在确定试样的技术条件和分析测试结果中的应用研究；信号分析的辅助方法的应用研究等。

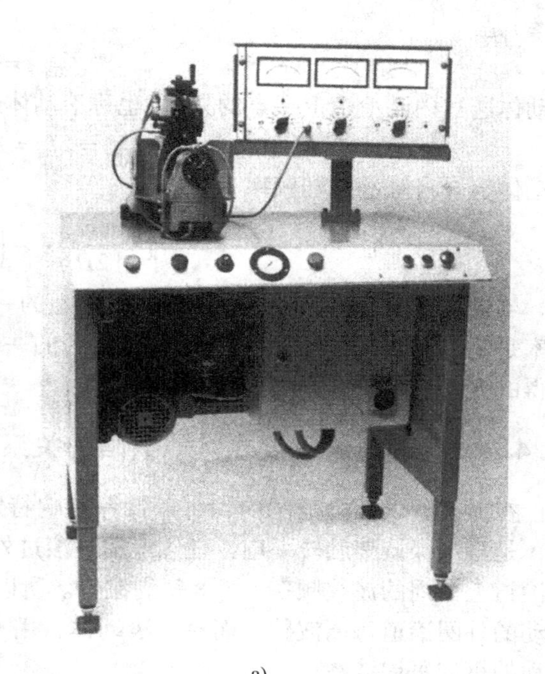

a)

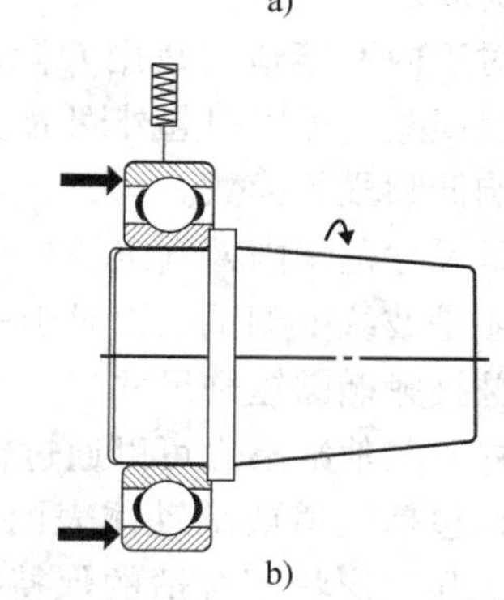

b)

图14.11　轴承振动测试仪

a）测振台　b）轴承加载和安装于轴承外圈的加速度计

14.4.3　轴承通过频率

计算轴承滚动体的通过频率是为了确定零件波纹度、转速以及与振动测试频段相符合的滤波器频段。另外，对于监测机器工作状态，掌握这些频率也是非常有用的。第10章中推导出了轴承零件的转速公式，由这些公式可以推导出轴承的通过频率。这里给出外圈静止、内圈旋转状态下的推导结果，这是在轴承应用中最常见的状态。

保持架旋转频率f_c是

$$f_c=\frac{n_i}{2}\left(1-\frac{D}{d_m}\cos\alpha\right)\tag{14.6}$$

内圈相对保持架的旋转频率是指内圈某一固定点通过保持架某一固定点的频率，这个相对频率是

$$f_{ci}=\frac{n_i}{2}\left(1+\frac{D}{d_m}\cos\alpha\right)\tag{14.7}$$

滚动体通过外圈滚道上一点的频率(也称滚动体通过外圈滚道频率或外圈滚道缺陷

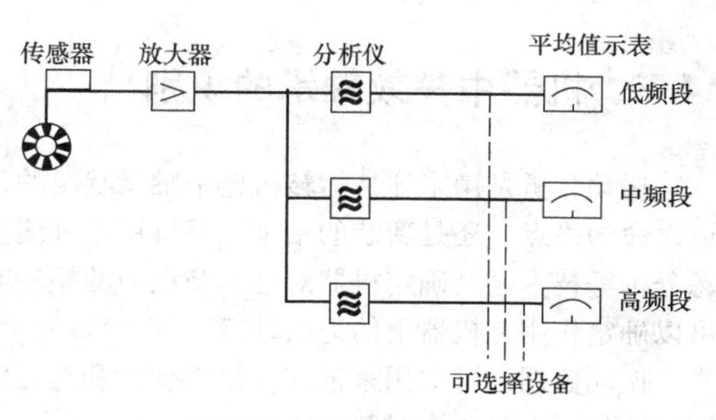

图14.12　轴承振动测试原理

频率)是

$$f_{\mathrm{REpor}} = Zf_{\mathrm{c}} \tag{14.8}$$

滚动体通过内圈滚道上一点的频率(也称滚动体通过内圈滚道频率或内圈滚道缺陷频率)是

$$f_{\mathrm{REpir}} = Zf_{\mathrm{ci}} = Z(n_{\mathrm{i}} - f_{\mathrm{c}}) \tag{14.9}$$

滚动体绕自身轴的旋转频率为

$$f_{\mathrm{R}} = \frac{n_{\mathrm{i}} d_{\mathrm{m}}}{2D}\left[1 - \left(\frac{D}{d_{\mathrm{m}}}\cos\alpha\right)^2\right] \tag{14.10}$$

当钢球或滚子自转一周，钢球或滚子上的一个缺陷将会与两个滚道都接触，因此，缺陷频率是$2f_{\mathrm{R}}$。另外，缺陷可能与保持架兜孔的一侧或两侧接触，但是，这通常对在轴承外部测得的振动几乎没有影响。

14.4.4 振动与波纹度或其他缺陷的关系

在振动测试频段范围内，可以计算影响特定频段的零件表面波数。对于外圈滚道波纹度，是指当保持架旋转一周，任意滚动体滚过外圈滚道上的所有波纹。因此，滚动体通过外圈滚道上一周的波纹频率是f_{c}×每周波数。所以，用f_{c}除滤波器频率，得到引起特定频段内振动的外圈滚道每周波数。而对于滚动体，用f_{R}除滤波器频段频率则得到引起特定频段内振动的钢球每周波数。

类似地，对于内圈滚道，是用f_{ci}除频段频率。然而，内圈滚道波纹度的低阶波纹，如两点和三点圆度误差，可以引起外圈的挠曲(两波瓣或三波瓣)和频率为$\mathrm{N_i}$的2倍或3倍的振动，从而影响低频段的读数。

在较宽轴承尺寸范围内，制定了与平均波纹度范围相关的波纹度测试程序。此外，不管是在振动测试还是波纹度测试中，对于一些典型应用场合，如电动机，测试的各阶波纹尺寸近似相当于赫兹接触椭圆短轴尺寸[14]。

除波纹度外，其他缺陷也可以通过轴承振动来检测。使用普通的三波段测试方法很难检测出这些缺陷，包括滚道或滚动体表面上的局部缺陷、夹杂脏物、成分或性能不当的润滑脂，以及游隙或几何形状不合适的保持架。有些缺陷可能会间隔很长时间才引起短暂的干扰，因此在检测频段内，通过外圈各共振频率时的激励，对测得的振动平均值仅仅产生很小的影响。最好使用峰值检测来确定它们的存在，因为在滚动体和内圈滚道有缺陷的情况下，峰值可随时间变化。

参见例14.8。

14.5 机器中失效轴承的识别

振动分析是用来评估运转机器中轴承状况的常用方法之一。不论所用轴承正在恶化并接近寿命的终点，还是新装的轴承，都可用这种测量方法进行监测。如果通过有限元分析和模态分析等技术已经确定机器对已知激振力的振动响应，那么，在机器的使用过程中测量振动可以确定作用在机器上的力的动态特性。

振动数据也可以用来推知作用力特性和包括轴承在内的机器零件的状态。评估数据的常用方法包括下列一个或几个方法：

1）将数据与在类似设备上实验总结出的判断准则[16-18]进行比较。

2）与同一工厂内正在使用中的类似设备或同一设备上提取的数据进行比较。

3）分析从一台机器提取的数据随时间的变化趋势。

4）没有以前的数据记录历史，在绝对的意义上评估数据。例如，通过评估时间信号或频谱，将振动与具体的机器零件联系起来。

许多机器故障可以归因于轴承的缺陷，而不是轴承损坏。然而，如果不具备较详细的振动分析能力的话，轴承常常在不必要更换时被更换。

轴承损坏发展的初期，也称为早期失效，常常有这样的特点：一个轴承元件表面上出现相当大的局部缺陷，其后在破坏表面上的滚动将产生重复的冲击或持续时间很短的脉冲。如果能测出它们的话，可以推测，这样的脉冲会表现出如图14.13a、图14.13b所示的形式。

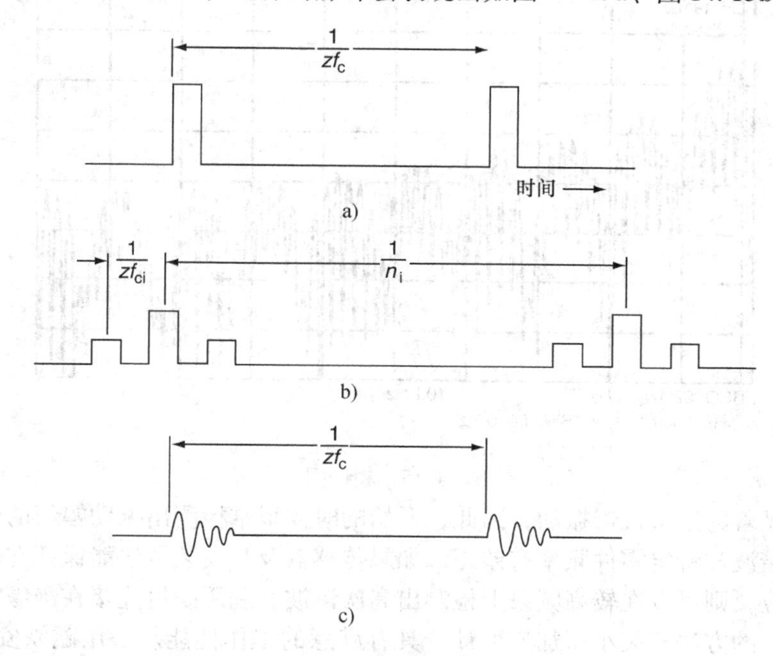

图14.13　脉冲响应

a）外滚道损坏　b）内滚道损坏　c）共振响应

例如，图14.13a可以表示滚动体连续通过外圈滚道损坏区的结果，类似地，图14.13b可表示内滚道损坏区与没有预载荷，且受径向载荷作用的轴承载荷区中的数个滚动体相互作用的结果。在这种情况下，轴旋转一周，破坏区进入载荷区一次。滚动体相对载荷区的位置将随轴每周转动而发生一点变化。如果在轴承座上安装传感器用来测量一系列脉冲振动，传感器会给出如图14.13c中的响应。这个振动是对应于系统某一固有频率的弱阻尼振荡，该固有频率大于脉冲序列的重复频率。例如，非正弦周期强迫函数的谐波部分可以激励这样的共振响应。图14.14所示为一电信号的时间历程，该信号表示基频为160Hz的脉冲序列。图14.15是该信号的频谱。它包含基频的所有谐波。

因此，轴承中的脉冲在许多频率上引起系统的振动，这些频率之间可以是谐波相关。与非共振频率的振幅值相比，接近系统共振频率的激振力谐波可以产生显著放大了的振动响应。在早期失效阶段，脉冲可能对轴承通过基础频率的振动幅值没有影响。另外，在这些低

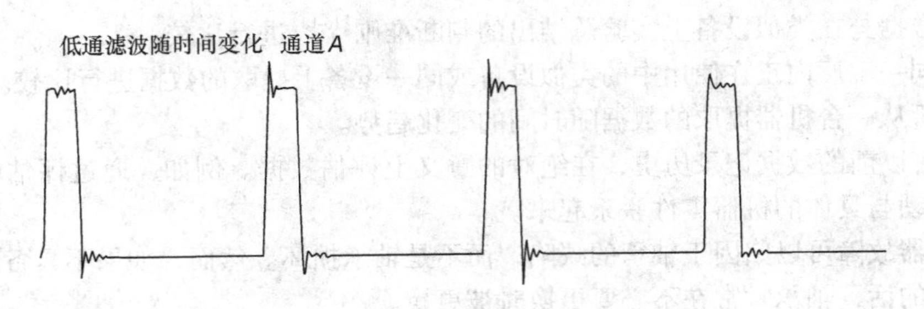

图 14.14　周期性脉冲历程

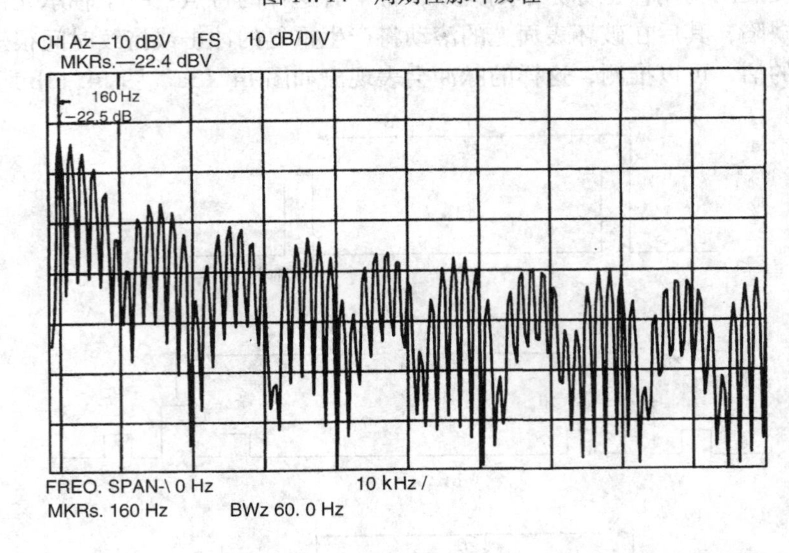

图 14.15　频谱图

频上可能存在显著的正常机器振动，因此，开始的时候很难检测出振动幅值的微小变化。然而，由于高次谐波与特定零件频率有差距，如果传感器及其安装方法能保证在较高频率上有足够的振动响应，则可以在较高频段上检测出高次谐波。利用螺钉连接在绝缘螺母上，并胶粘在机器表面上的方法安装小型加速度计，具有满意的工作性能。采用磁铁安装方法快速，但这需要较好的表面，且响应频率较低。

参见例 14.9。

除了评估振动频谱以识别特定机器振动频率以外，还可以采用其他的方法提取或分析数据，以确定失效开始后的趋势。Mathew 和 Alfredson[19] 提出了轴承损伤发展至晚期或轴承运转至失效时，在整个轴承寿命的范围内对振动参数进行综合评估的方法。轴承的试验条件包括轴承零件采用带有原始损伤、润滑污染、导致保持架破裂的过载工况，以及突然失效的润滑。利用廉价的仪器也可获取一些振动参数，包括：加速度峰值、宽频段上的加速度方均根值和冲击脉冲数据。最后评定与加速度计共振频率(32kHz)对应频率上的振动。其他一些参数可通过对两种频谱进行算术运算得到，其中的一个频谱为试验开始时测得的初始频谱，然后分析这些算得的参数的变化趋势。也要评估一些统计函数，包括概率密度、偏态、峰态。结果表明，根据频谱评估的这些参数可很好地反映振动变化趋势。一般提供的是当测试结束时，振动增大 30dB 或更大的数据。此参数可由新的频谱减去初始频谱，然后取方均根值而简单地得到。此参数值的变化分布在整个试验过程中。

除了由完整振动频谱计算各个参数的变化趋势外，据报道，冲击脉冲法已成功地用于除润滑完全丧失的工况外的所有的试验。在这些成功的试验中，估算出的冲击脉冲值已经增加了40dB。在润滑丧失的试验中，两小时后出现轴承卡死。这些结果表明，除非零件有时间经历充分的逐渐的疲劳，并能够在高频段上检测，否则，低频振动比高频振动能够更好地识别出初始损坏。

另一种用来检测轴承疲劳的方法的声发射法(AEs)。声发射是由于应变能的迅速释放在一个连续体内产生的瞬时弹性波。在滚动轴承中，是由与滚动体和滚道接触变形相关的法向瞬态应变能所产生的，或是由在交变力作用下疲劳裂纹面之间的交互作用产生的。Yoshioka和Fujiwara[20]发现，由于在疲劳剥落发生之前声发射能够探测到表面下的裂纹，因此，声发射传感器能够在振动信号发生改变之前检测到轴承疲劳损坏开始的信号。然而，由于声发射信号是高频信号，它们会迅速减弱。这就使得声发射传感器相对轴承的位置比振动传感器更关键。为了从背景噪声中提取出有用信号，通常后期的信号处理更为复杂。而且，声发射传感器不用于以传统振动监测方法能够胜任的普通工业设备。

当使用润滑系统时，磨粒检测(铁谱分析)也是检测轴承损坏的常用方法。通常磨粒监测是通过对流经轴承的润滑液在重新过滤供给轴承之前周期性抽样而脱机进行的。用光学显微镜对从油样中分离出的磨粒的数量、大小和形状进行测定而获得。当利用X光能量散射技术或相似的技术判断出轴承损坏时，还要做出进一步的分析以确定磨粒的化学成分。所搜集到的磨粒特性的信息可以用来判断损坏和磨损的机理[21,22]，从而判断轴承的工作状况。

与振动分析相比，脱机铁谱分析有一些优缺点。最主要的优点是它不受工厂的振动噪声的背景影响，它不直接依赖于机器的工作条件。铁谱分析的另一好处是可以量化轴承所经受的污染水平，该水平对轴承寿命的影响将在本书第2卷第8章论述。还能判断何时需要更换润滑油。其主要缺点是比通常的振动监测需要花费更多的人力来进行油样抽取和分析。另外，安装振动监测传感器能够实时监测机器的状态，而铁谱分析比振动监测到轴承损坏要花费更长的时间。最后一点是，当多个轴承由同一套润滑系统供油时，脱机铁谱分析技术不能检测出轴承损坏的精确位置。它既不能检测出损坏的零件(如滚动体、内、外圈等)，也不能确定出是哪种工作条件出了问题，如不平衡量、轴或轴承座的不同轴或轴承加工质量问题等。

通过分析从轴承上磨下的粒子的数量和大小进行在线铁谱分析的方法是可行的[23]。在线铁谱分析的优点是可以对油料进行连续监测，可以对轴承的损坏进行实时监测。虽然安装于机器上的振动传感器也能进行状态监测，但它不能获得像铁谱分析那样的量化信息，如磨粒的形状、化学成分等，并与已知的机理进行比较。

在轴承彻底失效之前的大多数损坏形式是逐渐磨损、零件表面变粗糙或不规则等。这些不规则的表面产生了振动，能够明显地与给定的零件相区别，或者产生时域幅值或频域幅值随机变化的振动。可以进一步对逐渐磨损所产生的磨粒的大小、数量进行分析，从而对机器状态进行量化评定。上述方法都有各自的优缺点。常常是多种方法并用来确定轴承的工作状态，使非正常停机和不必要的轴承更换时间降至最少。

14.6　现场维护

前面几节已表明，轴承的振动监测和将工作轴承的振动信号与理想工作状态下轴承的信号相比较，是预测轴承疲劳的一种手段。例如，按照前面讨论过的，滚动接触表面的初始剥落，产生非正常信号，表明轴承已发生失效。另一方面，虽然轴承已发生了初始表面损坏，摩擦力增大，运转不平稳，但还允许在机器上继续使用。最终，滚动接触表面会完全破坏，由于轴承卡滞或过度的动载和零件破碎，机器将停止运转。这些表明，潜在的灾难会造成非正常停机、过多的费用、状态变坏和在与生命相关的应用场合造成生命的危害。例如，后者包括空运场合或处理致命的液体。从发现振动信号过大到机器失效有一个过程，可以采取相应的措施以防止灾难事件发生。

从历史上来看，在许多应用场合，预防性维护可用来减小由于轴承疲劳而造成的非正常停机。可以根据轴承疲劳寿命计算、滚动接触表面疲劳、其他磨损现象或轴承疲劳的经验数据等来预测机器检修的周期，在此周期内进行滚动轴承的检查和更换。经常看到的一个问题是，不进行检查就对滚动轴承进行简单的更换。这样做的问题是除了更换设备的费用、停产和税收损失外，还会将仍能正常工作的轴承用可能失效的轴承更换。一旦一个滚动轴承通过初始缺陷产生的早期失效时期而持续工作后，在正常安装、外载、速度、润滑条件下，它将继续工作而不失效。因此，一旦初始阶段已成功度过，假设工作条件合适，最好允许轴承继续工作而不要中断。

在现代工业中，维护被认为是可控的最大的费用。根据轴承的工况监测，及其所提供的可能失效的工况信息、轴承有效性能时间预测知识等，在检测到轴承即将发生失效的第一个信号发生之后采取预防轴承疲劳失效措施，而在机器出现严重故障之前比预防性维护要花费更多的费用和程序，来避免非正常停机检修。当然，工况监测的传感器和技术必须是可靠的，寿命预测方法也必须是足够精确的。该作业称为基于工况的维护(CBM)。

CBM是一个相当新的概念，对于它的有效应用还需要进一步的信息。CBM最初的概念是，轴承的实际载荷、速度、温度等工作条件与设计条件有显著差异。轴承类型和大小是根据机器设计的服役条件选择的。因此，在任何条件下，轴承剩余寿命的预测应当根据实际累积工作条件确定。在研制直升机维护技术中，描述“健康服役和监测系统(HUMS)”技术时，Cronkhite[24]证明，直升机零件的寿命可能增加，见图14.16。一般设计条件较保守，以保证可靠地工作。而图14.16下部的阴影表明实际寿命会超过设计寿命。载荷、速度传感装置可以方便地获取相关信息。微型计算机可以花费很少的费用对所获取的数据进行详细分析评价。关于对初始剥落轴承寿命的预测，在实际分析中必须考虑轴承的实际载荷、速度、温度等工作条件。

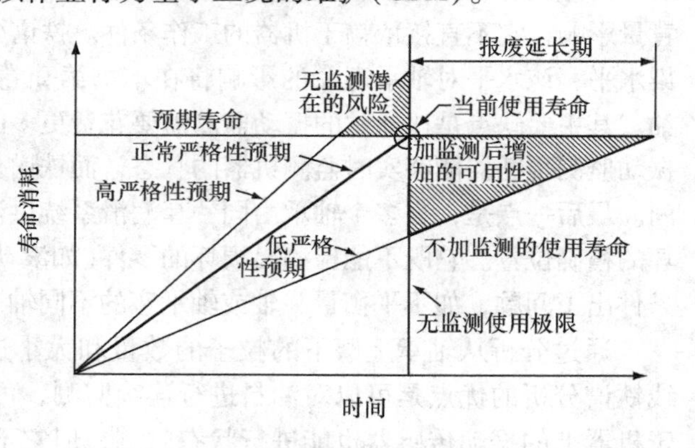

图14.16 实际工况下和设计条件下零件寿命的比较

不是考虑初始剥落发生时会产生失效，而是检测初始剥落的能力变得更重要。这方面的知识最可能指出可能发生的失效时间，从而采取预防失效的措施。随着微型压力、温度、超声传感器的发展，可以将这些传感器靠近或直接埋于轴承中，成为最终获得轴承初始疲劳失效信号的有效手段。图14.17表示一个应力传感器，即一个微型压力传感器埋于锥轴承外圈。该传感器不削弱轴承的功能，可以用于监测轴承载荷是否与设计载荷一致。如果轴承实际载荷超过设计载荷，则表明可能发生早期疲劳。

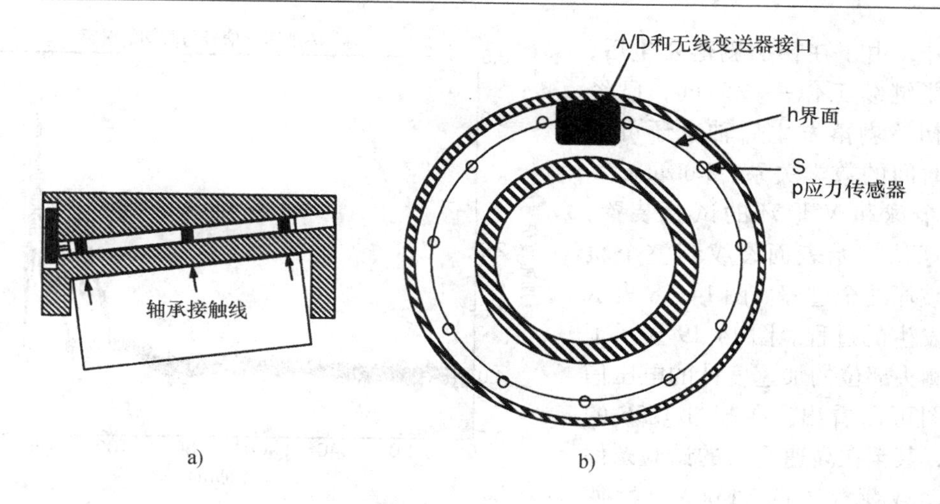

图 14.17　安装于圆锥滚子轴承外圈应力传感器

应力传感器安装于圆锥滚子轴承外圈

a）用来确定应力的轴向分布　b）用来确定滚子间载荷的周向分布——用无线模/数转换器来传输信号(经“海洋传感器技术”许可，Virginia Beach，Virginia)

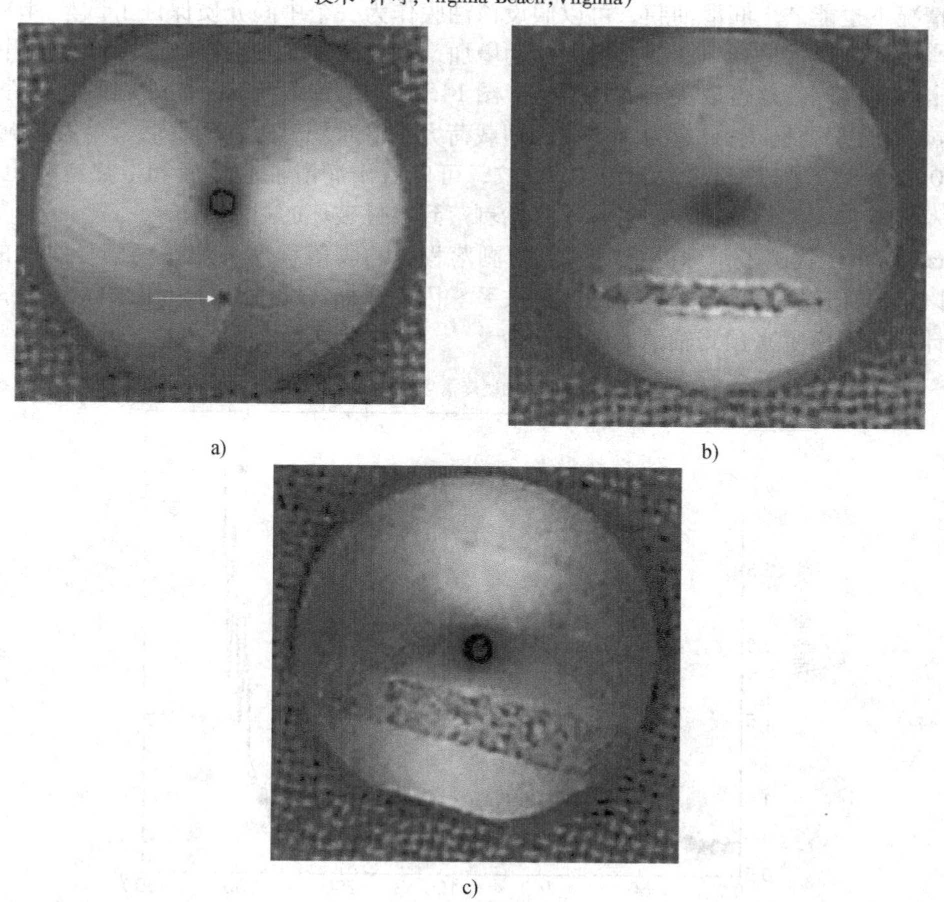

图 14.18　AISI 52100 钢材，Φ22.22mm 的球

a）在球/V 形环试验机上发生的初始剥落，试验条件：45 000r/min，最大赫兹应力 3 170MPa，71.1℃，润滑充分　b）剥落发展到整个轨道的 33%　c）剥落扩展到整个轨道(摘自 Kotzalas，M.，动力传递零件失效和滚动接触失效进展，宾夕法尼亚州立大学，机械工程博士论文，1999 年 8 月)

此外，由于在初始剥落发生后，轴承还能继续工作一段时间，已经推导出初始剥落发生后轴承还可有效工作时间的数学关系。Kotzalas[25]使用一个球和V形环的试验装置，再现了球从初始表面裂纹到整个轨道完全破坏的全过程。图14.18表示了剥落发生的过程。图14.19显示了安装于测头部位的加速度计的电压信号。由图可以看出，在超过1.5h的试验中，甚至在高速重载的试验条件下，振动载荷都很低。Kotzalas[25]使用一个球—盘试验机测量已失效钢球的拖动系数，甚至在全球都产生剥落的情况下也能产生润滑油膜，可以假设该油膜作为一个中间介质保证了试验钢球的继续工作。当润滑油膜被击穿100个点后，振动增加，金属与金属发生接触，零件温度升高，最终发生卡滞或破碎，这也取决于散热渠道。图14.20表示了载荷对从初始剥落到零件破坏时间的影响。可以看到，赫兹应力大小，亦即载荷大小，对剥落过程的发展有重大影响。再将图14.20a(37.8℃)与图14.19(71.1℃)比较，可以看出润滑油膜厚度和散热速度也对剥落过程的发展有重大影响。温度越低，从开始剥落到零件破坏的过程越长。

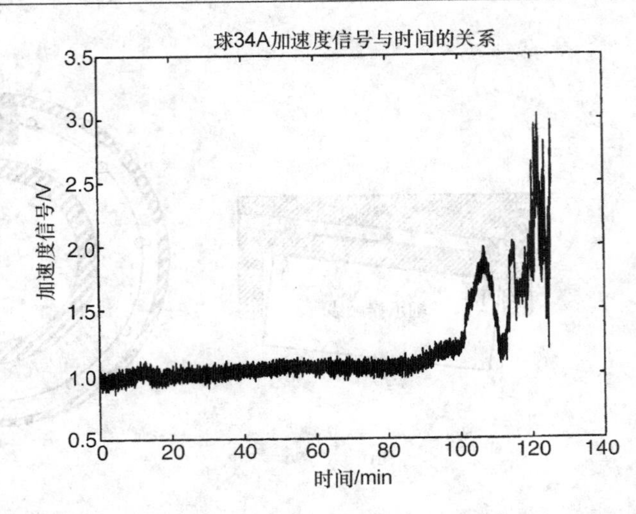

图14.19　钢球工作在图14.18条件下加速度计的电压信号

(经“海洋传感器技术”许可，Virginia Beach，Virginia)

Kotzalas[25]也找出了钢球的拖动系数与剥落程度、剥落程度与加速度信号之间的关系。从而可以得出加速度信号与摩擦力之间的关系。因此，加速度信号可以用来标识摩擦力，从而用于计算机程序中来预测轴承的残余寿命。

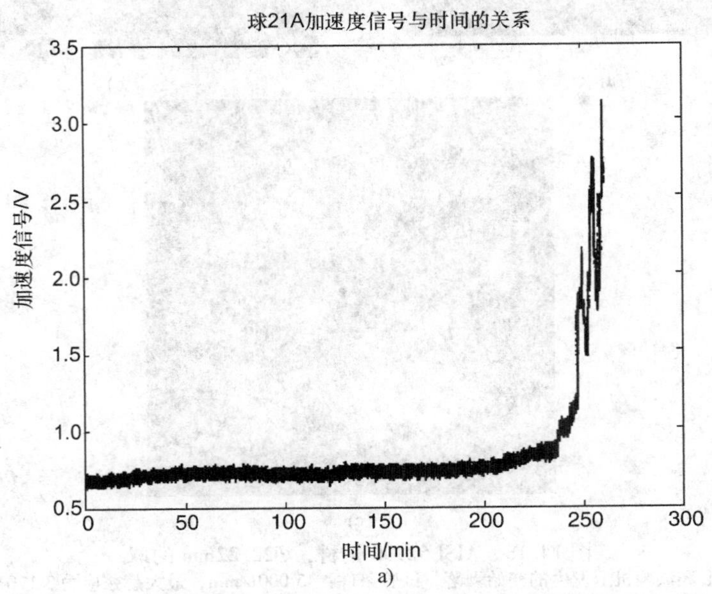

a)

图14.20　钢球工作在图14.18条件下加速度计的电压信号

a) 最大赫兹应力3 170MPa

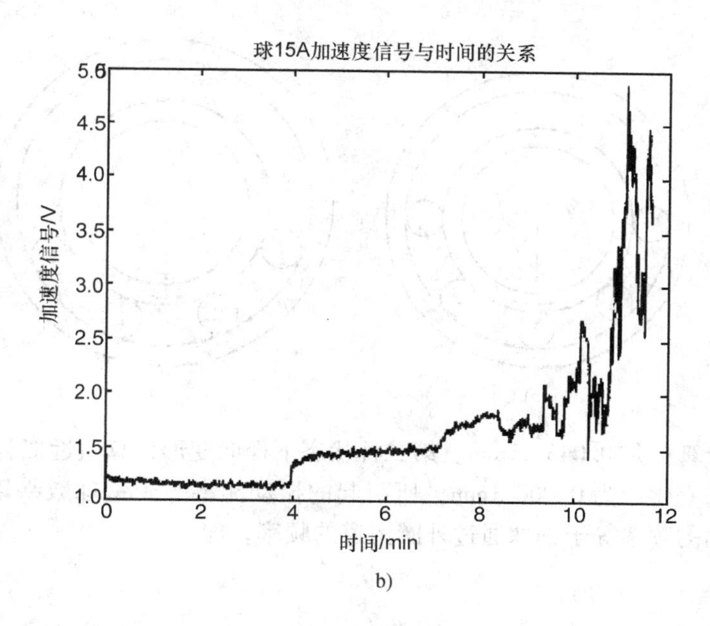

b)

图 14.20　钢球工作在图 14.18 条件下加速度计的电压信号(续)
b) 最大赫兹应力 3 860MPa

14.7　结束语

本章说明了轴承如何影响机器的振动，造成轴承的振动的原因有：轴承固有的结构特性、轴承内缺陷或运转表面理想几何形状的偏差等。这些缺陷或几何偏差可能发生在轴承零件的制造、轴承往机器中安装过程中，也可能在使用过程中由轴承的破损引起。

上述每个因素，或者通过改变刚度特性，或者作为直接产生振动的激振源，可以显著地影响机器振动。

同时也表明，振动频率和振幅可以用作诊断机器中的轴承是否完好的一种手段。利用工况监测，可以探测出机器中轴承的疲劳失效，以及失效轴承的位置。人们认识到在滚动元件发生初始剥落时轴承并没有丧失功能，利用与基于工况的维护技术(CBM)相关的预测方法，可以合理地预测出机器还能够继续有效工作多久。

例题

例 14.1　可变弹性柔顺引起的球轴承的振动

问题：考虑一套带有 8 个直径为 7.938mm 钢球的 204 深沟球轴承，轴承承受 4 450N 的径向载荷。求引起可变弹性柔顺振动的轴承变形。

解：图 14.3 给出了两个不同时刻轴承的示意图。图 a 中，钢球 1 位于载荷的正下方，图 b 中，钢球 1、8 对称分布在载荷两边。

图 a 中，钢球 1、2、8 承受载荷。图 b 中，钢球 1、2、7、8 承受载荷。显然，每种状态下轴承的径向变形各不相同。由第 7 章(也见本书第 2 卷第 1 章)中的计算方法，第一种状

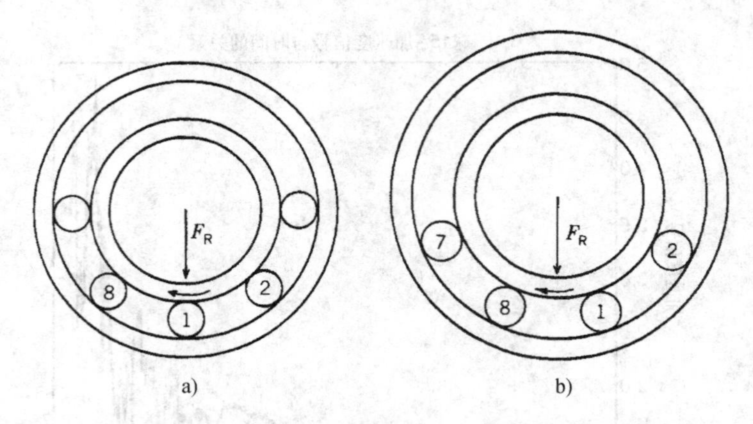

态下径向变形计算值是 0.043 23mm。第二种状态下径向变形计算值近似为 0.043 53mm，因此，轴承变形的变化约为 0.000 3mm，所引起的振动频率等于钢球数乘以保持架的旋转频率，即这个振动的频率等于钢球通过外圈沟道的频率，即

$$f_{\mathrm{bpor}} = Zf_{\mathrm{c}}$$

$$f_{\mathrm{c}} = \frac{n_{\mathrm{i}}}{2}\left(1 - \frac{D}{d_{\mathrm{m}}}\cos\alpha\right)$$

例 14.2　滚道波纹度是轴承的振源

问题：由图 CD14.1 所示，偏离真圆(如轨迹上的虚线所示)的表面径向几何偏差可以近似为角位置的函数，其形状近似为正弦波，那么径向幅值变化为

图 CD14.1 球面滚子轴承内滚道波纹度，机器设备误差。径向分度为 1μ。

$$r = A\sin\left(\frac{2\pi R\theta}{\lambda}\right) \tag{CD14.1}$$

式中　A——峰值，R——圆周半径，λ——波长，即

$$\lambda = \frac{\text{圆周长}}{\text{波数}} = \frac{2\pi R}{W} \tag{CD14.2}$$

由式(CD14.1)和式(CD14.2)，得

$$r = A\sin(W\theta) \tag{CD14.3}$$

从图 CD14.1 可知，$r = A\sin(9\theta)$

这种类型的离散频率波纹是一个振动源，在轴承零件上产生动态力，图 CD14.1 所示的缺陷不常见，当它们存在时是容易检测的。

由于磨削工装，包括滑动接触支撑块的精度不够，当磨削工件时，产生圆周数目相对较少(通常是奇数)的波纹。如工件上的两个高点同时与支撑块接触，在支撑块对面砂轮会磨削掉更多的材料。相反，当低点与两个支撑块接触则磨削掉的材料少，从而使工件在与砂轮接触区的两边产生凸点。利用生产过程中控制直径的普通仪表就能检测出这种情况，只要测量直径时是三点测量而不是两点测量。

例 14.3　安装于电动机棱圆轴上轴承的振动

问题：把轴承安装在几何形状误差大的轴承座中或轴上时，可以引起轴承零件变形并产生影响机器振动和噪声的波纹状运转表面。图 CD14.2 为一根电动机主轴轴颈圆周轨迹，其上安装了一套内径为 6mm 的深沟球轴承。

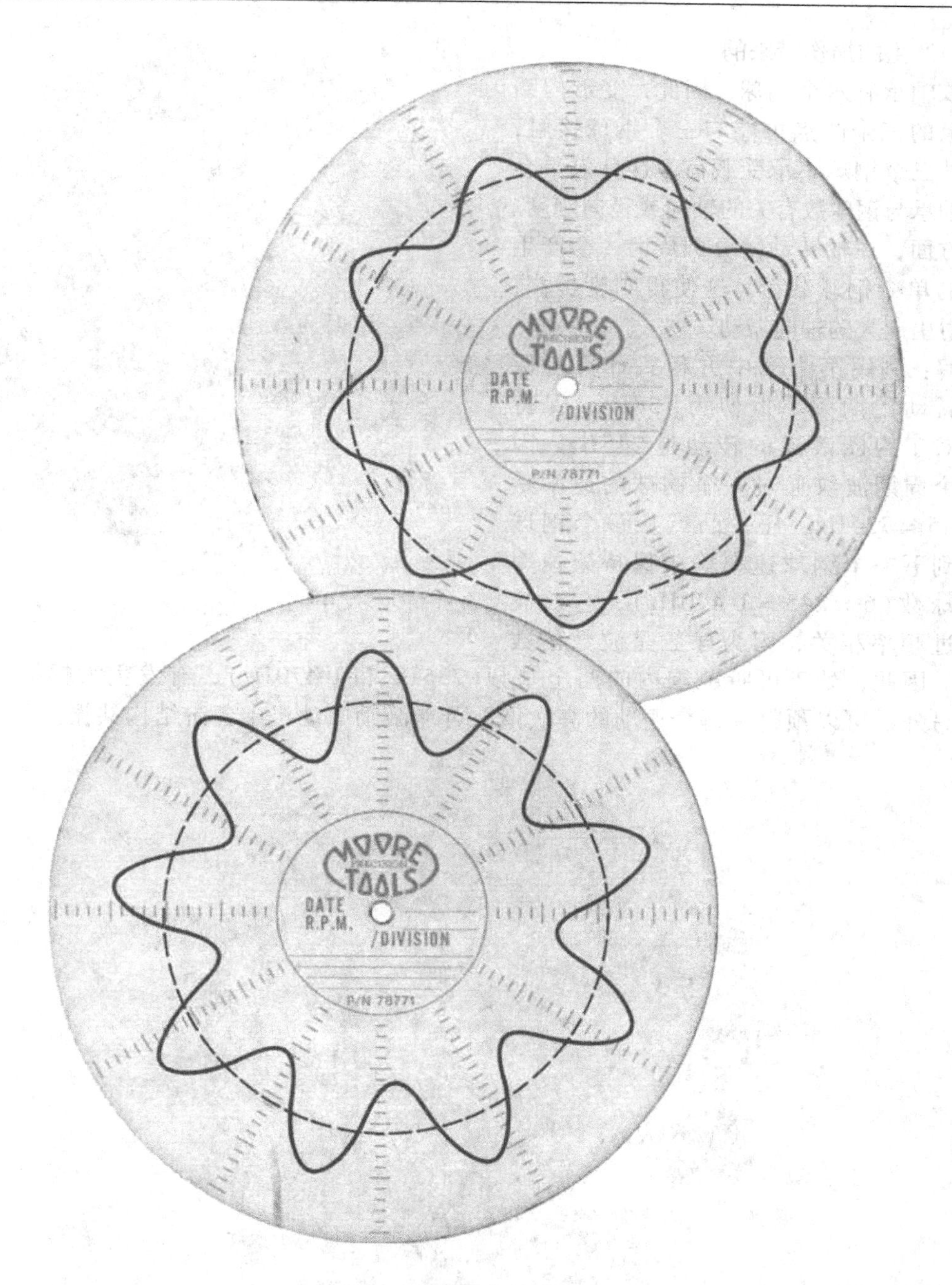

图 CD14.1

完成装配后，用手转动由轴承支撑的转子，电动机因为可闻噪声和振动过大而报废。动力驱动轴的转速是 23 000r/min，轴的圆度误差近似为 24μm。对于特定的应用场合，轴径的相互差常常控制在 8μm 的范围内。图 CD14.3 为轴承从轴上拆卸后，内孔和沟道的形状，两个表面的圆度误差均小于 1μm。图 CD14.4 为装配到轴上后沟道的形状。这表明，在安装状态下沟道具有 16μm 的圆度误差。注意滚道上的两个局部缺陷，最大的约为 2μm 深且位于一个波瓣上。这个缺陷的起因未判定，尽管它很可能是在压配合装配过程中产生的，或是由运转中产生的损伤带来的。

该轴承有六个钢球，因此，变形内圈沟道上的三个凸点可能与三个钢球接触，而另外三个钢球不承受载荷，这种效果会降低轴承与钢球数有关的轴向或径向刚度。另一方面，在轴转动部分圆周时，会产生更大的单个钢球载荷，这使得刚度提高，但同时引起大的轴向振动。

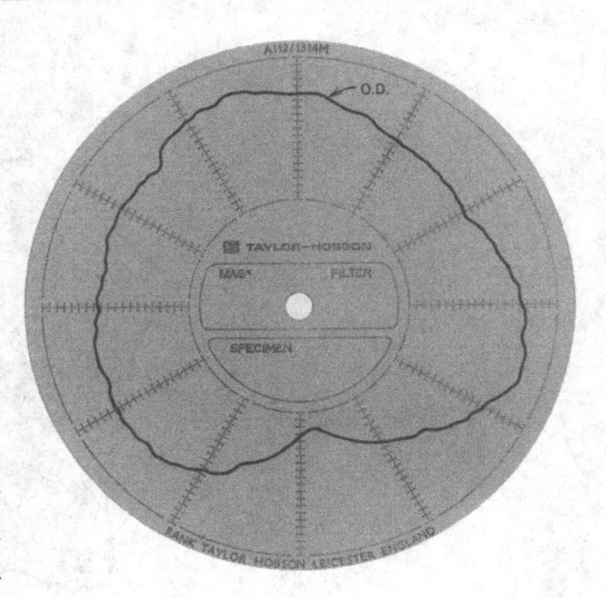

图 CD14.2

解：利用第十章中方程式计算的保持架转动周期频率近似为138Hz，保持架相对于内圈滚道的转动是245Hz。因此一个周期波纹通过一个钢球的速率是3×245 = 735Hz。任一凸点从一个钢球运转到下一个钢球速率等于保持架速率乘以球数(6×245 = 1 470Hz)，它与波纹通过频率相关，因为球数是波数倍数关系。因此，处于可听范围内的两个基频(735Hz和1 470Hz)，有发生大幅振动的趋势。另外，可以预料，每个振动的高次谐波可能激励电动机中各阶结构共振。

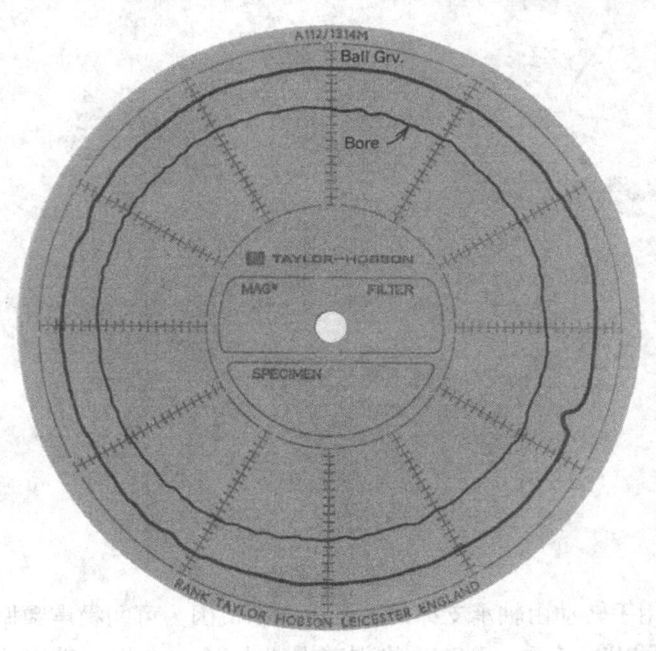

图 CD14.3 折卸后的内滚道

例 14.4 用振动频谱法解决噪声问题

问题：图 CD14.5 所示为装配后因噪声过大而报废的真空吸尘器电动机的频谱。频谱是利用麦克风测量空气传播的噪声而得来的。对数幅值刻度没有标定，就像普通声音测量一

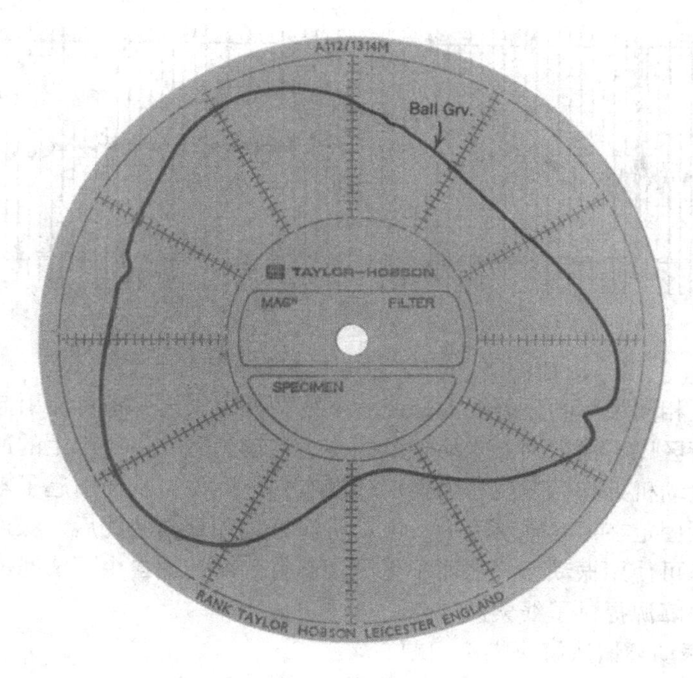

图 CD14.4　装配后的内滚道

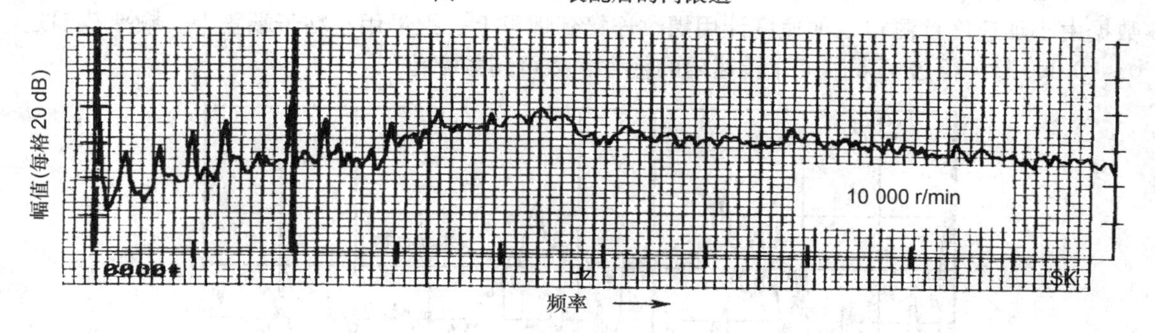

图 CD14.5　电动机的噪声频谱(有噪声电动机)

样，每一垂直刻度表示幅值增加10倍。同时，较低频率的信号被衰减。该电动机的正常运转速度是20 000r/min，在这个速度下，不论是声谱分析还是定性声响评估，都没有发现一点不正常现象。当切断该电动机电源，转速自由下滑时，在其后大约是10 000r/min的转速下，听到了一个明显的噪声。然后，让该电动机以这样的转速运转时，得到图CD14.5的频谱。当电动机转速自由下滑通过某一临界转速时，似乎很有可能激起某一系统共振。

解：该频谱给出了一系列明显的峰值，经确定分别为165.5，325，487.5，650，975和1 137.5Hz。一台好的同类电动机(图CD14.6)仅仅表现出一个975Hz的峰值。

对于好电动机，峰值频率975Hz被认为是电动机风扇叶片通过频率，该风扇有六个叶片，这就意味着实际运转速度是9 750r/min。对异常噪声电动机，所有测得的频谱峰值与运转速度谐波相关。当存在机械松动的时候，常常存在运转速度的各次谐波，而机械松动可由不正确的轴承安装引起。

松动将降低系统中的刚度和共振频率，并导致系统中的“串动”。那么，与轴转动同步

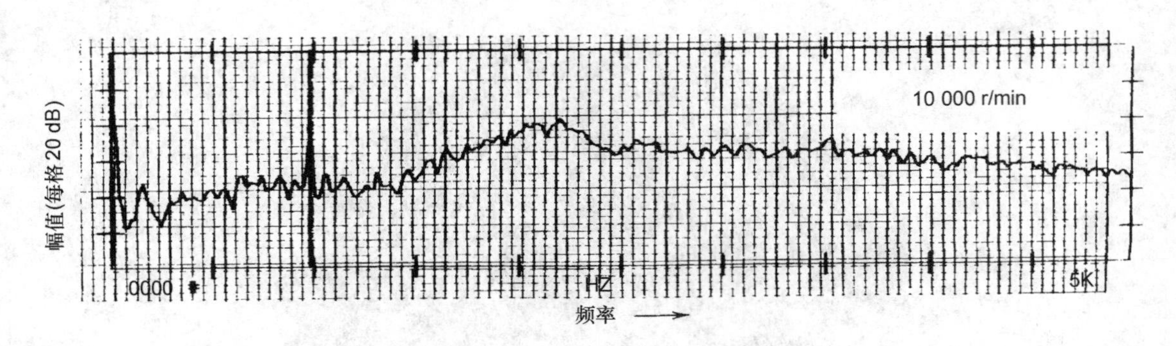

图 CD14.6　电动机的噪声频谱(正常电动机)

的不平衡力将产生相同频率的显著振动幅值。下列两种因素之一都可能引起谐波：①方向性刚度变化；②载荷区以不稳定的方式从轴承的一边移动到另一边时产生的冲击。

噪声异常的电动机拆卸后发现，弹簧卡环没有安装到位，从而引起了轴承松动。弹簧的作用是把轴承外圈固定在塑料轴承座中。电动机经修理和重新装配后，噪声已降到可接受水平。诊断这类故障可使用振动传感器而不是测量声音。对转速自由下滑时的瞬态振动进行声响评估也为查找故障源提供了线索。

例 14.5　用振动频谱法解决噪声问题

问题：图 CD14.7 给出了两套小电动机轴承的振动频谱，电动机轴转速为 3 600r/min，数据由小加速度计测得，加速度计用螺纹连接到螺母上，螺母用胶粘于端盖上。频率范围是 0～10 000Hz，覆盖了常用工作转速内的绝大多数可闻频率范围。

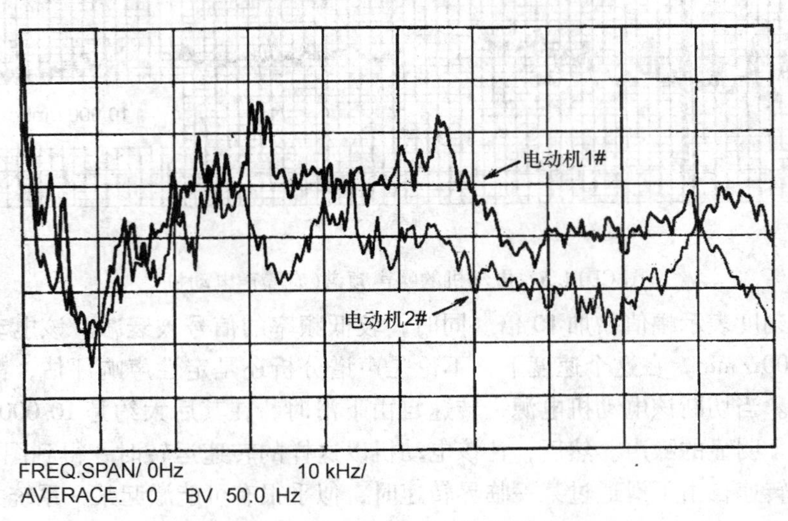

图 CD14.7　电动机轴承的振动频谱

解：纵坐标以 dB 单位给出均方根电压值，其中 $dB = 20Log_{10}$(电压/基准电压)，基准电压为 1V，每大格刻度为 10dB，幅度范围从 − 40dB(0.01V)到 − 120dB(10^{-6}V)。加速度计的灵敏度为 0.010V/g(g 为重力加速度常数)。

从图中可以看出，在大部分频率范围上，一个电动机的振动幅值比另一个电动机的高 5 到 25dB 不等，振动较大电动机的力矩读数也比另一个电动机的大一倍以上。电动机上其他各点测得的振动频谱具有相同的结果，而在其他频率范围上测得的频谱表明，这些频率范围没有主要振源。

拆卸电动机后，检查轴和轴承座的几何形状，发现是正常的，并测量了轴承力矩。从大振动电动机上折卸的轴承是接触式密封，而另一台电动机的轴承是非接触式密封，去除密封圈后，对四套轴承分别进行了振动试验，发现从大振动电动机上拆卸的轴承中有一套在振动测试仪上的振动读数也大。频谱分析表明存在钢球通过外圈滚道频率的各次谐波。检查外圈滚道，发现一个似乎与制造有关的缺陷，它在最后的振动测试检查中没有被发现。

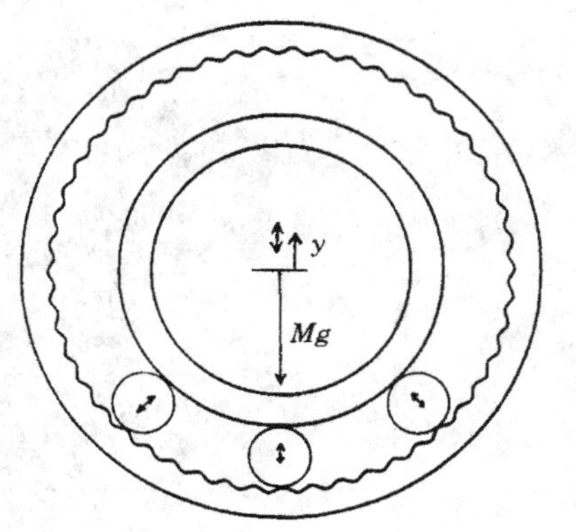

例 14.6 外滚道波纹度产生的滚动轴承振动

问题：对于外圈滚道圆周上有 50 个波纹的一套轴承，计算能够产生足够大的加速度而使轴承瞬间不受力的波纹幅值。轴的转速为 1 800r/min(30Hz)，保持架转速是 11r/min。

解：任何钢球通过一个波纹周期的速率等于保持架转速和外圈滚道上一周波纹数的乘积，此处该速率为每秒 550 个波纹周期。当下式成立，轴承处于无载荷状态：

$$Mg = MA(2\pi f)^2$$

或

$$A = \frac{g}{(2\pi f)^2} = \frac{980\text{mm/s}^2}{(2\pi \times 550\ \text{周期/s})^2} = 8.208 \cdot 10^{-4}\text{mm}$$

波纹幅值常常以 μm 为单位，用峰-谷幅值表示，因此，波纹峰-谷幅值是 1.64μm。

例 14.7 滚子波纹度产生的轴承振动

问题：圆柱滚子在波纹度仪上旋转得出的轨迹如图 CD14.8 所示。

使用频谱分析仪分析速度传感器的放大输出，结果如图 CD14.9。

横坐标的频率范围为 0～2 000Hz，滚子的测试转速是 720r/min(12Hz)，因此，这个频率范围将能检测到最高可达每个圆周 166 个波(2 000/12)的主要波型。纵坐标以 dB 单位给出均方根电压值，基准电压为 1V，范围从满程 −10dB(0.316 2V)到 −90dB(3.162×10^{-5} V)。速度传感器和放大器的标定校准是 3.0μV/μin・s。光标指示在峰值上，在频率轴的下方打出相应的坐标，峰值出现在 1 250Hz，其均方根幅值为 −23.43dB。因为滚子的测试速度是 12Hz，峰值出现的频率近似对应于每个圆周 104 个波。

对于上述测试结果，确定①主要波纹的均方根径向速度；②每个圆周波数；③以 μm 为单位的平均峰-谷幅值。

解：均方根电压值由下式确定：

$$-23.43\text{dB} = 20\text{Log}_{10}\text{V}$$

因此，$\text{V} = 0.673\ 8$

把该电压均方根值除以传感器与放大器换算系数 3μV/μin・s 就得到方均根速度值，因此，

$$\left|\frac{\text{d}r}{\text{d}t}\right|_{\text{rms}} = 22\ 460\left(\frac{\mu\text{in}}{\text{s}}\right) \times 570\left(\frac{\mu\text{m}}{\text{s}}\right)$$

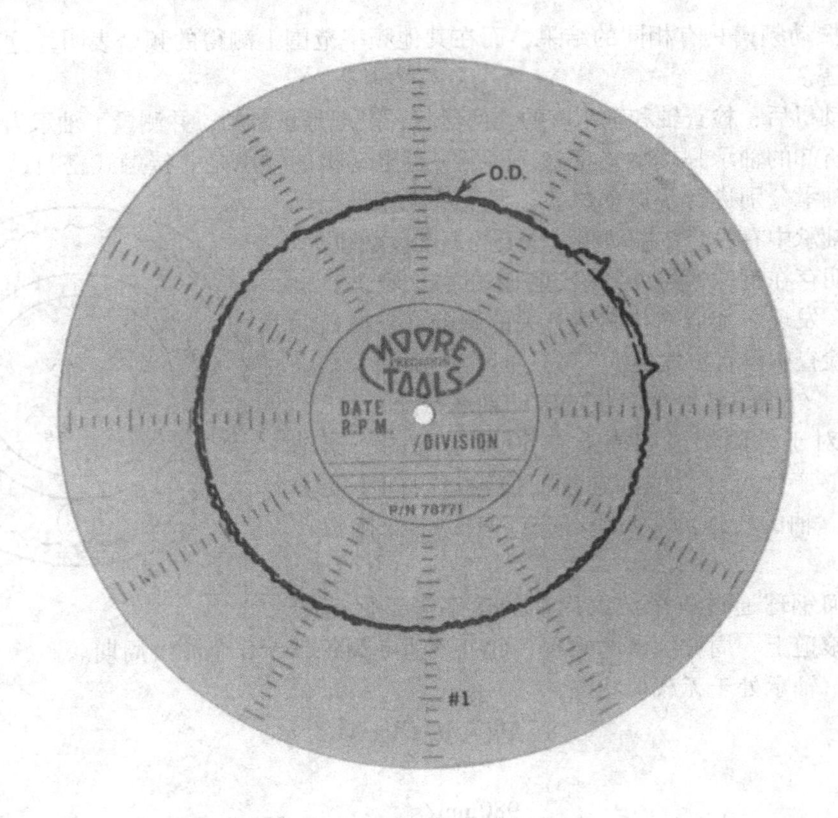

图 CD14.8 低幅值、高频率波纹度

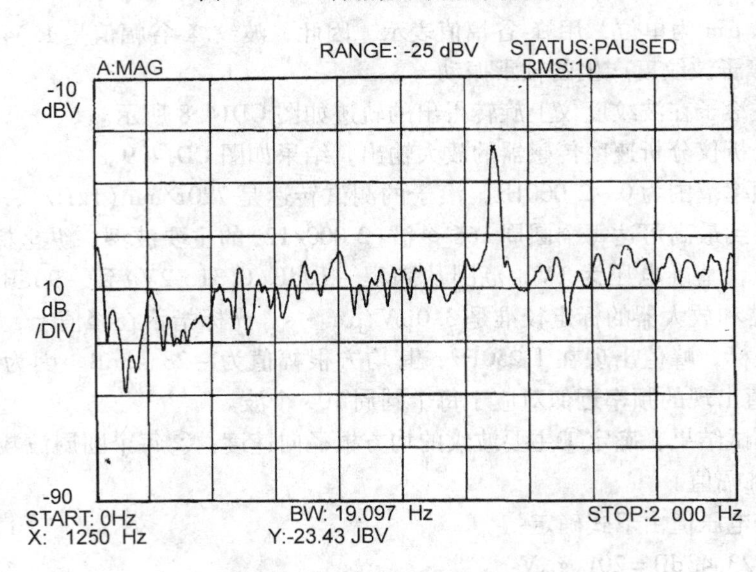

图 CD14.9 滚子波纹度速度频谱

在式 CD14.3 中，径向偏差 r 是零件上角位置 θ 和波数 W 的函数。

在波纹度仪上，零件是旋转的，因此径向偏差是时间的函数，零件上的角位置相对于测量径向偏差的传感器的固定位置也变成时间函数，即

$$\theta = 2\pi Nt \tag{CD14.4}$$

式中，N是旋转测试速度，因此

$$W\theta = 2\pi NtW \tag{CD14.5}$$

及

$$r = A\sin(2\pi NtW) \tag{CD14.6}$$

传感器测得的径向速度，是径向偏差对时间的变化率：

$$\dot{r} = 2\pi NWA\cos(2\pi NtW) \tag{CD14.7}$$

及

$$\dot{r}_{\mathrm{rms}} = 1.414NWA \tag{CD14.8}$$

根据测得的均方根值，可以计算波峰值A为

$$22\,460 = 1.414 \cdot \pi \cdot \left(\frac{720}{60}\right) \times 104 \cdot \mathrm{A}$$

$$\mathrm{A} = 0.102\,9\mu\mathrm{m}$$

峰-谷幅值是该值的两倍，其值为0.206μm。

例14.8 球轴承保持架和球的旋转频率以及径向圆跳动阶数的确定

问题：203 角接触球轴承以转速1 800r/min运转，轴承内部参数为

$$\alpha = 12°,\ D = 6.747\mathrm{mm},\ d_{\mathrm{m}} = 28.5\mathrm{mm}$$

试计算其保持架的旋转频率、钢球旋转频率、各个零件在振动测试频段内的径向圆跳动阶数。

解：由式(14.6)得

$$f_{\mathrm{c}} = \frac{n_{\mathrm{i}}}{2}\left(1 - \frac{D}{d_{\mathrm{m}}}\cos\alpha\right) = \frac{30}{2}\left(1 - \frac{6.747\cos 12°}{28.5}\right) = 11.53\mathrm{Hz}$$

由式(14.7)得

$$f_{\mathrm{ci}} = \frac{n_{\mathrm{i}}}{2}\left(1 + \frac{D}{d_{\mathrm{m}}}\cos\alpha\right) = \frac{30}{2}\left(1 + \frac{6.747\cos 12°}{28.5}\right) = 18.47\mathrm{Hz}$$

由式(14.10)得

$$f_{\mathrm{R}} = \frac{n_{\mathrm{i}}d_{\mathrm{m}}}{2D}\left[1 - \left(\frac{D}{d_{\mathrm{m}}}\cos\alpha\right)^2\right] = \frac{30 \times 28.5}{2 \times 6.747}\left[1 - \left(\frac{6.747\cos 12°}{28.5}\right)^2\right] = 59.97\mathrm{Hz}$$

因此，计算结果表明振动测试频段内零件径向圆跳动阶次的近似计算值如下所示。

零　件	50 ~ 300Hz	300 ~ 1 800Hz	1 800 ~ 10 000Hz
外圈沟道	4 ~ 26	27 ~ 156	157 ~ 868
内圈沟道	2① ~ 16	17 ~ 97	98 ~ 541
钢球	2 ~ 5	6 ~ 30	31 ~ 167

① 包括棱圆和椭圆。

例14.9 外圈沟道损坏对球轴承振动的影响

问题：两套205球轴承安装在轴两端的轴台上，两轴承之间的带轮驱动轴转动，转速为1 690r/min。一套轴承的外圈沟道有一局部伤痕，其形状近似为直径1.6mm的圆，位于载荷区滚道的底部。这两套轴承各有9个钢球，钢球直径为7.938mm，轴承节圆直径为39.04mm。

图 CD14.10 给出两套轴承的频谱，频率范围是 0～10 000Hz，满程幅值为 -20dB，数据由螺纹连接的加速度计测得，加速度计的灵敏度为 0.010V/g。

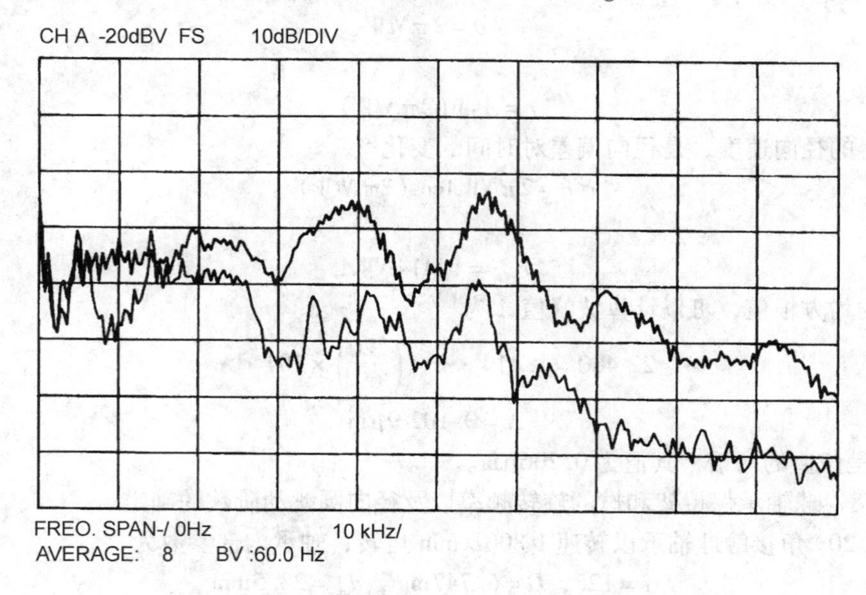

图 CD14.10 损坏轴承和未损坏轴承的振动

问题分析：

在 3 000Hz 以上的大部分频率区间内，破坏轴承的振动比未破坏轴承的大 20dB，计算轴承转速频率为

$$n_{\mathrm{i}}=\frac{1\ 690}{60}=28.2\mathrm{Hz}$$

由式(14.6)得

$$f_{\mathrm{c}}=\frac{n_{\mathrm{i}}}{2}\left(1-\frac{D}{d_{\mathrm{m}}}\cos\alpha\right)=\frac{28.2}{2}\left(1-\frac{7.938\cos0^{\circ}}{39.04}\right)=11.23\mathrm{Hz}$$

由式(14.8)得

$$f_{\mathrm{REpor}}=Zf_{\mathrm{c}}=9\times11.23=101.1\mathrm{Hz}$$

由式(14.7)得

$$f_{\mathrm{ci}}=\frac{n_{\mathrm{i}}}{2}\left(1+\frac{D}{d_{\mathrm{m}}}\cos\alpha\right)=\frac{28.2}{2}\left(1+\frac{7.938\cos0^{\circ}}{39.04}\right)=16.97\mathrm{Hz}$$

由式(14.8)得

$$f_{\mathrm{REpir}}=Zf_{\mathrm{ci}}=9\times16.97=152.7\mathrm{Hz}$$

破坏轴承的频谱也给出一些峰值，在每个 1 000Hz 的频段上，其中有大约 10 个峰值，频率间距为 Zf_{c}。为了得到峰值间距更高的分辨率。此图说明了在较高频率区域内轴承局部损坏对振动的主要影响。

图 CD14.11 为损坏轴承在 2 500Hz 以下频率区间的频谱。

图 CD14.11 清晰地显示出在 500 到 1 250Hz 的频率区域内，钢球通过外圈滚道频率的高次谐波。在 700～1 200Hz 的频率区域上，谐波幅值比这个区域内未破坏轴承的振动近似大 10dB，在 700Hz 以下的频率区域，两套轴承的幅值相同。在低频段上，根据机器存在的其他振动源和轴承破坏程度也能成功地识别故障。

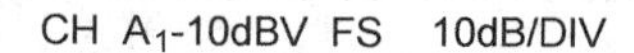

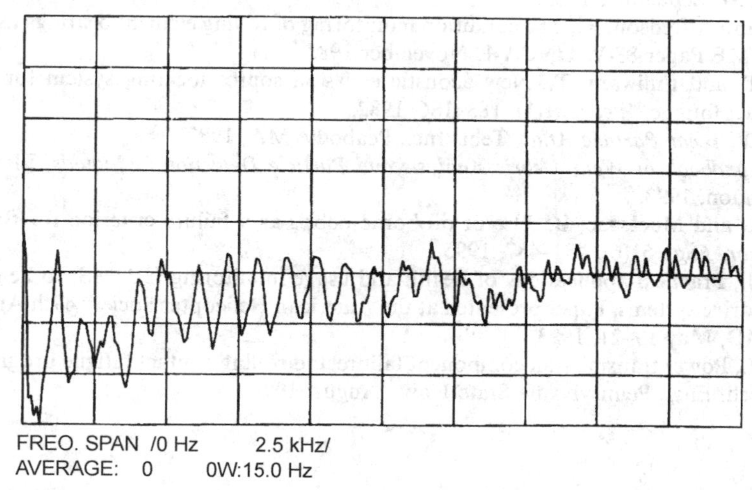

图 CD14. 11　损坏轴承的振动

参 考 文 献

[1] Tallian, T. and Gustafsson, O., Progress in rolling bearing vibration research and control, ASLE Paper 64C-27, October 1964.

[2] Scanlan, R., Noise in rolling-element bearings, ASME Paper 65-WA/MD-6, November 1965.

[3] Military Specification Mil-B-17931D (Ships), Bearings, ball annular, for quiet operation, April 15, 1975.

[4] Gustafsson, O. et al., Final report on the study of vibration characteristics of bearings, U.S. Navy Contract Nobs-78552, U.S. Navy Index No. NE 071 200, December 6, 1963.

[5] DenHartog, J., *Mechanical Vibrations*, 4th ed., McGraw-Hill, New York, 1956.

[6] Thomson, W., *Theory of Vibration with Applications*, 2nd ed., Prentice-Hall, Englewood Cliffs, NJ, 1972.

[7] Vierck, R., *Vibration Analysis*, Harper & Row, New York, 1979.

[8] Air Force Aero Propulsion Laboratory Report AFAPL-TR-65-45, Parts I–X, Rotor bearing dynamics design technology, June 1965.

[9] Air Force Aero Propulsion Laboratory Report AFAPL-TR-78-6, Parts I–IV, Rotor bearing dynamics design technology, February 1978.

[10] Jones, A. and McGrew, J., Rotor bearing dynamics design guide, Part II, ball bearings, AFFAPL-TR-78-6, Part II, February 1978.

[11] Gunter, E., Dynamic stability of rotor-bearing systems, NASA SP-113, U.S. Government Printing Office, Washington, DC, 1966.

[12] Rieger, N., Balancing of rigid and flexible rotors, The Shock and Vibration Information Center, Naval Research Laboratory, Washington, DC, 1986.

[13] Sayles, R. and Poon, S., Surface topography and rolling element vibration, in *Precision Engineering*, IPC Business Press, 1981.

[14] Yhland, E., Waviness measurement—an instrument for quality control in rolling bearing industry, *Proc. Inst. Mech. Eng*., 182, Pt. 3K, 438–445, 1967–1968.

[15] Gustafsson, O. and Rimrott, U., Measurement of surface waviness of rolling element bearing parts, SAE Paper 195C, June 1960.

[16] Mitchell, J., *Machinery Analysis and Monitoring*, PennWell, Tulsa, Chap. 9 and 10, 1981.

[17] International Organization for Standardization, Acoustics, vibration and shock, ISO Standards Handbook 4, 1980.

[18] Norris, S., Suggested guidelines for forced vibration in machine tools for use in protective maintenance and analysis applications, in *Vibration Analysis to Improve Reliability and Reduce Failure*, ASME H00331, September 1985.
[19] Mathew, J. and Alfredson, R., The condition monitoring of rolling element bearings using vibration analysis, ASME Paper 83-WA/NCA-1, November 1983.
[20] Yochioka, T. and Fujiwara, T., New acoustic emission source locating system for the study of rolling contact fatigue, *Wear*, 81(1), 183–186, 1982.
[21] Anderson, D., *Wear Particle Atlas*, Telus Inc., Peabody, MA, 1982.
[22] Hunt, T., *Handbook of Wear Debris Analysis and Particle Detection in Liquids*, Elsevier Applied Science, London, 1993.
[23] Goddard, K. and MacIsaac, B., Use of oil borne debris as a failure criterion for rolling element bearings, *Lubr. Eng.*, 51(6), 481–487, 1995.
[24] Cronkhite, J., Practical applications of health and usage monitoring (HUMS) to helicopter rotor, engine, and drive systems, Paper presented at the American Helicopter Society 49th Annual Forum, St. Louis, MO, May 19–21, 1993.
[25] Kotzalas, M., Power transmission component failure and rolling contact fatigue progression, Ph.D. thesis in Mech. Eng., Pennsylvania State Univ., August 1999.

附录　部分轴承钢号对照表

全淬硬轴承钢

Grade$_a$		C	Mn	Si	Cr	Mo	相当于中国钢号
ASTM$_b$-A295(52100) ISO$_c$ Grade1，683/XVII	min.	0.98	0.25	0.15	1.30	—	GCr15
	max.	1.10	0.45	0.35	1.60	0.10	
ASTM-A295(51100) DIN$_d$105 Cr4	min.	0.98	0.25	0.15	0.90	—	GCr9
	max.	1.10	0.45	0.35	1.15	0.10	
ASTM-A295(50100) DIN105 Cr2	min.	0.98	0.25	0.15	0.40	—	GCr6 或 GCr4
	max.	1.10	0.45	0.35	0.60	0.10	
ASTM-A295(5195)	min.	0.90	0.75	0.15	0.70	—	GCr9Mn
	max.	1.03	1.00	0.35	0.90	0.10	
ASTM-A295(K19526)	min.	0.89	0.50	0.15	0.40	—	GCr6Mn
	max.	1.01	0.80	0.35	0.60	0.10	
ASTM-A295(1570)	min.	0.65	0.80	0.15	—	—	70Mn
	max.	0.75	1.10	0.35	—	0.10	
ASTM-A295(1560)	min.	0.56	0.75	0.15	0.70	—	60CrMn
	max.	0.64	1.00	0.35	0.90	0.10	
ASTM-A485 grade1 ISO Grade2，683/XVII	min.	0.95	0.95	0.45	0.90	—	GCr15SiMn
	max.	1.05	1.25	0.75	1.20	0.10	
ASTM-A485 grade2	min.	0.85	1.40	0.50	1.40	—	
	max.	1.00	1.70	0.80	1.80	0.10	
ASTM-A485 grade3	min.	0.95	0.65	0.15	1.10	0.20	GCr15MnMo
	max.	1.10	0.90	0.35	1.50	0.30	
ASTM-A485 grade4	min.	0.95	1.05	0.15	1.10	0.45	
	max.	1.10	1.35	0.35	1.50	0.60	
DIN100 CrMo6 ISO Grade4，683/XVII	min.	0.92	0.25	0.25	1.65	0.30	GCr18Mo
	max.	1.02	0.40	0.40	1.95	0.40	

渗碳轴承钢

Grade$_a$		C	Mn	Si	Ni	Cr	Mo	相当于中国钢号
SAE$_b$4118	min.	0.18	0.70	0.15	—	0.40	0.08	20CrMo
	max.	0.23	0.90	0.35	—	0.60	0.15	
SAE8620，ISO 12 DIN20 NiCrMo2	min.	0.18	0.70	0.15	0.40	0.40	0.15	20CrNiMo
	max.	0.23	0.90	0.35	0.70	0.60	0.25	

(续)

Grade$_a$		C	Mn	Si	Ni	Cr	Mo	相当于中国钢号
SAE5120 AFNOR$_c$18C3	min.	0.17	0.70	0.15	—	0.70	—	20CrMn
	max.	0.22	0.90	0.35	—	0.90	—	
SAE4720, ISO 13	min.	0.17	0.50	0.15	0.90	0.35	0.15	20CNiMo
	max.	0.22	0.70	0.35	1.20	0.55	0.25	
SAE4620	min.	0.17	0.45	0.15	1.65	—	0.20	20Ni2Mo
	max.	0.22	0.65	0.35	2.00	—	0.30	
SAE4320, ISO 14	min.	0.17	0.45	0.15	1.65	0.40	0.20	20CrNi2Mo
	max.	0.22	0.65	0.35	2.00	0.60	0.30	
SAE E9310	min.	0.08	0.45	0.15	3.00	1.00	0.08	10CrNi3Mo
	max.	0.13	0.65	0.35	3.50	1.40	0.15	
SAE E3310	min.	0.08	0.45	0.15	3.25	1.40	—	15Cr2Ni4
	max.	0.13	0.60	0.35	3.75	1.75	—	
KRUPP	min.	0.10	0.45	0.15	3.75	1.35	—	
	max.	0.15	0.65	0.35	4.25	1.75	—	

特殊轴承钢

Grade	C	Mn	Si	Cr	Ni	V	Mo	W	N	相当于中国钢号
M50	0.80	0.25	0.25	4.00	0.10	1.00	4.25	—	—	Cr4Mo4V
BG-42	1.15	0.50	0.30	14.50	—	1.20	4.00	—	—	Cr14Mo4V
440-C	1.10	1.00	1.00	17.00	—	—	0.75	—	—	9Cr18Mo
CBS-600	0.20	0.60	1.00	1.45	—	—	1.00	—	—	20CrSiMo
CBS-1000	0.15	3.00	0.50	1.05	3.00	0.35	4.50	—	—	15CrNi3MnMo4V
VASCO X-2	0.22	0.30	0.90	5.00	—	0.45	1.40	—	—	
M50-NiL$_a$	0.15	0.15	0.18	4.00	3.50	1.00	4.00	1.35	—	G13Cr4Ni4Mo4V
Pyrowear675$_a$	0.07	0.65	0.40	13.00	2.60	0.60	1.80	—	—	
EX-53	0.10	0.37	0.98	1.05	—	0.12	0.94	2.13	—	
Cronidur30	0.31	—	0.55	15.20	—	—	1.02		0.38